U0159956

岩土工程技术创新与实践丛书

玄武岩纤维及其复合筋材
在岩土工程中应用

康景文　赵　文　胡　熠　周其健　王志杰　著

中国建筑工业出版社

图书在版编目（CIP）数据

玄武岩纤维及其复合筋材在岩土工程中应用/康景文等著. —北京：中国建筑工业出版社，2020.2
（岩土工程技术创新与实践丛书）
ISBN 978-7-112-24791-2

Ⅰ.①玄… Ⅱ.①康… Ⅲ.①玄武岩-复合纤维-应用-岩土工程 Ⅳ.①TU4

中国版本图书馆 CIP 数据核字(2020)第 022566 号

玄武岩纤维复合筋具有高强、轻质、耐碱、耐酸和耐自然元素腐蚀等优异的物理化学性质，在岩土工程中得到越来越多地应用。本书以室内试验为基础，结合大量的现场原位试验和测试，研究玄武岩纤维及其复合筋材在岩土工程中的工程性能及其适用性，研制复合筋材锚固应用配套配件，获取复合筋材代替或部分代替钢筋的工程特性及在岩土工程中应用的技术方法，并通过工程实践验证了在基坑工程、边坡工程、地下工程中应用的实践效果。

本书可供土木工程行业科研人员、工程技术人员和高等院校相关专业师生学习参考。

责任编辑：王 梅 杨 允 刘婷婷
责任校对：党 蕾

岩土工程技术创新与实践丛书
玄武岩纤维及其复合筋材在岩土工程中应用
康景文 赵 文 胡 熠 周其健 王志杰 著
*
中国建筑工业出版社出版、发行（北京海淀三里河路 9 号）
各地新华书店、建筑书店经销
北京科地亚盟排版公司制版
北京圣夫亚美印刷有限公司印刷
*
开本：787×1092 毫米 1/16 印张：23¾ 字数：590 千字
2020 年 5 月第一版 2020 年 5 月第一次印刷
定价：**82.00** 元
ISBN 978-7-112-24791-2
（35130）

《岩土工程技术创新与实践丛书》
总　序

由全国勘察设计行业科技带头人、四川省学术和技术带头人、中国建筑西南勘察设计研究院有限公司康景文教授级高级工程师主编的《岩土工程技术创新与实践丛书》即将陆续面世，我们对康总在数十年坚持不懈的思考、针对热点难点问题的研究与总结的基础上，为行业与社会的发展做出的积极奉献表示衷心的感谢！

该《丛书》的内容十分丰富，包括了专项岩土工程勘察、岩土工程新材料应用、复合地基、深大基坑围护与特殊岩土边坡、场地形成工程、工程抗浮治理、地基基础鉴定与纠倾加固、地下空间与轨道交通工程监测等，较全面地覆盖了岩土工程行业近 20 年来为满足社会经济的不断发展创造科技服务价值的诸多重要方面，其中部分工作成果具有显著的首创性。例如，近年我国社会经济发展对超大面积人造场地的需要日益增长，以解决其所引发的岩土工程问题为目标，以多年企业与高校联合开展的系列工程应用研究为基础，对场地形成工程的关键技术研究填补了这一领域的空白，建立起相应的工程技术体系，其在场地形成工程所创建的基本理念、系统方法和关键技术的专项研究成果是对岩土工程界及至相近建设工程项目的一项重要贡献。又如，面对城市建设中高层、超高层建筑和地下空间对地基基础性能和功能不断提高的需求，针对与之密切相关的地基处理、工程抗浮和深大基坑围护等岩土工程问题，以实际工程为依托，通过企业研发团队与高校联合开展系列课题研究，获得的软岩复合地基、膨胀土和砂卵石层等不同地质条件下深大基坑围护结构设计、地下结构抗浮治理等主要技术成果，弥补了这一领域的缺陷，建立起相应的工程技术体系，推进了工程疑难问题的切实解决，其传承与创新的工作理念、处理工程问题的系统方法和关键技术成果运用，在岩土工程的技术创新发展中具有显著的示范作用。再如，随着社会可持续发展对绿色、节能、环保等标准要求在加速提高，在工程建设中积极采用新型材料替代生产耗能且污染环境的钢材已成为岩土工程师新的重要使命，针对工程抗浮构件、基坑支护结构、既有建筑加固和公路及桥梁面层结构增强等问题解决的需求，以室内模型试验成果为依据，以实际工程原型测试成果为验证支撑，对玄武岩纤维复合筋材在岩土工程中的应用进行深入探索，建立起相应的工程应用技术方法，其技术成果是岩土工程及至土木工程领域中积极践行绿色建造、环保节能战略所取得的一个创新性进展。

借康景文主编邀约拟序之机，回顾和展望"岩土工程"与"岩土工程技术服务"以及其在工程建设行业中的作用和价值发挥，希望业界和全社会对"岩土工程"的认知能够随着技术的创新与实践而不断地深入和发展，以共同促进整个岩土工程技术服务行业为社会、为客户继续不断创造出新的更大的价值。

岩土工程（*geotechnical engineering*）在国际上被公认为土木工程的一个重要基础性的分支。在工程设计中，地基与基础在理念上被视为结构（工程）的一部分，然而与以钢筋混凝土和钢材为主的结构工程之间确有着巨大的差异。地质学家出身、知识广博的一代宗师太沙基，通过近 20 年坚持不懈的艰苦研究，到他不惑之年所创立的近代土力学，已经指导了我们近 100 年，其有效应力原理、固结理论等至今仍是岩土工程分析中不可或缺的重要基础。太沙基教授在归纳岩土工程师工作对象时说"不幸的是，土是天然形成而不是人造的，而土作为大自然的产品却总是复杂的，一旦当我们从钢材、混凝土转到土，理论的万能性就不存在了。天然土绝不会是均匀的，其性质因地而异，而我们对其性质的认知只是来自于少数的取样点（*Unfortunately，soils are made by nature and not by man，and the products of nature are always complex…As soon as we pass from steel and concrete to earth，the omnipotence of theory ceases to exist. Natural soil is never uniform. Its properties change from point to point while our knowledge of its properties are limited to those few spots at which the samples have been collected）*"。同时他还特别强调岩土工程师在实现工程设计质量目标时必须考虑和高度重视的动态变化风险："施工图只不过是许愿的梦想，工程师最应该担心的是未曾预测到的工作对象的条件变化。绝大多数的大坝破坏是由于施工的疏漏和粗心，而不是由于错误的设计（*The one thing an engineer should be afraid of is the development of conditions on the job which he has not anticipated. The construction drawings are no more than a wish dream. ……the great majority of dam failures were due to negligent construction and not to faulty design）*"。因此，对主要工程结构材料（包括岩土）的材料成分、几何尺寸、空间分布和工程性状加以精准的预测和充分的人为控制的程度的差异，是岩土工程师与结构工程师在思考方式、技术标准和工作方法显著不同的主要根源。作为主要的建筑材料，水泥发明至今近 195 年，混凝土发明至今近 170 年，钢材市场化也近百年，我们基本可以通过物理或化学的方法对混凝土、钢材的元素及其成分比例的改变加以改性，满足新的设计性能（能力）的需要，并进行可靠的控制；相比之下，天然形成的岩土材料，以及当今岩土工程师必须面对和处理、随机变异性更大、由人类生活或其他活动随机产生和随机堆放的材料——如场地形成、围海造地和人工岛等工程中被动使用的"岩土"（包括各类垃圾），一是材料成分和空间分布（边界）的控制难度更大，其尺度远远大于由钢筋混凝土或钢结构组成的工程结构体；二是这些非人为预设制作、组分复杂的材料存在更大的动态变异特性，会因气候条件、含水量、地下水等条件变化和场地的应力历史的不同而不同。从这个角度，岩土工程师通常需要面对和为客户承担更大的风险，需要综合运用地质学、工程地质学、水文学、水文地质学、材料力学、土力学、结构力学以及地球物理化学等多学科、跨专业的理论知识，藉助岩土工程的分析方法和所积累的地域工程实践经验，为建设开发项目提供正确、恰当的解决方案，并选用适用的检测、监测方法加以验证，以规避在多种动态变化的不确定性因素下的工程风险损失。这是岩土工程师们为客户创造的最首要和最基本的价值，并且随着建成环境的日益复杂和社会对可持续发展要求的不断强化，岩土工程师还要特别注意规避对建成环境产生次生灾害和对自然环境质量造成破坏的风险。岩土工程师这种解决问题的方法和过程，显然不同于结构工程中主要依靠的力学（数学）计算和逻辑推理，是一种具有专业性十分独特的"心智过程"，太沙基将其描述为"艺术"或"技艺"（*Soil mechanics arrived at the borderline between science and art. I use the term "art" to indicate mental processes leading to satisfactory results without the assistance of step-for-step logical reasoning.*）。

岩土工程技术服务（*geotechnical engineering services* 或 *geotechnical engineering consultancy activities* 或 *geotechnical engineers*）在国际也早已被确定为标准行业划分（SIC：*Standard Industry Classification*）中的一类专业技术服务，如联合国统计署的CPC86729、美国的871119/8711038、英国的M71129。以1979年的国际化调研为基础，由当年国家计委、建设部联合主导，我国于1986年开始正式"推行'岩土工程体制'"，其明确"岩土工程"应包括岩土工程勘察、岩土工程设计、岩土工程治理、岩土工程检测和岩土工程监理等与国际接轨的岩土工程技术服务内容。经过政府主管部门及行业协会30多年的不懈努力，我国市场化的岩土工程技术服务体系基本建立起来，其包括技术标准、企业资质、人员执业资格及相应的继续教育认定等，促使传统的工程勘察行业实现了服务能力和产品价值的巨大提升，"工程勘察行业"的内涵已发生了显著的变化，全行业（包括全国中央和地方的工程勘察单位、工程设计单位和科研院所）通过岩土工程技术服务体系，为社会提供了前所未有、十分广泛和更加深入的专业技术服务价值，创造了显著的经济效益、环境效益和社会效益，科技水平和解决复杂工程问题的能力获得大幅度的提升，满足了国家建设发展的时代需要。从这个角度，可以说伴随我国改革开放推行的"岩土工程体制"，是传统勘察设计行业在实现"供给侧结构性改革"的最大驱动力。

《岩土工程技术创新与实践丛书》所介绍的工作成果，是按照岩土工程的工作方法，基于前瞻性的分析和关键问题及技术标准的研究所获得的体系性的工作成果，对今后的岩土工程创新与实践具有重要的指导意义和借鉴的价值。

因此，由于岩土工程的地域、材料的变异性和施工质量控制的艰巨性，希望广大同仁针对新的需要（包括环境）继续开展基于工程实践的深入研究，不断丰富和完善岩土工程的技术体系以及市场管理体系。这些成果是岩土工程工作者通过科技创新和研究服务于社会可持续发展专项新需求的一个方面，岩土工程及环境岩土工程（*geo-environmental engineering*）在很多方面应当和必将发挥越来越大的作用，在满足社会可持续发展和客户日益增长新需求的进程中使命神圣、责任重大，正如由中国工程院土木、水利与建筑工程学部与深圳市人民政府主办、23位院士出席的"2018岩土工程师论坛"的大会共识所说："岩土工程是地下空间开发利用的基石，是保障21世纪我国资源、能源、生态安全可持续发展的重要基础领域之一；在认知岩土体继承性和岩土工程复杂多变性的基础上，新时期岩土工程师应创新理论体系、技术装备和工作方法，发展智能、生态、可持续岩土工程，服务国家战略和地区发展。"

　　《岩土工程技术创新与实践丛书》中的工作成果既是经过实际项目建设实践验证和考验的理论及方法的创新，也是时代背景下的岩土工程与其他科学技术的交叉融合，既为项目参与者提供基础认识，又为岩土工程领域专业人员提供研究思路、研究方法，同时也为工程建设实践提供了宝贵的经验。我相信有许多人和我一样，随着《岩土工程技术创新及实践丛书》的陆续出版，将会从中不断获得有价值的信息和收益。

中国勘察设计协会
副理事长兼工程勘察与岩土分会会长
中国土木工程学会
土力学及岩土工程分会副理事长
全国工程勘察设计大师
2018 年 12 月 28 日

前　言

钢筋以其抗拉强度高、具有良好的弹塑性、与混凝土配合良好的优势，被广泛应用于岩土锚固工程中。但生产钢筋所需要的铁矿石资源日渐枯竭，且其耐腐蚀性不强，影响其在腐蚀环境中的使用寿命和效果。因此人们尝试使用高性能纤维材料如玻璃纤维（GFRP）、碳纤维（CFRP）和芳纶（AFRP）及其复合筋材等新型材料替代钢筋应用到工程建设中。而玻璃纤维不耐碱、老化快、与混凝土的适配性差，所以自 20 世纪 60 年代以来，在土木建筑中较少使用玻璃纤维增强混凝土；碳纤维和芳纶的生产过程严重污染环境，加之产品价格一直居高不下，使其在土木工程领域中的应用受到极大的制约。

玄武岩纤维（Basalt Fiber）及其复合筋材（Basalt Fiber Reinforced Plastics）是以玄武岩纤维为增强材料，以合成树脂为基体材料，并掺入适量辅助剂，经拉挤工艺和特殊的表面处理方法形成的一种新型非金属复合材料。玄武岩纤维复合筋具有高强、轻质、耐碱、耐酸和耐自然元素腐蚀等优异的物理化学性质。同时，玄武岩纤维复合筋的热膨胀系数与混凝土相近，确保了筋材与混凝土的同步变形；加之由于该材料在纵向可连续生产，用于配筋混凝土构件可根据其长度需要进行连续配置，减少了钢筋配筋纵向焊接工序，大大提高了工程建设进度。

玄武岩纤维复合材料近年来不断受到重视，玄武岩纤维项目在 2001 年 6 月被列为中俄政府间科技合作项目，2002 年 5 月列入深圳市科技计划，2002 年 8 月被列为国家"863计划"，2004 年 5 月列入国家级火炬计划，2004 年 11 月列入国家科技型中小企业创新基金。玄武岩纤维复合筋（BFRP）相比钢筋，不仅具有强度高、质量轻等优点，且其筋材造价约节省 20％左右，随着复合筋规模化生产造价将逐步降低。目前玄武岩纤维复合筋材，主要应用于混凝土路面（桥面）的铺装工程中，且应用效果较为理想。若采用玄武岩纤维复合筋材作为锚固材料，能很好地解决岩土工程中钢筋的腐蚀问题，对结构的安全性和耐久性提供更好的保障。

近年来玄武岩纤维及其复合筋材在岩土工程中得到一定的试验应用。本书以室内试验为基础，结合大量的现场原位试验和测试，研究玄武岩纤维及其复合筋材在岩土工程中的工程性能及其适用性，研制复合筋材锚固应用配套配件，获取复合筋材代替或部分代替钢筋的工程特性及在岩土工程中应用的复合筋材代替或部分代替钢筋的设计计算方法以及锚固施工工艺等技术方法，并通过工程实践验证了在基坑工程、边坡工程、地下工程中应用玄武岩纤维及其复合筋替代部分钢筋的实践效果，充分发挥其经济及技术优势，彻底解决钢筋腐（锈）蚀问题，推广前景将十分可观。

本书的主要特色技术内容包括以下方面：

（一）相关资料表明，玄武岩纤维是以天然玄武岩拉制而成，是一种新型无机环保绿色高性能纤维材料，它是由二氧化硅、氧化铝、氧化钙、氧化镁、氧化铁和二氧化钛等氧化物组成的玄武岩石料在高温熔融后，通过漏板快速拉制而成的。玄武岩连续纤维不仅强度高，而且还具有耐腐蚀、耐高温等多种优异性能。此外，玄武岩纤维的生产工艺决定了产生的废弃物少，对环境污染小，且产品废弃后可直接在环境中降解，无任何危害，因而是一种名副其实的绿色、环保材料。本章详细介绍玄武岩纤维的工程性能与应用，包括玄武岩纤维生产工艺、玄武岩纤维特性、玄武岩纤维的分类以及玄武岩纤维制品在土木工程中的应用现状，旨在说明玄武岩纤维在土木工程中应用的突出优势。

（二）以实际工程为背景进行研究，在充分吸取国内外研究的成果上，通过理论分析和施工实践相结合，针对玄武岩纤维及其复合纤维喷射混凝土的力学及变形特征研究，结合已有的研究成果，进行玄武岩及其复合纤维喷射混凝土基本力学性能、韧性及抗折性试验，提出纤维喷射混凝土材料的强度、韧性、可施工性的技术指标及抗渗性能要求的规定。玄武岩纤维及其复合纤维喷射混凝土施工工艺及质量控制技术研究。

（三）以已有文献成果为基础上，就普通混凝土在当今工程建设中存在的问题进行讨论，指出了新型纤维-玄武岩纤维应用在混凝土中具有很多优势，通过合理设计高性能玄武岩纤维混凝土的配合比，深入研究不同长径比的玄武岩纤维在不同体积掺量下混凝土的力学性能以及在荷载作用下混凝土试件的破坏形态，探究玄武岩纤维对高性能混凝土的影响程度。在力学强度试验上，对纤维混凝土的耐久性、微观结构进行研究分析，从宏观与微观角度来研究纤维对高性能混凝土的作用机理，使研制的玄武岩纤维高性能混凝土这种新型复合建筑材料满足实际工程需要，通过新材料的开发及工程推广应用，创造良好的经济效益和社会效益。

（四）通过对厂家生产的改型玄武岩纤维复合筋材进行物理力学性能试验是必要的。通过试验得到改型玄武岩纤维复合筋材的强度参数，研究玄武岩纤维复合筋材的性质。包括物理性能、不同类型及尺寸规格的抗拉强度、抗变形性能、抗腐蚀性能、抗弯性能、蠕变松弛性能以及特殊性能等。

（五）以工程为背景，对BFRP筋材锚杆（索）的锚具和锚具的拉拔试验装置进行设计，通过室内试验（包括锚具性能试验和粘结剂适用性试验）得到锚具设计参数，现场拉拔试验得到BFRP筋材的极限抗拔力，通过现场测试，验证锚具效果，研究影响锚具性能的因素及其规律、锚具的粘结剂适用性能及其规律，并且通过锚具现场拉拔试验以工程应用效果监测，证明新型锚具适用性能，为BFRP筋材锚杆和锚索在岩土工程中的应用提供依据。

（六）对BFRP与水泥基类之间粘结性能试验。包括不同直径的筋材与不同型号的水泥基类之间的粘结性能。BFRP锚杆（索）支护设计，主要就是锚固参数的取值与施工工艺的确定。研究内容主要包括BFRP锚杆在岩土工程锚固中的设计方法、在岩土工程中BFRP锚杆（索）与钢筋锚杆（索）之间的受力对比研究及BFRP锚杆（索）的受力特性。BFRP锚杆（索）支护设计锚固参数主要通过室内试验的各项力学性能数据来得到，同时参照相对应的钢筋锚杆（索）边坡支护设计规范。施工工艺的确定通过室内锚具的设计与现场的施工设计来确定，由于纤维筋材的特殊性，必须使用特制的锚具。通过2个典型BRPP锚杆锚固工程（土质边坡和岩质边坡）的现场制作与监测试验，并进行钢筋锚杆（索）及BFRP锚杆（索）的对比试验，重点监测锚筋受力、坡体位移特征。

（七）玄武岩纤维复合筋作为一种新型的建筑材料，其工作性能并未完全探清，加之目前在工程应用中，玄武岩纤维复合筋的各项设计参数及计算理论还并不十分明确。为明确玄武岩纤维复合筋的各项设计参数与性能指标，采用试验研究的方式，有针对性地开展其物理化学性能试验、力学性能试验以及玄武岩纤维复合筋与混凝土配合性能试验研究，包括普通混凝土与复合筋配合、纤维混凝土与复合筋配合以及钢筋、复合筋混合等组合形式，为其性能及在实际运用中所需的各项设计参数及计算理论提供试验数据支撑和参考依据。

（八）通过相关试验可知，BFRP 筋是具有高抗拉强度、低弹性模量的线弹性脆性材料，因此 BFRP 筋材作为边坡支挡结构措施时，其受力破坏机理与钢筋构件并不完全相同。本章分别介绍 BFEP 筋材结构、锚杆支护设计方法、BFRP 筋材混凝土结构设计计算方法、BFRP 筋材土钉墙设计计算方法。

（九）通过 BFRP 筋材基本物理力学特性试验、BFRP 筋材与水泥基类粘结性能试验、BFRP 筋材连结与锚固特性试验、BFRP 筋材锚固现场试验等全方位、多角度的研究，对 BFRP 筋材作为岩土工程支挡与锚固结构构件的基本特性已悉数获得，并建立了系统完整的 BFRP 筋支护结构设计计算方法，著作者本着服务工程实践的原则，本章就上述成果进行实践转化，梳理出具有工程可操作性的 BFRP 筋施工控制标准，主要设计 BFRP 筋材锚杆（索）施工工艺、BFRP 筋材锚杆（索）检验与监测标准，以及 BFRP 筋材作为抗浮锚杆、混凝土支护桩受力筋时工程施工要点。

（十）以实体工程为例，分别开展 BFRP 筋材混凝土支护桩、BFRP 筋材锚索两种常规支护体系在基坑工程中的应用效果实践，为此类工程提供相关经验。

（十一）通过具体边坡试验，探讨 BFRP 筋材锚杆（索）支挡结构的支护效果。工程边坡分别为土质边坡和岩质边坡，分别从场地稳定性评价、锚杆支护设计、锚杆施工、锚固效果监测、锚固效果评价 5 个部分对 BFRP 筋材锚杆（索）支挡结构效果进行说明，为 BFRP 筋材作为锚杆（索）类支挡结构提供工程经验。

（十二）玄武岩纤维在土木工程领域的应用除了在边坡工程、基坑工程中有应用实践外，在基础工程抗浮领域、隧道加固工程衬砌施工领域均有相应的应用和实践。本章主要介绍 BFRP 筋材抗浮锚杆在基础工程中的应用、玄武岩纤维喷射混凝土在既有隧道加固中的应用，用以说明玄武岩纤维及其筋材在土木工程领域应用的优势，给相关工程提供实践经验和工程指导。

（十三）展示了研究团队基于试验和现场测试取得的部分有代表性的科研成果，包括论文、专利及施工工艺。

参与本书编写的还有中国建筑西南勘察设计研究有限公司陈继彬博士，颜光辉、代东涛、贾鹏、黎鸿、杨致远、崔同建等高级工程师，苟波、魏建贵、罗益斌、纪智超和钟静工程师，西南交通大学谢强教授、郭永春教授及其研究团队。

在本书编写过程中，还得特别感谢西南交通大学王志杰教授及其研究生团队、黄骏教授及其研究生团队，感谢他们无私贡献他们的试验及研究成果。

感谢本书选用资料的作者，由于你们的宽宏允许本书内容才得以完整。

中国勘察设计协会副理事长、中国土木工程学会土力学及岩土工程分会副理事长、全国工程勘察设计大师沈小克先生同意为本书作序，是作者们的莫大荣幸，并得到了极大的鼓励。

借此机会，向付出艰辛劳动的参编人员和提供基础材料及工作成果的全体同事致以崇高的敬意和衷心的感谢！

著者

2019 年 10 月

目　录

第1章 绪 论

1.1 概述

钢筋以其抗拉强度高、具有良好的弹塑性、与混凝土配合良好的优势，被广泛应用于岩土锚固工程中。但生产钢筋所需要的铁矿石资源日渐枯竭，且其耐腐蚀性较差，在腐蚀环境中大大影响锚固结构的使用寿命和效果。因此人们尝试使用新材料替代钢筋应用到工程建设中，常用于土木工程中混凝土增强的高性能纤维材料有玻璃纤维、碳纤维和芳纶及其复合筋材。玻璃纤维不耐碱、老化快、与混凝土的适配性差，所以自20世纪60年代以来，在土木工程建筑中较少使用玻璃纤维增强混凝土。碳纤维和芳纶的生产过程严重污染环境，加之产品价格一直居高不下，使其在土木工程领域中的应用受到极大的制约。

传统的钢筋混凝土结构处于极端环境下极易引起钢筋锈蚀，导致混凝土顺筋开裂、钢筋与混凝土间握裹力下降、钢筋截面损失与腐蚀断裂等，严重影响混凝土结构的耐久性和适用性，甚至导致结构承载力的降低而发生安全事故。美国学者 P. K. Mehta 教授指出：混凝土结构破坏原因按递减顺序排列：钢筋锈蚀、冻害、侵蚀环境中的物理化学作用。尽管世界各国的学者多年来做出了很大努力，但是这一问题一直没有得到很好地解决。根据美国土木工程师学会2009年报告：美国约60万座桥梁中，26%需要维修、加固，为此需要每年投入170亿美元；未来5年美国需要在维修加固基础设施上投入2.2万亿美元。美国 FHWA 提供数据表明：600905座桥梁中，26.9%桥梁有结构或功能缺陷，今后50年每年需投资170亿美元维修加固。目前我国基础设施维护成本已达30亿元。钢材锈蚀是导致结构性能劣化的主要原因，FRP 筋（fiber reinforced polymer rebar，纤维增强聚合物筋）是目前被认为能够替代钢材以有效解决钢筋腐蚀问题、实现长寿命和高性能的结构材料。FRP 筋是一种由纤维加筋、树脂母体和一些添加料制成的复合材料。根据纤维的种类，它可分为 BFRP 筋（basalt fiber reinforced polymer，玄武岩纤维增强塑料筋）、CFRP 筋（carbon fiber reinforced polymer，碳纤维增强塑料筋）、AFRP 筋（aramid fiber reinforced polymer，芳纶纤维增强塑料筋）、GFRP 筋（Glass Fiber Reinforced Polymer，玻璃纤维增强塑料筋）。

FRP 筋具有强度高、质量轻、抗腐蚀、低松弛、易加工、较高的抗疲劳强度、弹性自恢复性等诸多优良的特性，是目前唯一被认为能够替代钢材，解决腐蚀问题及实现长寿命和高性能的结构材料。然而，由于碳纤维原丝的价格不断上涨，使得其在土木工程中的应用受到极大的限制。另一方面，对于工程结构加固而言，大部分玻璃纤维的性能还不能满足要求，尤其在耐碱性方面，玻璃纤维与混凝土的适配性很差，导致玻璃纤维在土木工程中不能像碳纤维那样广泛应用。芳纶纤维与碳纤维类似，但由于芳纶纤维的性能与价格还没有被业内广泛接受，芳纶纤维的使用范围受到限制。玄武岩纤维 BF（Basalt Fiber）具有良好的力学性能、优良的耐高温性能（可在－269℃～700℃范围内工作）、稳定的化学性能（尤其是耐一碱性方面）、良好的绝缘性能，这些都是其成为碳纤维的低成本代替品的前提条件。各国学者对玄武岩纤维的研究和应用也将会越来越广泛。

玄武岩纤维（Basalt Fiber）及其复合筋材（Basalt Fiber Reinforced Plastics，简称 BFRP）是以玄武岩纤维为增强材料，以合成树脂为基体材料，并掺入适量辅助剂，经拉挤工艺和特殊的表面处理方法形成的一种新型非金属复合材料。BFRP 筋具有高强、轻质、耐碱、耐酸和耐自然元素腐蚀等优异的物理化学性质。同时，BFRP 筋的热膨胀系数与混凝土相近，确保了筋材与混凝土的同步变形；加之由于该材料在纵向可连续生产，用于配筋混凝土构件可根据其长度需要进行连续配置，减少了钢筋配筋纵向焊接工序，大大提高了工程建设进度。

BFRP 材料近年来不断受到重视，玄武岩纤维项目在 2001 年 6 月被列为中俄政府间科技合作项目，2002 年 5 月列入深圳市科技计划，2002 年 8 月被列为国家 863 计划，2004年 5 月列入国家级火炬计划，2004 年 11 月列入国家科技型中小企业创新基金。BFRP 筋相比钢筋，不仅具有强度高、质量轻等优点，且其筋材造价约节省 20％左右，随着复合筋规模化生产，造价将逐步降低。目前 BFRP 筋材，主要应用于混凝土路面（桥面）的铺装工程中，且应用效果较为理想。若采用 BFRP 筋材作为锚固材料，能很好地解决岩土工程中钢筋的腐蚀问题，对结构的安全性和耐久性提供更好的保障。

近年来 BFRP 筋在岩土工程中得到一定的试验应用。本书以室内试验为基础，结合大量的现场原位试验和测试，研究玄武岩纤维及其复合材料在岩土工程中的工程性能及其适用性，研制复合筋材锚固应用配套配件，获取复合筋材代替或部分代替钢筋的工程特性及在岩土工程中应用的复合筋材代替或部分代替钢筋的设计计算方法以及锚固工艺等提出技术方案，并通过工程实践验证了在基坑工程、边坡工程、抗浮工程中应用 BFRP 替代部分钢筋的实践效果，充分发挥其经济及技术优势，彻底解决钢筋腐（锈）蚀问题，推广前景将十分可观。

1.2　土木工程中纤维材料及应用

复合纤维增强塑料筋（Fiber Reinforced Polymer，简称 FRP）由高性能纤维和树脂基体材料组成，根据纤维种类的不同，可分为玻璃纤维增强塑料筋（GFRP 筋）和玄武岩纤维增强塑料筋（BFRP 筋），与钢筋相比，FRP 具有低松弛性、耐腐蚀、轻质、高强等优良特性，非常适合用作锚杆拉筋，用在各类锚固工程可有效解决传统钢材锚杆容易锈蚀问题。

目前在土木工程中经常用到的新型纤维材料主要有四种：

1. 玻璃纤维（Glass Fiber）

玻璃纤维是一种性能优异的无机非金属材料，优点是绝缘性好、耐热性强、抗腐蚀性好，机械强度高，但缺点是性脆，耐磨性较差。它是叶蜡石、石英砂、石灰石、白云石、硼钙石、硼镁石等七种矿石为原料经高温熔制、拉丝、络纱、织布等工艺制造而成，每束纤维原丝都由数百根甚至上千根单丝组成。玻璃纤维筋 FRP 由高性能纤维与合成树脂基体、固化剂采用适当的成型工艺所形成的材料。

玻璃纤维复合材料（简称 GFRP），其之所以被开发利用出来主要是因为其具有：制作的成本比较低价、与此同时具有较高的强度和绝缘性能比较优异。但是相应的也存在一些缺点：热稳定性能不足、耐高温性能不足，如在潮湿的环境下、碱性强度比较高的环境下，长期承受荷载冲击的环境下等特定环境下的抗碱性能不是很好。

2. 碳纤维（Carbon Fiber）

碳纤维是一种含碳量在 95% 以上的高强度、高模量纤维的新型纤维材料。碳纤维在 1959 年首次面世，它是由片状石墨微晶等有机纤维沿纤维轴向方向堆砌而成，经碳化及石墨化处理而得到的微晶石墨材料。碳纤维"外柔内刚"，具有许多优良性能，质量比金属铝轻，但强度却高于钢铁，轴向强度和模量高，密度低，比性能高，无蠕变，非氧化环境下耐超高温，耐疲劳性好，比热及导电性介于非金属和金属之间，热膨胀系数小且具有各向异性，耐腐蚀性好，X 射线透过性好，良好的导电导热性能、电磁屏蔽性好等。碳纤维与传统的玻璃纤维相比，杨氏模量是其 3 倍多；它与凯夫拉纤维相比，杨氏模量是其 2 倍左右，在有机溶剂、酸、碱中不溶不胀，耐蚀性突出。

碳纤维增强复合材料（Carbon Fiber Reinforced Polymer/Plastic，简称 CFRP），主要优点在于，在碱性环境，潮湿环境下等不利的环境条件下，耐腐蚀性能比较优异。但是不足的地方在于极限延伸率相对来说比较小，并且碳纤维的价钱非常昂贵，主要依赖进口。

3. 芳纶（Nomex，苯二甲酰苯二胺）

芳纶是以芳香族化合物为原料经缩聚纺丝制得的合成纤维。它具有超高强、高弹性模量（比玻璃纤维的弹性模量高而比碳纤维的弹性模量低）、耐高温和比重轻等特性；具有良好的抗冲击和耐疲劳性能，有良好的介电性和化学稳定性，耐有机溶剂、燃料、有机酸及稀浓度的强酸、强碱，耐屈折性和加工性能好等特性；同时还具有良好的树脂浸渍性。构成芳纶纤维的种类有两种，即聚对苯二甲酰、对苯二胺纤维和聚间苯二甲酰间苯二胺纤维。芳纶纤维是以工业化的高性能增强纤维中唯一的有机纤维，也是高性能复合材料中用量仅次于碳纤维的另一种使用最多的增强纤维。芳纶纤维与碳纤维相比，密度小，拉伸强度下降在 20% 左右，而断裂伸长率则提高 60% 以上。芳纶纤维的抗冲击和耐疲劳性能要大大优于碳纤维，在耐火性能、耐腐蚀方面亦要好于碳纤维。芳纶纤维复合材料在对构件韧性和延性要求高的抗震结构、抗冲击和耐疲劳、防火、耐腐蚀方面要求高的工程结构的应用，比碳纤维复合材料有较大的优越性。

芳纶纤维的产品形态包含有捻纱、无捻粗纱、布、带、毡以及短切原丝等，芳纶纤维复合材料主要有纤维与纤维缠绕复合材料和纤维与树脂或橡胶复合材料两类。通常，与芳纶纤维匹配的纤维有碳纤维、锦纶纤维和钢丝等，与芳纶纤维匹配的树脂有环氧树脂、酚醛树脂、不饱和聚酯树脂、乙烯基酯树脂、聚酰亚胺树脂和聚对苯二甲酸丁二酯等。在建筑领域，芳纶纤维可以作为骨架材料替代钢筋，用于桥梁、幕墙、道路等中，从而降低飓风和地震等自然灾害对这些工程结构的危害。如日本阪神大地震后，采用芳纶纤维增强材料修复建筑物，使其抗震能力提高约 10 倍；羽田国际机场的混凝土路面采用碳纤维和芳纶筋纤维进行加固。芳纶纤维虽然有很多的优点，但是其存在价格昂贵、耐压缩疲劳性能差、不易粘合等问题，制约了其广泛应用。

上述的三种新型 FRP 材料虽然相比于普通钢筋在力学性能上都有一些改进，但是同样存在着一些无法忽视的缺点，还没有达到人们的理想预期。所以现阶段还需要研制开发出一种新型材料，来保证价格低价，在可承受的范围之内的价格且具有一定独特力学性能的新型 FRP 材料，以此用来作用在混凝土结构中。

4. 玄武岩纤维材料（BFRP）

1840 年，英国发明了玄武岩为主要原料生产的岩棉。1922 年在美国专利（OS1438428）中出现由法国人 Paul 提出玄武岩纤维制造技术。20 世纪 50 年代初期，德国、捷克和波兰等东欧国家以玄武岩为原料，采用离心法生产出了纤维平均直径为 $25\mu m \sim 30\mu m$ 的玄武岩棉。随后，60 年代初期，美国、苏联、德国等大力发展垂直立吹法生产工艺，使玄武岩棉产量迅速增长。

玄武岩纤维：以天然玄武岩拉制的连续纤维。是玄武岩石料在 $1450℃ \sim 1500℃$ 熔融后，通过铂铑合金拉丝漏板高速拉制而成的连续纤维。纯天然玄武岩纤维的颜色一般为褐色，有金属光泽。玄武岩纤维是一种新型无机环保绿色高性能纤维材料，它是由二氧化硅、氧化铝、氧化钙、氧化镁、氧化铁和二氧化钛等氧化物组成。玄武岩连续纤维不仅强度高，而且还具有电绝缘、耐腐蚀、耐高温等多种优异性能。此外，玄武岩纤维的生产工艺决定了产生的废弃物少，对环境污染小，且产品废弃后可直接在环境中降解，无任何危害，因此是一种名副其实的绿色、环保材料。我国已把玄武岩纤维列为重点发展的四大纤维（碳纤维、芳纶、超高分子量聚乙烯、玄武岩纤维）之一，实现了工业化生产。玄武岩连续纤维已在纤维增强复合材料、摩擦材料、造船材料、隔热材料、汽车行业、高温过滤织物以及防护领域等多个方面得到了广泛的应用。

1.3　玄武岩纤维及其复合筋研究及工程应用现状

玄武岩纤维于 1953～1954 年由苏联莫斯科玻璃和塑料研究院开发出。苏联早在 20 世纪 60～70 年代就致力于连续玄武岩纤维的研究工作，乌克兰建筑材料工业部设立了专门的绝热隔音材料科研生产联合体，主要任务是研制玄武岩纤维及其制品制备工艺的生产线。联合体的科研实验室于 1972 年开始研制制备玄武岩纤维，曾经研制出 20 多种玄武岩纤维制品的生产工艺。1973 年，苏联新闻机构报道了有关玄武岩纤维材料在其国内广泛应用的情况。1985 年在苏联的乌克兰率先实现工业化生产，产品全部用于苏联国防军工和航天、航空领域。

1991 年苏联解体后，此项目开始公开，并用于民用项目。当时连续玄武岩主要研发及生产基地在俄罗斯及乌克兰两个国家。苏联的解体，客观上影响了玄武岩纤维的推广应用，但是，由于玄武岩纤维具有有别于碳纤维、芳纶、超高分子量聚乙烯纤维的一系列优异性能，而且性价比好，引起了美国、欧盟等国防军工领域的高度重视。

我国自 20 世纪 70 年代起，就已开展对玄武岩纤维的研究。2001 年哈尔滨工业大学组建了专门的研究队伍致力于玄武岩纤维制备技术的研发。2002 年，我国正式将连续玄武岩纤维列入国家"863 计划"，经过两年的技术开发，取得了以纯天然玄武岩为原料生产连续玄武岩纤维的研发成果，并成功实现了工业化生产。2004 年哈尔滨工业大学深圳研究院与成都航天万欣科技有限公司组建了成都航天拓鑫科技有限公司，进一步研究改进玄武岩连续纤维制造设备功能，开发出玄武岩纤维终端产品。

顾兴宇等采用引伸计和光纤 2 种应变测试方法对其基本力学性能进行了研究：玄武岩纤维复合筋材的应力-应变曲线为直线；玄武岩纤维复合筋材的抗拉弹性模量仅为钢筋的23%，用光纤应变检测的玄武岩纤维复合筋材的抗拉弹性模量比用引伸计应变检测的高12.3%；玄武岩纤维复合筋材的抗拉弹性模量随直径增大逐渐降低；掺杂钢丝可以显著提高玄武岩纤维复合筋材的抗拉弹性模量。

霍宝荣等进行玄武岩纤维复合筋材拉伸试验，结果玄武岩纤维复合筋材拉力-变形关系破坏前呈直线，参考钢筋钢丝或钢绞线，可以近似取玄武岩纤维复合筋材的可靠强度为其极限抗拉强度的 80%。玄武岩纤维复合筋材的抗拉弹性模量主要与玄武岩纤维的含量有关，玄武岩纤维含量越高，玄武岩纤维复合筋材的抗拉弹性模量越大；玄武岩纤维复合筋材直径越大，玄武岩纤维含量越高，故抗拉弹性模量随直径增大而增大．结论与钢筋相比，玄武岩纤维复合筋材在抗拉强度、耐腐蚀等方面具有明显的优势，把玄武岩纤维复合筋材作为混凝土结构抗拉增强材料是可行的。

《公路工程　玄武岩纤维及其制品第 4 部分：玄武岩纤维复合筋》JT/T 776.4—2010给出了厂家生产的玄武岩纤维复合筋材基本物理力学性能应满足的要求，其中拉伸强度 $\geqslant$750MPa，拉伸弹性模量 $\geqslant 40 \times 10^3$MPa。《结构加固修复用玄武岩纤维复合材料》GB/T26745—2011 要求玄武岩纤维复合筋材的拉伸强度 $\geqslant$800MPa，拉伸弹性模量 $\geqslant 40 \times 10^3$MPa。

王明超、张志春、吴敬宇等研究得到玄武岩纤维及其复合材料都有很好的耐水及耐碱性能，在室温下，强碱溶液与蒸馏水对玄武岩纤维复合筋材的拉伸强度与模量影响较小。

ElRefai 等研究得到玄武岩纤维复合筋材在钢楔锚固系统中的耐腐蚀性和耐久性都优于 GFRP 筋、CFRP 筋。

Altalmas 等研究得到玄武岩纤维复合筋材在腐蚀条件下与混凝土的粘结强度损失率小于 GFRP 筋。

宋洋等通过 6 根玄武岩纤维复合筋材混凝土梁的受弯试验得出：玄武岩纤维复合筋材混凝土梁开裂弯矩主要取决于混凝土抗拉强度，极限承载力在一定范围内随配筋率的增大而提高，构件没有明显的屈服荷载且挠度值明显大于普通钢筋混凝土梁，裂缝宽度变化规律受混凝土强度、配筋率等因素影响显著。

李炳宏等进行了 3 根玄武岩纤维复合筋材混凝土梁的三点静载试验，认为：玄武岩纤维复合筋材混凝土梁均发生脆性破坏，不同配筋率的玄武岩纤维复合筋材混凝土梁的开裂荷载基本一致，玄武岩纤维复合筋材混凝土梁抗弯承载力随配筋率增大而增大，构件梁开裂前后荷载挠度曲线发生明显转折，提出了一种通过允许挠度确定最小配筋率的受弯构件设计方法。

吴芳通过拉拔试验研究了玄武岩纤维复合筋材与混凝土之间的粘结锚固性能以及粘结滑移本构关系，并与 GFRP 筋、变形钢筋的粘结性能进行了对比分析。沈新等运用 18 个中心拉拔试件研究了不同螺纹表面玄武岩纤维筋与混凝土之间的粘结性能。张绍逸通过正交试验，对玄武岩纤维复合筋材与混凝土的粘结锚固性能的影响因素进行分析研究。

Wang、Hailong 通过玄武岩纤维复合筋材的拉拔试验，研究筋材直径、埋置深度、覆盖层厚度以及锚固基质材料对玄武岩纤维复合筋材与基质材料的粘结性能。

郑劲东等对连续玄武岩纤维增强树脂基复合材料在不同应力水平下的长期力学行为进行研究。研究得出复合材料试样的蠕变曲线分为两个阶段：减速蠕变阶段和稳态蠕变阶段，蠕变过程是一个蠕变速率由大到小，最后趋于恒定的过程。同一类试样，它的蠕变与承受的应力大小有关，应力越大，蠕变越大，达到稳态阶段时间越长。弯曲载荷为 100MPa、200MPa、300MPa 下，弯曲蠕变量分别为 0.14mm、0.35mm、0.45mm，CBF 复合材料抗蠕变性能优异。

前人通过试验得到的玄武岩纤维复合筋材抗拉强度、弹性模量、与混凝土的粘结强度数值不尽相同，得到的弹模的尺寸效应规律相反。这主要是由于研究者所采用的试验筋材的 BF 含量不一致，此外试验方法、试验器材的不同也会影响试验结果。

通过玄武岩纤维复合筋材的物化性能试验研究，可知玄武岩纤维复合筋材抗拉强度高、弹模较低、质量轻、耐腐蚀、与混凝土粘结性能较好、拉伸应力-应变曲线破坏前呈直线、为脆性材料。

目前关于玄武岩纤维复合筋材作为支护结构的实际应用研究较少，研究比较多的是通过室内模型试验、有限元分析研究玄武岩纤维复合筋材混凝土梁和玄武岩纤维复合筋材水泥路面的应用效果，关于玄武岩纤维复合筋材锚杆（索）、桩、板的应用研究基本没有。

李炳宏等制作了 6 根配置 BFRP 连续螺旋箍筋的混凝土梁和 2 根配置矩形连续螺旋钢箍的对比混凝土梁。通过试验，得出了 BFRP 连续螺旋箍筋混凝土梁的抗剪性能，分析了配箍率、剪跨比和纵筋率等因素对构件抗剪性能的影响：构件的受剪破坏模式分为斜拉破坏和斜压破坏两种类型；在不同的受剪破坏模式下，斜裂缝形态箍筋应变和构件变形等都存在明显差异；构件的抗剪承载力受配箍率、剪跨比和纵筋率等因素的影响比较明显。

李宏兵通过设计 5 根梁的加固方案，对 BFRP 加固钢筋混凝土梁进行试验研究，并在试验研究的基础上，以 ANSYS 为平台建立加固梁的有限元模型进行数值模拟。对不同加固梁的受力性能，包括弯曲刚度、裂缝发展情况、延性和极限承载力等进行了对比分析，确定了 BFRP 粘贴宽度、锚固措施、加固量等对加固效果的影响。

林锋等通过改变配箍率、纵筋率和剪跨比等条件，设计了 6 根采用 BFRP 连续螺旋箍筋的混凝土简支梁。在构件跨中作用集中荷载，加载至构件发生剪切破坏。在试验研究的基础上，将各国规范中抗剪计算公式对 6 根梁的抗剪承载力的计算结果和试验所得抗剪承载力进行比较，探讨对 BFRP 螺旋箍筋混凝土梁抗剪承载力计算相对精确的公式。

甘怡等进行了 3 根先张有粘结预应力玄武岩纤维复合筋材混凝土梁，1 根非预应力玄武岩纤维复合筋材混凝土梁的受弯性能对比试验，分析了试验梁受力过程及破坏形态、平截面假定情况、特征荷载值、荷载-挠度关系、裂缝发展情况、延性指标，初步探讨给出了玄武岩纤维复合筋材混凝土构件的挠跨比限值，对比分析了预应力与非预应力玄武岩纤维复合筋材混凝土梁受弯工作性能。

霍宝荣等为研究 BFRP 作为混凝土结构增强材料替代钢筋的设计与应用。根据玄武岩纤维复合筋材的力学特性，结合钢筋混凝土受弯构件的基本理论，基于有限元结构计算方法，借助 ADINA 计算机程序对 BFRP 加筋混凝土简支梁抗弯性能进行有限元分析。

籍建云等通过张石高速连续玄武岩纤维筋配筋水泥混凝土路面试验路的施工，系统总结了玄武岩纤维筋这种新型材料在路面中的应用技术，包括其配筋设计、端部锚固设计、筋材网的施工等。通过对试验路使用性能的观测，该路面目前与常规的连续配筋路面并无二致，验证了玄武岩纤维筋在连续配筋路面中应用的可行性。

姜杉利用有限元软件对设有传力杆的水泥混凝土路面进行三维有限元数值模拟，分析传力杆采用不同直径、长度、布置间距的情况下，水泥路面板的力学响应；研究传力杆与混凝土界面间不同的接触特性对接缝传递能力以及路面板受力的影响；研究设传力杆接缝在车轮荷载作用下的传荷能力有关规律，分析传力杆的路用性能及其与水泥混凝土路面间的接触应力。

综上可见，关于玄武岩纤维复合材料岩土锚固性能的研究刚刚起步，尚未系统及深入。

随着我国连续玄武岩纤维的批量生产，这种材料开始引入土木工程领域，并且在该行业掀起新的波澜。近年来玄武岩纤维在土木工程领域的应用主要体现在以下几个方面：

（1）纤维增强混凝土方面。利用玄武岩纤维强度高的特点，将短切玄武岩纤维按一定体积比掺入到混凝土中，冲击压缩试验的结果表明：在冲击荷载作用下玄武岩纤维混凝土表现出明显的增强效果。

（2）建筑结构加固、修复方面。用纤维织物对结构进行加固补强是多年来结构加固领域较为成熟的做法。目前常用的加固材料主要是碳纤维和芳纶纤维，然而这两种纤维成本均相对较高。随着玄武岩纤维材料的出现，尤其是其具有高强、高弹模的特点，一经发现，便极具竞争力，成为纤维材料补强首选的替代品。

（3）道路施工方面。土工格栅是路基里常用的一种增强材料，特殊的用途要求其具有高强度、高弹模、强耐久性等特点。现有的土工格栅常采用玻璃纤维，已有的研究表明，玄武岩纤维的基本力学性能优于玻璃纤维，相对而言其更适合于在此方面使用。

（4）防火隔热方面。目前国内企业已生产出玄武岩纤维防火材料：玄武岩纤维防火布、防火板等，可用于制作防火门、防火墙、电缆通道等。

（5）防渗抗裂方面。来自于国家水泥混凝土制品质量监督检验中心的报告指出，玄武岩纤维属于硅酸盐纤维，其与水泥混凝土和砂浆混合时易分散，使得新拌混凝土的和易性好，耐久性好，因而具有优越的防渗抗裂性能。独特的性能使其在水利工程、海洋工程、房屋建筑工程的防水工程里获得了广泛的应用。

1.4　问题的提出

在日常的工作生活环境下不难发现，人们常居住的楼房、办公的写字楼以及生活中的建筑物基本上还是采用最普通的钢筋混凝土建筑。该种钢筋混凝土结构之所以能长久不衰，能从古到今一直被人们开发以及运用到生活之中，是有着其道理的。首先建筑物一定要有很高的强度，而这两种材料能够很好的契合这一点。钢混结构能够充分的发挥钢筋的抗拉性能以及混凝土的抗压强度，将两种材料的优点充分发挥。然而随着时间不断的流逝，人们面临着一个新的问题，那就是钢筋在漫长的时间之中，受到了外部恶劣环境的侵蚀，材料发生了腐蚀破坏。这种破坏的产生会大大缩短建筑物的使用年限，严重甚至可能会导致建筑物的倒塌。这一情况的产生对钢筋结构的稳定性产生了严重的影响，可能会导致人民的生命安全受到威胁。

为了对受损建筑钢筋进行维修、修护，国家不仅会消耗大量财力还会浪费大量的时间用于修复。美国国内大约有 50 万座桥梁，其中大约有 10 万座的桥梁具有严重的钢筋腐蚀问题，需要花费大量的财力用来维修；英国需要重新建造或者需要替换的钢筋大约占总比重的 1/3 以上；在日本仅仅是目前已知的就有大约 177 座桥梁和 672 座房屋因为钢筋锈蚀的问题受到了不同程度的损坏。在当今建筑环境下，钢筋锈蚀这一危害已经成为需要人们去攻克的一大难题。

综合上述所说，钢筋混凝土结构已经越来越不能满足时代的要求，尽管现阶段有钢结构、砌体结构、玻璃幕墙结构等各种结构，但是研制新型材料用作替代钢筋在建筑物结构中，仍然是一个至今仍然没有被完全实现的课题。

玄武岩纤维虽然是一种绿色环保的高性能纤维，但是一些因素的存在限制了它的发展，使其在高端领域的大规模应用受到限制。发展过程中可能会遇到的问题大致概括几方面：

（1）如果想要得到强度符合要求、各项化学性能优异的混凝土材料，使其能够满足实际建设施工的要求，大概可能会需要从材料研制以及在应用各种混凝土外加剂方面着手，这是一个突破口。

（2）因为钢筋混凝土结构存在问题的根本原因在于腐蚀性，在不利的环境因素下会被腐蚀，从而使得结构失去稳定性，从而造成损害。在这种情况下寻找一种具有良好抗腐蚀性能、耐腐蚀性能好的配筋材料用来替代建筑物中的钢筋，淘汰掉低强度钢筋，使得建筑物的稳定性能得到提高，受锈蚀破坏的程度得到减小。这种情况下寻找新型材料就成了一种必不可少的条件，也是当今社会建筑施工方面的一个总体趋势。

（3）因为现有的建筑物大多都是钢筋混凝土结构，有很多建筑物都已经存在着这样那样的问题，需要进行维修、养护。对受破坏的建筑结构进行修补工作需要用到新型材料，需要使得维修之后的建筑结构的承载能力大大提高，并且施工的过程需要方便快捷，这样会节省大量的时间精力，同时要使得建筑结构具有足够好的耐久性，这样会节省大量的财力精力，不会使其浪费在维修建筑结构上。

（4）标准化问题，出现在市场的玄武岩纤维产品种类繁多，但是标准缺失严重，没有相应标准对产品进行规范。目前玄武岩虽然有一些标准出台，但是制定标准的归口单位太多，没有成立专业玄武岩标准制定组织，影响工作效率；已经出台的标准数量少，领域涉及不广泛，尚未形成一套完整的标准体系；玄武岩纤维的产业化应用需要相应跨行业标准的制定，目前虽然已经有玄武岩复合材料在建筑、道路等领域的标准，但这远远不够，高端产业用玄武岩纤维复合材料的标准化需要继续推进。

（5）现在的社会环境，人们越来越注重环保问题，保护环境已经成为一个重要的事情对于人们来说，建筑施工也是同样如此，从可持续发展的角度出发，使得废弃的混凝土材料能够得到充分的利用，变废为宝，使材料能够充分发挥它们的性能。

1.5 本章小结

传统的钢筋混凝土结构处于极端环境下极易引起钢筋锈蚀，导致混凝土顺筋开裂、钢筋与混凝土间握裹力下降、钢筋截面损失与腐蚀断裂等，严重影响混凝土结构的耐久性和适用性，甚至导致结构承载力的降低而发生安全事故。尽管世界各国的学者多年来做出了很大努力，但是这一问题一直没有得到很好地解决。

　　玄武岩纤维是一种新型无机环保绿色高性能纤维材料，不仅强度高，而且还具有电绝缘、耐腐蚀、耐高温等多种优异性能。玄武岩纤维的生产工艺决定了产生的废弃物少，对环境污染小，且产品废弃后可直接在环境中降解，无任何危害，因此是一种绿色、环保材料。玄武岩连续纤维已在纤维增强复合材料、摩擦材料、造船材料、隔热材料、汽车行业、高温过滤织物以及防护领域等多个方面得到了广泛的应用。有必要对包括玄武岩纤维及其复合筋材基本性能、玄武岩纤维及其复合筋材工程性能及其水泥基材料构件的工程性能、BFRP 筋材连结与锚固性能、BFRP 筋材锚固性能、BFRP 筋材支护结构设计计算方法、BFRP 筋材支护技术标准以及基坑、边坡以及基础工程应用进行深入的实践研究。

第2章 玄武岩纤维工程性能与应用

2.1 概述

2017 年世界主要纤维的产量为 9371 万吨，较 2016 年增长 6%。其中，化学纤维产量为 6694 万吨，比 2016 年增长 4%。我国化学纤维继续领跑，增长 5%，其中聚酯纤维增长 5%，聚酰胺纤维增长 6%。

2.1.1 工程用纤维

（1）合成纤维

按材质分，建筑与土木工程用合成纤维常见的有：聚酯纤维、聚丙烯纤维、聚乙烯醇纤维、聚酰胺纤维等。

1）聚酯纤维。聚酯纤维俗称涤纶，是以聚酯为原料通过高速喷丝、拉伸成形而制成的合成纤维。聚酯纤维表面经过亲油、抗静电等工艺处理后，采用机械、化学黏合、热黏合等工艺生产的非织造土工布广泛应用于路基、海堤水岸等建筑施工领域，市场占有率大。常见的包括经编涤纶格栅、经编涤纶复合土工膜，主要适用于公路路面铺装罩面、冷补、灌缝等或桥面铺装改装等。

2）聚丙烯纤维。聚丙烯纤维由聚丙烯树脂经过熔融纺丝、表面改性处理等工序加工而成，密度较小，仅为 $0.92g/cm^3$，可分为网状纤维、束状纤维和聚丙烯粗纤。由于制备工艺简单、成本低、性能优良，因此在土木工程中应用最为广泛，可用于土工布及建筑抢修抢建增强材料、桥梁路面工程及大型民用建筑中。聚丙烯长丝针刺土工布可用于机场建设、高铁无砟轨道、路面防裂层、生态护坡、垃圾场填埋的工程建设中。用聚丙烯短纤维制备的喷射混凝土，其回弹率低，让压效果明显，分散均匀。掺入聚丙烯纤维能有效地提高混凝土的抗裂性、抗冲击性、抗冻性能，改善混凝土的抗疲劳特性，但对其抗拉、抗折强度提高不明显。

3）聚酰胺纤维。我国商品名称为锦纶，是由聚酰胺树脂采用熔融纺丝而成，纤维截面为圆形，密度 $1.15g/cm^3$，回潮率为合成纤维中最高。聚酰胺纤维可以分为纺织长丝、短纤维、工业用丝和地毯丝，常见有锦纶 6 和锦纶 66 两种。对锦纶改性研制出的阻燃纤维，其极限氧指数为 28%，可用于建筑装饰用阻燃材料，如装饰壁纸、阻燃板材等。

4）聚乙烯醇纤维。俗称维纶，是以聚乙烯醇为原料，经干法、湿法纺丝制得。纤维强度大、模量高、分散性好，与水泥基体材料亲和力和结合性强，且无毒无害，是最有发展前景的绿色环保材料之一。高强高模聚乙烯醇纤维可用来增强建筑混凝土，如制作屋顶瓦片、轻质装饰性墙板、室内吊顶等。在混凝土试件中掺入一定量合适长度的聚乙烯醇纤维，其抗冲击性有所提升。掺加了聚乙烯醇纤维的混凝土的抗拉抗压、抗疲劳性能均有不同程度的提高。

（2）无机纤维

1）玻璃纤维。玻璃纤维以废旧玻璃为原料，经高温熔融拉丝等工艺制造而成。其主要成分含 SiO_2、CaO、Al_2O_3、MgO、B_2O_3 等，按照组分分为无碱、中碱、高碱三种，是复合材料增强基材中用量最大、应用最广的无机非金属材料，在交通、建筑等领域有着广泛的应用，主要产品为玻璃纤维增强混凝土、玻璃钢、建筑防水材料及建筑膜材料。另外，玻璃纤维复合材料可有效反射阳光照射，不会燃烧，可使建筑内部保持低温，又具有阻燃功能。

2）碳纤维。聚丙烯腈纤维、沥青纤维、黏胶纤维等有机纤维经碳化可制得碳纤维。碳纤维性能卓越，广泛应用于工程建筑领域，可提高结构的承载能力和抗裂、抗震性能，同时也会提高构件的坚固耐久性，代表产品为碳纤维筋、碳纤维索、碳纤维型材等。据悉，德国使用树脂浸渍的玻璃纤维和碳纤维复合结构元件建造斯图加特大学科技馆，构件重 1000kg，长度 12m，覆盖面积达 $40m^2$。该设计打破了采用硬质材料塑造建筑空间的思维，重视建筑设计中的装饰性及艺术性，拓宽了碳纤维在建筑中的应用范畴。

3）玄武岩纤维。玄武岩纤维是由天然玄武岩石经过 1500℃ 熔融拉丝制得，纤维密度 $2.47g/cm^3$，直径 $15\mu m$，主体呈金褐色，其弹性模量大、强度高，是一种新型环保的无机纤维。其原材料来源广，工艺不复杂，可用于工程建筑、交通运输等领域。

另外，由于玄武岩纤维吸音系数较大，隔热性能良好，可用于装饰隔热、隔音材料。国内学者研究表明：当掺入质量分数 0.10% 玄武岩纤维时，混凝土的韧性和抗裂性得到提高；在沥青当中掺入玄武岩纤维，沥青胶浆的软化点升高，其高温性能改善明显，可改善沥青混合料的路用性能。

2.1.2　纤维基本性能

纤维的性能决定了建筑用复合材料的性能及用途，直接影响到建筑性能指标。在选用过程中，要充分考虑建筑与土木工程用纤维的强度、模量、伸长率等力学性能，以及在热、湿条件下的热稳定性能和化学稳定性。常用的建筑与土木工程用纤维的性能见表2.1。

建筑与土木工程用纤维的性能　　　　　　　表 2.1

纤维种类	力学性能			热性能		耐酸碱性
	拉伸强度（MPa）	弹性模量（GPa）	断裂伸长率（%）	软化温度（℃）	熔点（℃）	
聚酯纤维	600～850	10.0～14.0	6.0～16.0	230～240	＞240	耐酸不耐碱
聚丙烯纤维	500～700	7.0～10.5	13.0～15.0	190～240	—	耐酸耐碱好
聚酰胺纤维	590～950	2.5～6.6	16.0～28.0	160～235	215～250	耐碱不耐酸
聚乙烯醇纤维	550～745	4.0～5.8	10.0～18.0	220～230	—	不耐强酸，耐碱
玻璃纤维	400～3000	60.0～80.0	2.0～7.0	500～550	680	耐碱性较差
碳纤维	2400～3000	380.0	2.4	—	3500	耐碱性较好
玄武岩纤维	3800～4000	90.0～110.0	3.0～3.5	1000～1050	1450～1500	耐碱性一般

由表 2.1 可知：在力学性能上，玻璃纤维、玄武岩纤维及碳纤维等无机纤维的强度、模量明显高于合成纤维，但由于生产成本较高，限制了其大面积使用；在热性能及化学稳定性能方面，玻璃纤维、玄武岩纤维、碳纤维由于自身结构特征，也明显好于其他合成纤维，在考虑施工、建筑的综合性能方面较为突出；聚酯纤维、玻璃纤维不适宜在碱度较高的基体环境中使用，这使得它们的应用范围被限制；聚丙烯纤维、聚乙烯醇纤维等在耐碱性工程中使用可以保持良好的化学稳定性，而玄武岩纤维的耐碱性一般。

2.1.3 工程用纤维的国内研发现状

2017 年国家住房和城乡建设部《建筑业发展"十三五"规划》发展目标提出：推广建筑节能技术和推进绿色建筑规模化发展，重点组织科研院所及技术企业对可再生能源、新型墙材和外墙保温、高效节能门窗的研发；加强绿色建造技术、材料等的技术整合，控制工程建筑施工过程中水、土、声、光污染，实现低碳节能环保。同时，科技部也启动了重点研发计划专项项目，提出了土工材料的服役行为与失效机制研究以及高强度、耐老化土工材料研制等研究工作。目前，国内对纤维在土工建筑材料中的应用，集中在土工布（机织、非织造布等）和纤维增强水泥基体复合材料领域两方面。

国内对土工布领域的研究集中在土工布生产设备、生产工艺和产品质量，所用纤维主要是聚酯纤维、聚丙烯纤维。其中对于聚酯土工布开发研究处于世界先进水平，但对高强度、耐老化土工布的生产技术及产品开发尚未取得重大突破。用于增强混凝土领域的纤维有聚酯纤维、聚丙烯纤维、聚酰胺纤维、聚乙烯醇纤维、玻璃纤维、玄武岩纤维、碳纤维等。所涉及主要科研院校有同济大学、东华大学、重庆大学、安徽大学等单位，所涉技术企业有上海石化、中国石化四川维纶厂、山东泰安等。研究内容集中在提高纤维在水泥基体中的分散性、纤维掺入量或多种纤维混杂方式，以及纤维混凝土的抗压抗弯强度、抗裂、韧性等性能。然而目前我国学者或技术人员对碳纤维、芳香族聚酰胺纤维等高科技纤维增强混凝土的技术研究相对较少，因此在此建议国家或地方重点支持相关单位通过科研项目进行实践研究，推动高科技纤维建筑用纺织材料的技术研究。

2.1.4 纤维工程应用

随着社会发展，纺织材料应用于建筑与土木工程的范围越来越广，一般按纺织纤维或其制品作为基体在建筑材料中的使用形式可分为建筑用薄膜材料、建筑用防水材料、建筑用隔音及隔热材料、建筑用增强材料、建筑装饰材料等。目前主要用于防渗工程、高铁无砟轨道滑动层、生态袋边坡防护工程、粉煤灰堆场工程、矿山堆浸场工程、室内外装饰工程、建筑复合构建的制作等。

建筑与土木工程用纤维的应用极为广泛，其用途和作用也有所不同，主要作用有增强加固、隔离防护、过滤防渗、防水、隔音、阻燃等。建筑与土木工程用纤维在其应用领域主要的作用如表 2.2 所示。

纤维在应用工程领域主要的作用　　　　表 2.2

应用工程领域	增强加固	隔离	防水	过滤	防渗	防护	隔音	阻燃
防渗工程			+		+	+		
混凝土	+					+	-	
河堤、海岸、土堤	+			+	+	+		
隧道	+				+	+		
路基		+		-	+			
密封设施	+	+			+			
矿山堆浸场工程			+			+	-	-
高铁无砟轨道滑动层		+						
装饰装修材料	-		-				+	+
工程抢修抢建	+	-		-	+	+		

注："+"为主要功能；"-"为次要功能。

综上所述，玄武岩纤维是以天然玄武岩拉制而成，是一种新型无机环保绿色高性能纤维材料，它是由二氧化硅、氧化铝、氧化钙、氧化镁、氧化铁和二氧化钛等氧化物组成的玄武岩石料在高温熔融后，通过漏板快速拉制而成的。玄武岩连续纤维不仅强度高，而且还具有耐腐蚀、耐高温等多种优异性能。此外，玄武岩纤维的生产工艺决定了产生的废弃物少，对环境污染小，且产品废弃后可直接在环境中降解，无任何危害，因而是一种名副其实的绿色、环保材料。本章详细介绍玄武岩纤维的工程性能与应用，包括玄武岩纤维生产工艺、玄武岩纤维特性、玄武岩纤维的分类以及玄武岩纤维制品在土木工程中的应用现状，旨在说明玄武岩纤维在土木工程中应用的突出优势。

2.2　玄武岩纤维的生产工艺

玄武岩纤维是由天然的玄武岩岩石在高温熔融状态下通过拉丝漏板拉制而成，与一般玻璃纤维的熔制过程相比，玄武岩熔体的透热性差、易结晶、润湿角小，因而在拉丝成形时比玻璃纤维更难控制。同时含铁的玄武岩熔体的表面硬化速度比玻璃熔体快，而内部黑色熔体传热又差，因此必须设计特殊的池炉和电热拉丝、漏板、漏嘴装置，以保证达到预期的产品产量和质量，减少断头。图 2.1 为玄武岩纤维成形工艺流程图。玄武岩矿基面经过化验分析后，确定满足可以拉制连续纤维的条件，将玄武岩基石粉碎成 0mm～5mm，粉料经磁选后进入混料机均匀搅拌成待用料进入料仓，或自动加料喂料机将玄武岩原料自动加入到预热池加热，进入预热池的玄武岩粉料温度逐渐升到 600℃～900℃，然后进入熔化池熔制成玄武岩玻璃体，这些

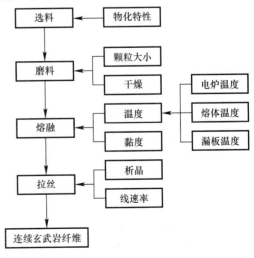

图 2.1　玄武岩纤维的生产流程

措施可以去除结晶水、气泡和泡沫，使玻璃熔体的体积稳定，得到平整光滑稳定的液面，有利于玄武岩熔体温度和黏度的稳定性，同时也消除了由于窑炉液面的波动对单丝直径的影响，在此强调一下，在整个窑炉熔制玄武岩过程中，应在充分氧化状态下进行，否则将会有较严重的事情发生。在玄武岩成纤的过程中仍需要进行详细说明。

1. 玄武岩纤维生产方法

玄武岩纤维的生产方法目前主要是过热蒸气或压缩空气垂直喷吹法、离心喷吹法和火焰喷吹法。

蒸气或压缩空气垂直喷吹法是利用位于漏板下的喷嘴喷出高速气流垂直冲击漏嘴流出的熔体流股。在高速气流的作用下，熔体流股被分散并被牵引伸成许多细纤维。这种方法生产的纤维直径为 $7\mu m \sim 14\mu m$，长径比为 $1:1000 \sim 1:3000$，常用作生产普通玄武岩棉。

离心喷吹法是熔体不断落入离心机的分配器内，在离心力的作用下，熔体从分配器向外甩至离心机的内表面，并从离心器筒体壁上的 $0.8\mu m \sim 1.2\mu m$ 的小孔甩出。软化的细流股在高温高速的气流中被拉伸成细纤维。生产的纤维直径为 $1\mu m \sim 14\mu m$ 的短纤维，也可生产普通玄武岩棉。这种工艺的不利之处在于所采用的铂铑漏板质量达 $2.5kg$，且漏板稳定性不高，使用不超过 3 个月就需替换、维修和补充贵重材料的消耗。因此，最近有报道新工艺法生产超细玄武岩纤维，即以冷坩埚感应熔化与空气立吹玄武岩熔体流股相结合为基础。此法是单独利用动力介质较为有效的方法，与火焰喷吹法生产相比，节约成本 50%。

火焰喷吹法是生产玄武岩超细纤维的主要方法，其工艺过程如下：将玄武岩原料加入池窑，熔化后从漏嘴流出，在漏板下方形成一次纤维；一次纤维在旋转胶辊和导丝装置的引导下，被成排地送到燃烧器喷出的高温高速气流中，经二次熔化、拉伸，形成 20nm～200nm 的定长超细纤维。其中由于玄武岩熔体的透热性比玻璃熔体低，容易结晶，拉丝区域的黏度高，必须建造特殊熔炉和拉丝装置。即所谓的池窑化生产技术。玄武岩纤维池窑化生产技术是融合了玻璃纤维池窑工艺的大规模生产技术，它需要多技术的综合应用，包含了耐火材料技术、电熔技术、燃烧技术、漏板冷却技术、自动控制技术等等与干锅生产线相比具有能耗低，产量高，质量稳的优势。池窑化生产的关键技术是成型工艺参数、液面高度、漏板温度、拉丝速度。成型工艺特点是漏板的制作、安装与升温、成型工艺装置、成型工艺位置线。

2. 天然玄武岩可成纤的条件

天然玄武岩矿石的成分差异较大，如何判断玄武岩能否拉制成连续纤维，酸度系数是一个综合表达玄武岩熔体高温黏度、成纤性能、易熔性和化学稳定性的主要参数。只要根据玄武岩的化学成分计算出玄武岩的酸度系数，就能大概判断出该玄武岩能否拉制成连续纤维。玄武岩原料的酸度系数在无碱与中碱玻璃之间，与中碱玻璃相近，可以判断，玄武岩原料在熔融状态下很接近中碱玻璃的料性，可以拉制连续的玄武岩纤维。

黏度是拉制玄武岩连续纤维的主要指标，又是与温度有直接关系的重要参数。一般情况下，温度升高，黏度会降低，玄武岩纤维拉丝作业的温度比玻纤还要高一些。玄武岩玻璃液在高温时段的黏度变化不大，随着温度的降低，黏度的变化慢慢提高，待到低温时，黏度急剧提高（玻璃液冷却过程中，玻璃液黏度提高的快慢称为硬化速度）。玄武岩玻璃液的硬化速度与玄武岩本身黏度-温度曲线有关，由于玄武岩成分含有较高的氧化铁（一般在 10%～15%），所以玄武岩玻璃液的硬化速度是很快的，这给拉丝作业带来较大的困难，也就是所说的拉丝料性较短，很难连续稳定地进行拉丝作业。

玄武岩具有拉丝条件的可能性，要做到稳定拉丝作业，进行工业化规模生产，还必须具备下列条件才能保证拉丝生产。

（1）玄武岩矿石作为原料必须经过高温熔化后能形成玻璃体，即在高温下形成玄武岩熔融玻璃体。

（2）玄武岩玻璃必须满足熔制和成型工艺的要求。

（3）拉丝温度不能过高，必须满足铂铑合金对拉丝的要求，其玄武岩熔融玻璃体的温度黏度曲线必须满足拉丝工艺要求。

（4）建设生产线所需的材料和设备等基础设施条件容易获得，特别是在国内都能得到解决。

（5）玄武岩连续纤维产品必须符合国家有关纤维性能标准的要求，也要满足 FRP 和 GRC 制品的要求。

（6）玄武岩矿产储量要大，组分含量要稳定，易于开采加工，运输方便，价格低廉是生产玄武岩连续纤维的基本保证。

3. 玄武岩纤维拉丝工艺

玄武岩纤维的生产流程图见图 2.2。

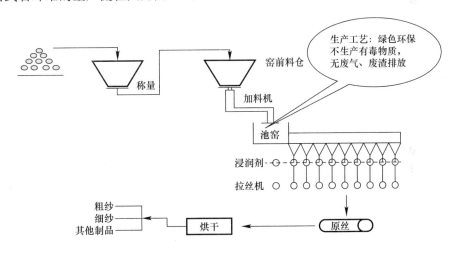

关键技术：成型工艺参数、液面高度、漏板温度、拉丝速度。
成型工艺特点：漏板的制作、安装与升温、成型工艺装置、成型工艺位置线

图 2.2　玄武岩纤维的生产流程图

（1）池窑化作用

① 促进玄武岩纤维生产行业发展玄武岩纤维池窑化关键技术的突破，决定着我国玄武岩纤维产业的发展速度和其产品应用的广度。

② 促进复合材料的发展玄武岩纤维池窑化生产后生产成本降低了 40%以上，以接近于玻璃纤维的价格进入复合材料市场创造了条件。

③ 促进绿色、生态环保在纤维行业中，玻璃纤维占据着的统治地位，但玻璃纤维生产给自然环境造成的严重污染，玄武岩纤维池窑化生产，为这一绿色环保的无机非金属复

合材料得到大规模应用创造了基本条件。

④ 促进企业发展及当地经济建设，池窑技术的突破使我们能在激烈的市场竞争中赢得一席之地。

（2）池窑化技术

玄武岩纤维池窑化生产这个梦想现已变成现实：池窑化生产技术是融合了玻璃纤维池窑工艺的大规模生产技术，它需要多技术的综合应用，包含了耐火材料技术、电熔技术、燃烧技术、漏板冷却技术、自动控制技术等。与干锅生产线相比具有能耗低，产量高，质量稳的优势，让玄武岩纤维生产技术真正跨上新的平台。

4. 中国生产玄武岩纤维工艺技术的特殊性

（1）中国的玄武岩矿石与欧洲矿石不同，从地质角度考虑，中国的玄武岩矿石比较"年轻"，它们不具备很鲜明的特征表现，即所谓的原化矿石的疤痕，通过对中国各省的四川、黑龙江、云南、浙江、湖北，长江中下游、海南等地区玄武岩矿石的研究，在这些玄武岩矿石中不存在原化岩石，在表面上仅有一些典型的黄色的铁的氧化物薄层。这对玄武岩纤维生产是非常有利的，原料价格和加工成本低。

（2）在中国的玄武岩矿石中含有大量的铁的氧化物，FeO、Fe_2O_3 含量达 15%～16%，因此必须对连续玄武岩纤维生产的工艺技术和操作规程进行调整和修正。

（3）在中国能源价格（天然气、电力）大大高于俄罗斯、乌克兰，甚至还高于欧洲和美国等世界价格水平，为了保证玄武岩纤维的生产成本，就必须改造矿石熔化炉，燃气—空气系统，燃气烧喷的结构，采用新工艺技术，新型能源供应系统，新型耐火材料和保温材料。

2.3 玄武岩纤维的特性

玄武岩连续纤维是玄武岩矿石在 1450℃～1500℃熔融后经过喷丝板拉丝而成的一种新型高技术纤维，它拥有出色的力学性能和耐高温性能，具有高的拉伸强度和弹性模量、良好的绝缘性、抗辐射性能、优异的高温稳定性和化学稳定性等，纯天然无污染，性价比高等优点，用玄武岩纤维作基体的复合材料，可以与 S-玻璃纤维或芳纶复合材料相媲美。与别的种类的纤维相比，比如力学性能，玄武岩纤维的平均拉伸强度是有机类纤维的 6 倍～10 倍，而弹性模量更是达到了有机纤维的 3 倍以上；工作温度范围区间大，在−269℃～650℃的温度范围内，纤维材料不会发生明显的热老化等物理化学反应。另外，玄武岩纤维是由玄武岩矿石制造而成，是经过火山喷发的高温环境下出现的，所以在形成玄武岩矿石的过程中，所有的有害物质和气体都被释放出来，再进行高温熔融时不会产生任何有害物质，即玄武岩纤维的生产过程是绿色环保的。玄武岩纤维的特性具体分述如下：

1. 物理性能优良

玄武岩纤维及其制品具有优良的物理性能（参见表 2.3）。由表 2.3 可见，玄武岩纤维的拉伸强度与无碱玻纤相当，在弹性模量上高于无碱玻纤 1.5 倍，和 S 玻纤相当。在使用温度上高于无碱玻纤、S 玻纤和碳纤维。玄武岩纤维属于一级水解，在耐酸与抗蒸汽稳定方面优于矿物纤维与玻璃纤维。其断后延伸率也相对较高。

玄武岩连续纤维与其他纤维物理性能的比较
表2.3

性能	碳纤维	S-玻纤	E-玻纤	玄武岩纤维
密度（g/cm³）	1.78	2.46～2.49	2.55～2.62	2.65～3.05
拉伸强度（MPa）	2500～3500	4590～4830	3100～3800	3000～3500
弹性模量（GPa）	230～240	88～91	76～78	79.3～93.1
断裂伸长率（%）	1.2	5.6	4.7	3.2
线膨胀率（20℃～300℃×10⁻⁶）		2.9	5.4	6.5
成纤温度（℃）		1056	1200	1340
最高施工温度（℃）	500	300	350	650

2. 玄武岩纤维化学稳定性强

据化学稳定性试验数据显示，玄武岩纤维筋材在 H_2O、0.5mol/L NaOH、2mol/L NaOH 等溶液中的稳定性可达到90%以上。在2NHCL中煮沸3小时后重量损失率仅为2.2%。该特性可以增强桥梁、隧道、堤坝、楼板等类混凝土结构、沥青混凝土路面、机场跑道和其他易受潮湿、盐类与碱性混凝土介质腐蚀而导致金属钢筋腐蚀的建筑构件。玄武岩纤维可以与无机粘结剂相容，用于制造新型耐燃复合材料。目前，用玄武岩短切纤维代替聚丙烯增强混凝土，用玄武岩纤维网布代替金属网用在建筑工程上，用玄武岩纤维增强树脂筋和棒材增强混凝土用在盐湖、海边等水环境土木工程建筑和防磁混凝土以及某些特殊的军事工程混凝土建筑中。

3. 玄武岩纤维高温稳定性强

玄武岩纤维制造的各种材料可以在600℃条件下使用。用无机粘合剂制造的玄武岩纤维隔热材料可以在700℃条件下使用。除此之外，用某些高热稳定性玄武岩矿石制造的纤维可以在800℃条件下使用，且该纤维已成功地制造成过滤器，并应用于选矿石、冶金工业、化工厂、建材厂和电站排放气中粉尘的过滤，用玄武岩纤维制成的过滤器可以净化300℃～650℃工作条件下的空气。还有试验指出，玄武岩纤维在70℃热水作用下也能保持较高的强度，在此条件下，玻璃纤维经过200小时后基本失去强度，而玄武岩纤维在1200小时后才失去部分强度。

4. 对交错变换负载具有高稳定性和耐久性

经试验验证，用玄武岩纤维制造的型材（如玄武岩钢）如条、棒等，多年（至少在9年以上）使用后，经多次交错变换负载作用下未发现任何疲劳破坏的痕迹（如裂缝和其他破坏征兆）。

5. 具有高绝缘特性和高电磁波辐射渗透性

玄武岩纤维具有高绝缘特性和高电磁波辐射渗透性，因而可以用于制造高压（25万V）和低压（500V）设备的电绝缘材料，如安装高压输电线、天线整流罩、雷达及其他无形电设备等。

6. 隔音隔热特性良好

在低温技术中玄武岩纤维可用作高效隔热保温材料。用单位直径1μm～3μm的超细玄武岩纤维（密度为140kg/m³）制造的隔热保温材料在−196℃条件下导热系数为0.030W/(m·K)，而且在该条件液态氮介质中浸泡后纤维强度无降低现象。

玄武岩纤维制造的吸音材料除了广泛应用于航空工业、造船工业和机械工业，还可用该纤维制造与隔热吸音相结合的结构材料。该类材料是绝对不可燃的，且在加热情况下没有有害的物质或气体排出，其使用温度达 600℃～700℃，若与其他材料相结合使用温度可到 1000℃，如制造防火材料（防火墙、安全防火门、防火结构件、电缆挂吊线）以及其他工业用或民用高层建筑的一些产品。

7. 吸湿率低

与玻璃纤维相比较，玄武纤维吸湿率低于 6 倍～8 倍，因此在航空工业、导弹生产和船舶工业中利用玄武岩纤维制造的隔热吸音材料属传统产品。因为就上述行业而言，重量轻、吸湿率低是至关重要的指标。

8. 与金属、塑料塑胶、混凝土等材料具有较好的兼容性

玄武岩筋材与不同水泥基材料粘结性能试验表明，一般情况下筋材直径越大则粘结强度越小，与纯水泥砂浆的粘结强度约 2MPa～3MPa，与 M20 砂浆的粘结强度在 5MPa～8.5MPa，与 M30 砂浆的粘结强度在 4.5MPa～12.5MPa，与 C30 混凝土的粘结强度在 7.5MPa～26.5MPa。粘结强度均较强，见表 2.4。

玄武岩纤维与其他复合纤维的性能对比 表 2.4

纤维类型	抗拉强度（MPa）	弹性模量（MPa）	延伸率（%）	最高工作温度（℃）	耐环境性能	是否绝缘	价格	是否环保
碳纤维	3500～6000	230～600	1.5～2.0	500	高	否	高	否
S-玻璃纤维	4020～4650	83～86	5.3	300	低	是	低	否
E-玻璃纤维	3100～3800	72～75	4.7	380	很低	是	低	否
玄武岩纤维	3000～4840	91～110	3.1	700	高	是	低	是

2.4 玄武岩纤维的分类

玄武岩纤维的分类有按性质分类，也有按纤维直径分类。其中，按性质分类分为亲油玄武岩纤维和亲水玄武岩纤维两类；按纤维直径分类可分为 4 类，每一类可形成相应的纤维制品应用在不同的领域。

2.4.1 按性质分类

玄武岩纤维一般分为亲油玄武岩纤维和亲水玄武岩纤维，从形态上看这两种纤维并无太大区别。而是在亲油与亲水玄武岩纤维生产工艺上所使用的的浸润剂有所不同。但是从其物理性能上的微观镜上来看，亲油玄武岩纤维的表面较为光滑，纤维表面布满了亲油基。而亲水玄武岩纤维表面分布着亲水基。表面的作用张力较大。其应用领域不同，一般情况下亲水性玄武岩纤维用在房建的混凝土领域用来增加混凝土的强度，抗疲劳性能等。由于亲油玄武岩纤维与沥青结合性比较好，亲油玄武岩纤维则一般用在公路领域。两种纤维形态如图 2.3 所示。

相关文献显示，掺加亲油玄武岩纤维的混凝土试块与掺加亲水玄武岩纤维的混凝土试块相比，其表面的美观性有着较大的差异，亲油纤维混凝土会在试件表面呈毛糙状，而亲水纤维混凝土相对来说表面较为光滑、平整。进一步利用这两种类型的纤维混凝土做了试

(*a*)　　　　　　　　　　　　　　　　　　　(*b*)

图 2.3　两种不同分类的玄武岩纤维

(*a*) 亲油玄武岩纤维；(*b*) 亲水玄武岩纤维

配试验发现：两种纤维混凝土的抗压强度相差结果不大。亲水玄武岩纤维混凝土与素混凝土相比，亲水纤维混凝土的劈拉强度与抗折强度都有着不同程度上的提高。而亲油玄武岩纤维混凝土的劈拉强度与抗折强度与素混凝土相比其性能很不稳定。从光学显微镜上观察其微观结构发现，亲水玄武岩纤维在普通混凝土中较亲油玄武岩纤维分散较为均匀，微观结构可达到空间结构的密闭网状状态。此试配结果验证了由于亲油玄武岩纤维与亲水玄武岩纤维表面的浸润剂不同，导致纤维的粘结性与混凝土的种类有关。

2.4.2　按纤维直径分类

玄武岩纤维按直径分类可分为 4 类：直径 $6\mu m \sim 9\mu m$、直径 $10\mu m \sim 15\mu m$、直径 $15\mu m \sim 19\mu m$、直径大于 $19\mu m$。根据玄武岩纤维直径不同，可加工成不同的玄武岩纤维制品，进而应用在不同的领域。具体分类及其相关的产品应用见表 2.5 所示。

玄武岩纤维按直接分类　　　　　　　　　　　　　　　　　　表 2.5

玄武岩纤维原始材料	以玄武岩纤维制造的材料和产品	应用的领域
直径 $6\mu m \sim 9\mu m$，长度 $L > 10km$		
粗纱、纺织加工用的复合加捻丝束	拷编织物、电绝缘织物、网格、针织材料、基板、塑料板、卷状塑料、饰面、防火材料、壁纸	电子工业、电器工业、化学工业、塑料制品和建筑材料生产
直径 $10\mu m \sim 15\mu m$，长度 $L > 10km$		
粗纱、粗纱编织物网格、粗纱布短切纤维缝制材料	用于生产异形玻璃钢的粗纱条、棒等型材，玄武岩钢筋、管材和容器。 用于生产玻璃钢饰面材料的增强用粗纱织物，用于增强塑料制品，薄板制品的短切纤维。各种几何形状的编制材料网格。用于增强路面、土堤加固、土墙加固、抗侵蚀土壤加固。针缝制材料用于隔热吸音制品	电机制造业、化学工业、电子工业、能源动力工业、薄板和建材工业、机械制造业、汽车工业、船舶工业级其他工业领域
直径 $15\mu m \sim 19\mu m$，长度 $L > 10km$		
粗纱、粗纱布、短切纤维	网格的增强、粗纱织物用于薄板的生产。短切纤维用于塑料制品增强，混凝土、浆液、建筑物顶盖的增强。闸瓦、刹车片的增强。不同几何形状织物用于网格、公路路面、土堤加固、抗侵蚀土壤加固等	建材工业、机械工业、汽车工业、工业民用建筑、公路建筑等领域
直径 $> 19\mu m$，长度 $L > 10km$		
短切纤维	用于混凝土和混凝土沥青公路建设的增强材料	工业建筑和公路建设业

2.5 玄武岩纤维及制品应用

2.5.1 玄武岩纤维及制品应用领域

玄武岩纤维尽管分类不同，但是其制品的应用领域较为广泛，主要在以下几个方面：

(1) 机械制造业：热处理设备的保温，热管道的保温。

(2) 航空工业：隔热、吸音薄板；钉板的防火编织物用于发动机系统的保湿吸音。气体动力装置排气通道吸音材料。

(3) 船舶工业：设备的隔热吸音，船体和甲板上部装置的结构材料。

(4) 车厢制造业：车厢的隔热吸音，结构薄板的增强，不可燃材料及复合材料。

(5) 汽车工业：制造汽车消音器的隔热吸音材料、隔热垫圈、保温隔离罩、隔热薄板、离合器盘、刹车闸瓦、结构塑料部件的增强、不可燃复合材料、汽车顶盖窗帘及其他材料。

(6) 动力能源工业：蒸汽锅炉、蒸汽透平等热设备的保温、电绝缘材料、高压输电线路悬挂心线、核电能源用材料（不可燃的保温和结构材料）；同时，玄武岩纤维还是一种抗辐射保护材料。

(7) 化学和石化工业：各种腐蚀管材、保护金属、不可燃复合材料。用玄武岩纤维制造的过滤器可净化排放气中的粉尘和污染物。

(8) 电子工业：线路板的生产、电子仪表壳体的增强。

(9) 冶金工业：加热设备、热交换设备、管道与管线的保温材料。选矿和炼钢车间排放气粉尘脱除过滤器，污水净化过滤器。

(10) 冷冻工程和设备：生产压缩天然气和液态氧及其产品的隔热材料。

(11) 土木工程：可用于土木工程建筑材料和建筑结构工程中。可用于建筑结构板材和饰面材料、增强网格；玄武岩钢筋可用于桥梁、隧道铁路、地铁枕木；增强材料用于建设沥青混凝土公路表面覆盖物、建筑用预制板、泡沫混凝土的增强材料等。

在此需要再次强调，玄武岩纤维与玻纤不同，它可以利用无机粘合剂制造复合材料，也就是说，该复合材料是难燃甚至不可燃材料，它是一种新型复合材料，可以用在具有高火灾危险的工业建设项目，如核电站、化学工业与石化工业、高层建筑群、造船工业、汽车制造业等领域。

2.5.2 玄武岩纤维制品在土木工程应用现状

将玄武岩纤维制成可用于土木工程用产品，是土木工程界玄武岩纤维研究者的一项重要课题。如今市场上出现的很多玄武岩制品已经成功地应用于实际工程中。如：玄武岩短切纱可以用来作为增强基体用于水泥砂浆或混凝土中；玄武岩纤维增强砂浆或混凝土还具有优越的保温、防腐、隔声、吸波等性能，可以广泛应用于公路建设、铁路建设、水利工程、机场建设等工程建设。此外，许多以玄武岩纤维为基础材料得到的各种工程制品，如各种类型的玄武岩布、各种类型和功能的玄武岩板材、玄武岩纤维土工格栅、玄武岩纤维复合筋（BFRP）等等。

随着我国玄武岩纤维的批量生产，玄武岩纤维制品在土木工程领域的应用主要体现在以下几个方面。

1. 玄武岩纤维增强混凝土

利用玄武岩纤维强度高的特点，将短切玄武岩纤维按一定体积比掺入到混凝土中，以提高混凝土强度，应用在道路桥梁、机场跑道、大坝等工程的水泥混凝土中，替代钢纤维、聚丙烯、聚丙烯腈等。学者对此进行了诸多的试验，结果表明：混凝土中，玄武岩纤维掺量为 0.1% 时，它的抗压强度和劈拉强度明显下降；而弯拉强度明显得到了提高，且由梁（50mm×150mm×500mm）的极限荷载试验可知，玄武岩的掺入延长了梁的破坏时间；玄武岩纤维混凝土强度最好是直径在 $18\mu m \sim 22\mu m$，长度在 20mm～25mm 的玄武岩纤维掺入混凝土中，同时增长的幅度最大；通过对加入 $5kg/m^3$ 玄武岩纤维＋$30kg/m^3$ 钢纤维的复合纤维混凝土试件与 $5kg/m^3$ 玄武岩纤维＋$25kg/m^3$ 钢纤维的复合纤维混凝土试件同 $30kg/m^3$ 钢纤维的喷射混凝土试件进行韧性对比试验，得出复合纤维混凝土在其韧性指数和等效抗弯强度上都比钢纤维的混凝土的等效抗弯强度和韧性指数有所提高。所有复合喷射纤维混凝土的韧性指标均高于掺量为 $30kg/m^3$ 钢纤维的喷射混凝土的韧性指标；另外，乱向短切玄武岩纤维增强混凝土的性能研究结果表明：（1）短切纤维增强后，14d 强度可达 28d 强度的 80% 甚至 90% 以上；（2）短切纤维体积掺量对混凝土强度的影响要较纤维的长径比变化的影响显著。调整纤维的长径比，直径影响的混凝土强度显著；（3）纤维混凝土的强度增强效果与短切纤维体积掺量、长径比有很大关系。自 2010 年以来，鲜见多处工程对短切玄武岩纤维增强混凝土进行了应用，典型案例统计见表 2.6。

玄武岩纤维增强混凝土应用案例　　　　　表 2.6

应用领域	案例名称	应用图例
道路工程	成都市二环路改造工程桥面调平层 C40 混凝土中使用短切玄武岩纤维（400t）	
道路桥梁	成都市高新区红星路下穿隧道工程船槽段使用短切玄武岩纤维（360t）	
	成都市羊西线下穿使用短切玄武岩纤维	

应用领域	案例名称	应用图例
道路桥梁	武广客运专线 铺设了掺加玄武岩纤维的无渣轨道板	
大坝工程	广西百色水利枢纽主坝和消力池	
机场跑道	天津市杨村军用机场扩建项目：玄武岩纤维混凝土用于水泥混凝土机场施工	

现场应用效果较好，主要体现施工方便、混凝土相关性能指标提高明显：①玄武岩纤维从传递带上渗入，简单方便，不影响铺设；②玄武岩纤维混凝土耐久性好、减少后期维修费用；③玄武岩纤维混凝土早期开裂最大裂缝宽度、平均开裂面积以及单位面积总的开裂面积明显降低；④纤维可以提高混凝土的抗冲击性能；⑤同时能够起到防渗抗裂的作用。

2. 玄武岩纤维土工布道面

玄武岩土工格栅（图2.4）是选用耐酸碱腐蚀的玄武岩纤维纱，利用国外先进经编机织成基材，采用经编定向结构，充分利用织物中纱线强力，使其具有良好的抗拉强度，抗撕裂强度和耐蠕变性能，并经过优质改性沥青涂覆处理而成的平面网格状材料。玄武岩土工格栅具有玄武岩纤维的耐高温、抗冻融、与沥青混凝土热膨胀系数一致、抗拉强度高、防紫外线、耐化学稳定性好、抗老化等优点。总体来说，物理化学性能稳定，能很好地抵御生物侵蚀和气候变化，从而得以用于路面增强，抵抗裂缝车辙等公路病害产生，结束了沥青路面难以增强的难题。用于加固软土地基、加筋沥青或水泥路面、路面抗裂工程、加固路堤和江河海堤。

典型应用案例见图2.5。

図 2.4　玄武岩纤维土工布　　　　　图 2.5　玄武岩纤维土工布应用案例

3. 玄武岩纤维在建筑结构加固

玄武岩纤维在建筑结构中的应用主要体现在建筑结构加固及建筑材料替代两个方面。玄武岩纤维丝束缠绕与碳纤维布包裹加固圆柱和方柱在反复荷载下的对比试验，指出玄武岩纤维丝束缠绕加固能够显著提高混凝土柱的承载力，改变试件的破坏形态，在相近侧向约束刚度下，玄武岩纤维加固对柱承载力的提高及延性、耗能等结构性能的改善都能够达到、甚至超过碳纤维加固柱。玄武岩纤维加固混凝土柱具有更好的抗震性能。

图 2.6 为玄武岩纤维加固布。

图 2.6　玄武岩纤维加固布

4. 玄武岩纤维单向布

玄武岩纤维布也称为玄武岩纤维机织布，是采用高性能的玄武岩纤维经加捻、整经等工序后织造而成。玄武岩纤维布强度高且质地均匀，织造工艺多样化，既可以织成透气性良好的低密度织物，又可以织成高强度的高密度织物。玄武岩纤维布具有较好的耐性，具有耐高温、隔热、绝缘防火等优点，且其外观光滑，耐气候性良好，极大地契合了建筑保温节能的要求，广泛应用于装饰建筑领域。

玄武岩纤维单向布（见图 2.7）是采用高性能玄武岩纤维编织而成的一种新型工程材料，抗拉强度≥2100MPa，弹性模量≥100GPa，断裂伸长率≥2.6%。玄武纤维在生产时根据后续需要在单丝上均匀的涂有浸润剂，并在浸润剂中加有与各种树脂匹配的偶联剂，充分发挥玄武岩纤维单向布的增强作用。玄武岩纤维单向布尤其适合与代替碳纤维单向布用于建筑桥梁加固补强和修复。在建筑加固领域，玄武岩纤维单向布用于柱体抗震加固的性能非常接近碳纤维单向布。

图 2.7　玄武岩纤维单向布

5. 玄武岩土工格栅

玄武岩纤维土工格栅（见图 2.8）由玄武岩纤维编织成格栅布，再经过沥青（胶）处理后烘干成型。玄武岩纤维土工布具有超高温和超低温使用性能，具有较高的抗拉强度、无长期蠕变、热稳定性好，可有效防止沥青路面产生裂纹，具有良好的沥青混合料相容性，物理化学性能稳定，能很好地抵御生物侵蚀和气候变化。在有关边坡、挡墙加固处理及软基施工过程中均有大量的应用，玄武岩土工格栅可用于加固水电站水坝等堤坝，增强高速公路和立交桥的基础，可替代钢筋用作混凝土建筑结构的增强材料。

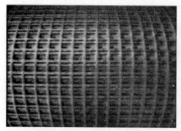

图 2.8　玄武岩土工格栅

6. 玄武岩纤维双向土工布

玄武岩纤维土工布（图 2.9）具有较高的抗拉强度、良好的与沥青混合料的相容性、能很好地抵御生物侵蚀和气候变化。玄武岩纤维土工布可用于水泥混凝土路面铺设、桥墩水坝及各种建筑的加固、建筑表面砌墙缝、水泥砂浆或混凝土浇筑件；也可在隧道、桥墩及梁等已有结构物混凝土的表面布设纤维网格，达到增强结构耐久性的目的，玄武岩纤维布常用于隧道内壁的翻新和修复。

图 2.9　玄武岩土工布

7. 玄武岩纤维阻燃保温

因玄武岩纤维具有耐高温、导热系数低、不导电、不燃烧等性能，以其作为建筑物外墙保温或隧道防火装饰板有其优越的性能。广泛应用于建筑外墙保温系统、建筑铝幕墙系统、建筑室内装饰隔音墙系统、铝扣板天棚吊顶吸音系统及屋顶保温隔热系统。

图 2.10、图 2.11 分别为玄武岩防火阻燃布和玄武岩保温板。

图 2.10　玄武岩防火阻燃布　　　　图 2.11　玄武岩保温板

8. 玄武岩纤维改良土

近年来随着我国基础设施工作大面积快速地推进，对岩土工程领域的技术要求越来越高，膨胀土的改良技术就是重点之一。目前使用石灰、粉煤灰改良膨胀土是最常用的方法之一，而使用纤维加筋改良膨胀土也越来越受到人们的重视。

通过室内试验得到了膨胀土的最优二灰比，在最优二灰比的基础上掺入不同含量的玄武岩纤维，以不同的养护龄期为变量，通过无荷膨胀率试验、有荷膨胀率（50kPa）试验、膨胀力试验、无侧限抗压强度试验和直接剪切试验，分析膨胀土的胀缩变化规律和抗压强度、延性、灵敏度、动态灵敏度以及抗剪强度的变化规律。结果表明，在最优二灰比条件下，玄武岩纤维和养护龄期都能抑制膨胀土的膨胀指数，都能抑制膨胀土的收缩，膨胀土的抗压强度和延性均有提高，灵敏度随着玄武岩纤维掺入量的增加呈先缓慢降低后逐渐升高的变化趋势，动态灵敏度随着玄武岩纤维掺入量的增加，整体呈现出先增加后降低的趋势，且都有一个峰值点，玄武岩纤维可明显提高二灰膨胀土的抗剪强度。

9. 玄武岩纤维复合筋

玄武岩纤维复合筋（图 2.12）是采用高强度的玄武岩纤维及乙烯基树脂在线拉挤、缠绕、表面涂覆和复合成型、连续生产的新型建筑材料。具有高强度、优异的耐酸碱腐蚀性、耐久性及可设计性等特点，是土木工程中某些方面代替钢筋的一种新型绿色环保、经济、高性能材料。玄武岩纤维复合筋具有较高的抗拉强度，其强度是同规格普通钢筋强度的三倍，其热膨胀系数与混凝土相近，不会产生较大的温度应力，其优异的耐腐蚀性能，可有效防止钢筋受到外部环境腐蚀而丧失承载力。玄武岩纤维复合筋可用于路（桥）面铺装层中筋网的布置、各种锚杆、特殊场合用筋、建筑房屋连接件。盾构施工时，当到达竖井的盾构施工范围内，用相同直径的玄武岩纤维复合筋代替人工挖孔桩的钢筋，可以提高盾构进出洞口时的安全性；在桥面混凝土现浇层、桥梁墩台扩大基础中采用玄武岩复合筋代替传统普通钢筋，用作混凝土路面纵向施工缝的拉杆，可有效提高施工速度、降低施工成本、增强结构的耐腐蚀性能。

图 2.12　玄武岩复合筋材

2.6　本章小结

　　玄武岩纤维是以天然的火山喷出岩作为原料，是 21 世纪节能、环保新材料、无污染，拥有出色的力学性能和耐高温性能，具有高的拉伸强度和弹性模量、良好的绝缘性、抗辐射性能、优异的高温稳定性和化学稳定性等，纯天然无污染，性价比高等优点，其制品主要有各种类型的玄武岩布、各种类型和功能的玄武岩板材、玄武岩纤维土工格栅、玄武岩纤维复合筋（BFRP）等。可应用国防工程、交通运输、建筑施工等各个领域。但是国内玄武岩纤维的研究仍处于初级阶段，现有的研究多是停留在纤维材料的性能方面，而且多集中于试验方面，理论研究相对较少，能在工程中应用的研究成果更是少见。

第 3 章　喷射玄武岩纤维混凝土性能试验研究

3.1　概述

　　玄武岩纤维混凝土（BFRC，Basalt Fiber Reinforced Concrete）是在混凝土中均匀地分布一定量的玄武岩纤维使其硬化后得到的混凝土。它不仅保持混凝土自身的优点，更重要的是玄武岩纤维的掺入，对混凝土基体起到了阻裂和增强的作用，改变了混凝土的脆性易裂的破坏形态，延长构件的使用寿命。

　　由于玄武岩纤维混凝土在土木工程隧道初期支护及隧道加固中的应用研究在国内外还处于刚起步的阶段，且其力学性能有别于现有的一些纤维。本文通过大量试验和理论分析，在隧道初期支护及加固中，选用玄武岩纤维喷射混凝土作为初期支护材料，进行玄武岩纤维喷射混凝土的力学性能试验。同时，通过玄武岩喷射混凝土在不同等级隧道围岩上的运用，对隧道结构分析及安全性进行评估，进而为玄武岩纤维在隧道加固工程中运用进行推广。

　　喷射混凝土是由喷射水泥砂浆发展而来的。1914 年，美国首先采用了喷射水泥砂浆技术进行施工，到了 20 世纪 30 年代，由于喷射机具的改进，人们开始试图采用喷射混凝土来衬砌支护隧道。但因为水泥凝结慢，喷射出的混凝土不能与岩石很好地粘结，容易发生坍落现象，致使喷射混凝土这种新工艺遇到了困难。解决问题的办法就是使用速凝剂，它能使喷射出的混凝土迅速凝结硬化，增强了混凝土与岩层的黏结力。20 世纪 40 年代，瑞士、原西德、日本等国生产出了可以喷射含有粗骨料的喷射机械，同时还成功研制了喷射混凝土用的速凝剂，这样就大大提高了喷射的速度和厚度，同时增加了强度并减少了回弹，此后世界各国相继在土木建筑工程中采用喷射混凝土技术。

　　玄武岩纤维混凝土在物理、力学性能等方面有其优越性，自问世以来，世界各国学者就致力于玄武岩纤维材料和玄武岩纤维复合材料等方面的研究。在苏联，玄武岩纤维的应用研究是由国防部下令研究开发的。从 20 世纪 60 年代开始，苏联研究人员经过达三十多年的努力，不负期望，终于成功地开发了连续型玄武岩纤维。由于玄武岩纤维与碳纤维、超高分子量聚乙烯纤维等纤维相比较具有一系列优异性能，而且性价比好。近几年来，玄武岩纤维引起了美国、欧盟等国防军工领域的高度重视。为了研究玄武岩纤维，美国军方对其一些连续玄武岩纤维生产工厂进行了收购，现在这个工厂的玄武岩纤维产品 100% 用于国防军工。2005 年 DiasDP，Thaumaturgoectl 等研究人员研究了玄武岩纤维混凝土的断裂韧性性能，并对普通玄武岩纤维混凝土的力学性能做了研究。试验结果表明：混凝土中，玄武岩纤维掺量为 0.1% 时，它的抗压强度和劈拉强度明显下降，而弯拉强度明显得到了提高；且由梁（150mm×150mm×500mm）的极限荷载试验可知，玄武岩的掺入延长了梁的破坏时间。此外，Zielinski 测试了玄武岩纤维增强水泥砂浆 28d 的物理、力学性能，并给出了纤维的最佳掺量。

近年来，我国在玄武岩纤维领域研究成果较多。2006 年国家工业建筑诊断与改造工程技术研究中心的廉杰等对短切玄武岩纤维增强混凝土的性能进行了试验研究，并对试验结果进行了数据分析，得出以下结论：①短切纤维增强后，14d 强度可达 28d 强度的 80% 甚至 90% 以上；②使混凝土强度达到最佳效果，通过调整体积掺量范围和长径比范围以达到最优的增强效果是可行的；③短切纤维体积掺量对混凝土强度的影响要较纤维的长径比变化的影响显著。调整纤维的长径比，直径对混凝土的强度影响显著；④纤维混凝土的强度增强效果与短切纤维体积掺量、长径比有很大关系。国内外学者对喷射混凝土耐久性进行了初步研究。CheolWoo Park 对掺和料喷射混凝土抗渗性进行了研究，认为复掺硅灰及粉煤灰喷射混凝土具有较好抗渗性能；Jianxun Chen 对 C25 喷射混凝土抗冻性进行了研究，经冻融循环 400 次后，质量损失率为 3.1%，相对动弹性模量下降 22.5%，抗压强度下降率为 36.5%；同时，ShinWon Park、JongPil Won、HaeGeum Park 等对喷射混凝土进行了冻融循环试验，经 300 次冻融循环后，相对动弹性模量下降率不超过 10%；但罗彦斌等通过对 C20 喷射混凝土进行抗冻性试验后得出喷射混凝土抗冻性弱的结论；SangPil Lee 对无碱速凝剂喷射混凝土进行了快速碳化试验，56d 后碳化深度为 7mm；SangJoon Ma 采取室外暴露试验方法对喷射混凝土抗碳化性能进行了研究，认为硅灰的掺入对喷射混凝土长期抗碳化性能有利；SeungTae Lee 对喷射混凝土抗硫酸盐侵蚀耐久性进行了研究，当浸泡 360d 时，试件表面及边角处出现严重损伤破坏且抗压强度下降 50%。但是，对于喷射混凝土耐久性研究仍仅局限于个别环境，没有进行系统的研究。为综合研究喷射混凝土性能，试验基于考虑成型方式、水胶比、粉煤灰掺量及钢纤维掺量，对喷射混凝土力学性能、渗透性能及耐久性能进行研究，为多因素耦合作用下喷射混凝土单层衬砌结构耐久性研究提供依据。

本章以实际工程为背景进行研究，在充分吸取国内外研究成果的基础上，通过理论分析和施工实践相结合，针对玄武岩纤维及其复合纤维喷射混凝土的力学及变形特征研究，结合已有的研究成果，进行玄武岩及其复合纤维喷射混凝土基本力学性能、韧性及抗折性试验，提出纤维喷射混凝土材料的强度、韧性、可施工性的技术指标及抗渗性能要求的规定。玄武岩纤维及其复合纤维喷射混凝土施工工艺及质量控制技术研究。

3.2 复合纤维混凝土研究现状

3.2.1 复合纤维混凝土

纤维混凝土（Fiber Reinforced Concrete，以下简称 FRC）就是在混凝土、水泥净浆以及砂浆混合物之上，混合入各种纤维最后合成水泥基的复合材料。其优点很多。如其表现为很强的抗拉性能、延伸极限范围大以及较大的抗碱性能等一系列的优势性能融入纤维混凝土基体之中，使其成为受欢迎的新型建筑原材料。一般可掺入的纤维种类有：钢纤维、玻璃纤维、合成纤维、碳纤维、混杂纤维等。

3.2.2　复合纤维混凝土研究现状

对于 FRC 的研究世界上很多国家早在 20 世纪初就已经开始了。早在 1910 年美国著名学者 H. F. Porter 对此发表了相关观点，就是主张将适量的短钢纤维均匀地掺入到混凝土中。美国人 Graham 在第二年发现为了提高混凝土的强度以及增加其稳定性可将钢纤维掺入到钢筋混凝土之中。很多发达国家在 20 世纪 40 年代都相继探索和研究了有关钢纤维应用到混凝土方面，然而因为还没有触及 FRC 强化原理的本质，所以在实际应用中并没有使用到钢纤维混凝土。1963 年，美国人 Romualdi 发表了关于"纤维阻裂机理"的论文，相关论文的发表同时也大大地推进了钢纤维混凝土的研究进程。在这之后的几年，英美等国才将钢纤维增强混凝土的技术应用在实际建筑工程中。

尽管中国对 FRC 的研究在 20 世纪 70 年代中期才刚刚起步，但是经过十多年的发展历程，到 20 世纪末钢纤维混凝土在我国已经进入了广泛应用时期。为了使钢纤维混凝土应用与技术能够更好地适应发展需求，我国前后颁布了《钢纤维混凝土结构设计与施工规程》CECS 38、《钢纤维混凝土试验方法》CECS：1389、《钢纤维混凝土》JG/T 3064、《公路水泥混凝土用纤维》JT/T 524、《公路水泥混凝土纤维材料　聚丙烯纤维与聚丙烯腈纤维》JT/T 525 等标准规范，以上一系列标准的颁布和实行很大程度上帮助了 FRC 在中国国内发展研究与应用。

3.2.3　复合纤维混凝土的分类及其特征

当前纤维混凝土的主要研究范围是纤维种类，以及不同比例的纤维掺入量等各因素对混凝土性能的影响。当前对以下几种应用比较广泛的纤维性能研究发现的新增特点如下。

1. 钢纤维混凝土

钢纤维是最早被用到实际建筑工程应用中的纤维类型。钢纤维增强混凝土早在 20 世纪 70 年代就已被西方一些发达国家应用在公路桥梁、飞机跑道等一些常用的基础设施建设中，钢纤维增强混凝土的应用大大削减了道路的维护经费，同时减弱了车辆在通过接缝的振动频率。我国最早使用的纤维就是较为受欢迎的钢纤维，《纤维混凝土应用技术规程编制组讨论稿》以及《纤维混凝土结构技术规程》（CECS38：2004）在 2004 年的时候就已经颁布并开始实施。钢纤维混凝土在材料的组成、结构强度计算、正常使用情况下对极限状态的验算的相关方法等相关应用内容在《钢纤维混凝土结构》中都已经给了详细的明确。

相对密度高、自重大是钢纤维混凝土最大的不足之处，普通混凝土的相对密度约为钢纤维密度的 1/3，并且其原材料的成本并不低。在进行搅拌时混凝土的阻力很大，那么体积掺量太大的话很容易引起纤维抱团现象的发生，在进行施工抹平时容易露出大量的钢纤维，这就大大地增加了工程量，除此之外，与其他纤维相比钢纤维容易被腐蚀，因此建筑美观性和耐久性在一定程度上就大打折扣了。

2. 玻璃纤维混凝土

玻璃纤维混凝土，早期苏联并没有对其优越的性能进行探索，只是将其应用于该国的混凝土路面铺设方面。将玻璃纤维用于工程建设最大的优势在于其能够很好地实现结构的强化与加固。玻璃纤维的不足之处在于对碱性物质的抗氧化性较差，长期暴露在空气中会大大地降低其强度和韧性。在玻璃纤维生产工艺不断优化的历程中，英国建筑科学研究院

发现提高 ZrO_2 的含量可使玻璃纤维表面形成一层致密的薄膜，对玻璃纤维起到抗腐蚀的作用。所以说，耐久性能的优劣是评价玻璃纤维混凝土品质的首要标准。

3. 合成纤维混凝土

合成纤维混凝土最早是以防爆结构的形式在美军部队中出现的。尼龙纤维和聚丙烯纤维是最有代表性的 2 种纤维。20 世纪初期英国就已制定且颁布管件、管筒制作的相关国家标准。我国开始涉及这方面的研究是在 20 世纪中期，其中被广泛应用的三种合成纤维分别为聚丙烯纤维、尼龙纤维、聚丙烯腈纤维。合成纤维在制造过程中加入的比例相对较少，只有 0.05%～0.3% 的体积率。预防混凝土早期收缩裂缝是加入合成纤维的主要目的。若要增强混凝土的韧性也可适当地提高纤维的弹性模量或者掺入比例，从而达到提高抗冲击与抗疲劳性能的目的。

4. 碳纤维混凝土

碳纤维是一种在建筑工程领域备受关注的高性能纤维，碳纤维具有弹性模量高、耐高温、高强度、混凝土粘结较强等优良物理特性，目前碳纤维的生产工艺还不能大大降低碳纤维的生产成本，高成本阻碍了其在土木工程领域大范围的推广与应用。目前我国在碳纤维的研究领域还处于落后局面，不过我国积极开展对碳纤维混凝土的增强机理、制造技术、力学性能等方面的研究，其中上海同济大学对纤维混凝土的应用研究已经进入了多层次、全方位的研究。

5. 天然纤维混凝土

环境保护也随着社会的进步和发展受到了人们的重视，其中石棉纤维、玄武岩纤维以及碳纤维的应用最具代表性。一些西方国家对于天然纤维的研究非常的热衷，其主要研究目的就是将其作为水泥砂浆的增强材料之一。植物矿物纤维有很多的优越性能，例如，不但可以节约制造成本，而且纤维的增强效果也显而易见。就比如拿纤维种类为剑麻纤维、体积掺量为 $2.5kg/m^3$ 时为例，其抗折强度以及劈拉强度与普通混凝土相比较而言，都有着显著的提高，除此之外在价格上面也相当的有优势，仅相当于玻璃纤维价格的 1/5，丙烯纤维的 1/10。生产材料范围也较为广阔，是一种既环保又可再生的新型建筑纤维。从最近几年的建筑纤维的应用来看，一种比较受欢迎的天然纤维当属玄武岩纤维，其不光能够弥补现有纤维的不足之处，还以其优异的力学特性和广泛的应用前景成为新型纤维中的佼佼者。

6. 玄武岩纤维混凝土

玄武岩纤维混凝土（简称 BFRC）是在混凝土搅拌、浇筑过程中加入玄武岩纤维，成型过程不会影响混凝土本身性能，改良后的混凝土在黏聚性和稳定性方面都会明显提升；加入玄武岩纤维的混凝土，使其脆性降低，抗冲击性能得到明显提升，这种具有优良力学性能的混凝土可应用在道路及桥梁的施工中；加入无机玄武岩纤维的混凝土，不仅使其抗渗性能得到提高，还能使其抗融冻特性和抗收缩特性得到改善。玄武岩纤维的无机性在抗老化性能方面无疑高于有机的聚丙烯纤维和聚丙烯腈纤维，由上可知，改良式玄武岩纤维混凝土在耐久性与长期性方面有所提高，可以作为一种新型高性能混凝土，可在严寒区域、长距离跨海大桥、深水码头等特殊地域推广。

3.2.4 BFRC 的国内外研究现状

玄武岩纤维自开始应用初始，就凭借在物理、力学性能方面的优势吸引了大量学者，他们已经开发提取出很多无机玄武岩纤维，相当一部分制成复合纤维材料，而现在的研究热点无疑是在混凝土方面的应用，因为在该领域的应用较晚。国外最早是由苏联国防部批示开发玄武岩纤维材料的。经过科学家的不懈努力，最终在苏联解体前玄武岩纤维得到成功提取。20 世纪 80 年代，苏联宇宙飞船第一次完成与美国"阿波罗"号宇宙飞船的对接，这次对接时使用的材料就含有玄武岩纤维。苏联的解体客观上无疑会对玄武岩纤维的推广造成影响。玄武岩纤维不仅性价比极高，还拥有区别于碳纤维、芳纶等高分子纤维材料的优良性能，近些年来引起了西方各国在军工行业的高度重视。2003 年美国一个创办不久的 BF 生产工厂被政府收购，这个工厂的玄武岩纤维材料至今全部用于国防工程中，外界对其消息不得而知，因此国外相关的报道少之又少。

在 2005 年，Dias D P, Thaumaturgo 等著名科学家进行了玄武岩纤维在混凝土应用中的断裂韧性能的研究，对其力学性能做分析研究。结果表明：当玄武岩纤维加入量达到体积比 0.1% 时，其抗压强度与劈拉强度相应地会下降到 26.4% 和 12%；这时的弯拉参数会增加 45.8%，并且通过对横梁的极限荷载特性试验研究发现，加入玄武岩之后会使梁的破坏时间得到延长。另外，还有 Zielinski 等科学家测试了改良后的水泥砂浆的物理与力学性能，最终确定了无机玄武岩纤维的最佳加入量。

近些年，我国开始重视 BFRC 的研究，相应的研究成果也增加不少。在 2002 年，东南大学的研究人员通过对改良后混凝土的性能研究，结果最终显示：

（1）玄武岩纤维的加入会使 28d 龄期的抗压强度提高约 12.2%～14.8%；

（2）对实验中 28d 抗拉强度试验表明，玄武岩纤维的加入会使 28d 抗拉强度效果提高约 12%～20%；

（3）玄武岩纤维的加入让 28d 的抗冲磨强度参数提高 44.7%～47.5%；相应的 28d 的冲击韧性会增加 61.8%～70.2%。

此外，武汉理工大学的研究人员还对改良混凝土的动力性能做了研究，结果显示：①玄武岩纤维的加入，使混凝土在动态性能方面提升不少，降低了其响应的频率、增加了其阻尼比；②当振幅数值增加时，玄武岩纤维的加入会影响阻尼增长速度与响应频率降低速度这两个参数，使两个参数相应增加。这说明玄武岩纤维的加入，使混凝土在阻尼、频率方面效果提升显著，随着受力和形变增加，效果会更加明显，这更加表明玄武岩纤维的潜力巨大；③对不加纤维的混凝土分析，显示其各种性能参数较为平均，而加入玄武岩纤维的混凝土，在各项性能参数中显得参差不齐，这说明玄武岩纤维造成的影响很大；④综合实验数据显示：当振幅增加时响应频率会降低，而振幅增大时会使阻尼也增大。以上结果也显示出本章数据的有效性。

国内一家工业技术研究中心的研究人员在 2006 年，对改良混凝土加入短切玄武岩纤维的性能进行了试验，并对试验结果进行了分析，得到以下结论：①通过改变短切纤维体积加入量和变化其长径比，会使混凝土的增强效果得到显著提升；②两者之中，短切纤维体积加入量对数据的影响较大，而长径比变化的影响较小。变换长径比时，直径的影响较为显著；③因此，要让混凝土增强效果更加显著，调整体积加入量和改变长径比范围，使其达到最优化。这种方案是可行的；④要使 14d 强度达到 28d 强度的 80% 或 90% 以上也是可以实现的，通过增强短切纤维可以实现提高混凝土早期强度。研究人员还对纤维体积掺量对混凝土抗压、抗拉等强度参数进行了分析，研究结果表明：混凝土在静态抗压强度与劈裂抗拉强度方面几乎不受玄武岩纤维加入量的影响。

李为民等人对玄武岩纤维混凝土在不同体积配比下，以体积掺入比为变化因子，来研究其混凝土抗冲击压缩性能，并分析了发生各类现象的成因。比如当在素混凝土中加入玄武岩纤维后，掺入体积比为 0.1％时，该混凝土的应力提高了 26 倍，应变提高了 14 倍；当掺入体积比为 0.2％时，该混凝土的应力提高了 25 倍，应变提高不大；当掺入体积比为 0.3％时，该混凝土的应力提高了 25 倍左右，应变也没有比较明显的提高；说明随着体积比的增加，其应力和应变刚开始时增加较大，随后趋于平衡，体现了二者的相关性，可以认为此类混凝土的应力和应变与该应变率的对数呈线性关系。同时研究文献还表明：在冲击载荷下，在混凝土内均匀分布的各类纤维材料形成一个完整的网状形结构，会增加混凝土的强度，减少应变，试验表明当纤维掺入比为 0.1％时，其抗压性能最好。

河海大学的江朝华等人对玄武岩纤维混凝土在不同体积配比下，以不同掺入量为可变因子，对水泥砂浆的抗压、抗折、抗弯强度进行了受力性能分析，通过试验观察分析水泥砂浆在微观下的结构分布情况。结果显示在混凝土养护早期，玄武岩纤维的加入可以增加混凝土的抗压强度，但养护完成后，其强度较普通的混凝土强度低，因此可以把这类纤维掺入材料当作混凝土的早强剂。同时在增加抗弯强度上，这类纤维掺入材料没有起到明显的效果，反而增加了混凝土构件的挠度。

3.2.5　增强机理分析

混凝土中本来就存在着较多的孔洞与粘结裂缝。当掺入适当长度且适当掺量的玄武岩纤维后，会迅速地加快其与不规则 $Ca(OH)_2$ 的反应速度，同时释放出大量的水化热，进一步促进了水泥的水化反应。通过水化反应所生成的凝胶与晶体可以有效填充孔洞和缝隙。从而提高了混凝土的密实度。当混凝土基体受到外部拉力作用且出现应力集中现象时，混凝土结构内部最薄弱的界面过渡区会首先发生破坏，而横跨在界面过渡区的玄武岩纤维可以有效地避免和减少微裂缝的产生，同时在混凝土内部乱向分布的玄武岩纤维所形成的空间体系会被"启动"，达到更进一步地阻止微裂缝的延伸和扩展的目的。在适当长度、适当掺量的条件下，在混凝土中掺入玄武岩纤维有利于填充内部结构的部分孔隙，增强骨料之间的粘结力，致使内部空间形成完整闭合的网状受力结构，从而起到有效阻裂的作用，使得混凝土的劈拉强度与抗折强度得以明显提高。

3.3　喷射纤维混凝土工艺与工程性能

喷射混凝土是用于加固和保护结构或岩石表面的一种具有速凝性质的混凝土。该技术是借助喷射机械，利用压缩空气或其他动力，将按一定配合比的水泥、砂、石子及外加剂等拌合料，通过喷管喷射到受喷面上，在很短的数分钟之内凝结硬化而成型的混凝土补强加固材料。喷射混凝土主要用于煤矿井巷、隧道、高速公路边坡经锚杆加固后表面喷射加固，简称"锚喷"。

喷射混凝土是在空气压力作用下，通过充气软管或管道，将混凝土或拌合料高速喷射到受喷面且瞬时压密的混凝土。与普通混凝土相比，喷射混凝土因速凝剂的掺入而具有极短的终凝时间和高早龄期强度。自 1970 年在法兰克福和慕尼黑的市政隧道施工中作为衬砌混凝土使用以来，喷射混凝土被广泛应用于隧道及巷道的初期或永久支护、基坑边坡支护、结构加固维修等领域。

在现代隧道衬砌结构设计与施工中，以喷射混凝土为主体的单层永久衬砌成为未来发展趋势。而在隧道运营过程中，衬砌结构不可避免要遭受来自围岩变形、高压渗水及衬砌两侧环境腐蚀因子的作用，从而造成开裂、化学腐蚀、漏水等病害，最终导致衬砌混凝土剥落，严重威胁到隧道衬砌结构耐久性及使用寿命，故对喷射混凝土单层衬砌结构耐久性研究具有重要意义。

3.3.1　喷射混凝土的施工工艺

喷射混凝土的施工工艺系统由供料、供气、供水 3 个子系统组成。这三部分子系统的不同组合方式产生的不同施工工艺和施工技术，对喷射混凝土的质量有着显著的影响，施工费用也各不相同。在过去干喷法、湿喷法的基础上，通过不断的工程试验研究，不断完善和发展了新的喷射混凝土施工技术，如纤维喷射混凝土法、水泥裹砂法、双裹并列法、潮掺浆法等。近 20 年来，我国的喷射混凝土技术得到了突飞猛进的发展，接近和达到了国际水平。

1. 干式喷射混凝土

将水灰比小于 0.25 的水泥、砂子、石子混合料和粉状速凝剂按一定的比例混合搅拌均匀后，利用干式混凝土喷射机，以压缩空气为动力，经输料管到喷嘴处，与一定量的压力水混合后，喷射到受喷面上。如果用专用的快凝锚喷水泥，则可不加速凝剂。它的优点可概括为：①施工工艺流程简单、方便，所需施工设备机具较少，只需强制拌和机与干喷机即可；②输送距离长，施工布置比较方便、灵活，输送距离可达 300m，垂直距离可达 180m；③速凝剂可提前在喷射机前加入，拌和比较均匀。当然它存在着固有的缺陷：①其工作面粉尘量及回弹量均较大，工作环境恶劣，喷料时有脉冲现象且均匀度差；②实际水灰质量比不易准确控制，影响喷射混凝土的质量；③生产效率低。干式喷射混凝土是应用最广泛的施工方法。其特点概述如下：1) 喷射混凝土混合料是在干燥的情况下充分拌和，然后通过送料软管靠压缩空气送到专用的喷嘴处，喷嘴内装有多孔集流腔，水在压力下通过多孔集流腔与混合料拌和。2) 喷射混凝土的运输、加水拌和、振捣三个工艺程序，均是利用空压机产生的压缩空气通过喷射机使用混凝土以连续高速喷向受喷面，并和受喷面形成整体一次完成。3) 由于混凝土的混合料是在干燥状态下拌和的，水则是在喷射过程中加入，所以，水灰比的掌握完全凭喷射机操作人员的经验。

2. 潮式喷射混凝土

将水灰比在 0.25～0.35 间的混合料和速凝剂按一定比例混合后搅拌均匀，利用潮式混凝土喷射机，以压缩空气为动力，经输料管输送至喷嘴处与补充的压力水混合后喷射于受喷面上。潮喷输料管不宜太长，不宜使用早强水泥，但粉尘和回弹率都比干喷小得多。

3. 湿式喷射混凝土

将水泥、砂子、石子、水按一定比例混合后搅拌成混凝土水灰比一般为 0.5 左右，坍落度 13cm 左右，用泵将搅拌好的混凝土经输料管压送至喷嘴处，与液体速凝剂相混合，借助压风补充的能量将混凝土喷射到受喷面上。湿喷粉尘小、回弹率低、混凝土强度高，但喷射工艺较复杂,对集料和外加剂的要求较高,混凝土输送距离较短一般不超过50m。
湿喷法施工工艺特性:①喷混凝土拌合料拌和充分,有利于水泥充分水化,因而混凝土强度较高。②水灰比能较准确控制但比干喷法用水量多。③速凝剂一般不能提前加入,应在喷射机之后加入。④粉尘、回弹量均较低,生产环境状况较好。⑤湿喷机具设备较复杂,速凝剂加入较困难,湿喷机分为风动、挤压泵、液压活塞泵、螺旋输送泵等。⑥输料距离和高度远比干喷法要小,喷射系统布置需靠近工作面。⑦由于混合料是前加水,故施工中途不得停机,停喷后要尽快将设备冲洗干净。⑧水泥用量相对干喷法要多,一般达500kg/m³。

4. 水泥裹砂喷射混凝土

水泥裹砂喷射混凝土,其实质是用水泥裹住砂料并调制成砂浆,泵送并与干式喷射机输送的干集合料相混合,经喷嘴喷射到受喷面上。水泥裹砂喷射混凝土的特点是黏结性能好,粉尘少(一般为2mg/m³~10mg/m³),回弹量小,混凝土强度高,输送距离长,一次喷厚度大,有淋水时易于喷敷。但喷射工艺较干喷、潮喷和湿喷都复杂,是干喷与湿喷相结合的喷射新工艺。

水泥裹砂法施工工艺特性:水泥裹砂法喷射混凝土是将喷射集料分两条作业线做不同处理后再压入混合管混合,然后通过连接混合管的喷管和喷头喷射到工作面上去的新施工法。喷射混凝土中的砂浆基本上是按湿式拌和和压送的,但制造的水泥砂浆与常态水泥砂浆不同,是一种造壳水泥砂浆,其结构合理、强度高。而其他集料,即骨料和速凝剂等基本上是按干式拌和和压送的。喷射作业时,将此种造壳砂浆和骨料干燥状态并含速凝剂经两条管路压送到混合管中混合后通过喷嘴喷出。

5. 纤维喷射混凝土

钢纤维喷射混凝土(Steel Fiber Reinforced Shotcrete or Steel Fiber Reinforced Sprayed Concrete)是指以气压动力高速度喷射到受敷面上含有不连续分布钢纤维的砂浆或混凝土,亦称喷射钢纤维混凝土。目前,国外使用最多的是钢纤维喷射混凝土。它改变了普通混凝土的脆性特点,具有高强度、大变形及破坏后仍存在较高残余强度的特点,使喷射混凝土的韧性、抗弯、抗剪强度、耐火系数和疲劳极限等都得到极大改善。钢纤维喷射混凝土的柔性大大超过了普通混凝土,抗弯强度约增加50%~100%,抗剪强度提高约30%~50%,韧性提高数倍,在松软、破碎围岩和特殊地下工程中获得愈来愈广泛的应用。纤维喷射混凝土,一般都利用现有喷射混凝土设备和施工工艺,即在上述的干喷、潮喷、湿喷和SEC喷射混凝土中,掺入适量的纤维而形成纤维增强喷射混凝土。过去隧道施工遇到不良地质,就用钢纤维喷射混凝土支护,及时制止了坍塌,施工顺利,尝到了甜头。但掺钢纤维也有其难度:成本高昂、配料搅拌时易结团、喷射时易堵管和钢纤维回弹易伤人,并且由于钢纤维的锈蚀使混凝土表面出现锈斑等。目前也有采用新型材料超混杂纤维代替钢纤维喷射混凝土的研究,其各项物理性能与掺钢纤维混凝土相当,但喷射效果优于掺钢纤维混凝土,且成本低廉,经济效益显著,很有推广价值。

6. 双裹并列法喷射混凝土

双裹并列法喷射混凝土(简称双裹并列法)是在水泥裹砂法的基础上发展而成的一种新工艺。在作业方式上虽然它们都是用两条线路输送喷射料物的,外观上有些相似,但实质上两者却有着很大的区别。水泥裹砂法只用了设计用砂量的约一半被水泥包裹,另一半的砂子和全部的粗骨料石子并没有用水泥包裹,形成一条"干路"和一条"湿路",全部喷混凝土材料只有到混合管中才汇齐，水泥造壳是不全面和不充分的。双裹并列法虽然也是由两条线路输送料物，但"干混合料"线路的砂、石料也都用水泥包裹，不再是水泥裹砂法的干砂石料，而是"双裹裹石及裹砂混合料"，另一条"湿路"也不再是水泥砂浆，而是经过水泥包裹处理的高流态混凝土，两条输料线路都有水泥包裹作用，故称"双裹并列法"。

7. 潮料掺浆法喷射混凝土

潮料掺浆法喷射混凝土工艺，是在总结国内潮喷法和 SEC 法实践经验的基础上发展而成的，目的是采用传统干喷法的设备和作业方式，但能取得类似于 SEC 法的综合效果。潮料掺浆法施工工艺特性：①掺浆法的喷射料物也由两条线路输送，一条是全部的砂石料和部分水及水泥通过强制式搅拌机"造壳"的潮料（$W_1/C_1 = 0.20 \sim 0.25$），用干喷机输送；另一条线是高水灰比的水泥净浆含少量减水剂和增塑掺合料不含砂石料，用离心式泵压送。在混合管混合后喷射到受喷面上。②由于两条作业线一条是造壳潮混合料，一条是水泥净浆，全部喷射料物均处于潮湿状态，可以大大减少施工粉尘，亦节省了水泥用量。实测粉尘浓度 $4mg/m^3 \sim 5mg/m^3$ 只相当于干喷法的 1/20，水泥节约 40%。③在喷头或混合管处相互掺和的是潮湿造壳混合料及水泥净浆，物料之间更容易糊化融合，同时避免了"干喷法或潮喷法在喷头处加入单纯的高压水的冲洗"作用，有利于骨料与水泥的黏结及保持良好的稠度，因此此种喷混凝土施工回弹少，泌水率低，从而强度有显著提高，R28 可达 30MPa～40MPa。④所用的设备比水泥裹砂法和双裹并列法都要简单得多，基本上可在干喷法的设备和作业方式上加以改进，施工布置比较灵活，在较狭窄的现场也可以有效应用。

3.3.2　喷射混凝土的性能

喷射混凝土与浇注混凝土有许多相似之处，但也有许多不同之处：其一，喷射混凝土的施工工艺与成型条件有别于普通混凝土；其二，水泥含量及砂率均较普通混凝土高，水灰比较小，特别是掺入速凝剂后，大大改变了混凝土结构，因此，它的性能与普通混凝土有一定差别。

1. 强度

（1）抗压强度。喷射混凝土抗压强度常用来作为评定喷射混凝土质量的主要指标。喷射混凝土在高速喷射时，其拌合物受到压力和速度的连续冲击，使混凝土连续得到压密，因而无需振捣也有较高的抗压强度。其强度发展的特点为：早期强度明显提高，1h 即有强度，8h 强度可达 2.00MPa，1d 强度达到 6MPa～15MPa。但掺入速凝剂后，喷射混凝土后期强度较不掺的约降低 10%～30%，见表 3.1、表 3.2。

喷射混凝土早期抗压强度　表 3.1

配合比	速凝剂掺量（%）	抗压强度（MPa）					
水泥：砂：石子		2h	4h	8h	16h	24h	48h
1：1.5：2.5	2	0.30	0.5	1.9	4.5	7.4	22.1
1：1.5：2.0	2	0.09	0.5	2.0	5.3	7.5	20.8
1：2.5：2.5	2	0.10	0.4	1.2	4.0	5.7	16.8

注：速凝剂为红星 I 型，水泥为 P.O32.5 级。

喷射混凝土早期抗压强度

表 3.2

配合比	速凝剂掺量（%）	抗压强度（MPa）	抗压强度相对值（%）
水泥：砂：石子			
1：2.0：2.0	0	31.2	100
1：2.0：2.0	2.5	22.9	73
1：2.0：2.0	3.0	25.2	80
1：2.0：2.0	2.8	26.7	85
1：1.5：1.5	3.0	24.5	78

注：速凝剂为红星Ⅰ型，水泥为 P.O32.5 级。

（2）抗拉强度。喷射混凝土用于隧道工程和水工建筑，抗拉强度则是一个重要参数。喷射混凝土的抗拉强度与衬砌的支护能力有很大的关系，因为在薄层喷射混凝土衬砌时，尤其在衬砌突出部位附近易产生拉力应变。喷射混凝土的抗拉强度约为其抗压强度的 $1/23\sim1/16$。为提高其抗拉强度，可采用纤维配筋的喷射混凝土。

喷射混凝土抗拉强度随抗压强度的提高而提高。因此提高抗压强度的各项措施，基本上也适用于抗拉强度。采用粒径较小的集料，用碎石配制喷射混凝土拌合料，采用铁铝酸四钙含量高而铝酸三钙含量低的水泥和掺用适宜的减水剂都有利于提高喷射混凝土的抗拉强度。

（3）弯拉强度。抗弯强度与抗压强度的关系同普通混凝土相似，即约为抗压强度的 $15\%\sim20\%$。

（4）抗剪强度。地下工程喷射混凝土薄衬砌中，常出现剪切破坏，因而在设计中应考虑喷射混凝土的抗剪强度。但目前国内外实测资料不多，试验方法又不统一，难以进行综合分析。

（5）黏结强度。喷射混凝土用于地下工程支护和建筑结构补强加固时，为了使喷射混凝土与基层岩石、旧混凝土共同工作，其黏结强度非常重要，喷射混凝土黏结强度与基层化学成分、粗糙程度、结晶状态、界面润湿、养护情况等有关。

（6）弹性模量。喷射混凝土的弹性模量随原材料配合比、施工工艺等的不同有较大差异。混凝土强度、表观密度越大，喷射混凝土弹性模量越高；骨料弹性模量越大喷射混凝土弹性模量也越高。且潮湿喷射混凝土试件的弹性模量较干燥喷射混凝土试件的高。

2. 变形

（1）收缩变形：喷射混凝土的硬化过程常伴随着体积变化。最大的变形是当喷射混凝土在大气中或湿度不足的介质中硬化时所产生的体积减小。这种变形被称为喷射混凝土的收缩。国内外的资料都表明，喷射混凝土在水中或潮湿条件下硬化时，其体积可能不会减小，在一些情况下其体积甚至稍有膨胀。同普通混凝土一样，喷射混凝土的收缩也是由其硬化过程中的物理化学反应以及混凝土的湿度变化引起的。

喷射混凝土的收缩变形主要包括干缩和热缩，干缩主要由水灰比决定，较高的含水量会出现较大的收缩，而粗集料则能限制收缩的发展。因此，采用尺寸较大与级配良好的粗集料，可以减少收缩。热缩是由水泥水化过程中的热升值所决定的。采用水泥含量高、速凝剂含量高或采用速凝快硬水泥的喷射混凝土热缩较大。厚层结构比含热量少的薄层结构热缩要大。

许多因素影响着喷射混凝土的收缩值，主要因素有速凝剂和养护条件。有关试验表明：同样在自然条件下养护，掺加占水泥重 $3\%\sim4\%$ 的速凝剂的喷射混凝土的最终收缩率要比不掺速凝剂的大 80%；喷射混凝土在潮湿条件下养护时间愈长，则收缩量愈小。

（2）徐变变形：喷射混凝土的徐变变形是其在恒定荷载长期作用下变形随时间增长的性能。一般认为，徐变变形取决于水泥石的塑性变形及混凝土基本组成材料的状态。影响混凝土徐变的因素比影响收缩的因素还多，并且多数因素无论对徐变或对收缩是相类似的。如水泥品种与用量、水灰比、粗骨料的种类、混凝土的密实度、加荷龄期，周围介质及混凝土本身的温湿度及混凝土的相对应力值均影响混凝土的徐变变形。

3. 耐久性

（1）抗渗性：喷射混凝土的抗渗性主要取决于孔隙率和孔隙结构。喷射混凝土的水泥用量高，水灰比小，砂率高，使用集料粒径也较小，因而喷射混凝土的抗渗性能较好。但应注意的是，如喷射混凝土配合比不当，水灰比控制不好，施工中回弹较大，受喷面上有渗水等，喷射混凝土就会难以达到稳定的抗渗指标。

（2）抗冻性：喷射混凝土的抗冻性是指在饱和水状态下抵抗反复冻结和融化的性质，一般情况下，喷射混凝土的抗冻性能均较好。这是因为在施工喷射过程中，混凝土拌合物会自动带入一定量的空气，空气含量一般在 $2.5\%\sim5.3\%$ 左右，且气泡一般呈独立非贯通状态，因而可以减少水的冻结压力对混凝土的破坏。坚硬的骨料，较小的水灰比，较多的空气含量和适宜的气泡组织等，都有利于提高喷射混凝土的抗冻性。相反，采用软弱的、多孔易吸水的骨料，密实性差的或混入回弹料并出现蜂窝、夹层及养护不当而造成早期脱水的喷射混凝土，都不可能具有良好的抗冻性。

3.4　纤维含量对混凝土力学性能影响试验研究

纤维混凝土中纤维量的多少直接影响混凝土的基本力学性能，同时对混凝土的经济成本影响较大。因此，混凝土中玄武岩纤维及复合纤维掺量宜依据混凝土弯曲韧性比指标来确定玄武岩纤维的掺量。同时，在实验中要注意到纤维设计掺量与实际掺量的区别，玄武岩纤维及钢纤维的实际含量应以喷射到岩面上的混凝土中纤维含量作为依据。玄武岩纤维混凝土中玄武岩纤维用量由聚丙烯纤维与玄武岩纤维等体积率换算。

3.4.1　强度

根据玄武岩纤维喷射混凝土基本力学性能试验结果分析，在混凝土中加入一定比例的玄武岩纤维，混凝土基体的力学性能有不同程度的增加。通过对不同参数的玄武岩纤维混凝土力学性能数据结果分析得出：玄武岩纤维混凝土强度最好是直径在 $18\mu m\sim22\mu m$，长度在 $20mm\sim25mm$ 的玄武岩纤维掺入混凝土中，同时增长的幅度最大。将各类型玄武岩纤维的强度试验结果排序，示于表3.3～表3.5中。

抗压强度比较结果 表3.3

排列顺序	1	2	3	比例系数（与素混凝土相比）	
				钢纤维混凝土	玄武岩纤维混凝土
Ⅰ（10kg/m³）	15mm/18μm	15mm/18μm	15mm/18μm	1.245	1.24
Ⅱ（10kg/m³）	20mm/22μm	20mm/25μm	20mm/18μm	1.123	1.215/1.173
Ⅲ（5kg/m³）	25mm/18μm			1.05	1.216

注：第Ⅰ、Ⅱ批次玄武岩纤维喷射混凝土玄武岩纤维掺量10kg/m³，钢纤维喷射混凝土钢纤维掺量30kg/m³；第Ⅲ批次为复合纤维混凝土，其中玄武岩掺量5kg/m³，钢纤维掺量30kg/m³。

抗剪强度比较结果 表3.4

排列顺序	1	2	3	比例系数（与素混凝土相比）	
				钢纤维混凝土	玄武岩纤维混凝土
Ⅰ（10kg/m³）	15mm/18μm	15mm/18μm	15mm/18μm	1.273	1.261
Ⅱ（10kg/m³）	20mm/18μm	20mm/25μm	20mm/22μm	1.578	1.596/1.551/1.474
Ⅲ（5kg/m³）	25mm/18μm	24mm/15μm	12mm/15μm	1.057	1.350/1.335/1.127

抗折强度比较结果 表3.5

排列顺序	1	2	3	比例系数（与素混凝土相比）	
				钢纤维混凝土	玄武岩纤维混凝土
Ⅰ（10kg/m³）	20mm/18μm	15mm/18μm	25mm/18μm	1.273	1.232/1.232/1.058
Ⅱ（10kg/m³）	20mm/18μm	20mm/22μm	20mm/25μm	1.578	1.056/1.056/0.972
Ⅲ（5kg/m³）	25mm/18μm	25mm/22μm	24mm/15μm	1.057	1.153/1.135/1.015/1.02

3.4.2 韧性

通过试验对玄武岩纤维混凝土试件韧性试验数据结果分析表明，玄武岩纤维由其自身的特性，玄武岩纤维混凝土的韧性性能在韧性试验中表现不出其特征。对加入5kg/m³玄武岩纤维和加入30kg/m³钢纤维的复合纤维混凝土试件与加入5kg/m³玄武岩纤维和加入25kg/m³钢纤维的复合纤维混凝土试件，同30kg/m³钢纤维的喷射混凝土试件进行韧性对比试验，试验数据结果分析得出：复合纤维混凝土在其韧性指数和等效抗弯强度上都比钢纤维混凝土的等效抗弯强度和韧性指数有所提高。所有复合喷射纤维混凝土的韧性指标均高于掺量为30kg/m³钢纤维的喷射混凝土的韧性指标。韧性试验结果见表3.6。按韧性指标评价，均达到优秀。

弯曲韧性试验结果 表3.6

项目	单位	试件编号及平均检测结果				
		Ⅲ-1	Ⅲ-2	Ⅲ-3	Ⅲ-4	Ⅲ-5
玄武岩参数			长度25mm 直径18μm	长度25mm 直径22μm	长度12mm 直径15μm	长度24mm 直径15μm
宽度	mm	100	100	100	101	100
高度	mm	100	99	99	101	102
跨距	mm	300	300	300	300	300
初裂强度	MPa	4.45	5.62	5.59	5.02	5.00

续表

项目	单位	试件编号及平均检测结果				
		Ⅲ-1	Ⅲ-2	Ⅲ-3	Ⅲ-4	Ⅲ-5
初裂强度增长比例		1.0	1.263	1.256	1.128	1.124
断裂模数	MPa	5.18	6.67	6.57	5.90	5.87
等效抗弯强度	MPa	2.58	2.82	3.13	3.03	3.26
等效抗弯强度增长比例		1.0	1.093	1.213	1.174	1.264
弯曲韧度比		0.58	0.5	0.56	0.6	0.65
韧性指数 I_{10}		7.40	4.25	5.23	4.79	4.57
韧性指数 I_{30}		27.50	24.56	23.86	25.70	27.05
韧度 $R_{30/10}$		101.17	101.57	92.18	104.55	112.38

注：各组均掺入 25kg/m³ 钢纤维和 5kg/m³ 玄武岩纤维，各项增长比例是对比钢纤维掺量 30kg/m³ 混凝土的试验结果得到的。

试验通过对掺有玄武岩纤维材料不同直径和长度分别进行试验，将其等效抗弯强度结果根据不同的参数进行排列，结果顺序如下：5kg 15μm、7kg 18μm、5kg 22μm；纤维混凝土的韧度的综合指标 $R_{30/10}$ 的排列顺序为：7kg 18μm、5kg 15μm、5kg 22μm。对数据分析发现，增韧效果与纤维的长度和直径有直接关系，长度在 20mm～25mm、直径 18μm 的玄武岩纤维与 25kg/m³ 钢纤维复合的喷射混凝土的增韧效果最好。此外，在欧洲，评价钢纤维混凝土的韧性用韧度等级进行划分，作为欧洲规范 EFNARC 评价标准。以小梁的挠度和等效抗弯强度作为两个坐标轴，结果表示非常明了，见表 3.7。根据混凝土力学特性及复合纤维喷射混凝土试件的不同跨中挠度的等效抗弯强度，通过绘制混凝土试件的韧度等级曲线，判断其复合纤维混凝土的韧度等级，如图 3.1～图 3.3 所示。

韧度等级划分欧洲规范 EFNARC　　　　　　　　　　　　　表 3.7

梁的挠度 (mm)	韧度等级			
	1	2	3	4
	相应于各韧度等级的等效抗弯强度（MPa）			
0.5	1.5	2.5	3.5	4.5
1	1.3	2.3	3.3	4.3
2	1.0	2.0	3.0	4.0
3	0.5	1.5	2.5	3.5

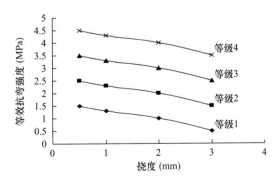

图 3.1　混凝土韧度等级划分图

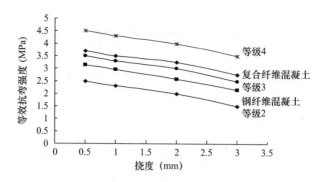

图 3.2　复合纤维混凝土试件韧度等级图

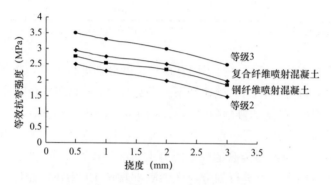

图 3.3　喷射混凝土韧度等级图

从图中看出，混凝土试件的韧度介于 2～3 等级之间。长度 25mm、直径 18μm、掺量为 5kg/m³ 的玄武岩纤维与钢纤维混合的试件，其混凝土的增韧效果更好。

3.4.3　玄武岩纤维对改善钢纤维混凝土回弹的作用

复合纤维喷射混凝土钢纤维回弹量的确定是在试验过程中，通过抽取试件钢纤维和玄武岩纤维试件中的钢纤维，取回钢纤维进行称重，得到回弹量如表 3.8 所示。

回弹量分析表　　　　表 3.8

类型	钢纤维掺量（kg/m³）	试件中含量（kg/m³）	回弹量（kg/m³）	回弹率（%）
钢纤维	35	22.89	12.11	34.60
玄武岩复合纤维掺量 5kg 直径 18μm	25	17.92	7.08	28.30
玄武岩复合纤维掺量 10kg 直径 18μm	25	17.02	7.98	31.19

通过钢纤维回弹量分析，掺有玄武岩纤维的混凝土，钢纤维的回弹率明显得到降低，这是由于玄武岩纤维在混凝土中其本身对于钢纤维的粘结作用，从而使掺加玄武岩纤维的试件钢纤维的回弹率得到降低，提高了钢纤维在混凝土中的利用率。

3.4.4　纤维掺量建议

通过对混凝土试件基本力学性能试验，试验结果数据分析，玄武岩纤维混凝土和玄武岩复合纤维喷射混凝土的基本力学性能均达到混凝土所需要达到的设计强度要求。混凝土的抗压强度、剪切强度以及抗折强度均较素混凝土得到较大的提高。同时，某些掺量的玄武岩纤维混凝土和复合纤维喷射混凝土的强度值略高于相同强度等级的钢纤维混凝土，而且在喷射混凝土中充分提高了材料的利用率，经济成本得到了降低。通过韧性试验证实，玄武岩纤维和钢纤维混合的复合纤维混凝土具有和钢纤维混凝土相近或更好的韧性，其韧性指标均达到良好和优秀。试验显示：掺有 5kg/m³ 玄武岩纤维与 25kg/m³ 钢纤维复合的喷射混凝土具有和 35kg/m³ 钢纤维喷射混凝土相近或更好的韧性。喷射混凝土试验证实，玄武岩纤维对于改善钢纤维的回弹作用比较明显，掺有 5kg/m³ 玄武岩纤维可降低约 5% 的回弹率，提高了喷射混凝土中钢纤维利用率。因此，在钢纤维喷射混凝土中掺加玄武岩纤维，一方面降低钢纤维掺量，另一方面减少回弹率，可望降低建设成本和提高衬砌材料的耐久性。

玄武岩纤维混凝土及复合纤维混凝土具有优良的动态性能、断裂性能、抗冲击韧性以及抗冲磨特性等。其抗渗性、抗冻融性、干缩性及抗氯离子渗透性等混凝土耐久性能指标均明显优于普通混凝土。

综合分析试验中的玄武岩纤维对混凝土力学性能的改善作用，结合永祥隧道的实际情况，室内理论试验与现场试验存在差异，确定该隧道复合纤维喷射混凝土中钢纤维掺量为 30kg/m³，玄武岩纤维掺量为 5kg/m³。玄武岩纤维参数为长度 30mm，直径 18μm；玄武岩纤维喷射混凝土中玄武岩纤维掺量为 11kg/m³。

3.5 喷射玄武岩纤维混凝土工程性能试验研究

混凝土是指由胶凝材料将集料胶结成整体的工程复合材料的统称。通常讲的混凝土一词是指用水泥作胶凝材料，砂、石做集料；与水（加或不加外加剂和掺合料）按一定比例配合，经搅拌、成型、养护而得的水泥混凝土，也称普通混凝土，它广泛应用于土木工程。玄武岩纤维和复合纤维混凝土则是在普通混凝土材料的基础上掺加一定量的玄武岩纤维及其他复合纤维材料混合均匀搅拌而得的水泥混凝土。混凝土的力学性能材料的强度及变形特性是材料的基本力学性能，它关系到材料破坏分析和变形计算分析。目前，在混凝土结构设计中，抗压强度是混凝土的主要指标，而且混凝土配合比的设计也是以抗压强度为依据的。此外，弯拉强度是混凝土结构设计的又一个重要指标。在隧道初期支护及二次衬砌结构设计中，弯拉强度是混凝土的重要力学性能指标，是表征材料力学性能的基本参数，是施工质量控制和检验的主要内容。对于玄武岩纤维混凝土（Basalt Fiber Reinforced Concrete，简称 BFRC）构件或复合纤维混凝土结构而言，外力作用下的应力状态和变形破坏特征必须以其强度和变形规律为前提，这关系到隧道设计的合理性，经济性和安全性。本节主要运用对比手段，于 2012 年 3 月至 2013 年 5 月，在浙江金华永祥隧道结构实验室及浙江大学结构实验室进行试验，对玄武岩纤维混凝土（BFRC）和复合纤维混凝土的力学性能作用进行试验研究。

3.5.1 配合比设计

试验采用的水泥是符合《通风硅酸盐水泥》GB 175 规定的 P.O42.5R 级硅酸盐水泥；

粗骨料采用 5mm～10mm 碎石，其最大粒径不超过 10mm，连续粒径，级配合理；细骨料采用河砂，细度模数大于 2.5；拌和用水采用天然山水；其中的添加剂有 JZ-C 减水剂、液体 TY-3 速凝剂；钢纤维采用赣州大业金属纤维有限公司生产（异型 YSF0530 钢纤维）；玄武岩纤维采用浙江石金玄武岩有限公司生产（短切玄武岩纤维 GBF501YE1）。见图 3.4（a）～3.4（b）。

(a) (b)

图 3.4　玄武岩纤维

（a）异型 YSF0530 钢纤维；（b）GBF501YE1 短切玄武岩纤维

本试验段隧道初期支护喷射混凝土为 C30，混凝土配合比情况如下：

（1）玄武岩纤维混凝土配合比见表 3.9。

混凝土配合比　　　　　　　　　　　　　　　　表 3.9

批号	水泥	细骨料	粗骨料	水灰比（%）	水	减水剂	玄武岩纤维	坍落度（cm）
I	480	850	785	42.1	202	4.83	11	12～18

（2）复合维混凝土配合比见表 3.10。

混凝土配合比　　　　　　　　　　　　　　　　表 3.10

批号	水泥	细骨料	粗骨料	水灰比（%）	水	减水剂	钢纤维	玄武岩纤维	坍落度（cm）
II	460	893	761	46.1	212	4.83	30	5	12～18

3.5.2　试验方案

1. 试件的制作

全部试件均按试验规范要求的试件数量和尺寸在标准模具中浇注。量测试件的尺寸，精确至 1mm。若实测尺寸与公称尺寸之差不大于 1mm，可按公称尺寸计算。试件承压面的不平度应为每 100mm 不大于 0.5mm，承压面与相邻面的不垂直度不应大于 10°。试件在制作过程中，投料的顺序、搅拌方式、搅拌试件对混凝土的性能都有影响。拌料方法：第一次投入砂、碎石、钢纤维、部分水初拌 30s，再加入玄武岩纤维搅拌 30s，最后加入水泥、剩余水、减水剂搅拌 60s。液体速凝剂通过喷射机在喷嘴处掺入。混凝土拌料工艺流程图见图 3.5。

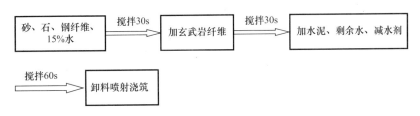

图 3.5　试件拌料工艺流程图

2. 喷射成型混凝土试件方法

（1）喷射设备。本实验段喷射设备采用 ZSP 湿喷机，该湿喷机水灰比能较好地控制，有利于水泥的水化，粉尘少，回弹小，混凝土均匀性好。湿喷机设备如图 3.6 所示。

（2）喷射制作方法。在隧道初衬混凝土喷射时，应将模板在隧道中支撑稳定，受喷面与水平成 135°夹角，喷射时喷枪应垂直模板，喷枪与喷射面的距离应保持在 1m 左右。从上向下逐次喷射。在喷射完 1min 内，应迅速使用刮刀将高出模板的混凝土刮去并抹平。

（3）喷射成型混凝土试件养护。喷射成型的大板应在隧道中自然养护，在施工中注意对试件的保护，自然养护 14d 后进行切割加工，加工后继续在相同环境下养护至规定龄期，取

图 3.6　ZSP 湿喷机

出擦干进行试验。当进行其他龄期的混凝土性能试验时，切割加工试件时混凝土应有足够的强度，以防止切割加工对试件产生损伤。

3. 试验内容

试验内容及各试验所需试件的数量和尺寸示于表 3.11。玄武岩纤维的特征参数见表中所示。钢纤维型号为 YSF0530，直径 0.55mm，长度 25mm。

试验内容及试件数量表　　　　　　　　　表 3.11

项目	试件尺寸（mm）	素混凝土	复合维混凝土（钢纤维 30kg/m³ + 玄武岩纤维 5kg/m³）	玄武岩纤维混凝土（11kg/m³、30mm、18μm）
立方体抗压强度	100×100×100	3	3	3
抗折强度	100×100×400	3	3	3
弯曲韧性	100×100×400	0	4	4

3.5.3　抗压强度试验

1. 试验方法

本试验玄武岩纤维混凝土的抗压强度标准依据《普通混凝土力学性能试验标准》GB/T 50051—2002 的方法进行。试验通过在数显压力试验机 YES-2000 进行。玄武岩纤维混凝土的抗压试验的试件采用非标准件尺寸（100mm×100mm×100mm），混凝土立方体抗压强度尺寸折算系数为 0.9。

试验步骤：

（1）从试验地点取出试件。擦净后检查外观并测量尺寸，尺寸精确到 1mm。平整度方面：试件承压面的不平度应为每 100mm 误差不大于 0.5mm，承压面与相邻的不垂直度应小于 1°。

图 3.7 数显压力试验机 YES-2000

（2）在试验过程中，应将试件制作成形时的侧面作为试验承压面。在安放时，试件的轴心应与准试验机下的压板中心对准。在开动试验机时，当上压板与试件接近时，应调整其支座，使其玄武岩纤维混凝土的接触均衡。

（3）试件的加荷方式：荷载应连续、均匀。加荷速度应控制在 12kN/s～18kN/s，随着荷载的加大，试件接近破坏，这时应停止、调整油门，直到试件破坏。记录数据最大荷载，数值精确至 0.1MPa。试件设备如图 3.7 所示。

2. 试验结果表达

纤维混凝土立方体抗压强度按下式计算：

$$f_{cf,cu} = F_{max}/A \qquad (3.1)$$

式中 $f_{cf,cu}$——纤维混凝土立方体抗压强度（MPa）；

F_{max}——最大荷载（N）；

A——试件承压面积（mm²）。

计算值的确定：本试验采用 100mm×100mm×100mm 的试件，根据《普通混凝土配合比设计规程》JGJ 55—2000，所测得的轴心抗压强度值应乘以尺寸换算系数 0.9，素混凝土尺寸换算系数为 0.95。计算精确至 0.1MPa。试验规范要求，混凝土试件每组试验应取 3 个试块，将所测得 3 个试件的测值，取其算术平均值作为该组试件的强度值；在数据中，若两个试件中，最大值与最小值之差相差 15%，则三个试件的中间值为其抗压强度；如最大值与最小值相差 30%，则该组试验无效。

3. 试验结果及分析

该批次的立方体抗压强度示于表 3.12。为形象比较各组立方体抗压强度，将各批立方体抗压强度对比见图 3.8。

立方体抗压强度 表 3.12

编号	类型	尺寸 (mm²)	破坏荷载 (kN)	抗压强度单值 (MPa)	平均值	尺寸换算系数	换算强度 (MPa)	增长比例 (与素混凝土比)
1-1	复合纤维钢纤维（30kg/m³＋玄武岩纤维 5kg/m³）	10042	397.3	39.564	39.418	0.9	35.476	1.160
		10000	403.1	40.310				
		10201	391.5	38.379				
1-2	玄武岩纤维混凝土（玄武岩纤维 11kg/m³）	9994	388.7	38.893	37.863	0.9	34.077	1.114
		10325	393.2	38.082				
		10119	370.5	36.614				

续表

编号	类型	尺寸 (mm²)	破坏荷载 (kN)	抗压强度单值 (MPa)	平均值	尺寸换算系数	换算强度 (MPa)	增长比例 (与素混凝土比)
1-3	素混凝土	10000	336.7	33.670	32.192	0.95	30.582	1
		10000	315.5	31.550				
		10215	320.3	31.356				

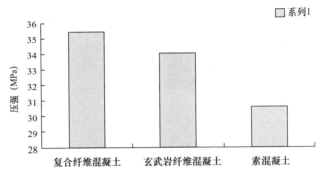

图 3.8　立方体抗压强度对比图

试件试验结果证实，在玄武岩纤维掺量为 $11kg/m^3$、直径为 $18\mu m$ 的情况下，长度为 25mm 的玄武纤维混凝土立方体抗压强度与复合纤维混凝土立方体抗压强度大致相同，试验不难发现，玄武岩纤维有助于混凝土强度的提高。在素混凝土中掺加玄武岩纤维后，混凝土内形成一定的网状结构，协同骨料受力，当应力自基体传递给纤维时，纤维因变形而消耗能量，提高了混凝土韧性的同时提高了混凝土的强度。

3.5.4　抗折强度试验

1. 试验方法

抗折试验机使用 JES-300 型试验机，其上带有专门的抗折试验支座、加压头和调平砧见图 3.9。在试验过程中，荷载加载必须连续，加载必须均匀，当所压试件的强度低于 30MPa 时，荷载的加荷速率取 0.02MPa/s～0.05MPa/s；试件强度等于或高于 30MPa 时，取 0.05MPa/s～0.08MPa/s。当试件的变形速度加快时，注意观察试件的破坏，当速度明显减小时，应立即停止调整试验机油门，直至试件破坏。记录最大荷载及破坏位置，精确至 0.01MPa。

试验步骤：

（1）首先测量试件尺寸，划出支点受力线，支点距试件端点的距离为 15cm，同时在试件中部位置划出劈裂面位置线，便于量测破坏位置距支点的破坏距离。

（2）试验前，应先检查试件的密实性，如试件中部 1/3 长度内有明显蜂窝存在，该将试件作废。

（3）量测试件中部的宽度和高度，计算断面面积，长宽精确至 1mm。

（4）对移动支座进行调平操作，使其混凝土受力面与试验机下压头接触，缓慢加一初荷载，使两支点完全受力，而后荷载加载速度以 0.5MPa/s～0.7MPa/s 的速度进行加荷，加载应连续、均匀；当荷载速度明显变化较小，则试件接近破坏、试件开始迅速变形，操作人员应停止调整试验机的油门，直至试件破坏，记下最大荷载。混凝土抗折试验装置示意图见图3.10。

图3.9　JES-300型抗折试验机　　　　图3.10　混凝土抗折试验装置

2. 试验结果表达

试件抗折强度 $f_{fc,m}$（MPa）按下式计算：

$$f_{fc,m} = F_{max} \times l/(bh^2) \tag{3.2}$$

式中　F_{max}——试验最大荷载（N）；

　　　l——支座间距（mm）；

　　　b——试件截面宽度（mm）；

　　　h——试件截面高度（mm）。

试验数据的取舍按规范要求。对于 400mm×100mm×100mm 的试件，抗折强度值乘以尺寸换算系数0.85。

3. 试验结果分析

该批次的立方体抗压强度示于表3.13。

立方体抗折强度　　　　　　　　　　表3.13

编号	类型	破坏荷载（kN）	断面与支点间距（mm）	单值	尺寸换系数	平均值（MPa）	增长比例（与素混凝土比）
2-1	复合纤维钢纤维（30kg/m³＋玄武岩纤维 5kg/m³）	16.8	112	5.04	0.85	3.69	1.23
		15.5	145	4.65			
		11.1	115	3.33			
2-2	玄武岩纤维混凝土（玄武岩纤维 11kg/m³）	11.5	115	3.45	0.85	3.45	1.15
		14.4	140	4.32			
		14.8	105	4.44			
2-3	素混凝土	13.6	105	4.08	0.85	3.01	1
		10.6	110	3.18			
		11.2	101	3.36			

试件试验结果证实，在玄武岩纤维掺量为 11kg/m³、直径为 18μm 的情况下，长度为 25mm 的玄武纤维混凝土立方体抗折强度与复合纤维混凝土立方体抗折强度大致相同，试验不难发现，玄武岩纤维有助于混凝土抗折强度的提高。在素混凝土中掺加玄武岩纤维，

使其纤维在混凝土中分布均匀。纤维在混凝土内形成一定的网状结构，与混凝土骨料协同受力。当混凝土应力自基体传递给纤维时，混凝土中的纤维因试件变形而消耗能量，从而在提高了混凝土韧性的同时也提高了混凝土的强度。

3.5.5　三分梁弯曲韧性

纤维混凝土的韧性是混凝土梁在荷载作用下，使混凝土基体开裂，在荷载继续作用下，继续维持一定抗力使其混凝土变形的能力。通常用荷载-变形曲线或应力-应变曲线下的面积来表示，称为韧度。韧度取决于材料的强度和材料破坏时的变形性能，强度和材料的变形性能是影响韧度的两个关键性因素。因此，无论材料的强度有多高，当变形性能差；或是变形性能很高，但材料的强度很低，其混凝土的韧度都会不高；只有材料的强度和变形性能同时很高，其韧度才高。在弯曲韧性试验过程中，纤维混凝土受弯作用时，受拉区域基体开裂后，混凝土中的纤维将会起到承担拉力作用，并保持纤维混凝土基体裂缝缓慢扩展。这样，基体裂缝间就会存在一定的残余应力作用。随持续受力，裂缝将继续开展，基体缝间的残余应力将逐渐变小。同时，纤维混凝土中，由于纤维的作用，使混凝土具有较大变形能力。这样，纤维混凝土在截面上继续承担一定的应力，直到试件被破坏，纤维从混凝土中拔出。在混凝土受弯、受压和受拉三种受力荷载状态下，纤维混凝土的受弯破坏过程更能体现纤维的增韧效果，所以，目前广泛采用混凝土的弯曲韧性来对纤维混凝土的增韧效果进行评定。

目前，我国常用弯曲韧性指数法作为纤维混凝土的评定方法，弯曲韧性指数法是通过利用理想弹塑性体作为材料韧性的参考指标，对混凝土的韧性进行评价。选用初裂挠度的倍数作为终点挠度，即 3 倍、5.5 倍、15.5 倍，如图 3.11 所示。

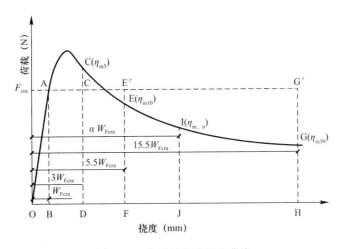

图 3.11　典型的荷载挠度曲线

1. 试验装置

试验采用三分点加载试验方法，采用 Instron 25t 力学实验机，试验装置见图 3.12。初裂前的加荷速度取 0.05MPa/s～0.08MPa/s；初裂后取每分钟 1/3000mm，即 0.1mm 的挠度增长速度均匀加载，使挠度变化速度相等，荷载精度为 0.1kN，位移精度 0.01mm。

图 3.12 Instron 25t 力学实验机

2. 结果表达

（1）纤维混凝土初裂强度

初裂强度 f_{cra} 按下式计算：

$$f_{cra} = F_{cra} \times l/(bh^2) \qquad (3.3)$$

式中　f_{cra}——初裂强度（MPa）；

　　　F_{cra}——纤维混凝土的初裂荷载（MPa）；

　　　l——支座间距（mm）；

　　　b——试件截面宽度（mm）；

　　　h——试件截面高度（mm）。

（2）纤维混凝土弯曲韧度指数

荷载——挠度曲线中，初裂点 A 是直尺与曲线的线性部分的交点。初裂荷载 F_{cra} 为初裂点 A 点的纵坐标，初裂挠度 $W_{F_{cra}}$ 为横坐标数值，初裂韧度为三角形 OAB 的面积。该点 A 也可取为 F_{max} 的 0.85 倍作为对应的挠度。

荷载-挠度曲线的以起点为坐标原点，按图 3.11，3、5.5、15.5 倍初裂挠度的倍数，在横轴上分别用 D、F、H 和 J 点表示。计算出三角形 OAB、四边形 OACD、四边形 OAEF、四边形 OAGH、四边形 OAIJ 的面积，面积值定初裂韧度和挠度值的韧度实测值。并以：$I_5 = \dfrac{\text{OACD 面积}}{\text{OAB 面积}}$、$I_{10} = \dfrac{\text{OAEF 面积}}{\text{OAB 面积}}$、$I_{30} = \dfrac{\text{OAGH 面积}}{\text{OAB 面积}}$ 作为该组纤维混凝土试件不同挠度对应的韧度指数。

（3）纤维混凝土韧度的综合指标

确定纤维喷射混凝土的韧度指数，表达式：$R_{30/10} = 5(I_{30} - I_{10})$ 作为评价纤维混凝土材料韧度的综合指标。

一般纤维混凝土试件初裂挠度大约在 0.05mm～0.1mm，由于试验人员读数误差和仪器设备初裂值显示的滞后，造成试验所测得初裂挠度读数可能是实际初裂挠度的 2 倍～3 倍。因此，曲线在这一区间的读数值是不可靠的。对于实际材料的韧度综合指标，该值代表了该材料在挠度 $5.5F_{cra}$～$15.5F_{cra}$ 范围内，平均荷载与其初裂荷载的比值。

混凝土的韧度综合指标的评价标准依据美国规范 ASTMC 1018—89 规定，见表 3.14。

湿喷纤维混凝土弯曲韧度指数建议参考值　　　　　　　　　表 3.14

等级	I_{10}	I_{30}	$R_{30/10}$
临界	<4	<12	<40
中等	4	12	40
良好	6	18	60
优秀	8	24	80

（4）等效抗弯强度

按照日本规范，纤维混凝土的抗弯强度用材料所能承受的最大荷载确定，即为"断裂模数"。韧度用"等效抗弯强度" f_e 来表示。

等效抗弯强度 f_e 定义为：

$$f_e = T_b \times l/(\delta_{Tb} b h^2) \qquad (3.4)$$

式中　T_b——变形能（F_{cra} 时吸收的能量）；

　　l——试件净跨 $l=300mm$；

　　δ_{Tb}——试验最终最大挠度，试验跨度为 300mm 时，$\delta_{Tb}=2mm$；

　　b、h——试件宽度和高度，均为 100mm。

钢纤维小梁在 $F_{cr}=2mm$ 处吸收的能量见表 3.15。

$F_{cr}=2mm$ 处吸收能量　　　　　　　　表 3.15

试件编号	纤维类型	F_{cr}（mm）	吸收能量（J）
JTH-1	复合纤维混凝土 （玄武岩＋钢纤维）	2	172.35
TH-2			158.17
JTH-3			142.69

3. 荷载位移-曲线

本次试验对 3 块复合纤维混凝土小梁构件使用 Instron 25t 力学实验机进行试验，构件荷载-位移曲线图见图 3.13。

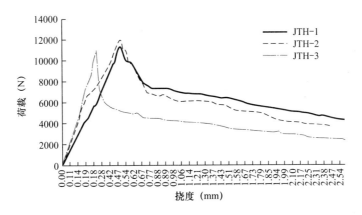

图 3.13　小梁构件荷载-位移曲线图

4. 复合纤维喷射小梁构件数据

采集见表 3.16。

复合纤维喷射小梁构件数据　　　　　　　　表 3.16

试件编号	纤维类型	最大荷载（N）	平均荷载（N）	裂缝处钢纤维数量（根）
JTH-1	复合纤维混凝土 （玄武岩＋钢纤维）	11325.8	11410.7	61
JTH-2		12013.1		72
JTH-3		10893.1		53

小梁构件跨中破坏情况见图 3.14。

5. 理论弯拉强度计算

在理论计算中，对试验纤维混凝土的材料有以下要求：粗骨料粒径不宜大于 20mm；钢纤维混凝土的钢纤维体积率应根据设计要求确定，且不应小于 0.35%；钢纤维的强度抗拉强度不低于 1000MPa，异型钢纤维不应小于 0.25%；其他原材料应按《铁路混凝土工程施工质量验收标准》TB 10424—2010 中的规定。本试验玄武岩纤维混凝土按照钢纤维混凝土的计算标准计算。

图 3.14 小梁构件跨中破坏

（1）复合纤维混凝土强度标准值与设计值可按下列规定采用：

复合纤维混凝土轴心抗压强度标准值与设计值，可根据钢纤维混凝土的强度等级按《混凝土结构设计规范》GB 50010—2010 的规定采用。钢纤维混凝土轴心抗压强度标准值与设计值为：

$$f_{tk} = 20.1 \text{N/mm}^2 \qquad f_t = f_{tk} = 1.43 \text{N/mm}^2$$

复合纤维混凝土抗拉强度的标准值与设计值可分别按下列公式计算：

$$f_{ftk} = f_{ft}(1 + \alpha_t \lambda_f) \tag{3.5}$$

$$f_{ft} = f_t(1 + \alpha_t \lambda_f) \tag{3.6}$$

$$\lambda_f = \rho_f l_f / d_f \tag{3.7}$$

式中　f_{ftk}、f_{ft}——复合纤维混凝土抗拉强度的标准值与设计值（MPa）；

　　　f_{tk}、f_t——同强度等级基体混凝土抗拉强度的标准值与设计值（MPa），按《混凝土结构设计规范》GB 50010—2010 取值；

　　　λ_f——复合纤维含量特征值；

　　　ρ_f——复合纤维体积率（%），根据配合比设计确定；

　　　l_f——纤维长度（mm）；

　　　d_f——纤维直径或等效直径（mm）；

　　　α_t——纤维对纤维混凝土抗拉强度的影响系数，宜通过试验确定，若无试验数据可参照《混凝土结构设计规范》GB 50010—2010 附录 1 取用。

纤维混凝土设计弯拉强度可按下列公式计算：

$$f_{ftm} = f_{tm}(1 + \alpha_{tm} \lambda_f) \tag{3.8}$$

式中　f_{ftm}——纤维混凝土设计弯拉强度（MPa）；

　　　f_{tm}——同强度等级素混凝土的设计弯拉强度（MPa），符合《混凝土结构设计规范》GB 50010—2010 的规定；

　　　α_{tm}——纤维对纤维混凝土抗拉强度的影响系数，宜通过试验确定，若无试验数据可参照附录 A 取用。

（2）钢纤维混凝土的参数：受压和受拉弹性模量，剪切模量、泊松比、线膨胀系数等应根据钢纤维混凝土的强度等级按《混凝土结构设计规范》GB 50010—2010 表 4.1.5（混凝土的弹性模量取值）的规定采用，剪切模量按弹性的模量的 40% 取值，泊松比按 0.2 取值。则钢纤维混凝土的参数确定见表 3.17。

C30 复合纤维混凝土参数 　　　　　　　　　　　　　　表 3.17

参数	C30 混凝土的弹性模量 $E_c \times 10^4$（N/mm²）	C30 混凝土的剪切模量 $G_c \times 10^4$（N/mm²）	泊松比 ν_c	钢纤维体积率 ρ_f（%）
数值	3.0	0.12	0.2	1.47

（3）抗拉强度标准值和设计值计算

复合纤维混凝土的抗拉强度标准值和设计值：

$$\lambda_f = \rho_f l_f / d_f = 1.47\% \times 0.03 / 0.0005 = 0.882$$

$$f_{ftk} = f_{ft}(1 + \alpha_t \lambda_f) = 2.01 \times (1 + 0.55 \times 0.882) = 2.985 (\text{MPa})$$

$$f_{ft} = f_t(1 + \alpha_t \lambda_f) = 1.43 \times (1 + 0.55 \times 0.882) = 2.124 (\text{MPa})$$

玄武岩纤维混凝土的抗拉强度标准值和设计值：

$$\lambda_f = \rho_f l_f / d_f = 0.472\% \times 0.03 / 0.0018 = 0.787$$

$$f_{ftk} = f_{ft}(1 + \alpha_t \lambda_f) = 2.01 \times (1 + 0.55 \times 0.787) = 2.88 (\text{MPa})$$

$$f_{ft} = f_t(1 + \alpha_t \lambda_f) = 1.43 \times (1 + 0.55 \times 0.787) = 2.049 (\text{MPa})$$

将设计值整理成表 3.18。

纤维喷射混凝土强度指标设计参数 　　　　　　　　　　表 3.18

类型	抗拉强度（MPa）	弹性模量（MPa）	泊松比	剪切模量（MPa）
玄武岩纤维喷射混凝土	2.049	3.0	0.2	1.2
复合纤维喷射混凝土	2.124	3.0	0.2	1.2

6. 试验结果及分析

将试验数据的处理结果列于表 3.19，表中还示出弯曲韧度比，按下式计算：

$$R_e = f_e / f_{cra}$$

试验结果表明，试验值达到美国规范 ASTMC 1018—89 所规定的良好—优秀的韧度指数。复合纤维混凝土试件的初裂强度、等效抗弯强度均高于钢纤维混凝土试件。

弯曲韧性试验结果 　　　　　　　　　　　　　　　　表 3.19

项目	单位	试件编号及检测结果		
		JTH-1	JTH-2	JTH-3
复合纤维混凝土材料		钢纤维+玄武岩	钢纤维+玄武岩	钢纤维+玄武岩
宽度	mm	100	100	100
高度	mm	100	101	99
跨距	mm	300	300	300
初裂强度	MPa	3.57	3.92	3.73
等效抗弯强度	MPa	2.58	2.37	2.14
设计抗弯强度	MPa	2.049		
弯曲韧度比		0.59	0.48	0.52
韧性指数 I_{10}		8.7	9.9	10.3
韧性指数 I_{30}		31.75	29.77	27.54
韧度 $R_{30/10}$		115.25	99.35	86.2

3.5.6 大板能量韧性试验

平板法弯曲韧性试验采用的压力机是 250kN 普通液压试验机。位移传感器放置在方板下方的中心点处，量程满足 25mm 的挠度要求，精度为 0.0025，小于 0.01mm 的要求。试验装置见图 3.15，试验采用平板中心加载。试验机上下压板与刚性组件及压力传感器之间均加钢垫板，板的支座为型钢制作的正方形钢框，内边边长 500mm，有足够的刚度以确保加载过程中不产生附加变形；钢制加载垫块，截面为正方形，边长 100mm；试验过程为支承钢框平放在试验台上，并调整其水平度，然后将方板置于支座上，使其水平形成简支；通过电脑数控系统启动试验机，位移速率控制根据荷载受力情况等速控制，开始时速率较快，20s 后速率控制在 5mm/min，至大板中心点处挠度为 25mm 终止试验。

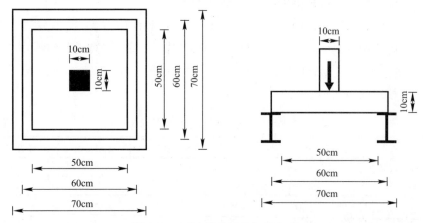

图 3.15 四边简支板的加载方式

方板能量韧性试验说明：由于在对玄武岩纤维混凝土进行大板能量韧性试验发现，玄武岩纤维混凝土方板破坏荷载较小，破坏后荷载迅速变小。故本次试验只对复合纤维混凝土方板进行能量韧性试验。

试验装置见图 3.16。

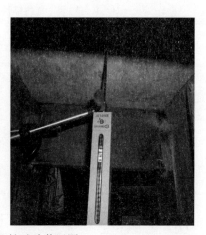

图 3.16 大板韧性试验装置图

试验结果分析：对于本组复合纤维混凝土试件，根据试验测得的板的荷载和跨中挠度，做出大板的荷载-挠度曲线如图 3.17 所示。

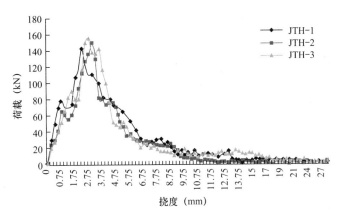

图 3.17　复合纤维混凝土大板荷载-挠度曲线

根据荷载-挠度曲线，用数值积分法求出板中心点处挠度为 25mm 时板所吸收的能量，吸收能量见图 3.18。对照方板韧性等级表 3.20，确定板的弯曲韧性等级。从表中的数据结果可以看出，掺有玄武岩纤维和少量的钢纤维的试件属于 B 级。

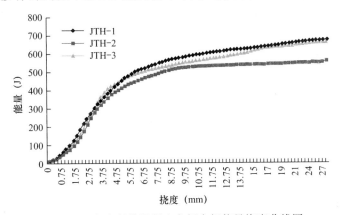

图 3.18　复合纤维混凝土方板大板能量挠度曲线图

方板的弯曲韧性等级　　　　　　　　　　　　　　　　　　　　　表 3.20

等级　　　韧性	板中心点位移为 25mm 时所吸收的能量 W(J)
A	$0 < W \leqslant 500$
B	$500 < W \leqslant 700$
C	$700 < W \leqslant 1000$

复合纤维喷射混凝土方板能量试验结果见表 3.21。

复合纤维混凝土方板试验结果　　　　　　　　　　　　　表 3.21

试件编号	纤维类型	最大荷载（kN）	吸收能量（J）	能量平均值（J）	裂缝数量	裂缝处钢纤维数量（根）
JTH-1	复合纤维混凝土（玄武岩＋钢纤维）	142.95	672.2	627.9	4	342
JTH-2		149.1	552.1		5	478
JTH-3		155.24	659.6		4	396

3.6 本章小结

本章通过对纤维混凝土的基本力学性试验，对采集的试验数据进行统计分析，分析结果可归纳为以下几点：

（1）通过基本力学性能试验，证实玄武岩纤维喷射混凝土和玄武岩复合纤维喷射混凝土的基本力学性能达到了混凝土所需要达到的强度要求。抗压强度和抗折强度均较素混凝土有较大的提高。同时，掺一定量的玄武岩纤维混凝土和复合纤维喷射混凝土的强度值略高于相同强度等级的钢纤维混凝土。

（2）通过韧性试验证实，玄武岩纤维和钢纤维混合的复合纤维混凝土具有和钢纤维混凝土相近或更好的韧性，其韧性指标均达到良好和优秀。

（3）通过试验证实，在钢纤维混凝土中掺加一定量的玄武岩纤维，对于改善喷射混凝土的回弹作用效果非常明显，掺 $5kg/m^3$ 玄武岩纤维，回弹率可降低约 6%，钢纤维利用率得到了提高。因此，在喷射混凝土中掺加适量玄武岩纤维，作用有以下两个方面：一方面可以降低钢纤维掺量；另一方面降低混凝土及纤维的回弹率，同时提高混凝土渗透系数。降低工程建设成本及混凝土的渗水性，提高了衬砌材料的耐久性，使工程质量得到提高。

第4章 浇注玄武岩纤维混凝土性能试验研究

4.1 引言

混凝土是一种重要建筑材料，是建筑行业应用较多的一种无机非金属材料，混凝土不仅力学性能优异，而且由于材料获取方便、耗能低的特点使得其造价不高，在建筑工程中占有着重要的地位。玄武岩纤维相较于同种材料，除了性能优异，更有价格低的优点。

玄武岩纤维是一种环保无害的新型无机材料，其不仅强度高，而且还具有电绝缘、耐腐蚀、耐高温以及多种优越的力学性能。

玄武岩纤维与混凝土基体配比混合之后对其力学性能有着不可小觑的影响，玄武岩纤维的长度和体积掺量都会对混凝土基体的静态力学性能如使用性能、开裂前后的力学行为等有着不可忽视的影响。以玄武岩纤维的长度、掺量为变量，相较于相同长度和掺量的碳纤维来研究玄武岩纤维混凝土的基本力学性能变化，研究玄武岩纤维混凝土应用性能产生变化的根本原因，并根据对微观图像整理观察，探究玄武岩纤维增强混凝土性能的机理。希望依托最终的实验结论，为玄武岩纤维在混凝土中的应用铺垫经验。

玄武岩纤维混凝土不仅可以提高混凝土的耐久性还能使其使用寿命得到延长，这是因为其抗裂、抗冻和抗渗等方面得到了明显的改善。尽管使用纤维后会使单方混凝土的成本有所增加，但考虑到掺入纤维后的混凝土使用性能的改善，使用寿命延长，综合成本下降。

玄武岩纤维一般分为亲油玄武岩纤维和亲水玄武岩纤维，从形态上看这两种纤维并无太大大区别，但是在亲油与亲水玄武岩纤维生产工艺上所使用的浸润剂有所不同。从其微观物理性能上来看，亲油玄武岩纤维的表面较为光滑，纤维表面布满了亲油基；而亲水玄武岩纤维表面分布着亲水基，表面的作用张力较大。其应用领域不同，一般情况下亲水性玄武岩纤维用在房建的混凝土领域用来增加混凝土的强度，抗疲劳性能等；亲油玄武岩纤维由于与沥青结合性比较好，一般用在公路领域。两种纤维形态如图4.1所示。

研究发现：掺加亲油玄武岩纤维的混凝土试块与掺加亲水玄武岩纤维的混凝土试块相比，其表面的美观性有着较大的差异，亲油纤维混凝土会在试件表面呈毛糙状，而亲水纤维混凝土相对来说表面较为光滑、平整。且利用这两种类型的纤维混凝土做试配发现两种纤维混凝土的抗压强度普遍降低，相差结果不大。与素混凝土相比，亲水纤维混凝土的劈裂强度与抗折强度都有着不同程度上的提高；而亲油玄武岩纤维混凝土的劈裂强度与抗折强度与素混凝土相比性能很不稳定。从光学显微镜上观察其微观结构发现，亲水玄武岩纤维在普通混凝土中较亲油玄武岩纤维分散较为均匀，微观结构可达到空间结构的密闭网状状态。试配结果验证了由于亲油与亲水玄武岩纤维表面的浸润剂不同，导致其粘结性不同。最终实验选用亲水性玄武岩纤维作为待用纤维。玄武岩短切纤维基本性能指标如表 4.1 所示，玄武岩短切纤维的规格和尺寸如表 4.2 所示。

(a)   *(b)*

图 4.1 　玄武岩纤维

（a）亲油玄武岩纤维；（b）亲水玄武岩纤维

玄武岩短切纤维的规格和尺寸　　　　　　　　　　　**表 4.1**

混凝土类型	公称长度（mm）				单丝公称直径（μm）	线密度（tex）
	水泥混凝土	水泥砂浆	沥青混凝土	沥青砂浆		
合股纱（S）	15～30	6～15	5～15	3～6	9～5	50～900
加捻合股纱（T）	6～30		3～15		7～13	30～800

掺入短切玄武岩纤维混凝土或砂浆性能指标　　　　　　　　　　　**表 4.2**

试验项目	用于混凝土的短切玄武岩纤维		用于砂浆的短切玄武岩纤维
	防裂抗裂纤维（BF）	增韧增强纤维（BZ）	
分散性相对误差（%）	−10～10		—
混凝土和砂浆裂缝降低系数（%）	≥55		—
混凝土抗压强度比（%）	≥95	≥100	—
砂浆土抗压强度比（%）	—	—	≥95
混凝土抗渗性能提高系数＊（%）	≥30	—	—
砂浆透水压力比＊（%）	—	—	≥120
韧性指数＊（I_s）		≥3	—
混凝土抗冲击性能＊（%）	≥160	≥300	—

　　常见的纤维有三种分类方法，见表 4.3。不同的纤维有其不同的优缺点，在混凝土中掺入纤维改进某些方面性能的同时也会存在部分缺点。其中钢纤维混凝土最主要的缺点是钢纤维加入混凝土中易成团，且钢纤维不耐腐蚀，所以其钢纤维混凝土耐久性差；碳纤维成本较高限制了在工程中的广泛使用；玻璃纤维性脆，与混凝土结合性差。而玄武岩纤维作为一种新型的高性能纤维，不仅性价比高，还能有效代替其他纤维在工程、化工等领域的运用。玄武岩纤维本身由硅酸盐矿物原料组成，与混凝土具有天然相容性，对混凝土有很好的增强增韧效果，被认为是 21 世纪的纯天然高性能纤维。

纤维的分类   表 4.3

分类依据	具体分类
材料性质	金属纤维：不锈钢纤维等
	无机纤维：碳纤维、玄武岩纤维等
	有机纤维：聚乙烯纤维等
弹性模量	高弹模纤维：碳纤维、玄武岩纤维等
	低弹模纤维：聚丙烯纤维、聚丙烯腈纤维等
纤维长度	非连续短纤维：玄武岩纤维、尼龙纤维等
	连续长纤维：连续玄武岩纤维、玻璃纤维网格布等

通过增强复合材料来实现混凝土构件力学性能方面的提高与加固，掺入配合技术一旦获得成功，可进行产业化生产，届时将会得到相当可观的经济和社会效益。另一方面，在组成纤维混凝土混合材料中有些原料是塑料，涉及环境保护问题，塑料的回收利用是尚在研究的课题之一。

本章在已有文献成果的基础上，就普通混凝土在当今工程建设中存在的问题进行讨论，指出纤维能够改善混凝土许多方面性能。并指出了新型纤维——玄武岩纤维应用在混凝土中具有很多优势，查阅了现今对玄武岩纤维混凝土的研究成果，提出了本章的研究目的及内容，为研究过程提供了明确的指标。

本章主要是通过合理设计高性能玄武岩纤维混凝土的配合比，深入研究不同长径比的玄武岩纤维在不同体积掺量下混凝土的力学性能以及在荷载作用下混凝土试件的破坏形态，探究玄武岩纤维对高性能混凝土的影响。在力学强度试验上，对纤维混凝土的耐久性、微观结构进行研究分析，从宏观与微观角度来研究纤维对高性能混凝土的作用机理，使玄武岩纤维高性能混凝土这种新型复合建筑材料满足实际工程需要，通过新材料的开发及工程推广应用，创造良好的经济效益和社会效益。

4.2 玄武岩纤维混凝土研究现状

Than matago. C 等对玄武岩纤维增强混凝土有关的基本力学性能及韧性等方面开展了基础性研究。研究表明：玄武岩纤维体积掺量在一定比例下，混凝土的抗压强度和抗劈裂强度无明显提升，然而对混凝土的抗折强度却有着明显的提升效果。

V. Ramakrishnan 等对玄武岩纤维增强混凝土进行了试验研究。研究表明：玄武岩纤维体积掺量为 0.5% 时，在混凝土中分布良好，同时提高了混凝土的黏聚性指标，降低了混凝土基体的早期收缩现象，提高了混凝土的早期抗裂性。

2002 年东南大学胡显奇等人对玄武岩纤维增强混凝土的性能进行了研究，选取了掺入玄武岩纤维与掺聚丙烯纤维的两种混凝土作为对比。在 28d 龄期情况下，试验结果表明：玄武岩纤维掺入混凝土中能够提高混凝土的力学性能，其提高程度与短切纤维的掺量，长径比的范围均有很大关系，其中以纤维的掺量为主要因素。2007 年，廉杰等认为短切玄武岩纤维加入到混凝土之后，混凝土基体的受力特点和裂缝的发展均有所改变。研究表明：纤维体积掺量为 0.1%～0.4% 时，混凝土不同龄期的劈拉、弯拉、抗压等强度指标均有较大幅度的提高。

李为民、许金余等对比碳纤维混凝土，研究了玄武岩纤维混凝土的动态力学性能。该研究表明对于强度等级为 C50 的混凝土，玄武岩纤维对混凝土的增强效果要比碳纤维好，且体积掺量为 0.1％时，对 C50 混凝土的增强效应最佳。2009 年，邓宗才、薛会青研究了玄武岩的掺量对混凝土抗冲击性能的影响，试验结果表明随着纤维掺量的增加，玄武岩纤维混凝土抵抗冲击的性能更佳。且由于玄武岩纤维是无机非金属材料，与混凝土具有良好的黏结性，使玄武岩纤维混凝土具有较好的增强效果，能有效提高混凝土的耐久性和抗疲劳性。

金生吉、李忠良等研究了玄武岩纤维增强混凝土在无腐蚀环境中的耐久性能，试验结果表明：玄武岩纤维能够提高混凝土抗冻融的能力，在腐蚀环境中能够延长混凝土的使用寿命。

王利强通过实验研究的方法对 CBF 混凝土的抗冻融性能进行了研究。选取纤维体积率和冻融循环次数作为试验的两个基本变量，分别在三种不同的溶液单独作用条件下进行了试验研究。试验表明三种溶液作用条件下，3.5％NaCl 溶液对 CBF 混凝土的破坏最严重，而且随纤维体积掺量的增大，通过各项指标的显示，混凝土的抗冻融能力在增强。

此外，傅宏俊等研究了玄武岩纤维的表面处理；陈伟研究了玄武岩纤维混凝土梁斜截面受剪试验，得出玄武岩纤维的掺入提高了梁斜截面受剪的开裂荷载和极限荷载；周平等研究发现在干热环境中，加入少量的玄武岩纤维能够提高混凝土的各项力学及耐久性能，降低混凝土在热环境下的病害，改善混凝土的脆性。

S. V. Arzamastsev 将玄武岩纤维作为增强材料加入沥青混凝土中，并通过检测得知，在玄武岩纤维和沥青混凝土基体之间，因化学反应产生一种有机-硅化合物，这种化合物能够强化聚合沥青混凝土的结构。

Dias 的研究结果表明，当玄武岩纤维体积掺量超过 0.1％时，通过扫描电镜发现，纤维与水泥基体之间空隙很大，粘结很不密实。

毕巧巍针对玄武岩纤维混凝土的微观性能及孔结构进行试验研究，结果表明，适量的纤维掺入混凝土中可以使混凝土内部的粗大孔径得到细化，小孔径分布增加，增加了混凝土孔结构孔道的曲折度，降低了孔结构的渗透性。

综上所述，国内外目前针对玄武岩纤维混凝土进行的研究还是比较完善的，对推动玄武岩纤维混凝土在工程实际中的运用具有积极的意义。许多学者和研究人员在玄武岩纤维混凝土的研究中取到了重要的结论和成果，为今后的发展打下了基础，但到现在为止，玄武岩纤维混凝土还处在研究开发和试验阶段，还没有广泛地运用在工程实践中，还有很多的问题亟待解决。

截至目前的研究成果，短切玄武岩纤维与混凝土的结合，许多学者和研究者开展了广泛的试验研究，研究其各种力学性能和在特殊条件下的使用的优良特点。但是对高性能玄武岩纤维混凝土的性能研究较少，在桥梁、路基、基础等工程中往往就需要高性能混凝土，因此对高性能短切玄武岩纤维混凝土的研究是必要的。通过收集已有的研究成果，并设计试验方案，通过大量的试验研究与试验现象讨论，本章将系统研究玄武岩纤维影响下高性能混凝土（纤维体积掺量≤0.3％）的工作性能、物理力学性能、耐久性、微观结构以及作用机理，为工程应用提供可参考的理论依据，文中高性能玄武岩纤维混凝土简称为BFRC。

4.3　玄武岩纤维混凝土基本力学性能研究新进展

昆明理工大学研究侯敏、陶燕通过把玄武岩纤维混凝土和碳纤维混凝土进行对比的方法，在选择纤维材料的尺寸、体积配合比都相同的情况下进行抗拉、抗折及抗压试验，分析两者之间的材料性能（纤维混凝土室内试验配合比见表 4.4）。研究采用 C35 混凝土，选定玄武岩纤维直径为 $15\mu m$，纤维长度为 15mm、20mm、30mm，纤维掺量分别为 0.2%、0.3%、0.4%，做基本性能的研究，利用碳纤维混凝土作为参照组，选定相同的纤维直径、长度和掺量。以玄武岩纤维长度和掺量为变量，研究玄武岩纤维对混凝土抗压强度、劈裂抗拉强度以及抗折强度等相关力学性能的影响，得到玄武岩纤维的最佳的纤维长度区间与最佳的纤维掺量区间，从而为以后的实际工程应用奠定良好的基础。

纤维混凝土的配合比（kg/m³）　　　　　　　　　　　表 4.4

水泥	砂	石	水	减水剂
390	635	1180	195	7
1	1.6	3	0.5	0.003

4.3.1　立方体抗压强度

混凝土立方体试件的抗压强度按下式计算：

$$f_{cu} = F/A \tag{4.1}$$

式中，f_{cu} 为混凝土立方体试件抗压强度（MPa）；F 为试件破坏荷载（N）；A 为试件承压面积（mm²）。试件破坏状态如图 4.2、图 4.3 所示。试验结果如图 4.4 所示。

图 4.2　素混凝土在抗压试验中的破坏形态

由图 4.4 可见：当玄武岩纤维体积率增加时，混凝土的抗压强度出现高低起伏的变化，7d 龄期的玄武岩纤维混凝土相对 7d 龄期的素混凝土，除了纤维长度为 20mm、纤维掺量为 0.4% 的时候，抗压强度变化率出现正值外，其他值均为负值，且不能找出数值的相关规律性。对于 7d 龄期的混凝土而言，加了玄武岩纤维的混凝土比未加纤维的混凝土的抗压强度呈现不同程度的降低，也就是说，纤维混凝土的 7d 抗压强度普遍呈现降低趋

图 4.3　玄武岩纤维混凝土在抗压试验中的破坏形态

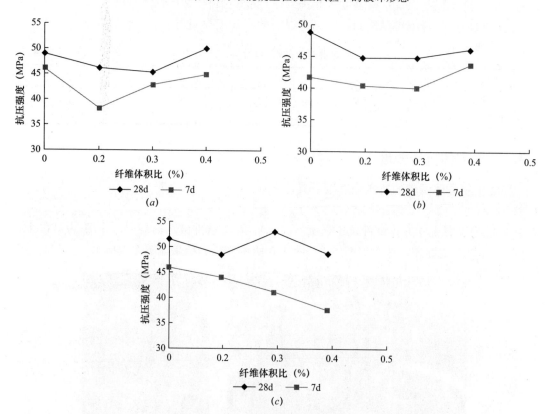

图 4.4　玄武岩纤维混凝土纤维体积比与抗压强度之间的关系

(*a*) 15mm；(*b*) 20mm；(*c*) 30mm

势。而对于 28d 龄期的玄武岩纤维混凝土，虽然混凝土的抗压强度同样出现高低起伏的变化，但是其抗压强度的变化呈现出相对的规律性：与素混凝土对比，纤维掺量在 0.3%～0.4%时，纤维混凝土的抗压强度降低率是最低的，甚至出现正值。所以尽管掺加玄武岩纤维之后混凝土的抗压强度会出现不同程度的降低，但是使得混凝土抗压强度降低率达到最低的最佳纤维体积掺量应该是 0.3%～0.4%，而与纤维长度并无直接关系。

4.3.2　劈裂抗拉强度试验

混凝土立方体试件的劈裂抗拉强度计算公式如下：

$$f_{ts} = \frac{2F}{\pi A} = 0.637\frac{\pi}{A} \tag{4.2}$$

式中，f_{ts} 为混凝土立方体试件劈裂抗拉强度（MPa）；F 为试件破坏荷载（N）；A 为试件承压面积（mm²）。试件破坏状态如图 4.5～图 4.7 所示。试验结果见图 4.8～图 4.10。

图 4.5　素混凝土在劈裂试验中的破坏状态

图 4.6　玄武岩纤维混凝土在劈裂试验中的破坏形态

图 4.7　碳纤维混凝土在劈裂试验中的破坏状态

（1）掺玄武岩纤维的混凝土拥有的性能稳定性与玄武岩纤维的纤维长度之间有很明显的关系，当纤维长度为 20mm 时候稳定性最好。玄武岩纤维混凝土的劈裂强度增长率与纤维掺量有明显的关系但是不是线性的，当纤维掺量达到 0.3% 或者 0.4% 时，劈裂强度增长率达到增长的峰值。根据工程经验结合本次实验得到的数值规律，对于掺加玄武岩纤维的最佳长度来说，可以断定 20mm～30mm 这是一个最佳区间，与之对应的掺加的玄武岩纤维的最佳体积掺量应该是 0.3％～0.4％。

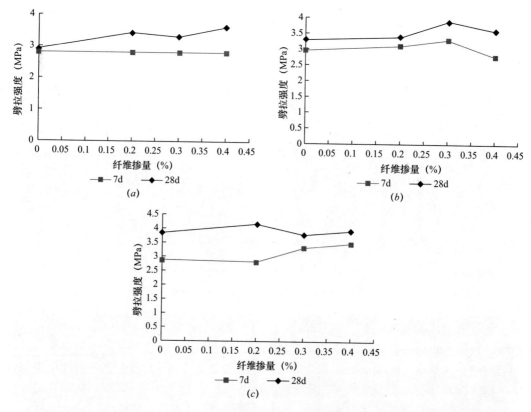

图 4.8　15mm、20mm、30mm 玄武岩纤维混凝土劈裂强度与纤维体积掺量之间的关系
(*a*) 15mm；(*b*) 20mm；(*c*) 30mm

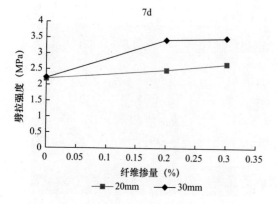

图 4.9　不同纤维长度碳纤维混凝土的劈裂强度与纤维体积掺量之间的对比图

（2）在试验过程中随着荷载的不断增大，混凝土首先承受力，之后混凝土将力分散到玄武岩纤维上，纤维的掺入实际上是改变了混凝土试块内部空间结构从而改变了结构内部的应力分布，纤维分散受力后，延缓了混凝土试件破坏的时间，阻碍了裂缝的形成与发展，从而达到了混凝土增韧的效果。

（3）在玄武岩纤维混凝土试件断裂处可以清楚地看到玄武岩纤维"藕断丝连"的现象。是因为玄武岩纤维的加入提高了骨料与砂浆之间的吸附力与黏结力。

（4）在断面处可以发现少量玄武岩纤维被从基体上拔出，这是因为纤维长度不够使得玄武岩在受力过程中容易被拔出，无法充分发挥其高弹的性能特点，只能起到阻裂作用，从真正意义上来说并没有完全的表现出延性特征。另外，当掺加的纤维长度与纤维掺量超过最佳比例后，在混凝土试件制作时，便不能够将纤维与骨料充分的搅拌均匀，使得纤维容易成团，无法使得混凝土内部形成均匀的应力场，从而造成混凝土结构的孔隙增加，使得内部不密实，不利于提高混凝土的劈裂强度。

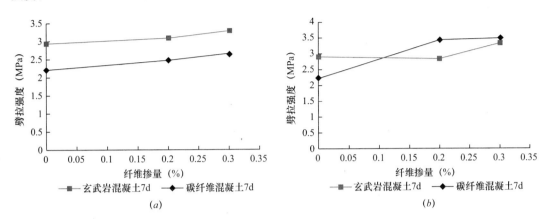

图 4.10   20mm、30mm 玄武岩纤维混凝土与碳纤维混凝土的劈裂强度与纤维体积掺量之间的关系

(*a*) 20mm；(*b*) 30mm

（5）工程上特别注重分析破坏断面，因为这是混凝土的一个重要性能参数，对比掺入了玄武岩纤维和碳纤维的两种混凝土的性能参数，发现前者出现"撕断"的现象次数明显少于后者，根据试验结果发现，玄武岩纤维较碳纤维而言确实拥有许多优良性质，在混凝土中按一定的体积率进行掺加，可以有效地提高混凝土的力学性能并使之达到更佳；尝试在混凝土中加入纤维长度为 20mm 与 30mm 且纤维掺量为 0.3％的混合玄武岩纤维进行试验，观察是否能够更佳有效地改善混凝土的脆性特征，更有效地增韧阻裂，从而从最大程度上提高混凝土的劈裂强度。

4.3.3　混凝土抗折强度

抗折强度是指材料单位面积承受弯矩时的极限折断应力，又称抗弯强度、断裂模量。抗折强度作为反映混凝土梁抗弯能力、韧性变形的重要指标，可以通过抗折试验探究混凝土的受拉性能及其破坏情况。

试件的抗折强度 f_f 按下式计算：

$$f_f = Fl/bh^2 \qquad\qquad (4.3)$$

式中，f_f 为混凝土抗折强度（MPa）；F 为试件破坏荷载（N）；l 为支座间跨度（mm）；h 为试件截面高度（mm）；b 为试件截面宽度（mm）。试件破坏状态如图 4.11～图 4.13 所示。试验结果见图 4.14～图 4.16。

掺入玄武岩纤维和碳纤维在一定程度上可提高普通混凝土的抗折强度。通过试验以及试验数据分析可知，当选用玄武岩纤维长度为 30mm，掺量为 0.3％～0.4％时，混凝土的抗折强度明显提高，提高率高达 34.7％，效果为最佳。当选用碳纤维长度为 30mm，掺量为 0.3％时，混凝土的抗折强度也得到明显提高，抗折强度提高率达 28.7％。综合考虑，为有效提高混凝土的抗折强度，选取玄武岩纤维，选取纤维的最佳长度为 30mm，最佳掺量为 0.3％～0.4％。

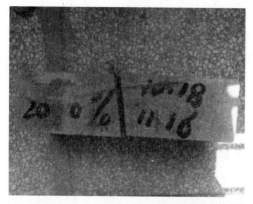

图 4.11　素混凝土在抗折试验过程中的破坏形态

图 4.12　玄武岩纤维混凝土在抗折试验过程中的破坏形态

图 4.13　碳纤维混凝土在抗折试验过程中的破坏形态

在混凝土中掺加复合纤维，可以有效阻止混凝土在初始硬化过程中由于体积收缩或者干缩产生的细小裂纹，且在试件承受荷载时，复合纤维能够和混凝土协同受力，增强了混凝土的抗弯能力。尤其是玄武岩纤维，由试件的荷载-位移曲线可知，在达到峰值荷载时，试件还可以继续变形，在荷载下降过程中也可以继续变形，可充分延缓试件破坏的时间。对于 BFRC 和 CFRC，其构件的弯曲韧性相对于素混凝土来说，都有着较为明显的提高，但是由于碳纤维的分散性不稳定等因素导致 CFRC 所表现出的力学相关性能也不稳定，BFRC 的弯曲韧性要略胜一筹。

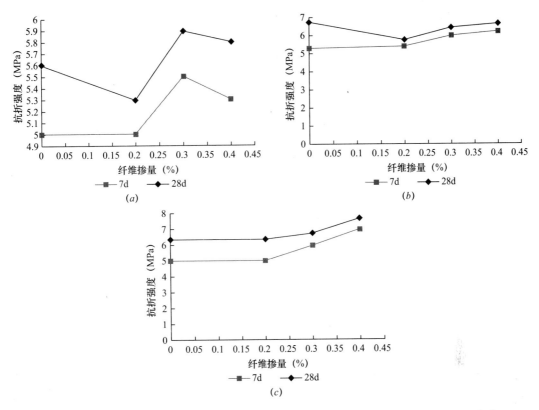

图 4.14　15mm、20mm、30mm 玄武岩纤维混凝土抗折强度与纤维体积掺量之间的关系

（*a*）15mm；（*b*）20mm；（*c*）30mm

通过将玄武岩纤维、碳纤维掺入到普通硅酸盐混凝土中，以纤维种类、长度、纤维掺量为变量，对不同掺量条件下对应的混凝土进行了基本的静态力学性能试验，并将试验结果与显微镜下纤维与基体的形态对 BFRC 的增强机理进行了分析，得到的主要结论如下：

（1）加入玄武岩纤维后，混凝土的抗压强度与素混凝土相比，出现不规律的变化但总体而言普遍出现下降趋势。从试验结果来看，使得混凝土抗压强度降低率最低的纤维

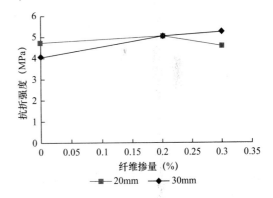

图 4.15　不同纤维长度碳纤维混凝土的劈裂强度与纤维体积掺量之间的对比图（7d）

体积掺量应该是 0.3%～0.4%，而当纤维掺量处于这个最佳区间时与纤维长度并无直接关系。

（2）加入玄武岩纤维后，玄武岩纤维混凝土与素混凝土相比，当纤维长径比越大，纤维体积掺量越小时，劈裂强度提高越明显；反之，当纤维长径比越小，纤维体积掺量越大时，劈裂强度提高越明显。在工程实践中，需根据长径比大小来确定纤维的最佳掺量范围。本试验中，15mm 玄武岩纤维的最佳掺量为 0.4%，20mm 玄武岩纤维的最佳掺量为 0.3%，30mm 玄武岩纤维的最佳掺量为 0.2%。

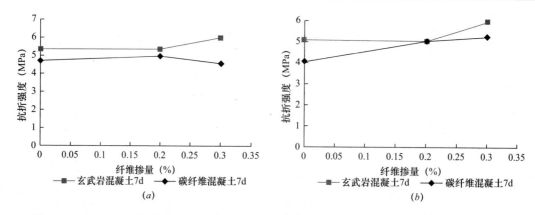

图 4.16　20、30mm 玄武岩纤维混凝土与碳纤维混凝土的劈裂强度与纤维体积掺量之间的关系

(*a*) 20mm；(*b*) 30mm

（3）加入玄武岩纤维后，与素混凝土相比，同纤维长度的条件下，随着纤维掺量的增加，抗折强度大体出现一个先增加后降低的趋势。抗折强度最大提高率达 34.7%。较碳纤维混凝土的最大提高率高出 6%。经过综合分析，玄武岩纤维长度为 30mm，掺量为 0.3%～0.4%时，玄武岩纤维对混凝土的抗折性能的改善效果最好。

（4）在适当长度、适当掺量的条件下，在混凝土中掺入玄武岩纤维有利于填充内部结构的部分孔隙，增强骨料之间的黏结力，致使内部空间形成完整闭合的网状受力结构，从而起到有效阻裂的作用，使得混凝土的劈裂强度与抗折强度得以明显提高。结合试验结果分析，玄武岩纤维的最佳掺入长度区间为 30mm～20mm，最佳掺量区间为 0.3%～0.4%，就碳纤维混凝土的试验结果来看其最佳掺入长度亦为 30mm，最佳掺量亦为 0.3%。

（5）玄武岩纤维之所以能够改善混凝土的力学性能，主要得益于纤维的阻裂机制，尤其是早期阻裂作用。均匀散布在混凝土中的纤维，对混凝土中多余水分的散发起到了有利的作用，防止或减少了混凝土中孔洞的形成，填补了混凝土中的非密实部分形成的孔隙。同时，为数众多、乱向分布的纤维克服了混凝土因收缩、干缩等产生的应力集中现象，从而阻止了混凝土微裂缝的产生及进一步扩展，延缓了混凝土裂缝的产生、扩展和破坏，提高了混凝土的力学性能。

4.4　高性能玄武岩纤维混凝土力学性能试验

高性能混凝土 HPC（High Performance Concrete）是 NIST 和 ACI 在 1990 年美国召开的第一届高性能混凝土研讨会上首次提出的。其具体涵义可概括为：①是一种符合特殊性能要求和匀质性要求而组合成的混凝土，采用普通的原材料和一般的拌和、浇筑与养护方式。②在现代混凝土技术基础上，以耐久性为主要指标，在混凝土耐久性设计中作为决定性因素，大大提高了普通混凝土的性能。它是一种以耐久性和可持续发展为基础的混凝土，适合工业化生产。

高性能混凝土的综合性能相比普通混凝土更加优异，本身技术指标更高，在生产时需要普通混凝土中的某些原材料的同时，还要加入粉煤灰、粒化高炉矿渣粉、微硅灰及减水剂等一些外加剂，是一种高耐久性、低水胶比、高强度及高流动性的混凝土。在此基础上掺入玄武岩纤维，可以改善和弥补混凝土的一些缺陷。配制高性能玄武岩纤维混凝土，单项材料的优劣直接影响到混凝土的最终品质。因此，严格把控原材料，掌握各组分材料的技术指标是决定最终混凝土品质的前提。

4.4.1　试验材料及配合比

试验中在高性能混凝土拌合物中掺入同一种直径，但三种不同长度的玄武岩纤维，研究玄武岩纤维的掺入对高性能混凝土的影响，主要包括拌合物性能、混凝土力学性能与耐久性能。

1. 试验中所采用的原材料

（1）水泥。水泥是混凝土中胶凝材料的主要组成部分，水泥品质的好坏、强度、等级及组成成分直接影响到混凝土的使用性能，研究的是高性能玄武岩纤维混凝土，其混凝土的等级为 C60。相关参数见表 4.5 和表 4.6。

P. O42. 5R 普通硅酸盐水泥化学组成（%）　　　　表 4.5

水泥品种	CaO	SiO$_2$	Al$_2$O$_3$	MgO	SO$_3$	Fe$_2$O$_3$
P. O42. 5R	59.75	19.71	4.68	2.56	2.45	2.88

水泥性能指标　　　　表 4.6

项目	标准稠度用水量（%）	凝结时间（min）		安定性	抗压强度（MPa）		抗折强度（MPa）	
		初凝	终凝		3d	28d	3d	28d
技术指标	—	≥45	≤600	—	≥22.0	≥42.5	≥4.0	≥6.5

（2）集料。在混凝土中，集料起着至关重要的作用，相比于其他材料而言它直接影响或决定着混凝土的抗压强度和弹性模量，研究的对象是高性能玄武岩纤维混凝土，粗集料和细集料的级配是否良好，对混凝土基体内部之间的黏结强弱影响很大，级配良好的混凝土各项性能才更好。相关参数见表 4.7～表 4.10。

粗集料性能指标　　　　表 4.7

项目	表观密度（kg/m³）	堆积密度（kg/m³）	空隙率（%）	含泥量（%）	泥块含量（%）	针片状含量（%）	压碎值（%）	颗粒级配
技术指标	>2500	—	≤47.0	≤0.5	≤0.2	≤8	≤10	表 4.8
结果	2680	1485	44.59	0.38	0.0	1.53	8.8	

粗集料筛分结果　　　　表 4.8

筛孔尺寸（mm）		26.5	19.0	16.0	9.50	4.75	2.36	过筛
通过百分率（%）		98.5	75.2	60.5	19.8	0.9	0.1	
级配碎石累计筛余量	上限	100	—	70	—	10	5	
	下限	95	—	30	—	0	0	

细集料性能指标　　　　表 4.9

项目	表观密度（kg/m³）	堆积密度（kg/m³）	空隙率（%）	含泥量（%）	细度模数 M_x	颗粒级配
技术指标	>2500	—	≤47.0	≤2	—	表 4.10
结果	2630	1530	41.83	1.5	2.6	

细集料筛分结果 表 4.10

筛孔尺寸（mm）		4.75	2.36	1.18	0.6	0.3	0.15	0.075	过筛
通过百分率（%）		99.2	90.5	71.6	39.7	11.8	2.1	0.7	
规范通过百分率（%）	粗砂	90~100	65~95	35~65	15~29	5~15	0~10	—	—
	中砂	90~100	75~100	50~90	30~59	8~30	0~10	—	—
	细砂	90~100	85~100	75~100	60~84	15~45	0~10	—	—

（3）超细活性矿物掺合料。对于高性能混凝土而言，胶凝材料只是水泥是不够的，还需要配制一定量的超细矿物掺料，才能达到设计强度的同时满足各方面性能要求。超细矿物掺料颗粒粒径极小，能填补混凝土中的一些微孔结构，提高混凝土的和易性、密实度及工作性能，能有效地代替水泥。常用的矿物活性材料主要有优质粉煤灰、沸石粉、磨细矿渣、微硅灰等。相关参数见表 4.11、表 4.12。

粉煤灰物理性质 表 4.11

项目	含水量（%）	细度（%）（0.045mm方孔筛余量）	需水量比（%）	活性指数（%）	烧失量（%）
技术指标	≤1.0	≤25	≤105	≥70	≤8
结果	0.5	14.5	101	86	4.5

微硅灰的技术指标 表 4.12

物理性能		化学性能			混合砂浆性能	
比表面积（m²/kg）	含水率（%）	烧失量（%）	SiO₂（%）	CaCl₂（%）	需水量比（%）	28d活性指数（%）
≥15000	≤3	≤6	≥85	≤0.02	≤125	≥85

（4）外加剂。混凝土外加剂是在混凝土拌和过程中掺入占水泥质量 5% 以内的，能显著提高混凝土各项性能的化学物质。大多数是有机的，也有无机的。常见用于高性能混凝土的外加剂有减水剂、引气剂、早强剂等。其中高效减水剂是高性能混凝土的必要组成成分，这是由于高性能混凝土的水胶比一般较小，需要减水剂才能使混凝土达到设计强度。当将纤维掺入之后，纤维会存在部分成团的现象，会包裹一部分水泥浆体，同时也会包裹住 10%~30% 的拌合水，从而影响混凝土的流动性。当加入减水剂之后，减水剂分子能够稳定且定向吸附在水泥颗粒的表面并带有同一种电荷，形成同性相斥的作用，促使水泥颗粒和纤维分散开，絮凝状结构被破坏，释放出被包裹部分拌和水，参与水泥基体之间的流动，从而有效地提高混凝土拌合物的流动性。

减水剂不仅能减少混凝土的用水量，还能保证混凝土的坍落度。选用的减水剂为四川铁科新型建材有限公司生产的 TK-GXJSJ401A 高效减水剂，减水率为 35%，与混凝土结合性好，拌合物的性能也较好，经时损失小。经过试配，最终确定本次试验所用减水剂的掺量为 1.5%，后在加纤维之后稍做调整。减水剂中还配制有一定量的引气剂、消泡剂等，能够提高混凝土的综合性能。

（5）玄武岩纤维。玄武岩纤维相比其他纤维，如碳纤维、芳纶、超高相对分子质量聚乙烯纤维等，有着耐高温性能、良好的物理力学性能、化学稳定性、硅酸盐相容性等特点。

试验所选用的为四川航天拓新玄武岩实业有限公司生产的玄武岩纤维，其物理力学性能如表 4.13 所示。

玄武岩纤维的物理、力学性能　　　　　　　　　　表 4.13

材料	单丝直径（μm）	长度（mm）	密度（kg/m³）	抗拉强度（MPa）	弹性模量（GPa）	极限延伸率（%）
玄武岩纤维	15	12、18、24	2650	4100～4800	79.3～93.1	2.4～3.1

2. 高性能 BFRC 配合比设计基本要求

在配制高性能高强度的混凝土时胶凝材料需要较多，而其水胶比和砂率较低。值得注意的是在确定高效减水剂的掺量时，我们应考虑混凝土的施工性能，混凝土拌合物所要求的工作性和经济性等方面，通过多次试验确定减水剂的最终掺量。在本次试验中，玄武岩纤维的掺量为体积掺量。根据现有研究资料显示，玄武岩纤维混凝土的抗压强度随纤维掺量的增加而降低，而其抗折强度随纤维掺量的增加而增加，最终确定本次试验玄武岩纤维的掺量体积率为 0.1%～0.3%。相对混凝土本身的重量来说，玄武岩纤维的重量可以忽略不计，且其与混凝土之间的结合为物理作用，没有产生化学变化。

3. 高性能 BFRC 的试配与调整

在配制高性能玄武岩纤维混凝土时，通过多次试配未加纤维的高性能混凝土的配合比。随着纤维体积掺量增加时，纤维在内部会吸附一部分拌和水，此时在基准配合比与水胶比保持不变的情况下，适当调节减水剂的掺量来保证混凝土拌合物的工作性能，同时也要考虑其经济性。减水剂的加入对混凝土的强度基本没有影响，但应严格控制好减水剂的量通过减水剂的改变来使混凝土达到理想状态，使混凝土拌合物不出现泌水、离析等现象，且减水剂过多会导致混凝土发泡，混凝土达不到预期设计强度。

4. 高性能 BFRC 配合比的确定

根据初步配合比的计算、多次试配与调整，最终混凝土配合比如表 4.14 所示。

高性能玄武岩纤维混凝土配合比　　　　　　　　　　表 4.14

序号	纤维长度（mm）	纤维用量（kg/m³）	水泥（kg/m³）	粉煤灰（kg/m³）	硅灰（kg/m³）	砂（kg/m³）	碎石（kg/m³）	水（kg/m³）	减水剂（kg/m³）
BF0	—	—	400	80	20	709	1156	135	7.5
BF0.1	12	2.65	400	80	20	709	1156	135	7.5
BF0.2	12	5.3	400	80	20	709	1156	135	8.5
BF0.3	12	7.95	400	80	20	709	1156	135	9.5
BF0.1	18	2.65	400	80	20	709	1156	135	8.3
BF0.2	18	5.3	400	80	20	709	1156	135	9.2
BF0.3	18	7.95	400	80	20	709	1156	135	10
BF0.1	24	2.65	400	80	20	709	1156	135	8.7
BF0.2	24	5.3	400	80	20	709	1156	135	10.2
BF0.3	24	7.95	400	80	20	709	1156	135	11.5

注：BF0 表示无玄武岩纤维，BF0.1 表示纤维体积掺量为 0.1%，以此类推。

4.4.2　拌合物形态及性能

通过对高性能玄武岩纤维混凝土配合比的设计，确定试验主要研究玄武岩纤维体积掺量为 0.1%、0.2%、0.3%。在三种不同长度情况下，测试基准混凝土（未加纤维）与不同纤维掺量的纤维混凝土的立方体抗压强度、劈裂强度、轴心抗压强度和抗折强度，力学试验完成之后，选取较好情况下掺量的玄武岩纤维混凝土做混凝土的耐久性试验。

所有的试件采用实验室标准养护，试验试件设计如下：

（1）抗压试件与劈裂试件每组 3 个，试件尺寸均为 100mm×100mm×100mm；

（2）抗折试件每组 3 个，试件尺寸为 100mm×100mm×400mm；

（3）轴心抗压试件每组 3 个，试件尺寸为 100mm×100mm×300mm。

将胶凝材料与粗细集料称量好之后一起加入混凝土搅拌机中，先干拌 30s，然后在搅拌的同时人工撒入纤维，时间为 60s（人工撒入纤维能够避免纤维出现结团、缠绕以及搅拌不均匀的现象，同时搅拌时间不宜过长，过长纤维会被搅拌机打断），然后开机搅拌的同时加入水与外加剂，时间为 90s。搅拌完成即为玄武岩纤维混凝土，并测试其坍落度、扩展度、含气量等指标。纤维玄武岩纤维混凝土的制作流程见图 4.17。

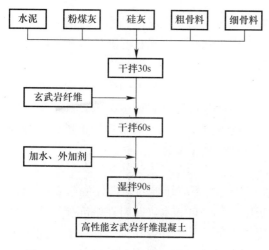

图 4.17　纤维玄武岩纤维混凝土的制作流程

1. 高性能 BFRC 拌合物形态

玄武岩纤维本是由玄武岩为原料生产出来的，具有与硅酸盐水泥大致相同的组成成分，与水泥具有天然的相容性，故在搅拌过程中，纤维与混凝土结合性较强。玄武岩纤维属疏水性物质不吸水，但是在搅拌过程中会吸附一部分水，导致纤维掺量的增加，混凝土的形态发生较大的变化。在混凝土拌合物拌和过程中，利用胶凝材料与粗细骨料之间的摩擦力将纤维分散。

随着纤维掺量的增加，内部分散不均匀的纤维越多，越容易包裹住一部分水，在基准配比情况下丧失流动性，混凝土的形态变化较大，在加入减水剂后达到较好的施工形态，这里列出部分形态图，如图 4.18～图 4.20 所示。如 BF0.1 15μm 12mm 代表纤维体积掺量为 0.1%，直径为 15μm，长度为 18mm 的玄武岩纤维混凝土，以此类推。

图 4.18　BF0.1 15μm 12mm 纤维搅拌综合形态

2. 高性能 BFRC 拌合物性能

高性能玄武岩纤维混凝土的拌合物具有良好的施工性能，传统的高性能混凝土工作性能主要包含流动性、稳定性、塌落性等方面。研究玄武岩三种掺量下对高性能混凝土的影响，包含流动性、坍落度、含气量和重度。

图 4.19　BF0.1 15μm 18mm 纤维搅拌综合形态

图 4.20　BF0.1 15μm 24mm 纤维搅拌综合形态

（1）流动性。流动性是评价混凝土工作性能的一项重要指标，试验主要参考《普通混凝土拌合物性能试验方法标准》GB/T 50080—2002 和《钢纤维混凝土试验方法》CECS 13：89 的方法进行，试验所用试样为新拌玄武岩纤维混凝土。

对不同掺量的纤维混凝土均进行坍落度试验。所测试的坍落度试验结果如图 4.21、图 4.22、图 4.23，表 4.15 所示。

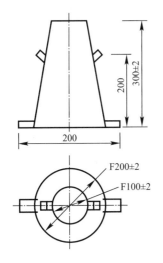
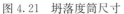

图 4.21　坍落度筒尺寸　　　　图 4.22　混凝土坍落度试验

从上表中可以看出纤维的掺入对坍落度和扩展度有一定的影响，随着纤维掺量的增加，其混凝土的坍落度逐渐减小。导致这种现象的原因是当纤维加入混凝土后，部分纤维搅拌不均匀，成团缠绕在一起，然后在混凝土的内部形成支撑体系，阻碍了骨料的流动；同时当玄武岩纤维投入混合物后，随即被搅拌分散成极细的絮状纤维丝，而原来包裹骨料

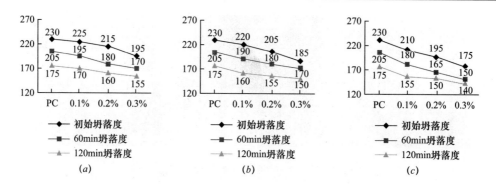

图 4.23 纤维长度为 12mm、18mm、24mm 掺量坍落度的影响
(a) 12mm；(b) 18mm；(c) 24mm

混凝土坍落度试验结果 表 4.15

试验项目	坍落度（mm）			扩展度（mm）
	初始	60min	120min	初始
PC	230	205	175	585
BF0.1 15 12	225	195	170	580
BF0.2 15 12	215	180	160	545
BF0.3 15 12	195	170	155	505
BF0.1 15 18	220	190	160	550
BF0.2 15 18	205	180	155	525
BF0.3 15 18	185	170	150	490
BF0.1 15 24	210	180	155	540
BF0.2 15 24	195	165	150	520
BF0.3 15 24	175	150	140	480

注：PC—素混凝土，BF0.1 15 12—掺量为 0.1％、直径为 15μm、长度为 12mm 的纤维混凝土，类推。

的水泥浆有一部分转移用于包裹纤维丝，纤维水泥浆之间会吸附一定的拌合水，从而导致混凝土的流动性变差。随着纤维掺量增大，即使多加外加剂，纤维还是会增加骨料之间的摩擦，导致新拌混凝土坍落度和扩展度下降。

没有掺入短切玄武岩纤维的普通混凝土坍落度可达到 230mm，掺量越高对混凝土初始与经时的坍落度影响都较大，综合试验研究成果来说，掺量在 0.1％左右最为合适。此掺量下混凝土在成型硬化之后，表面光滑，纤维分布用肉眼看不是很明显；掺量在 0.3％时，成形试件的表面粗糙，很直观地看见表面分布的少许纤维。

（2）含气量。混凝土含气量是指搅拌后混凝土中的空气含量，混凝土主要是由两个部分组成，即粗细骨料与胶凝材料。粗骨料粒径的大小对含气量影响不大，最主要是在搅拌过程中会引入空气，它会分布在混凝土由细骨料与胶凝材料共同组成的砂浆中，而整个砂浆的性能决定着混凝土的整体性能。含气量对混凝土的和易性与耐久性有很大的影响，在特殊条件下使用需考虑混凝土的含气量。

含气量越大意味着混凝土的细孔越多，也就不密实，这样混凝土的力学性能与耐久性均会受到较大的影响，C60 高性能混凝土的含气量一般在 2％～3％，本次试验素混凝土与纤维混凝土的含气量测定与重度如表 4.16 所示，含气量与重度测定如图 4.24、图 4.25 所示。

混凝土含气量、重度试验结果　　　　　　　　　　　　　　表 4.16

试验项目	含气量（%）	重度（kg/m³）	试验项目	含气量（%）	重度（kg/m³）
PC	2.16	2519	BF0.2 15 18	2.38	2447
BF0.1 15 12	2.18	2519	BF0.3 15 18	2.54	2400
BF0.2 15 12	2.27	2489	BF0.1 15 24	2.26	2489
BF0.3 15 12	2.43	2459	BF0.2 15 24	2.41	2430
BF0.1 15 18	2.20	2494	BF0.3 15 24	2.62	2326

图 4.24　混凝土含气量测定　　图 4.25　混凝土重度测定

纤维的掺入会影响混凝土的含气量，纤维掺量越大混凝土的含气量越大，含气量的变化并没有随着纤维的增加而出现规律性的变化，纤维的掺入会对混凝土的密实度有一定的影响。纤维在搅拌时会存在分散不均匀的情况，增大了胶凝材料之间的黏结面积，而且成团的纤维表面吸附部分水分的同时会形成气孔与孔隙，气孔随纤维的增加而增多，故含气量也相应地变大，重度随含气量与孔隙的增大而减小。

在纤维混凝土搅拌后的形态中可知，同规格的纤维随体积掺量的增加会增加纤维成团、分散不均匀的现象，且不分散的纤维容易吸附部分拌合水，严重影响混凝土的流动性。通过坍落度试验可知，在同体积掺量情况下的三种不同的纤维随纤维长度的增加，纤维混凝土坍落度随之降低，纤维越长越易在内部交叉，缠绕阻碍骨料之间的流动，但纤维混凝土的经时坍落度较好，纤维能够提高混凝土的塌落性。在含气量试验中，三种不同长度的纤维混凝土含气量均随纤维体积掺量的增加而增大，纤维越多在内部越分散不均匀，内部接触不密实，影响了基体之间的黏结，故增加了含气量，相应重度随体积掺量增加有所降低。

4.4.3　抗压强度试验

BFRC 抗压强度试验依据《普通混凝土力学性能试验方法标准》GB/T 50081—2002和《钢纤维混凝土试验方法》CECS 13：89 进行。

1. 抗压强度计算

混凝土立方体试件的抗压强度计算公式（4.4）如下：

$$f_{cu} = F/A \tag{4.4}$$

式中　f_{cu}——混凝土立方体试件抗压强度（MPa）；

F——极限荷载（N）；

A——受力面积（mm²）；

以三个试件测值的平均值为测定值，计算精确至 0.1MPa。三个测值中的最大值或最小值中如有一个与中间值之差超过中间值的 15％，则取中间值为测定值，如果最大值和最小值与中间值之差均超过中间值的 15％，则该组试验结果无效。

混凝土是一种主要用作受压的材料，所以混凝土的抗压强度是基本力学性能的代表值。本试验主要研究了玄武岩纤维掺量为 0、0.1％、0.2％、0.3％的混凝土力学性能，并考虑 3d、7d、28d 三种龄期条件下的抗压强度。试验结果整体表明纤维掺量在 0.1％时最为合适，随着纤维掺量的增加，混凝土立方体抗压强度呈下降趋势，其试验结果如表 4.17 所示。

BFRC 各龄期抗压强度及相对 PC 提高率 表 4.17

试验项目	抗压强度（MPa）					
	3d	提高率（%）	7d	提高率（%）	28d	提高率（%）
PC	58.72	0.00	70.16	0.00	75.80	0.00
BF0.1 15 12	63.35	7.88	72.97	4.01	78.29	3.28
BF0.2 15 12	54.37	−7.41	65.36	−6.84	72.98	−3.72
BF0.3 15 12	52.28	−10.97	65.96	−5.99	72.25	−4.68
BF0.1 15 18	64.03	9.05	75.8	8.04	81.02	6.89
BF0.2 15 18	60.40	2.86	65.77	−6.26	72.86	−3.88
BF0.3 15 18	52.80	−10.08	60.80	−13.34	65.11	−14.10
BF0.1 15 24	62.50	6.44	73.23	4.38	77.71	2.52
BF0.2 15 24	61.37	4.51	72.12	2.79	76.83	1.36
BF0.3 15 24	48.72	−17.03	63.12	−10.03	69.84	−7.86

由表 4.17 可知，玄武岩纤维的掺入从整体上来看对混凝土的抗压强度提升不是很明显。对比不同龄期的普通混凝土与纤维混凝土，不难看出适量掺量的玄武岩纤维加入有效提高了混凝土的早期强度，如图 4.26 所示。当掺量为 0.1％时，三种不同长度的纤维混凝土的强度均高于普通混凝土，长度为 18mm 的纤维表现出的效果最佳，3d、7d、28d 的抗压强度较普通混凝土分别提高了 9.05％、8.04％、6.89％。随着纤维掺量的增加，三种长度的纤维对混凝土的抗压强度改善不明显甚至下降趋势，由此可知适量的纤维能够对抗压强度有增强作用，而纤维过量会适得其反。

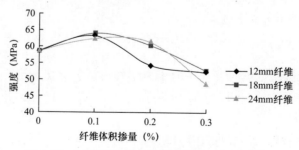

图 4.26　3d 龄期不同长度纤维混凝土的抗压强度

当玄武岩纤维体积掺量为 0.10％时，三种长度的纤维对混凝土抗压强度的增强作用均

最好。不同长度的纤维对混凝土抗压强度
影响也是有差异的，长度为 12mm 的纤维
较短，易于分散，在搅拌时能直观地看出
分散性是三种纤维中最好的，但是在同样
体积掺量下，单位体积所含纤维的根数最
多，在混凝土基体中间接的增加接触面积
（纤维表面会附着一部分水泥浆体），内部
与基体之间的黏结面积增大，水泥砂浆接
触面积减少，导致抗压强度的降低，3 种
不同龄期的抗压强度如图 4.27 所示。

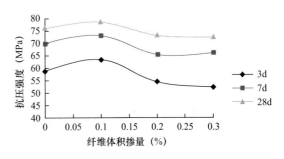

图 4.27　长度为 12mm 纤维
混凝土抗压强度

　　长度为 18mm 的纤维不管是分散性还是与混凝土基体之间的黏结都很好，在体积掺量
为 0.1％时对混凝土抗压强度提高明显，如图 4.28 所示。而长度为 24mm 的纤维由于长度
较长，在搅拌的时候容易出现交叉、缠绕现象，随着纤维的增多，其成团现象越严重，导
致内部孔隙增大，使得抗压强度降低，如图 4.29 所示。

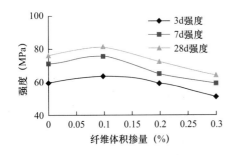

图 4.28　长度为 18mm 纤维混凝土抗压强度

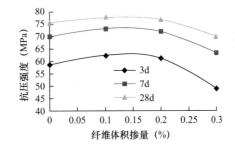

图 4.29　长度为 24mm 纤维混凝土抗压强度

　　玄武岩纤维能够提高混凝土早期强度是因为适量的纤维均匀掺入混凝土中，通过搅拌
开后，在混凝土成型早期基体内部强度还处于增长期，纤维能够连接在基体之间，在外力
作用下能够阻碍裂缝的发展从而提高早期强度。但当纤维过量之后，会存在大量分散不均
匀的纤维，而这些纤维之间没有黏结力，在混凝土水化初期不能抵抗较大载荷，因此在体
积掺量为 0.2％～0.3％时，纤维混凝土的早期强度相对普通混凝土下降得多，而加了粉煤
灰的高性能混凝土早期强度发展较慢，但后期强度有较大的增长，故后期纤维混凝土相比
素混凝土而言强度提高率降低。

2. 试验过程中的现象及破坏形态

　　混凝土抗压强度试验中，未加纤维的试件在达到开裂荷载时，试块的四个棱角处会出
现一些竖向裂纹；在继续承受荷载作用之后，裂纹会发展成裂缝并扩大其间的间隙，表层
伴有混凝土轻微剥落；当所受荷载继续增大时，裂缝继续发展并有少量混凝土块掉落。最
终，当达到极限荷载时，试件就开始破坏，破坏后呈中间小两边大的形态。试件破坏的形
态详见图 4.30。

　　掺入玄武岩纤维的混凝土的试件，裂缝宽度较普通混凝土明显减小，试件边缘仅有少
量混凝土剥落，裂缝开展程度并没有普通混凝土试件大，是因为纤维与水泥基体间的摩擦
与纤维的拉拔作用，限制了裂缝的发展。当荷载继续增加，试件上的裂缝会逐渐向内部发

展，有部分分散在基体内部的纤维刚好位于裂缝之间，有效地传递裂缝传来的力，延缓混凝土的破坏。当达到极限荷载时，试件整体保持完整，基本上只有少量的小块掉落，掺入玄武岩纤维后试件的破坏情况见图 4.31。

图 4.30　普通混凝土试件破坏形态

图 4.31　玄武岩纤维混凝土试件破坏形态

通过试验现象及试验结果分析：无论是哪种长度的纤维，随着纤维掺量的进一步增加，抗压强度又有所降低。存在最佳掺量，随着纤维的加入，混凝土的破坏形态表现出一定的延性。

4.4.4　劈裂强度试验

混凝土的抗拉强度只有抗压强度的 1/10～1/20，且随着混凝土强度等级的提高，比值有所降低。因此，混凝土在工作时一般不依靠其抗拉强度。但抗拉强度对于混凝土结构开裂现象具有重要意义。

试验依旧在 DYE-3000KN 型液压式压力试验机上进行，试验采用直径为 75mm 的钢制弧形垫条，垫条的长度不小于试样的边长，在垫条与试样之间放置木质垫片，如图 4.32 所示。垫片宽 20mm，厚度 2mm～3mm，长度不小于试样的边长，为保证数据的准确性，垫板不得重复使用。

1. 试验结果计算

试验结果计算方法如式（4.5）所示：

$$f_{ts} = 2F/\pi A \qquad (4.5)$$

式中　f_{ts}——混凝土立方体抗劈强度（MPa）；

　　　F——极限荷载（N）；

　　　A——受力面积（mm^2）；

劈裂强度值精确至 0.01MPa，其强度值的计算原则与抗压强度相同。

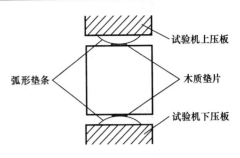

图 4.32　劈裂试验安放示意图

2. 试验结果分析

试件与普通混凝土试件作对比，测定了玄武岩纤维掺量为 0、0.1%、0.2%、0.3%的混凝土在 7d、28d 两种龄期的劈裂强度。试验结果如表 4.18 所示。

BFRC 各龄期劈裂强度及相对 PC 提高率　　　　　　　　表 4.18

试验项目	劈裂强度（MPa）			
	7d	提高率（%）	28d	提高率（%）
PC	5.61	0.00	6.20	0.00
BF0.1 15 12	6.16	9.80	6.64	7.10
BF0.2 15 12	5.88	4.81	6.43	3.71
BF0.3 15 12	5.43	−3.21	6.12	−1.29
BF0.1 15 18	6.25	11.41	6.85	10.48
BF0.2 15 18	6.15	9.63	6.55	5.80
BF0.3 15 18	5.98	6.60	6.26	0.97
BF0.1 15 24	5.94	5.88	6.62	6.77
BF0.2 15 24	6.15	9.55	6.44	3.87
BF0.3 15 24	5.75	2.50	6.25	0.81

从表 4.18 中可知，普通高性能混凝土的 7d 强度达到 28d 强度的 90.5%，掺入玄武岩纤维之后高性能纤维混凝土 7d 与 28d 两个龄期强度之差变小。从整体来看玄武岩纤维外对混凝土的劈裂强度均有所提高，三种不同长度的纤维均在体积掺量为 0.1%时对混凝土的劈裂强度提升最明显，尤其是 7d 龄期强度，如图 4.33 所示。

28d 龄期下的劈裂强度图 4.34 所示，长度为 12mm 的玄武岩纤维混凝土相比普通混凝土最大提高率 7.1%，长度为 18mm 的玄武岩纤维混凝土相比普通混凝土最大提高率 10.48%，长度为 24mm 的玄武岩纤维混凝土相比普通混凝土最大提高率 6.77%，相比抗压强度而言，玄武岩纤维对混凝土的劈裂强度影响更大。28d 龄期下的玄武纤维混凝土表现出随纤维体积掺量的增加劈裂强度呈下降趋势。

随着纤维掺量的增加，劈裂强度呈下减趋势是因为纤维过量之后，纤维成团现象越严重，纤维之间存在微孔导致内部水泥胶凝材料之间的粘结力有所下降，基体内部中间孔隙与孔洞增加，如图 4.35 所示，在掺量为 0.1%时，内部孔隙与孔洞相对较少，而在掺量为 0.3%时，内部孔隙孔洞增多。在测试劈裂强度时通过垫块向试件中间施加外力，孔隙增加，负载能力减弱，因此掺量越大混凝土的劈裂强度越低。

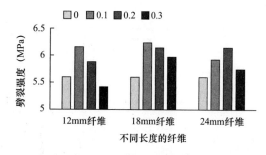
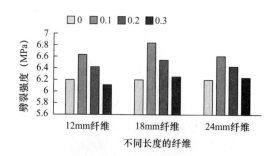

图 4.33　7d 龄期纤维混凝土劈裂强度　　图 4.34　28d 龄期纤维混凝土劈裂强度

图 4.35　纤维混凝土内部孔隙与孔洞

3. 试验过程中的现象及破坏形态

在抗劈裂强度试验中，试块会在加荷初期木垫板位置处出现纵向断裂纹，随着荷载的增加，裂纹沿试件的中部逐渐发展并贯通，当试件不能继续受荷载作用时，试块被劈开成两部分，从裂纹发展为裂缝，其后到最后被劈开持续的时间极短，普通混凝土破坏形态很直观，在极限荷载作用下直接劈成两部分，如图 4.36 所示。

掺入玄武岩纤维的混凝土会推迟试件初始裂缝的形成，并且在内部裂缝发展时，纤维承担一部分拉应力，在裂缝发展时通过裂缝之间的纤维能够将力传递在两侧中，延缓了混凝土的破坏时间，且在达到极限荷载时破坏形态比未加纤维的混凝土保持得更加完整，如图 4.37 所示。若裂缝两侧之间能够传递力的纤维越多，则对混凝土的改善更加明显，因此搅拌的均匀程度对混凝土强度有较大的影响。

图 4.36　普通混凝土破坏形态　　图 4.37　玄武岩纤维混凝土破坏形态

4.4.5　抗拉强度试验

弯曲抗拉强度是反映混凝土抗拉强度的一项重要指标，研究混凝土的抗弯曲性能能够掌握混凝土的受拉性能，弯曲韧性及其破坏情况。按照《钢纤维混凝土试验方法》CECS 13：89 进行。试验在 DYE-3000KN 型液压式压力试验机上进行，见图 4.38、图 4.39。

图 4.38　弯曲抗拉试验　　　　　图 4.39　弯曲抗拉试验装置示意图

1. 弯曲抗拉强度计算

当试件下边缘断裂位置处于二个集中荷载作用线之间时，抗弯拉强度按式（4.6）计算：

$$f_f = Fl/bh^2 \tag{4.6}$$

式中　f_f——混凝土体试件抗弯拉强度（MPa）；

　　　F——极限荷载（N）；

　　　l——支座间距（mm）；

　　　b——试件截面宽度（mm）；

　　　h——试件截面高度（mm）。

弯曲抗拉强度值精确至 0.01MPa，其强度值的计算原则与抗压强度相同。但若三个试件中有一个试件的断裂面位于加载区间外侧的，则混凝土弯曲抗拉强度取另外两个试件的平均值。如果这两个测值的差值不大于这两个测值中较小值的 15%，则以两个测值的平均值为测试结果，否则结果无效。如果有两根试件出现断裂面位于加载区间的外侧，则该组结果无效。

2. 试验结果分析

抗折试验与劈裂试件的考虑的龄期相同，分别是 7d 和 28d，玄武岩纤维掺量为 0、0.1%、0.2%、0.3%的混凝土的力学性能。其试验结果如表 4.19 所示。

BFRC 各龄期弯曲抗拉强度及相对 PC 提高率　　　　　　表 4.19

试验项目	弯曲抗拉强度（MPa）			
	7d	提高率（%）	28d	提高率（%）
PC	8.72	0.00	9.88	0.00
BF0.1 15 12	9.98	14.45	11.14	12.75

续表

试验项目	弯曲抗拉强度（MPa）			
	7d	提高率（%）	28d	提高率（%）
BF0.2 15 12	9.47	8.60	10.52	6.48
BF0.3 15 12	9.03	3.56	9.84	−0.40
BF0.1 15 18	9.78	12.16	11.30	14.37
BF0.2 15 18	9.55	9.52	10.40	5.26
BF0.3 15 18	9.31	6.77	10.17	2.94
BF0.1 15 24	9.76	11.93	10.89	10.22
BF0.2 15 24	9.24	5.96	10.18	3.04
BF0.3 15 24	8.96	2.75	10.02	1.42

从表 4.19 中可知，纤维体积掺量在 0.1%～0.3%时均对混凝土的抗弯能力有所提高。28d 龄期的纤维混凝土在体积掺量为 0.1%时，三种长度的纤维弯曲抗拉强度均提高 10%以上，最大提升幅度为 14.37%；7d 龄期的玄武岩纤维混凝土抗弯曲强度均要高于普通混凝土。如图 4.40 所示 28d 混凝土抗弯曲强度，从图中可以看出在纤维体积掺量为 0.1%时，三种长度的纤维对混凝土弯曲抗拉强度增强均最大，随着纤维体积掺量的增加，内部纤维经过搅拌之后存在较多分散不均匀的情况，导致与基体之间黏结减弱，整体弯曲强度均有所下降。在掺量为 0.3%时，长度为 18mm 与 24mm 的玄武岩纤维混凝土，弯曲抗拉强度较 12mm 长的纤维要好。

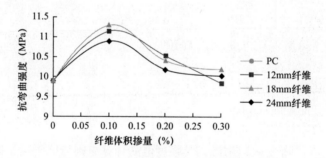

图 4.40　28d 龄期纤维混凝土弯曲抗拉强度

3. 试验过程中的现象及破坏形态

因为纤维本身具有一定的韧性，在混凝土中不仅能够提高混凝土的力学性能，还可显著提高混凝土基体的塑性变形能力。玄武岩纤维混凝土与普通混凝土相比，在抗弯曲试验中有两点可以直观区别，分别是裂缝的发展速率与断口的形态。在抗弯曲强度试验中，当试件受到荷载的作用达到开裂时，裂缝首先会出现在两个集中荷载中间的受拉区，即每个试件的底部中间区域；随着荷载继续增加，裂缝在出现后很快就会延伸到试件上部，导致试件断裂成两部分。未加纤维的混凝土从裂缝出现到被劈成两部分的时间很短，且断口多呈平直状，如图 4.41 所示试块抗弯曲折断后的形态。而玄武岩纤维混凝土在载荷的作用下，裂缝发展的速度明显比普通混凝土慢，延缓了试件劈裂的时间，增大了试件能承受的极限载荷。

由于玄武岩纤维在混凝土基体内部呈三维乱向分布，在抗弯试件裂缝发展时，在裂缝中间的纤维起着桥接的作用，承担一定的拉应力。纤维的存在会抑制裂缝的发展，即使纤维受力被拉断，当荷载继续增加，试件内部的应力重分布，纤维的加入改变了裂缝延伸路径，延缓混凝土的破坏。所以玄武岩纤维混凝土的断口位置一般不是平直的，有一定的凹凸断面，如图 4.42 所示。

图 4.41　普通混凝土弯曲抗拉试验折断后形态

图 4.42　玄武岩纤维混凝土弯曲抗拉试验折断后形态

4.4.6　轴心抗压强度试验

轴心抗压强度是最接近实际构件中混凝土的受压情况，在力学试验中也是必不可缺的。试验在 DYE-3000KN 型液压式压力试验机上进行。

1. 轴心抗压强度计算

混凝土轴心抗压强度计算公式（4.7）如下：

$$f_{cp} = F/A \tag{4.7}$$

式中　f_{cp}——混凝土轴心抗压强度（MPa）；

　　　F——试件破坏荷载（N）；

　　　A——试件承压面积（mm^2）。

2. 试验结果分析

轴心抗压强度考虑 7d 和 28d 两种龄期，玄武岩纤维掺量为 0、0.1%、0.2%、0.3%

的混凝土试件进行研究。试验结果如表 4.20 所示。

BFRC 各龄期轴心抗压强度及相对 PC 提高率　　　　　　　表 4.20

试验项目	轴心抗压强度（MPa）			
	7d	提高率（%）	28d	提高率（%）
PC	46.10	0.00	63.05	0.00
BF0.1 15 12	50.53	9.61	68.03	7.89
BF0.2 15 12	48.12	4.39	65.23	3.46
BF0.3 15 12	47.37	2.75	63.76	1.13
BF0.1 15 18	51.70	12.15	68.82	9.15
BF0.2 15 18	51.03	10.69	65.89	4.50
BF0.3 15 18	48.80	5.86	65.70	4.20
BF0.1 15 24	50.27	9.05	67.92	7.72
BF0.2 15 24	49.54	7.46	66.29	5.14
BF0.3 15 24	49.15	6.61	64.02	1.54

由表 4.20 可知，普通混凝土 7d 龄期的强度能达到 28d 龄期强度的 73%，掺入玄武岩纤维之后 7d 龄期的混凝土轴心抗压强度大多数均得到提高，7d 龄期最大提高为 12.15%，28d 龄期的最大提高为 9.15%。28d 轴心抗压强度如图 4.43 所示，整体强度均高于未加纤维的混凝土，但纤维体积掺量超过 0.1% 时，在混凝土基体内部存在更多成团而不分散的纤维，增加了孔隙与孔洞，纤维对混凝土的改善减弱，到体积掺量为 0.3% 时，长度为 18mm 的纤维还对轴心抗压强度有所提高，另外两种长度的纤维混凝土强度几乎与未掺纤维的混凝土强度持平。

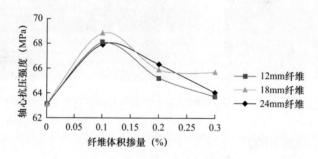

图 4.43　28d 龄期纤维混凝土轴心抗压强度

3. 试验过程中的现象及破坏形态

当强度等级达到 C45 以上的混凝土脆性更加凸显。未加纤维的混凝土在荷载作用下，随着上下承台的挤压，在试件的中部率先出现向试件两侧发展的裂缝，当继续受荷载作用后，试件沿高度方向上中部位置产生横向膨胀，试件迅速炸裂破坏，且持续时间极短，最终导致试件破坏成不完整的几部分，试件破坏的形态如图 4.44 所示。

掺入玄武岩纤维的试件，内部均匀分散的纤维能够作为基体材料之间有效粘结的桥梁。在荷载作用下，也会像未掺纤维的混凝土，在达到开裂荷载时出现纵向延伸的裂缝；随着荷载的增加，裂缝向试件上下两侧发展，但位于裂缝之间的纤维能够有效地将荷载传递给裂缝两侧，有效地改变内部应力的传递路径，延迟了混凝土的破坏。当达到极限荷载时，试件内部由于纤维传递力的作用，试件整体外观变化不大，少数出现炸裂的现象，完整性较好，脆性特征明显减弱，掺入玄武岩纤维后试件的破坏情况见图 4.45。

图 4.44　普通混凝土破坏形态　　图 4.45　玄武岩纤维混凝土破坏形态

通过高性能混凝土的抗压强度、劈裂强度、弯曲抗折强度、轴心抗压强度试验，对 270 个试件的力学强度大小与破坏外观形貌分析，阐述了未掺纤维与掺加玄武岩纤维混凝土之间不同之处，得到以下结论：

（1）玄武岩纤维对高性能混凝土的抗压强度有一定的提升，同龄期的立方体抗压强度随纤维掺量的增加而降低，最佳掺量为 0.1%，三种长度的纤维对混凝土的抗压强度均有不同程度的提升，尤其是早期强度。

（2）三种不同长度的高性能玄武岩纤维混凝土各龄期的抗劈裂强度、抗弯曲强度较普通混凝土有一定程度的增加，但不是纤维掺量越多，混凝土的劈拉，抗弯曲强度越大。因为纤维量过多之后，会在内部结团、交叉导致与基体粘结性减弱。且纤维会吸附一定量的水分，影响混凝土的水化，当纤维掺量超过 0.2% 时，纤维混凝土的抗劈裂强度改善不明显，甚至还会有所降低。

（3）玄武岩纤维能够提高高性能混凝土的轴心抗压强度，纤维受力后能够改变混凝土基体内部的受力状态，改变裂缝之间力的传递方向，延缓混凝土的破坏，使混凝土脆性特征减弱。

（4）三种不同长度的玄武岩纤维对混凝土力学性能的影响有一定的差异性，综合四种力学强度来看，长度为 12mm 与 18mm 的纤维比长度为 24mm 的纤维对混凝土力学性能的改善更佳。

4.5　高性能 BFRC 拌合物耐久性试验

在高性能混凝土中，满足强度要求时，耐久性作为评价高性能混凝土的另一个指标。混凝土的耐久性是指混凝土结构在使用过程中，在人为或者自然因素作用下，保持结构自身内部或外部工作能力的一种性能。或者说在设计使用年限内抵抗外界环境或内部本身所产生的侵蚀破坏作用的能力。它是一个关于混凝土抗渗、抗冻、抗腐蚀、抗碳化的综合性指标，贯穿混凝土结构设计、材料选择、施工和运行管理的全过程。研究混凝土的耐久性应考虑在不同状态下的情形，不能脱离结构形式、应力状态、环境条件（包含大环境和局部环境）。

根据混凝土的工况条件，其耐久性主要有物理作用与化学作用两大类。物理作用主要有温差引起的冻融循环、外表面的磨蚀与盐类引起的结晶导致内部膨胀等因素；化学作用主要是指混凝土结构受硫酸盐侵蚀，导致内部钢筋表面的钝化膜遭到破坏，随后钢筋与混凝土的结合部位分裂，导致内部开裂引起结构破坏。在钢筋混凝土结构的耐久性研究中，包含三个层次，分别为材料的耐久性、构件的耐久性和结构的耐久性。试验主要考虑材料因素的影响，对高性能玄武岩纤维混凝土在抗渗、抗冻融、抗冲击这几方面进行研究。主要分析纤维对混凝土的影响，找出合适的纤维长度与掺量，改善混凝土内部结构，使其耐久性更好。由于耐久性的影响因素较为复杂，直接评判方法也有较大的困难，所以一般采用混凝土的抗渗性、抗冻性、抗腐蚀性作为混凝土耐久性的间接指标。

4.5.1 抗渗试件的力学性能试验

由于在力学试验中，规格为直径 $15\mu m$，长度 24mm 总体效果相对其他两种规格的纤维较差一点，所以在抗渗试验中只考虑直径为 $15\mu m$，长度为 12mm 与 18mm 的纤维。为细化对高性能玄武岩纤维混凝土抗渗抗冻试验的研究，在上章节力学性能最佳体积掺量为 0.1％时的结论基础上，再考虑两种不同掺量的纤维混凝土进行抗渗抗冻试验，分别是 0.05％与 0.15％。在抗渗抗冻试验之前，对这两种不同掺量的纤维混凝土进行力学试验研究。本次试验由于建立在前章力学试验的基础上，故只测定混凝土在 28d 龄期的强度即可。试验结果如表 4.21、表 4.22 所示。

BFRC 抗渗试件拌合物性能　　表 4.21

项目	坍落度（mm）			扩展度（mm）	含气量（％）	重度（kg/m³）	减水剂含量（kg/m³）
	初始	60min	120min				
PC	240	210	175	590	2.17	2520	7.5
BF0.05 15 12	230	205	175	580	2.20	2518	7.5
BF0.1 15 12	225	195	170	570	2.23	2515	7.5
BF0.15 15 12	210	180	160	545	2.30	2498	8.0
BF0.05 15 18	230	190	165	560	2.19	2516	7.5
BF0.1 15 18	220	185	160	535	2.24	2503	8.3
BF0.15 15 18	205	175	150	510	2.31	2476	8.7

BFRC 抗渗试件力学强度　　表 4.22

项目	抗压强度（MPa）	劈裂强度（MPa）	弯曲强度（MPa）	轴压强度（MPa）
PC	74.50	6.30	9.68	62.43
BF0.05 15 12	78.92	6.68	10.63	66.78
BF0.1 15 12	79.35	6.72	11.04	68.25
BF0.15 15 12	76.58	6.45	9.77	64.69
BF0.05 15 18	81.84	6.76	10.83	67.32
BF0.1 15 18	82.36	6.92	11.15	69.13
BF0.15 15 18	78.73	6.51	9.86	66.34

从上表中可以看出，纤维体积掺量在 0.05％～0.15％之间对高性能混凝土四种力学强

度均有所提高，当体积掺量在 0.05%～0.1%之间对混凝土强度增强效果更明显，超过 0.1%之后增强效果减弱。选取这三种体积掺量的玄武岩纤维用于进行抗渗试验，能为工程应用提供参考。

4.5.2　BFRC 抗渗性能试验

渗透性是多孔材料的基本性质之一，它反映了材料内部孔隙的大小、数量、分布以及连通等情况。混凝土是由多种粗细不均匀的材料组合而成的，内部必然是一种多孔的、在各种尺度上多相的非均质的材料。因为混凝土的结构破坏和侵蚀，绝大部分都与侵蚀介质渗透进入混凝土与其中的结构发生作用而导致的，所以侵蚀介质对混凝土的抗渗性影响较大，混凝土的抗渗透性和耐久性有着很重要的联系。就目前的研究方法来看，主要是通过国家规范执行的加压透水方法测定混凝土的抗渗性，并没有任何的试验方法来评价不同的侵蚀介质对混凝土抗渗性的影响。所以本文执行国家标准的研究方法，通过加压透水方法来探究玄武岩纤维的掺入对高性能纤维混凝土的抗渗等级的影响。

根据《普通混凝土长期性能与耐久性能试验方法标准》GB/T 50082—2009 中规定，试件为上口径 175mm，下口径 185mm，高 150mm 的锥台。每组 6 个试件，成型后拆模，用钢丝刷清洗两端面水泥浆膜，标准养护 28d 进行试验。

1. 抗渗等级计算

抗渗试验采用渗水高度法来检测混凝土的抗渗等级，以每组 6 个试件中有 3 个试件出现渗水时的水压力乘以 10 来表示。抗渗等级按式（4.8）计算：

$$P = 10H - 1 \tag{4.8}$$

式中　P——混凝土抗渗等级；

H——6 个试件中 3 个试件出现渗水时的水压力。设计水压要按高于实际水压 0.2MPa 考虑。试验水压力最大能加到 4.0MPa，若水压力达到 4.0MPa 时，6 个试件中表面渗水的试件少于 3 个，则试件的抗渗等级大于规定值或者满足设计要求。

2. 抗渗试验结果分析

抗渗试验主要考虑两种不同的掺量与两种不同纤维长度对混凝土抗渗性能的影响，未掺纤维混凝土及玄武岩纤维混凝土 28d 抗渗性试验结果如表 4.23 所示。

玄武岩纤维混凝土的抗渗试验结果　　　　表 4.23

试验项目	最大水压力（MPa）	渗水试件个数	试验结果
PC	3.0	3	≥P12
BF0.05 15 12	3.3	3	≥P12
BF0.1 15 12	3.5	3	≥P12
BF0.15 15 12	3.1	3	≥P12
BF0.05 15 18	3.4	3	≥P12
BF0.1 15 18	3.6	3	≥P12
BF0.15 15 18	3.2	3	≥P12

从表 4.23 可以看出，从整体可以看出，掺入玄武岩纤维的混凝土整体的抗渗性比未掺纤维混凝土的要好，最大提高 20%；长度为 18mm 长的纤维比长度 12mm 抗渗性能更好，最大提高为 20%，玄武岩纤维加入混凝土中加强了骨料之间的连接，使得原来内部比

较松散的骨料之间被纤维串联在一起，密实度更好，抗渗等级更高。分析其原因，玄武岩纤维混凝土相比普通混凝土抗渗性能更好，主要是因为分布在混凝土中千千万万的超细纤维，在混凝土基体中起着以下作用：

（1）从混凝土表面来看，纤维的加入阻止了混凝土的表面析水，有效提高了浆体与骨料之间的结合，提高了混凝土基体的均匀性，抑制了在水化过程中出现的不均匀收缩，减少了混凝土内部的裂缝。

（2）从混凝土内部来看，混凝土本身由于收缩引起的内部应力会使混凝土内部产生裂缝，这些裂缝是混凝土浇筑后的第一个 24h 内形成。由于纤维均匀地分布在混凝土基体中，起到阻裂作用，可显著降低裂缝的数量，以及裂缝的长度和宽度，并防止已经生产的裂缝出现贯通。

（3）从混凝土微观来看，均匀分散在混凝土基体中的纤维，单丝直径很小的纤维填充在基体中，可以起到阻断混凝土内毛细作用的效果，从而提高混凝土的抗渗性。

（4）从玄武岩纤维的掺量来看，掺量为 0.1％的综合性能表现最佳，随着纤维掺量的增加，即使在多加减水剂的情况下，内部由于纤维量大分散不均匀而导致产生的孔隙也逐渐增多，相应的玄武岩混凝土的抗渗性下降。

4.5.3　BFRC 抗冻性能试验

暴露在外界或深埋在地下的混凝土在寒冷环境中受冻，会引起混凝土表面剥落，内部开裂，随着时间越长裂缝的宽度发展越大，严重威胁着混凝土的耐久性。混凝土冻融损伤根据冻融对混凝土产生的破坏现象可以分为混凝土表面损伤和混凝土内部破坏损伤。混凝土表面损伤是指冻融循环作用下引起混凝土表面水泥砂浆脱落，而且伴有粗骨料外露。而混凝土内部破坏损伤是指混凝土表面没有可见破坏而是内部出现损伤，导致混凝土力学性能的改变。即使质量非常好的混凝土在反复冻融循环作用下，也往往会发生破坏。混凝土的抗冻性是指在规定循环次数下保持强度和外观完整性的能力，一般以 28d 龄期的混凝土立方体饱水后所能承受的冻融循环次数来表征，称为抗冻标号。抗冻标号可分为 D25、D50、D100、D150、D200、D250、D300 等级别。玄武岩纤维作为我国重点发展的四大纤维，现已经在多个领域进行研究与试用。为了研究玄武岩纤维混凝土在寒冷地区的抗冻性能，冻融循环试验是必要的。

常用抗冻试验方法可分为快速冻结法和慢速冻结法两种。由于试验周期所限，本节采用快速冻结法来检验混凝土的抗冻融性能，按照《公路工程水泥及水泥混凝土试验规程》JTG E30—2005 中快冻法进行。

1. 试验内容

基于抗渗试验的结果分析，本次抗冻试验选取长度为 12mm 与 18mm 的玄武岩纤维，并只考虑两种体积掺量，分别为 0.05％与 0.1％。抗冻试验的冻融介质为水，每隔 50 次冻融循环，观察试件的破坏现象，测定试件的质量、动弹性模量。直到达到规定的破坏情况或冻融次数达到 300 次为止。

2. 试验设备

做冻融试验所需要的设备：冻融箱——浙江华南仪器设备有限公司生产的 TDRF-2 型混凝土快速冻融箱，用于冻融循环试验；电子秤——精度为 0.005kg 的电子秤，用于测定试件的质量；动弹仪——北京三思航测控制技术有限公司生产的 DT-20 型动弹仪，测量范围为 100kHz～50kHz，符合国家行业标准，主要用于测定混凝土的横向基频，再经计算得出试件的动弹模量，是判定混凝土损伤程度的重要依据。

3. 试件尺寸

按标准方法成型试件，每组 3 个试件，尺寸为 100mm×100mm×400mm。其制作符合相关标准与规范的规定，标准养护。

4. 试验步骤

①将试件标准养护 24d，然后将所有抗冻融试件浸泡在 20℃±2℃的饱和石灰水中，浸泡 4d 后进行冻融试验；②测定试件的初始横向基频与重量，作为评定抗冻性的初始值；③按规定将试件放入冻融箱进行冻融循环试验；每 50 次冻融循环后，取出试件并测定其横向基频与重量；④冻融试验达到以下三种情况的任何一种时，即停止试验：冻融至 300 次循环、试验的相对动弹性模量下降至初始值的 60％及以下或试件的质量损失率达 5％。

5. 试验成果计算

混凝土的相对动弹性模量按式（4.9）计算：

$$P = f_n^2 \times 100/f_0^2 \tag{4.9}$$

式中　P——经 n 次冻融循环后试件的相对动弹性模量（％）；

　　　f_n——n 次冻融次循环后试件的横向基频（Hz）；

　　　f_0——试验前试件的横向基频（Hz）。

取 3 个试件的算术平均值作为试验结果，结果精确至 0.1％。混凝土的质量变化率 W_n 按式（4.10）计算：

$$W_n = \frac{m_0 - m_n}{m_0} \times 100 \tag{4.10}$$

式中　W_n——n 次冻融循环后试件质量变化率（％）；

　　　m_0——冻融试验前的试件质量（kg）；

　　　m_n——n 次冻融循环后的试件质量（kg）。

取 3 个试件的算术平均值作为试验结果精确至 0.1％；当 P 小于等于 60％或质量损失率达 5％时的冻融循环次数 n，即为试件的最大抗冻循环次数。

6. 试验结果及试件形貌

对两种不同的长度与掺量的高性能玄武岩纤维混凝土抗冻融性能进行了研究，冻融循环次数为 300 次。混凝土抗冻融试验结果见表 4.24～表 4.26。

玄武岩纤维混凝土抗冻融试验结果　　　　表 4.24

试验项目 / 循环次数（次）	试件	PC	BF0.05 15 12	BF0.1 15 12	BF0.05 15 18	BF0.1 15 18
0		10151	10151	10118	10112	10075
50		10142	10145	10113	10108	10070
100		10133	10135	10103	10098	10060
150	质量(g)	10123	10127	10098	10090	10054
200		10115	10121	10090	10084	10048
250		10102	10110	10083	10074	10042
300		10083	10102	10075	10066	10035

续表

试验项目 循环次数（次）		PC	BF0.05 15 12	BF0.1 15 12	BF0.05 15 18	BF0.1 15 18
0	频率(Hz)	2412	2405	2417	2431	2402
50		2392	2388	2397	2415	2391
100		2380	2385	2392	2409	2387
150		2361	2368	2375	2394	2371
200		2342	2354	2361	2382	2359
250		2312	2340	2348	2361	2339
300		2284	2323	2335	2357	2321

冻融试件质量损失率　　　　　　　　　　　　　表 4.25

试验项目 循环次数（次） 试件	质量损失率 W_n（%）						
	0	50	100	150	200	250	300
PC	0	0.09	0.18	0.28	0.35	0.48	0.67
BF0.05 15 12	0	0.06	0.16	0.24	0.30	0.40	0.48
BF0.1 15 12	0	0.05	0.15	0.20	0.28	0.35	0.42
BF0.05 15 18	0	0.04	0.14	0.22	0.28	0.38	0.45
BF0.1 15 18	0	0.05	0.15	0.21	0.27	0.33	0.40

冻融试件相对动弹模量　　　　　　　　　　　　表 4.26

试验项目 循环次数（次） 试件	相对动弹模量 P（%）						
	0	50	100	150	200	250	300
PC	100	96.98	95.05	93.45	91.68	89.5	86.61
BF0.05 15 12	100	97.20	95.65	94.78	93.84	92.13	90.51
BF0.1 15 12	100	98.35	96.96	95.92	94.70	94.00	91.78
BF0.05 15 18	100	98.05	97.03	94.61	93.21	92.45	89.93
BF0.1 15 18	100	97.91	96.39	94.73	92.89	91.84	90.97

外观形貌如图 4.46 所示，从整体上看在冻融次数小于 50 次时，不同纤维掺量试件与

图 4.46　50 次冻融混凝土外观形态

普通混凝土试件表面外观形貌均没有大的差别，试件表面保持完整，未见明显的砂浆掉落，质量基本没有损失。但随着冻融次数的增加，超过 100 次后，试件表面受到的冻融损伤加重，少量浮渣出现，混凝土质量有所损失，试件表现呈麻面状，见图 4.47。

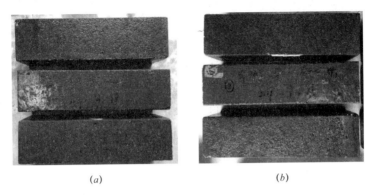

(a)　　　　　　　　　　(b)

图 4.47　100 次冻融混凝土外观形态
(a) 普通混凝土试件；(b) 玄武岩纤维混凝土试件

从上图中可以看出，不管是纤维混凝土还是普通混凝土冻融循环从 50 次到 100 次时，混凝土试件表面的形态变化较大，可以直观地看出试件表面的砂浆开始剥落，然后渐渐向两端延伸。掺入玄武岩纤维的混凝土纤维分散在基体内部及表面，形成网状分布，能有效地抑制表层混凝土的剥落，所以纤维混凝土表面麻面状没有普通混凝土严重。随着冻融次数的增加，混凝土试件表面砂浆脱落越严重，每冻融 50 次后测试一次试件的重量、弹性模量，并记录频率，从模具中取出试块时，从模具底部能倒出一层含有细骨料与超细矿物掺合料渣滓，见图 4.48。

图 4.48　混凝土表面剥落渣滓

从表中可以看出，经过 300 次冻融循环后，试件表面形态也有很大的差异，普通混凝土表面大量砂浆剥落，试验做的标记已完全随砂浆掉落，但粗骨料未析出，如图 4.49（a）所示。而玄武岩纤维混凝土在 300 次冻融循环之后，表面标记还能识别一部分，砂浆掉落较普通混凝土要少，如图 4.49 中的（b）所示。纤维混凝土与普通混凝土在 300 次冻融循环后质量损失都较小，但未加纤维的混凝土在后期损失较纤维混凝土要大，300 次冻融

循环后质量损失达 0.67%，而玄武岩纤维混凝土冻融循环 300 次后质量损失最大为
0.48%。

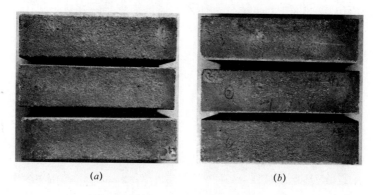

(a) (b)

图 4.49　300 次冻融混凝土外观形态
(a) 普通混凝土试件；(b) 玄武岩纤维混凝土试件

随着循环次数的增加，普通混凝土相对动弹模量下降速度比纤维混凝土要快，掺入纤维的混凝土在后期的冻融循环中相对动弹性模量值平缓下降，如图 4.50 所示。相对动弹性模量的变化说明混凝土经过了冻融循环作用后，基体内部结构发生了变化，逐渐变得疏松，孔隙增大且数量变多，砂浆与骨料之间的黏结也受到了不同程度的破坏。普通混凝土在表层的砂浆基本全部脱落的情况下，若再继续进行冻融循环作用，其相对质量损失率会大于玄武岩纤维混凝土的相对质量损失率。

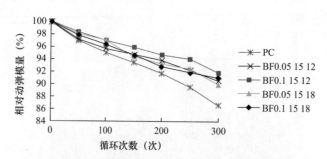

图 4.50　纤维掺量对相对动弹模量的影响

7. 质量损失与冻融次数拟合曲线

曲线拟合是指选择适当的曲线类型来拟合观测数据，并用拟合的曲线方程分析两变量间的关系。根据表 5-5 不同纤维掺量试件质量损失率的不同特点，用形式为 $y=ax^2+bx+c$ 的二次函数形式对试验数据进行拟合，所得拟合方程见表 4.27，拟合曲线见图 4.51。

质量损失率（y）与冻融次数（x）拟合方程　　　　　　　　　　表 4.27

试验项目	拟合方程	相关系数（拟合度）
PC	$y=3E-06x^2+0.0012x+0.0138$	$R_2=0.9920$
BF0.05 15 12	$y=4E-07x^2+0.0015x$	$R_2=0.9971$
BF0.1 15 12	$y=2E-07x^2+0.0013x$	$R_2=0.9961$
BF0.05 15 18	$y=8E-07x^2+0.0013x$	$R_2=0.9941$
BF0.1 15 18	$y=-3E-07x^2+0.0014x$	$R_2=0.9954$

从表 4.27 可以看出，普通混凝土与高性能玄武岩纤维混凝土相比较，在同次数的冻融循环条件下，普通混凝土的质量损失率比纤维混凝土的要高，随着冻融次数的增加，结合普通混凝土冻融次数与质量损失率之间拟合的方程，可以推测出在超过 300 次冻融循环后，普通混凝土的质量损失呈增长趋势，而纤维混凝土总体质量损失较小且随冻融次数其增长速率不变，说明纤维的加入提高混凝土的抗冻融循环能力。表明纤维的加入能够增加基体内部与表面的密实性，延缓混凝土的质量损失。

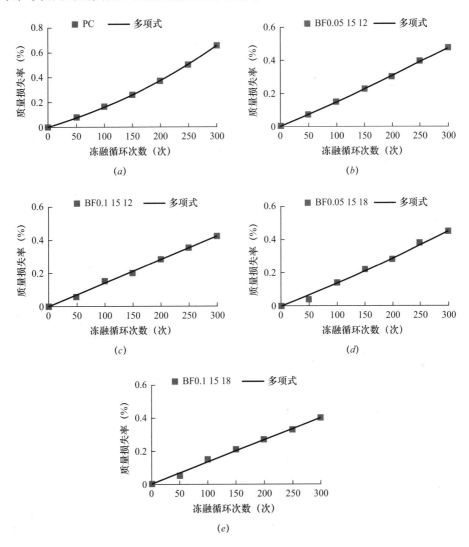

图 4.51　冻融循环次数与质量损失率函数关系拟合曲线
(*a*) PC；(*b*) BF0.05 15 12；(*c*) BF0.1 15 12；(*d*) BF0.05 15 18；(*e*) BF0.1 15 18

在研究了常规养护状态下玄武岩纤维混凝土的抗弯曲性能的基础上，为了进一步探讨高性能玄武岩纤维混凝土在抗冻后的力学性能，对抗冻融循环 300 次后的试件进行抗折强度试验，通过力与位移的关系分析玄武岩纤维对混凝土力学性能的影响。本次试验采用由长春试验机研究所生产的 CSS-44300 电子万能试验机，最大负荷为 300kN。试验由计算机控制，可以观测整个试验过程中位移与力之间的关系。

　　对高性能玄武岩纤维混凝土，两种不同纤维长度与掺量的高性能混凝土冻融循环次数300次后，混凝土抗折强度试验结果见图4.52，表4.28。

表 4.28

冻融后混凝土抗折强度

试验项目	最大荷载（kN）	抗折强度（MPa）	提高率（%）	最大位移（mm）	提高率（%）
PC	16.498	7.42	0.00	0.362	0.00
BF0.05 15 12	19.730	8.88	19.68	0.529	46.13
BF0.1 15 12	21.174	9.53	28.44	0.568	56.91
BF0.05 15 18	19.213	8.66	16.71	0.448	23.76
BF0.1 15 18	20.270	9.12	22.91	0.495	36.74

　　由表4.28可知，混凝土经冻融循环300次后，混凝土内部受到损伤，微孔隙中的水在温度正负交互作用下，形成冻胀压力和渗透压力联合作用的疲劳应力，使混凝土产生由表及里的破坏。所以冻融循环后玄武岩纤维混凝土与普通混凝土的整体抗折强度均下降，普通混凝土表现出的趋势更明显，而玄武岩纤维混凝土的抗折强度比普通混凝土的抗折强度高16.71%～28.44%；最大竖向位移提高为23.76%～56.91%，玄武岩纤维的加入能极大地提高混凝土的最大位移，也就意味着纤维的加入能够增加混凝土的延性。在达到极限抗弯强度之前，由于玄武岩纤维的桥接作用，纤维连接在裂缝之间，当混凝土的裂缝继续发展时，纤维能够传递应力，延缓混凝土的破坏。

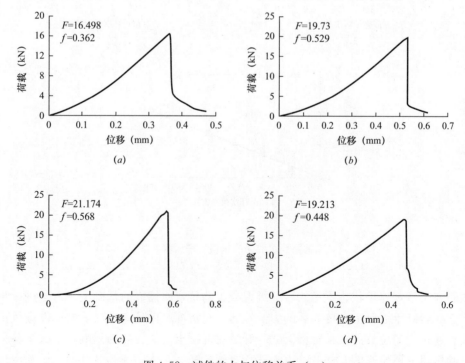

图 4.52　试件的力与位移关系（一）

(a) PC；(b) BF0.05 15 12；(c) BF0.1 15 12；(d) BF0.05 15 18

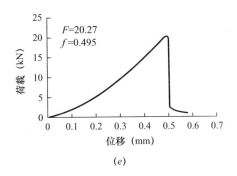

图 4.52　试件的力与位移关系（二）

（e）BF0.1 15 18

对高性能玄武岩纤维混凝土进行耐久性试验，主要研究了低掺量玄武岩纤维对混凝土抗渗性能、抗冻性能的影响，以及冻融试件的力和位移之间关系，综合实验的结果并分析原因，可以得出以下结论：（1）高性能玄武岩纤维混凝土的抗渗性能明显优于普通混凝土。当体积掺量为 0.05%～0.15%，长度分别为 12mm、18mm 的玄武岩纤维时，纤维混凝土比普通混凝土抗渗能力提高 3%～20%；（2）在抗冻试验中，从冻融试件外观可以看出玄武岩纤维能够有效地抑制试块外部砂浆掉落，未加纤维的混凝土随着冻融循环次数的增加质量损失增大，而纤维混凝土表现出的趋势较平缓，纤维能够很好地与基体粘结，有效抑制混凝土的质量损失；（3）对冻融后的试件进行抗折强度试验分析，根据力与位移的关系可知玄武岩纤维能够提高混凝土的延性，抑制裂缝的形成及发展。

4.6　本章小结

纤维混凝土在搅拌后，可以看见存在许多成团未分散的纤维，而这种纤维对混凝土弊大于利，因此找到一种合适的方法分散纤维是解决玄武岩纤维与混凝土结合更佳的关键问题。

在高性能混凝土中掺入玄武岩纤维后会影响混凝土的流动性，随着纤维体积掺量的增加，几种不同长度的玄武岩纤维混凝土拌合物的流动性都逐渐降低，但保塌性有所提高。以纤维长度 12mm 为例，0.3% 纤维掺量的混凝土与未掺纤维混凝土性比其流动性大大降低，长度越长坍落度与流动性损失越大，内部缠绕，结团现象更严重，同体积掺量下混凝土拌合物的含气量越大。

玄武岩纤维对高性能混凝土的抗压强度有一定程度的提升，尤其是提高混凝土的早期强度。同龄期条件下，三种不同长度的玄武岩纤维混凝土抗压强度随纤维掺量的增加而降低，最佳体积掺量为 0.1%，三种不同长度的纤维对高性能混凝土的抗压强度均有不同程度的提升。

三种不同的高性能玄武岩纤维混凝土各龄期的抗劈裂强度、抗弯曲强度较普通混凝土有一定程度的增加，随着纤维的增加两种强度均相应减小，当纤维体积掺量超过 0.2% 时，纤维内部分散不均匀导致混凝土基体之间的黏结减弱，纤维对混凝土的抗劈裂强度与抗弯曲强度改善不明显，甚至还会有所降低。

　　玄武岩纤维能够提高高性能混凝土的轴心抗压强度，由于高性能混凝土往往也是高强度混凝土，当强度超过 45MPa 时，混凝土的脆性增加，在进行轴心抗压强度试验时，往往出现在极限荷载情况下试件炸裂的情况，玄武岩纤维能够改善这一情形，纤维能够承受裂缝发展传来的一部分拉应力，有效地增加混凝土的韧性，使混凝土在极限荷载下不出现炸裂形态。

　　玄武岩纤维混凝土较普通混凝土，三种不同掺量下抗渗性、两种不同掺量下抗冻性均有所提高，抗渗性最大提高 20%；抗冻性能随着冻融次数的增加，普通混凝土的质量损失率与相对动弹模量均比纤维混凝土，呈直线上升趋势。

　　抗冻试验中，对质量损失率与冻融次数之间的关系进行曲线拟合，可以发现未掺纤维混凝土后期的质量损失率远比玄武岩纤维混凝土的大，增长速率也逐渐增大。对冻融循环 300 次后抗冻试件进行三点抗折试验分析，从力与位移的关系中，可以看出纤维不仅能够提高混凝土的抗折强度，更能提高混凝土的延性。

　　高性能混凝土由于水胶比较小，在外加剂的作用下，混凝土的工作性能及混凝土的密实性均得到极大的提升。在本试验中，纤维的体积掺量在 0.1% 的时候最为适宜。体积掺量为 0.2% 与 0.3% 时，纤维分散不均匀，内部缠绕，结团，不仅吸附大量的水分，影响混凝土的水化；而且在微观上，纤维与纤维之间，纤维与基体之间粘结不密实，在外界载荷作用下，纤维没有发挥应有的作用。故在实际工程中应注意玄武岩纤维的掺量及长度，综合本论文的探讨，适宜体积掺量为 0.05%～0.1% 之间，长度不宜超过 18mm。

　　通过试验分析为今后的理论研究与工程实际应用提供了参考，但尚存在不足之处需要更进一步的研究。

第5章　玄武岩纤维复合筋材性能试验研究

5.1　概述

玄武岩纤维复合筋（BFRP筋）是经拉挤成型制得的玄武岩纱线束增强乙烯基树脂材料，具有强度高、耐腐蚀性等优点，可代钢筋从根本上解决混凝土结构耐久性不足的问题。但由于筋材的玄武岩纤维含量，筋材的试验测试方法、试验器材等不同，导致试验结果差别较大。目前，BFRP筋的物理力学参数不是统一确定的值；另外，如果采用BFRP筋材替代普通钢筋成为水泥基类混凝土构筑物的拉应力主要承受材料时，筋材与水泥基类的黏结性也不明确。因此，为适应BFRP筋在岩土工程中的应用，本章对BFRP筋的工程性能进行了试验，包括BFRP筋物理力学指标、BFRP筋与水泥基类的粘接性能、BFRP筋混凝土构件的承载特性等。

本章通过对厂家生产的改型玄武岩纤维复合筋材进行物理力学性能试验。通过试验得到改型玄武岩纤维复合筋材的强度参数，研究玄武岩纤维复合筋材的性质。包括物理性能、不同类型及尺寸规格的抗拉强度、抗变形性能、抗腐蚀性能、抗弯性能、蠕变松弛性能以及特殊性能等。

5.2　玄武岩纤维复合材料的发展

复合材料是由两种或两种以上不同性质、不同形态的组分材料通过一系列的工艺复合而成的一种多相材料，它不但保持了原有组分材料的优良性能，还具备了原材料所不具备的新性能。它主要是由基体相、增强相和两者之间的界面相所组成：基体是复合材料中的连续相，它的作用是将增强体粘结成一个整体，传递并使载荷均匀分配，保护增强体免受外部环境的侵蚀；增强体是复合材料的关键组分，在复合材料中起着增加强度和改善性能的作用；界面是复合材料中极为重要的微结构，它的结构和性能直接影响着复合材料的各项性能，是增强相与基体相连接的"纽带"，也是应力和其他信息传递的"桥梁"。

随着科学技术的不断进步和人们环保意识的不断增强，绿色环保型材料越来越受到人们的青睐。因此，在保证复合材料优异性能的同时，开发绿色环保型复合材料已经引起了学者的广泛关注。和其他无机非金属纤维一样，玄武岩纤维也是复合材料的一种新型优质增强材料，其生产原料丰富且是纯天然的，纤维制造过程对环境不会造成污染，无工业垃圾，而且纤维废弃后还能降解为土壤母质，可以说，玄武岩纤维从制备到废弃都不会对环境产生任何污染，属于真正意义上的绿色环保材料。因此，研究环保、可回收利用的玄武岩纤维增强复合材料具有一定的经济效益和环境效益。

玄武岩纤维具有优异的力学性能、耐高温性以及化学稳定性等，而且无论是纤维的制备还是回收利用，都不会对环境产生污染，是一种新型的环保材料，由其制备的复合材料具有长足的发展前景。目前，国内外有很多学者都在研究玄武岩纤维增强复合材料，并取得了一定的成果。

SultanOzturk 等人研究了玄武岩纤维体积含量对玄武岩/酚醛树脂复合材料力学性能的影响规律，分别选取纤维的体积含量为 20%、32%、40%、48%、56%、63%制备复合材料并测试其力学性能。测试结果显示：复合材料的拉伸强度和冲击强度都随着玄武岩纤维体积含量的增多呈现先增大后下降的趋势，且当纤维体积含量为 32%时复合材料的拉伸强度达到最大值，而冲击强度取得最大值时纤维的体积含量为 48%；但是复合材料的弯曲强度则随着玄武岩纤维体积含量的增加呈现直线下降的趋势。

F. Ronkay 等人制备了短切玻璃纤维和玄武岩纤维增强 PET 复合材料，研究并对比了两种不同纤维增强复合材料的力学性能。研究结果表明：两种纤维对 PET 均具有一定的增强效果，且两者的增强效果不相上下。L. Pospisil 等也研究制备了短切玄武岩纤维增强 PET 复合材料，为了改善玄武岩纤维与树脂基体的界面相容性，他们还在复合体系中加入了滑石粉。研究结果发现：滑石粉的加入有效地改善了纤维与 PET 的界面浸润性，界面黏结力增大，复合材料的力学性能明显优于未加入滑石粉的，且纤维含量越多，复合材料的力学性能越好。

S. E. Artemenko 等分别制备了以玻璃纤维、碳纤维和玄武岩纤维作为增强体的树脂基复合材料，测试并对比了各种复合材料的力学性能。测试结果显示：玄武岩纤维增强复合材料的力学性能明显优于玻璃纤维增强复合材料的，而低于碳纤维增强复合材料的。但考虑到碳纤维生产成本高，并且与碳纤维增强复合材料的力学性能相比，玄武岩纤维复合材料的力学性能下降的值也不是很大，所以可以说，玄武岩纤维因其优异的性能完全可以替代玻璃纤维和碳纤维作为复合材料的增强体。

尹园将 PET 树脂熔融与玄武岩纤维共混后采用挤出法制备了玄武岩纤维增强复合材料，利用微波辐射对纤维进行改性并测试了复合材料的相关性能。结果显示：复合材料的拉伸、弯曲以及冲击强度都会随着玄武岩纤维含量的增加而不断增大，但是纤维经过微波辐射后并不能增加复合材料的力学性能；而当在复合体系中加入强化交联剂时，辐照则能有效改善基体与纤维的界面相容性，这是因为交联剂经辐照后能在基体与纤维表面形成复杂的接枝结构，增加了基体与纤维的界面黏结力，从而使复合材料的力学性能增大，而且当交联剂的用量为 3wt%玄武岩纤维的含量为 30wt%，辐射剂量为 30kGy 时，复合材料的力学性能最佳；通过 DSC 分析可知，玄武岩纤维的加入起到了 PET 结晶时成核剂的作用，且纤维含量越多，PET 的结晶速率越快，体系中添加交联剂并辐射后，体系的成核作用进一步增强，结晶速率得到进一步提升。

李英建等人研究制备了以环氧树脂等四种树脂为基体的玄武岩纤维增强复合材料，测试并对比了这四种不同树脂基体复合材料的抗弹性。研究结果表明：以乙烯基脂树脂为基体的玄武岩增强复合材料的性能最佳。

刘涛等人采用熔融挤出法制备了玄武岩/尼龙 66 复合材料，并利用偶联剂对玄武岩纤维进行表面改性处理，研究偶联剂的种类、含量以及纤维的含量对复合材料力学性能的影响规律。结果表明：偶联剂的种类、含量以及纤维的含量对复合材料力学性能有很大的影响，当偶联剂为 KH550、质量分数为 0.5%、纤维质量分数为 40% 时，复合材料的力学性能最佳，此时拉伸强度为 234.0MPa，弯曲强度为 306.8MPa，冲击强度为 17.3J/m²。

王明超等人对某种国产玄武岩纤维及其复合材料的化学稳定性进行了测试。测试结果表明：玄武岩纤维具有较好的耐酸碱性，并且它的耐碱性优于耐酸性；并且由其作为增强体制备的环氧 648 复合材料同样也具有出色的耐水和耐酸碱性。

方岩利用熔融共混的方法制备了玄武岩纤维/聚乳酸复合材料，并通过 SEM，DSC、力学测试等方法研究分析了复合材料的相关性能。分析结果表明：纤维经 KH550 处理后，明显改善了其与基体的黏结性，且当 KH550 浓度为 0.75% 时处理效果最佳；纤维含量对复合材料力学性能有很大的影响，当纤维含量为 20% 时，复合材料的拉伸强度增加了 50.14%，纤维含量为 15% 时，冲击强度提高了 126.7%；通过 DSC 分析可知，玄武岩纤维的加入起到了基体成核时成核剂的作用，使基体的熔融焓增加，结晶度提高。

玄武岩纤维是由苏联科学家最初开发的能降解为土壤母质的一种新型绿色环保纤维。该纤维具有独特的力学、耐高温以及耐酸碱腐蚀等优良性能，作为复合材料的增强体，它在一定程度上可替代玻璃纤维和碳纤维。但是与其他高性能无机纤维相类似，玄武岩纤维表面呈化学惰性，与基体树脂的浸润性差，复合材料界面相容性差，玄武岩纤维无法充分发挥自身的力学性能优势，从而影响复合材料的各项性能。玄武岩复合筋主要通过拉挤成型法制成。通过选择不同规格的成型模具，可生产也不同规格的玄武岩复合筋。树脂固化时收缩率较大，其性能差，易引起残存的周化应力，从而在成型后易对玄武岩复合筋性能产生不利影响，因此在固化过程中应控制温度，以减小固化应力。树脂玄武岩纤维复合筋在使用过程中，容易因为这两种材料结合力不佳而导致产品整体性能下降。而硅烷偶联剂的使用可以极大地改善玄武岩纤维和不饱和聚酯树脂之间的界面黏合力，使玄武岩纤维增强材料与不饱和聚酯树脂基体之间形成一个界面层，界面层能传递应力，从而增强了玄武岩纤维材料与不饱和聚酯树脂之间黏合强度，提高了复合筋的性能。

5.3　玄武岩纤维复合筋材基本特征

BFRP 筋采用高强度的连续玄武岩纤维及乙烯基树脂（环氧树脂）在线拉挤、缠绕、表面涂覆和复合成型，连续生产的新型建筑材料，可代钢筋从根本上解决混凝土结构耐久性不足的问题。BFRP 筋分为螺纹筋和无螺纹筋，在水泥混凝土中应用的 BFRP 筋为螺纹筋，以增强筋与混凝土的握裹力。公称直径范围为 3mm～50mm（工程中推荐的公称直径为 3mm、6mm、8mm、10mm、12mm、14mm、16mm、18mm、20mm 和 25mm 等规格）。BFRP 筋可以明显延长腐蚀环境中的水泥混凝土结构寿命，与传统钢筋混凝土结构相比具有优异的力学、物理及化学性能，主要优点是：

1. 密度小、抗拉强度高

BFRP 筋的密度一般在 1.9g/cm³～2.1g/cm³，仅为钢筋密度（一般为 7.85g/cm³）的 1/4；BFRP 筋的抗拉强度一般 ≥750MPa 比结构工程中常用的 HRB335 钢筋的抗拉强度（455MPa）大近一倍，比高强钢筋如 HRB500 钢筋的抗拉强度（630MPa）高出 100 多兆帕，具有较为突出的抗拉强度。

2. 化学稳定性好

BFRP 筋不生锈、耐腐蚀，尤其具有极高的耐酸性和耐盐性。对水泥砂浆中的盐分浓度及盐分或二氧化碳的浸透和扩散等具有较高的容许度；可以在苛刻环境下或超低温下使用，在 $-270℃\sim700℃$ 均可使用。

其含有的 MgO 和 TiO_2 等成分能够较好的提高纤维耐化学腐蚀、耐氧化及防水性能，加之 BFRP 筋为无机物，在与水泥混凝土配合工作时，不会因为锈蚀而发生结构强度下降、胀裂等病害，从而提高了构筑物的耐候性。同时，因为玄武岩纤维良好的化学稳定性，可以允许水泥混凝土具有更大的空隙，从而使得水泥混凝土构件更为轻量化。

3. 与水泥混凝土结合性能好

BFRP 筋的主要使用材料玄武岩纤维是由天然火山岩直接拉制而成，其自身的密度、成分、重度等与水泥混凝土相当，且具有良好的耐酸碱腐蚀性。BFRP 筋的线膨胀系数为 $9\times10^{-6}\sim12\times10^{-6}/℃$，与水泥混凝土的线膨胀系数（$10\times10^{-6}/℃$）基本相同，两者间不会产生大的温度应力。

4. 具良好的电绝缘性和非磁性

BFRP 筋是一种非金属纤维复合材料，具有电绝缘性与非磁性。在靠近高压输电线路、要求非磁性的混凝土建筑物与构筑物中，如地震台、机场、观测站等，运用 BFRP 筋替代钢筋，是其他材料所无法比拟的。

5. 可预制形状，实现连续配筋

直径 12mm 以下的 BFRP 筋连续长度可达 2000m，且可预制加工成各种形状，在工程运用中无需搭接，可实现真正的无焊接点连续配筋施工，使得工作量大大减小，尤其在隧道施工中，通风不畅，焊接施工环境恶劣情况下，该工艺优势尤为明显。

6. 环保特性

玄武岩在熔化过程中没有硼和其他碱金属氧化物排出，使其制造过程的池炉排放烟尘中无有害物质析出，不向大气排放有害气体。此外废料也可以粉碎，制作成火山灰矿物肥料。所以玄武岩在生产过程无污染，无有毒废料，使用过的产品可以回炉再生，是一种完全绿色的纤维材料。

5.4 玄武岩纤维复合筋材的基本物理力学性能试验

关于 BFRP 筋的力学性能已有很多的试验研究，但由于试验材料的 BF 含量，试验方法、试验器材等不同，导致试验结果差别较大。《公路工程玄武岩纤维及其制品》JT/T 776—2010 给出了厂家生产的 BFRP 筋基本物理力学性能应满足的要求，其中拉伸强度≥750MPa，《结构加固修复用玄武岩纤维复合材料》GB/T 26745—2011 也要求 BFRP 筋的拉伸强度≥800MPa。目前，BFRP 筋的物理力学参数值不是统一确定的值。此外，为适应 BFRP 筋在岩土工程的应用，本书作者对 BFRP 筋的合成树脂和辅助剂配方进行了调整，并对改型后的 BFRP 筋材（见图 5.1）进行了物理力学性能试验。

5.4.1　工艺外观及尺寸

玄武岩纤维复合筋的工艺外观及尺寸检测主要采用目测与尺量的方式进行，检测玄武岩纤维复合筋的外观工艺及内、外径是否满足要求。随机选取厂家出产的 5 根长 40cm、直径 8mm 玄武岩纤维复合筋材进行试验，每根筋材试件分别在均匀分布的四个点上测量内、外径，试验过程如图 5.2 所示。

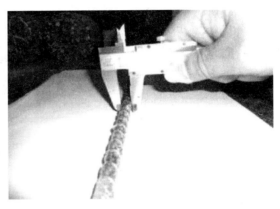

图 5.1　玄武岩纤维复合筋　　　　图 5.2　玄武岩纤维复合筋尺寸检测

试验所使用的玄武岩纤维复合筋表面均未见突出的纤维毛刺与裂纹，表面石英砂分布较为均匀，纤维与树脂间界面未见明显破坏。试验所使用的 BFRP-8 玄武岩纤维复合筋实测内径平均值为 7.9mm，实测外径平均值为 8.2mm，满足《公路工程玄武岩纤维及其制品》JT/T 776—2010 与《结构加固修复用玄武岩纤维复合材料》GB/T 26745—2011 中外观技术要求。试验结果见表 5.1。

玄武岩纤维复合筋尺寸及外观检测结果　　　　表 5.1

试件编号			1	2	3	4	5	平均值
工艺外观及尺寸检测	工艺外观检测		被检玄武岩纤维复合筋表面未见突出的纤维毛刺与裂纹，表面石英砂分布较为均匀，纤维与树脂间界面未见明显破坏					
	内径	实测值 (mm)	7.9	8.0	7.8	8.0	7.9	7.9
			8.0	8.0	7.8	7.8	7.9	
			7.8	7.9	7.8	7.9	7.9	
			7.8	7.9	8.0	7.9	7.8	
	外径	实测值 (mm)	8.2	8.1	8.2	8.3	8.1	8.2
			8.3	8.3	8.2	8.2	8.3	
			8.0	8.2	8.3	8.4	8.0	
			8.2	8.1	8.1	8.2	8.3	

5.4.2　密度试验

BFRP 筋是一种非均质、几何形状不规则的复合性材料，其密度试验方法采用浮力法进行。试验参照《纤维增强塑料密度和相对密度试验方法》GB/T 1463—2005 中的相关规定进行测试，具体试验步骤如下：①加工长 100mm 的 BFRP 筋数根，并进行状态调节；

②使用静水天平量取各试样的在空气中的重量，并记录结果；③将称量完成的试样放入静水天平下挂篮中，待天平稳定后称量其水中重，并记录结果；④用温度计测量水温，并计算试样的密度，$\rho = \dfrac{m_a}{m_a - m_w} \times \rho_w$；⑤以各次试样的密度平均值为试验结果，并计算其离散系数。得出的改型 BFRP 筋密度如表 5.2 所示。

从表 5.2 中可以看出，改型后的 BFRP 筋实测密度平均值为 2.089g/cm³，满足《结构加固修复用玄武岩纤维复合材料》GB/T 26745—2011 和《公路工程玄武岩纤维及其制品》JT/T 776.4—2010 中关于 BFRP 筋密度技术指标（1.9g/cm³～2.1g/cm³）的要求。

BFRP 筋密度试验结果

表 5.2

编号	空气中质量（g）	水中质量（g）	相对密度（g/cm³）	试件密度（g/cm³）	平均密度（g/cm³）	技术要求（g/cm³）
1	22.56	11.74	2.085	2.080		
2	22.76	11.88	2.092	2.087		
3	23.52	12.35	2.106	2.101		
4	21.87	11.47	2.103	2.098		
5	23.64	12.34	2.092	2.087		
6	24.12	12.56	2.087	2.081		
7	23.56	12.32	2.096	2.091		
8	23.78	12.35	2.080	2.075		
9	22.63	11.89	2.107	2.102		
10	24.21	12.66	2.096	2.091	2.089	1.9～2.1
11	22.23	11.62	2.095	2.090		
12	21.87	11.51	2.111	2.106		
13	21.8	11.48	2.112	2.107		
14	22.19	11.54	2.084	2.079		
15	22.32	11.67	2.096	2.091		
16	21.58	11.31	2.101	2.096		
17	22.43	11.74	2.098	2.093		
18	22.67	11.79	2.084	2.079		
19	23.12	11.98	2.075	2.070		
20	22.39	11.67	2.089	2.084		

5.4.3 线膨胀系数试验

线膨胀系数主要表征材料温度每变化 1℃ 材料长度变化的百分率。本试验参照《纤维增强塑料平均线膨胀系数试验方法》GB/T 2572—2005 中的相关规定进行测试。试验过程中对试样进行均匀加热，并控制试样温度上升速率，测定试样温度及其相应的试样长度变化量，并计算所需温度范围内的平均线膨胀系数。试验中，以试件由 5℃ 匀速升温至 80℃ 时的长度方向变化率计算玄武岩纤维复合筋的线膨胀系数。具体试验步骤如下：①加工 500mm 长度的玄武岩纤维复合筋材数根，并进行状态调节；②在标准环境温度下，量取各试验试件的初始长度 L_0；③将试件置于高低温试验箱中，控制箱内环境至 5℃，恒温 2h

后迅速量取试件长度 L_1；④调节高低温试验箱控制温度至 30℃、55℃并分别恒温 1h 后，控制箱内温度至 80℃并恒温 2 小时；⑤量取试件长度 L_2，并根据下式计算试件的线膨胀系数 $\alpha = \dfrac{L_2 - L_1}{L_0\,(t_2 - t_1)}$；⑥以各次试样的密度平均值为试验结果，并计算其离散系数。

试验中所使用的改型玄武岩纤维复合筋材实测纵向热膨胀系数如表 5.3 所示，从表中可以看出，改型后的筋材线膨胀系数平均值为 $10.04 \times 10^{-6}/℃$，满足《结构加固修复用玄武岩纤维复合材料》GB/T 26745—2011 与《公路工程玄武岩纤维及其制品》JT/T 776.4—2010 与中关于玄武岩纤维复合筋材热膨胀系数技术指标要求。

玄武岩纤维复合筋线膨胀系数试验结果　　　　表 5.3

编号	长度（mm）			线膨胀系数（$\times 10^{-6}/℃$）	技术要求
	室温	5℃时	80℃时		
1	500.33	500.22	500.59	9.86	
2	500.36	500.27	500.63	9.59	
3	500.27	500.18	500.56	10.13	
4	500.34	500.24	500.61	9.86	
5	500.39	500.28	500.66	10.13	
6	500.24	500.14	500.51	9.86	
7	500.28	500.17	500.55	10.13	
8	500.44	500.34	500.73	10.42	
9	500.21	500.11	500.48	9.86	
10	500.32	500.21	500.59	10.13	
11	500.45	500.32	500.69	9.86	9~12（$\times 10^{-6}/℃$）
12	500.33	500.25	500.63	10.13	
13	500.41	500.31	500.66	9.33	
14	500.28	500.19	500.58	10.42	
15	500.29	500.19	500.57	10.13	
16	500.32	500.23	500.62	10.39	
17	500.36	500.27	500.69	11.19	
18	500.26	500.18	500.55	9.86	
19	500.35	500.26	500.62	9.59	
20	500.41	500.31	500.68	9.86	
平均值				10.04	

5.4.4　抗拉强度试验

由于玄武岩纤维复合筋的抗剪性能较差，无法使用试验机配备的夹具进行夹持，因此试验采用无缝钢管为锚具，采用喜利得植筋胶将筋材与钢管锚具粘结。锚头内部经过糙化除锈处理。制备好筋材试件后，采用数控液压万能试验机进行拉伸试验，并使用高灵敏度的数字引伸计对其拉伸长度进行采集。试验步骤如下：①制长度 1.2m，直径分别为6mm、8mm、10mm、12mm 和 14mm 的玄武岩复合筋材各 4 根，采用内部糙化后的锚具和喜得利植筋胶制作试件；②将制作好的时间养护 24 小时以上，然后安装在试验机上下夹头间，并在试件中部安装数字引伸计，以 2mm/min 的加载速率进行加载直至试件破坏；③记录试件破坏时的最大拉应力与破坏形态。备制的试件与拉伸试验照片如图 5.3 所示。

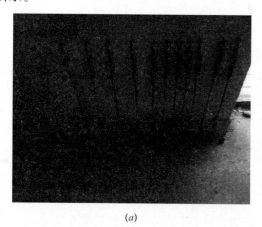
(a)

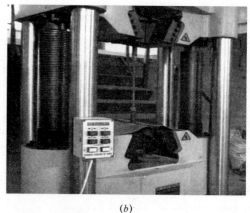
(b)

图 5.3　玄武岩复合筋材拉伸试验照片

(a) 备制试件照片；(b) 拉伸试验照片

　　试验得出的改型玄武岩复合筋材材料破坏拉力和计算的最大抗拉强度及弹性模量如表 5.4 所示。从表中可以看出，筋材的抗拉强度大于 850MPa，约为普通钢筋的两倍。筋材抗拉弹性模量大于 45GPa，约为普通钢筋的 1/4。满足《公路工程玄武岩纤维及其制品》JT/T 776—2010 与《结构加固修复用玄武岩纤维复合材料》GB/T 26745—2011 中关于玄武岩纤维复合筋材的抗拉强度和材料弹性模量技术指标要求。

玄武岩筋材抗拉试验数据　　　　　　　　　　　　　　　　表 5.4

编号	材料破坏拉力（N）		最大抗拉强度（MPa）		弹性模量（GPa）	
	试验值	平均值	试验值	平均值	试验值	平均值
6-2	32594		1153.36		46	
6-3	30930	31196.7	1094.48	1103.9	45	46.3
6-4	30066		1063.91		48	
8-2	57924		1152.95		49	
8-3	55679	57245	1108.26	1139.4	49	49
8-4	58132		1157.08		49	
10-1	88966		1133.32		54	
10-3	88710	87280.3	1130.06	1111.9	56	54.3
10-4	84165		1072.16		53	
12-1	102151		903.67			
12-2	101767		900.27			
12-3	98630	100726.5	872.52	891.1	—	—
12-4	100358		887.81			
14-1	140489		913.09			
14-2	136329		886.06			
14-3	145737	141049	947.20	916.7	—	—
14-4	141641		920.58			

5.4.5　弯曲试验

纤维材料弯曲试验的试验方法，在国内外的相关规范与文献中也有所提及，但主要针对其抗弯强度进行研究，对弯曲能力的探究则鲜有见闻。玄武岩纤维复合筋的弯曲性能虽在现行玄武岩制品中没有明确的技术指标，但对于复合筋材料而言，在实际使用时需要弯曲绕盘，以便于运输，故需要玄武岩纤维复合筋具有一定的弯曲能力。对于玄武岩纤维复合筋而言，材料能承受的弯曲角度直接决定了其运输时绕盘的直径，从而决定了材料的运输难度。因此，本次试验参考钢筋冷弯试验方法，使用钢材冷弯试验机，研究玄武岩纤维复合筋所能承受的极限弯曲角度。试验步骤如下：①截取长 1m，直径 d 为 6mm、8mm、10mm 的筋材各 3 根；②参考混凝土用热轧带肋钢筋相关要求，筋材的弯曲试验使用金属弯曲试验机进行，并以 $3d$ 作为其弯心直径；③试验时将量角器固定在试验机中心位置，并开动液压系统，以 2mm/min 的加载速率对筋材进行持续加载；④当加载系统出现弯曲力明显减小，或玄武岩复合筋下缘出现发白、破裂、外鼓，或玄武岩纤维复合筋发出连续断丝声音时，即在量角器中读出其弯曲角度，并进行记录。试验试件见图 5.4。

 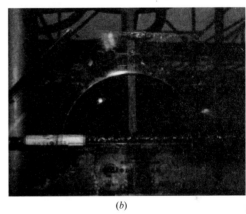

| (a) | (b) |

图 5.4　玄武岩筋材弯曲试验照片

弯曲试验结果如表 5.5 所示，试验所使用的 6mm 试件极限弯曲角度平均值为 51.4°，8mm 试件极限弯曲角度平均值为 49.3°，10mm 试件极限弯曲角度平均值为 45.4°。从试验结果可知，玄武岩复合筋材的弯曲性能与其直径呈反比，即较粗的复合筋其弯曲性能也较差。

弯曲试验结果　　　　　　　　　　　　　　　　　　　　　　　　　表 5.5

试件类型	样品编号	实测弯曲破坏角度（°）	平均弯曲破坏角度（°）
6mm	1	51.2	51.4
	2	50.5	
	3	52.6	
8mm	1	49.5	49.3
	2	48.2	
	3	50.2	
10mm	1	46.3	45.4
	2	45.7	
	3	44.2	

弯曲角度可保证玄武岩复合筋材以较小直径盘绕而不断裂，即玄武岩复合筋材可绕成盘状，方便运输。实际运输过程中，直径 14mm 的玄武岩筋材盘绕直径 2m，单根筋材连续长度可达 400m 以上。

5.4.6 抗剪强度试验

参考普通材料的试验方法，使用三点剪切试验法，通过万能试验机来进行试验。将试件穿过钢套管，并将整个支架放在万能试验机上，进行剪切试验。当试验试件受力开始出现下降的时候，试验结束。试验步骤如下：①备制长度 0.5m，直径分别为 10mm、12mm 和 14mm 的玄武岩复合筋材各 4 根；②将放有筋材试件的钢支架放在万能试验机上，以 2mm/min 的加载速率进行加载直至试件破坏；③记录试件破坏时的最大荷载与破坏形态。玄武岩复合筋材剪切试验过程及破坏试件如图 5.5 所示。

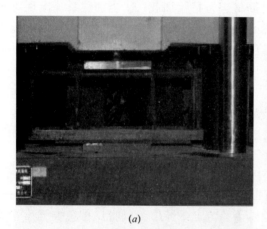 

(a)   (b)

图 5.5 玄武岩复合筋材抗剪试验及破坏试件
(a) 试验过程；(b) 试件破坏

玄武岩复合筋材剪切强度试验结果如表 5.6 所示，不同界面尺寸的玄武岩纤维复合筋材抗剪强度平均值为 159MPa～189MPa。由于玄武岩复合筋材是以玄武岩纤维为增强材料，以合成树脂为基体材料制成的，不能像钢筋等均质材料那样来使用一个强度指标概括。从数据分析可以得出不同直径的玄武岩复合筋材的抗剪强度不同。普通钢筋的抗剪强度在 170MPa 左右，玄武岩复合筋材的抗剪强度与钢筋相差不大。

玄武岩复合筋材剪切强度试验结果　　　　　　　　　　　　　表 5.6

直径（mm）	最大力（N）	破坏力（N）	抗剪强度（MPa）	平均抗剪强度（MPa）
	51502	49821	167.4	
14	62712	54128	203.8	187
	58404	52400	189.8	
	42722	32086	189.0	
12	43952	34966	194.4	189
	45022	26678	199.1	
	39608	27042	175.2	

续表

直径（mm）	最大力（N）	破坏力（N）	抗剪强度（MPa）	平均抗剪强度（MPa）
	24330	14458	155.0	
10	20226	13460	128.8	159
	28858	14848	183.8	
	26310	14282	167.6	

5.5　玄武岩纤维复合筋材的特殊性能试验

5.5.1　蠕变松弛试验

玄武岩纤维复合筋的蠕变松弛试验在现行规范中也并未进行明确的要求。松弛试验是测定材料在持续荷载作用下力的保持能力，对于需要在混凝土结构中承受拉力的复合筋而言，其在荷载作用下的松弛率也是一个较为重要的试验指标。本试验参照预应力金属等温松弛试验方法，使用全自动数控松弛试验机（见图 5.6）对其松弛性能进行试验。复合筋两端锚固端与其拉伸试验类似，采用无缝钢管套筒对其锚固端进行加强。同时，为研究与排除在试验过程中，复合筋与套筒、套筒与锚具、锚具与台架间的滑移导致的拉力减小情况，试验时在张拉端与固定端分别安装三只千分表，以测定其滑移情况。

在进行玄武岩纤维复合筋松弛试验前，先将室温恒定至 $20\pm2℃$，并将样品放置室内进行调节。将调节完毕的样品安装至试验台座上，并在张拉端与固定端分别安装千分表，后按照试验程序进行加载，并控制试件初始应力为 $0.6f_u$（f_u 为同批试件拉伸强度平均值）。在试验过程中，按照下表规定的读数时间采集各千分表所测得的滑移量和试件剩余应力，并进行记录。先计算出达到规定试验时间的松弛率，绘制松弛率与对数时间的关系曲线，采用试验数据的线性回归分析方法推算 1000 小时的松弛率，见图 5.7。

图 5.6　松弛试验照片

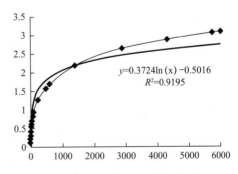

$y=0.3724\ln(x)-0.5016$
$R^2=0.9195$

图 5.7　松弛率与对数时间
关系曲线线性回归分析

通过在规定试验时间所采集的玄武岩纤维复合筋的滑移量计算出由于玄武岩纤维复合筋的滑移导致的试验应力的损失，从而计算出达到规定试验时间的修正后的松弛率，绘制修正后的松弛率与对数时间的关系曲线，采用试验数据的线性回归分析方法推算出修正后的 1000 小时的松弛率。

玄武岩纤维复合筋在 0.6 倍平均极限拉伸强度的应力水平下，实测的 100h 蠕变松弛率平均值为 3.867％，推算 1000h 蠕变松弛率平均值为 4.427％。复合筋的松弛率前期发展较快，后期发展较慢，松弛率与时间对数基本呈线性相关关系，试验结果见表 5.7。

蠕变松弛试验结果 表 5.7

样品编号	初始力（N）	100h 剩余力（N）	100h 松弛率（%）		推算 1000h 松弛率（%）	
			实测值	平均值	推算值	平均值
8-1	29300	28145.9	3.939		4.568	
8-2	29300	28046.6	4.278		4.827	
8-3	29300	28125.0	4.010	3.867	4.544	4.427
8-4	29300	28127.7	4.001		4.598	
8-5	29300	28390.1	3.105		3.596	

5.5.2 抗酸碱腐蚀性试验

玄武岩纤维复合筋抗腐蚀性试验主要研究筋材长时间处在酸、碱性环境中的抗拉强度保持率情况。在本次试验中使用试件为加工至 30cm 的改型玄武岩纤维复合筋。试验方法和步骤参照《公路工程玄武岩纤维及其制品》JT/T 776.4—2010 及《土工布及其相关产品抗酸、碱液性能的试验方法》GB/T 17632—1998 中的相关规定。

选取长度 70cm，直径 10mm 和 12mm 的试件各 4 根进行抗腐蚀性试验，试件拉拔时的粘结钢管锚具与抗拉强度试验制样相同，抗腐蚀性试验步骤如下：①截取直径为 6mm、8mm、10mm、12mm 的筋材各取 4 根，平分成四组，各组里每种直径的筋材一根，共 4 根；②将四组筋材分别浸入酸、碱溶液（酸性溶液为 0.025mol/L 的硫酸溶液，碱性溶液为 2.5g/L 的氢氧化钙溶液）中，并将容器加盖放入恒温箱内；③每日对溶液进行 1 次搅动，两组筋材在酸、碱溶液中浸泡 28d，另外两组筋材在酸、碱溶液中浸泡 38d；④用清水冲洗各试件并在空气中自然晾干；⑤分别将 4 组试件进行拉伸试验，分别记录各组试件的抗拉强度，并计算强度保留率。

试验试件见图 5.8，试验结果见表 5.8。

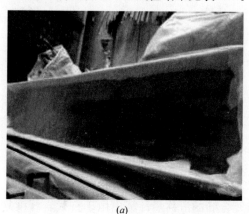

(a)　　　　　　　　　　　　　　　(b)

图 5.8　浸泡在酸碱腐蚀性溶液中的试件

经过酸碱溶液浸泡后的强度试验结果　　　　　　　　　　表 5.8

筋材直径 (mm)	极限拉力 (N)	酸溶液腐蚀			碱溶液腐蚀		
		28d	38d	保留率	28d	38d	保留率
6	36210	33650	26786	92.6%	34418	34802	96.0%
8	56239.5	54788	52307		51859	54355	
10	83765.5	80645	85701		76613	83112	
12	100726.5	107010	105090		101190	98822	

试验结果表明，本次试验所使用的玄武岩纤维复合筋实测耐碱强度保留率平均值为96.0%，耐酸强度保留率平均值为92.6%。

5.5.3　反复冻融试验

为研究改型玄武岩筋材在寒区的工程特性，进行了抗冻融特性试验。选取长度70cm，直径10mm和12mm的试件各4根进行抗冻融试验，抗冻融性试验步骤如下：①截取了直径为10mm、12mm的筋材各取4根；②将试件置于冻柜中，−5℃冻结后取出，室温融化，反复25次；③冻融结束后，在空气中自然晾干；④对试件进行拉伸试验，分别记录各组试件的抗拉强度，并计算强度保留率。试验试件见图5.9。

反复冻融条件下玄武岩筋材强度试验结果如表5.9所示，试验结果表明，反复冻融条件下复合筋材强度整体平均保留率约97.2%。

图 5.9　冻柜中反复冻融的试件

反复冻融条件下强度试验结果　　　　　　　　　　表 5.9

筋材直径（mm）	未冻融平均拉力（N）	冻融后平均拉力（N）	强度保留率	平均保留率
10	83765.5	81834.7	97.7%	97.2%
12	100726.5	97542.2	96.8%	

5.6　玄武岩纤维复合筋材性能提升新技术

纤维增强复合材料（简称FRP）具有轻质、高强、耐腐蚀、耐疲劳等优良特性，在工程建设中发挥了重要作用。经过30多年的研究和应用，FRP加固技术已发展成为提升土木工程结构使用性能、承载力、耐久性和疲劳寿命的重要手段，形成了成熟的加固施工工艺，建立了相应的技术规程。但在新建结构方面，几种传统的FRP材料，如碳纤维FRP（CFRP），芳纶纤维FRP（AFRP）和玻璃纤维FRP（GFRP）存在一些不足，制约了FRP新建结构的推广应用。例如，CFRP虽然强度和弹性模量高，但延伸率低，且热膨胀系数与混凝土相差较大，严重影响其与混凝土的共同工作性能，且CFRP材料价格昂贵，很难大规模运用于新建结构。AFRP 也存在成本过高的问题，且材料蠕变率大（$0.5f_u$ 应力下 1000h 蠕变率高达 7%），导致结构产生较大的长期变形。GFRP 的蠕变断裂应力低（$0.29f_u$），因此其高强度难以得到充分发挥，且一般的玻璃纤维耐碱性差，不适合作为混凝土增强材料。近 20 年兴起的玄武岩纤维复合材料（BFRP）具有优越的综合性能，成为解决上述 FRP 新建结构问题的有效途径。BFRP 的强度和弹性模量比通用 GFRP 高 30%，且断裂延伸率较高（2.5%），热膨胀系数（$6 \times 10^{-6} \sim 8 \times 10^{-6}/℃$）与混凝土接近，蠕变断裂应力为 $0.54f_u$，介于 AFRP 和 CFRP 之间，且价格接近 GFRP。因此，BFRP 的性价比高于三种传统 FRP 材料。

为进一步提升 BFRP 增强工程结构的性能与寿命，还需改善 BFRP 性能，并根据结构性能需求开发 BFRP 增强结构新形式。目前，东南大学玄武岩纤维生产及应用技术国家地方联合工程研究中心联合产业界已在玄武岩纤维原丝的品质稳定化、量产化和高端化技术方面取得了重要突破。在品质稳定化技术方面，提出玄武岩多元均配混配技术体系，实现了原料和生产工艺的稳定控制，奠定了高性能玄武岩纤维生产的理论与工艺基础；在量产化技术方面，开发了一炉带 8～16 块漏板的大池窑技术和 1200 孔以上的漏板技术，突破了年产千吨以上的规模化生产瓶颈；在高性能化及高端化技术方面，基于矿石成分结合多元均配混配技术，开发了高单丝强度（超过 4000MPa）、高弹性模量（超过 110GPa）、耐碱（强度保留率高于 80%）、耐高温（最高工作温度达 800℃）玄武岩纤维。在上述原丝高性能化成果的基础上，对 BFRP 的高性能化方面取得的新的成果。

5.6.1 纤维混杂提升综合性能

单一玄武岩纤维复合材料虽然延性好、成本较低，但强度和弹性模量远低于碳纤维，无法满足对材料力学性能要求较高的应用需求。为此，提出了混杂 FRP 材料，并通过应力波动控制技术抑制了不同纤维之间断裂不同步导致的材料连续破坏，实现了 FRP 高强、高弹性模量、高延性和高性价比的效果，B/CFRP 混杂筋相比 CFRP 筋延性系数提升 105%，相比 BFRP 筋强度提升 35%。基于拉索中纤维连续断裂的失效机理，建立了考虑纤维/树脂界面应力传递的断裂力学理论预测模型，实现了新型混杂 FRP 筋拉伸性能的精确预测。另一方面，混杂还可提升 FRP 材料的疲劳性能，Wu 的试验表明，玄武岩纤维/碳纤维混杂可使 BFRP 的疲劳强度从 $0.55f_u$ 提升至 $0.7f_u$，玻璃纤维无此提升效应，这是因为延伸率较小的碳纤维先断裂后，由于玄武岩纤维与基体的粘结完好，纤维与树脂之间共同受力性能好；相反，玻璃纤维与树脂之间易发生剥离，导致连续破坏。

5.6.2 基于"外封、中阻、内护"三层次理念的 BFRP 性能提升技术

研究者们以 FRP 制品的性能为目标，提出了"外封、中阻、内护"三层次理念。"外封"是对 FRP 材料外表层涂覆防护层，作为 FRP 材料和外界环境之间的第一层屏障；"中阻"是对树脂基体进行微观层次的改性（包括增韧和替换树脂），根据实际需求提升基体性能，限制基体在外界环境因素（腐蚀、高温等）影响下的裂纹扩展或软化；"内护"即利用纤维表面涂层技术对纤维丝进行防护，隔绝外界腐蚀介质与纤维的直接接触。基于该三层次理念，开发了以下三方面 BFRP 性能提升技术。

1. 耐碱性能提升技术

FRP 制品在碱性环境中的退化问题是限制其在混凝土结构应用的瓶颈。针对既有 BFRP 在极端碱腐蚀溶液中耐久性不足以及在荷载-腐蚀环境耦合下性能亟需提升的问题，基于研究者们提出的 FRP 材料"外封、中阻、内护"三层次理念，开发了 FRP 耐碱性能改性技术。其中，研究人员在"中阻"和"内护"两个层面进行了改性试验研究。研究人员最新研究表明，通过对内部纤维表面涂覆防护层，实现对纤维丝的保护，涂层根据材料类型可分为有机涂层和无机涂层，有机涂层是隔绝外部碱溶液，避免其和内部纤维发生反应；无机涂层在隔绝的基础上，还能和碱反应生成难溶物（如氢氧化锆类），进一步阻止碱溶液对纤维的侵蚀。同时对树脂基体进行微米级的防裂球状颗粒体增韧改性，实现阻隔腐蚀粒子侵入的作用。采用上述技术处理后，FRP 材料在碱性腐蚀溶液环境下拉伸强度保留率从原先的不到 40% 提升至 60% 以上，且该改性方法成本低廉，适宜于在量大面广的土木工程结构中推广和应用。

2. 耐高温性能提升技术

FRP 材料的耐高温性能是建筑材料防火中的重要工程问题。针对组成 FRP 的环氧基体材料玻璃化温度低、难以满足防火要求的问题，研究人员通过"中阻、外封"二层次理念，提升 FRP 制品耐高温性能。其中，在"中阻"层面进行了改性试验研究。"中阻"具体采用两种方法：①在树脂基体中添加蒙脱土进行改性提升 FRP 材料高温下的力学性能；②采用一种可用于拉挤成型的耐高温酚醛树脂替换传统树脂作为 FRP 的基体。研究人员的最新成果表明，树脂替换和改性处理后的 BFRP 在高温下的强度保留率与未经处理的普通 BFRP 相比明显提高（如 300℃ 下分别提升 150% 和 230%）。并且，经改性后的树脂在高温下无烟无毒，并同时具备成熟的生产工艺、稳定的力学性能及合理的制备成本。所提出的技术有效解决了普通 FRP 在高温下力学性能退化严重的工程难题，进一步推动了 FRP 在高温环境下的应用。

3. 多场耦合下疲劳性能提升技术

FRP 制品在多场耦合（腐蚀、温度、湿度、应力等）下的疲劳性能是其工程应用中的关键问题。既有 FRP 材料中 BFRP 相对 CFRP 成本较低，但耐疲劳性能不足。研究者们首先针对工程结构长寿命设计，深入研究从 200 万到 1000 万次的 FRP 疲劳破坏形态和性能评价。基于长寿命 1000 万次疲劳试验，所得到的 BFRP 疲劳强度预测值从 200 万疲劳试验的 $0.74f_u$ 提升至 $0.8f_u$（应力比＝0.8），提升了土木工程用 BFRP 材料的利用效率。针对材料本身疲劳性能不足的问题，研究人员通过"中阻、内护"复合技术共同作用提升制品疲劳性能。"中阻"是通过在基体中添加纳米高岭土改善树脂结构，增强树脂抵抗提供裂纹开展的能力，从而提升 FRP 的疲劳性能。"内护"是对纤维表面进行涂层改性，从而改善纤维-树脂界面的黏结强度，延缓纤维-树脂界面剥离。试验结果表明，通过增韧乙烯基树脂延性有较大提高，增韧乙烯基 BFRP 在静力和疲劳作用下树脂开裂明显减小。虽然增韧后静力强度有所下降，但是其疲劳寿命随应力水平降低的增加速率提高。在相同疲劳应力水平下增韧乙烯基 BFRP 疲劳寿命高于普通乙烯基试件，应力比 0.6 下的 1000 万次循环疲劳强度水平从 $0.7f_u$ 提升至 $0.8f_u$。界面改性环氧基 BFRP1000 万次循环疲劳强度提升幅度较小，仅从 $0.75f_u$ 提升至 $0.8f_u$。

5.6.3 多场耦合下蠕变松弛控制与性能提升技术

树脂基体的黏弹性导致 FRP 材料的蠕变变形不可避免，且多场耦合（腐蚀、温度、湿度、应力等）环境会使 FRP 的蠕变变形进一步增加。FRP 中的黏弹性变形会造成预应力损失，是 FRP 材料预应力应用中亟须解决的关键问题。针对高性价比 BFRP 作为预应力材料的应用前景，为进一步提升 BFRP 的耐蠕变松弛性能，研究人员提出了二阶段预张拉技术提升 BFRP 的蠕变松弛性能。首先在材料的制备阶段树脂处于流动状态时，对纤维施加一定预张拉力调直纤维；待树脂固化收缩产生一定的纤维弯曲后，对 BFRP 材料进行第二次预张拉处理，使 FRP 材料内部的弯曲纤维随着树脂黏弹性变形被逐渐调直，从而实现纤维共同受力，限制 FRP 材料整体黏弹性变形。Wang 的试验研究表明，经过预张拉处理后的预应力 BFRP 筋 1000h 蠕变/松弛率由处理前的 5% 以上降低至 3% 以内，接近 CFRP 和普通钢绞线的松弛率相应值（2%～3%），蠕变断裂应力从 $0.52f_u$ 提升到 $0.54f_u$。并且，预张拉不会造成强度、弹性模量等力学性能的降低。该技术成功解决了 BFRP 材料蠕变/松弛率过大的问题，保证了 BFRP 作为预应力材料应用时的长期性能可靠性和有效性。

5.7 本章小结

本章对 BFRP 筋的工程性能进行了试验，包括 BFRP 筋物理力学指标、BFRP 筋与水泥基类的黏结性能、BFRP 筋混凝土构件的承载特性等。试验得到：实测改型玄武岩筋材密度约 $2.089g/cm^3$，热膨胀系数约 $10.04 \times 10^{-6}/℃$；不同直径的改型玄武岩复合筋材抗拉强度在 891.1MPa～1139.4MPa 之间，弹性模量在 46.3GPa～54.3GPa 之间，抗剪强度在 159MPa～189MPa 之间；改型玄武岩筋材耐碱强度保留率约 96.0%，耐酸强度保留率约 92.6%，反复冻融条件下强度保留率约 97.2%；改型玄武岩筋材在 0.6 倍平均极限拉伸强度的应力水平下，100h 蠕变松弛率平均值为 3.867%，推算 1000h 蠕变松弛率平均值为 4.427%；6mm、8mm 和 10mm 改型玄武岩筋材极限弯曲角度分别为 51.4°、49.3° 和 45.4°。

第6章 玄武岩复合筋材连接及锚具试验研究

6.1 概述

玄武岩纤维复合材料近年来不断受到重视，玄武岩纤维项目在 2001 年 6 月被列为中俄政府间科技合作项目；2002 年 5 月列入深圳市科技计划；2002 年 8 月被列为国家 863 计划；2004 年 5 月列入国家级火炬计划；2004 年 11 月列入国家科技型中小企业创新基金。

玄武岩纤维复合筋分为螺纹筋和无螺纹（光面）筋两种。其公称直径范围为 3mm～50mm，推荐的公称直径为 3mm、6mm、8mm、10mm、12mm、14mm、16mm、18mm、20mm 和 25mm 等规格。其密度 $1.9g/m^3$～$2.1g/m^3$，拉伸强度≥750MPa，拉伸弹性模量≥40GPa，断裂伸长率≥1%～8%。玄武岩纤维（BFRP）复合筋相比钢筋，不仅具有强度高、质轻等优点，其筋材造价约节省 20% 左右，且随着复合筋规模化生产造价将逐步降低。由于经济优势，且施工便捷，近年来玄武岩纤维复合筋在岩土工程中得到一定的试验应用。目前玄武岩纤维复合筋材，主要应用于混凝土路面（桥面）的铺装工程中，且应用效果较为理想。本书对于玄武岩纤维复合筋锚杆（索）的锚具研究对玄武岩纤维复合筋的应用推广具有重要意义。

本章以工程为背景，对 BFRP 筋材锚杆（索）的锚具和锚具的拉拔试验装置进行设计，通过室内试验（包括锚具性能试验和粘结剂适用性试验）得到锚具设计参数，现场拉拔试验得到 BFRP 筋材的极限抗拔力，通过现场测试，验证锚具效果，研究影响锚具性能的因素及其规律、锚具的粘结剂适用性能及其规律，并且通过锚具现场拉拔试验以工程应用效果监测，证明新型锚具适用性能，为 BFRP 筋材锚杆和锚索在岩土工程中的应用提供依据。

6.2 复合筋材连接及锚具研究现状

1840 年，英国发明了玄武岩为主要原料生产的岩棉。1922 年，在美国专利（OS1438428）出现由法国人 Paul 提出玄武岩纤维制造技术。20 世纪 50 年代初期，德国、捷克和波兰等国家以玄武岩为原料，采用离心法生产出了纤维平均直径为 $25\mu m$～$30\mu m$ 的玄武岩棉。随后 20 世纪 60 年代初期，美国、苏联、德国等大力发展垂直立吹法生产工艺，使玄武岩棉产量迅速增长。

我国自 20 世纪 70 年代起，就已开展对玄武岩纤维的研究，2001 年我国哈尔滨工业大学组建了专门的研究队伍致力于玄武岩纤维制备技术的研发。2002 年，我国正式将连续玄武岩纤维列入国家 863 计划，经过两年的技术开发，取得了以纯天然玄武岩为原料生产连续玄武岩纤维的研发成果，并成功实现了工业化生产。2004 年，哈尔滨工业大学深圳研究院与成都航天万欣科技有限公司组建了成都航天拓鑫科技有限公司，进一步研究改进玄武岩连续纤维制造设备功能，开发出玄武岩纤维终端产品。

国内玄武岩纤维在土木工程中的应用主要集中在两个方面，一为玄武岩纤维对混凝土力学特征的综合影响；二为玄武岩纤维网或布对钢筋混凝土受弯梁的影响等的相关研究。其他研究部分集中在筋材性能的研究，如东南大学顾兴宇（2010）将钢丝和玄武岩纤维进行混杂，在 BFRP 筋生产中加入一定体积分数的钢丝，以提高 BFRP 筋的抗拉弹性模量，同时改善 BFRP 筋的延展性，生产出了玄武岩纤维-钢丝复合（BFSWC）筋。

而将玄武岩纤维筋应用至锚固支护的研究较少，且主要体现在部分专利的内容方面，如江西省交通科学研究院雷茂锦（2011）申请了"一种玄武岩纤维复合筋网与锚间加固条联合的边坡稳定装置"实用新型专利，该实用新型公开了一种玄武岩纤维复合筋网与锚间加固条联合的边坡稳定装置，由玄武岩纤维复合筋网、锚垫板、锚间加固条、锚杆、玄武岩纤维边界绳和缝合绳构成，其特征在于：玄武岩纤维复合筋网的每块网片覆盖在土质或岩质坡体上，相邻的网片间通过缝合绳连接在一起，四周及中间均匀设置锚杆，锚杆用锚固螺母将玄武岩纤维复合筋网固定在边坡上，并在锚杆四周灌注水泥浆，所述锚杆顶上套设锚垫板，锚杆之间设有锚间加固条。本实用新型坡面柔性防护体系具有明显的优势，充分体现在柔性和整体性、美观和环保、特殊环境的适应性、施工安装的便捷性以及工程应用的经济性等特点。

深圳市海川实业股份有限公司霍超（2005）申请了"一种玄武岩纤维增强树脂锚杆"实用新型专利，该实用新型公开了一种中空的玄武岩纤维增强树脂锚杆，锚杆的杆体包括两层，内层是 PVC 管，PVC 管外面是纵向铺设的玄武岩纤维增强树脂层。本实用新型由于具有 PVC 内称，当采用水泥砂浆灌浆锚固时不会对纤维产生碱性腐蚀而影响材料本身的力学性能，同时锚固力强、抗拉强度高，成本低廉。本实用新型的全螺纹、等螺距的螺纹结构也使得该锚杆杆体可以在任意位置切割、安装螺母，操作方便简单，大大降低了安装的人工费用。杆体与螺纹是一体的，在工程锚固应用中就不会产生像其他产品，如普通玻璃钢锚杆那样螺纹结构与杆体剥离破坏的现象。

蒋剑彪等人对 CFRP 棒（索）的锚具进行了研究，其设计了两种新型灌注式锚具，一种是灌注式 CFCC 索材锚具，另一种是灌注式 CFRP 棒材锚具。

城工学院的郁步军等人设计了一种新型的单筋锚具。锚具主要有套筒，灌注介质和 FRP 筋组成。套筒外侧留有螺纹，方便与张拉杆、连接套和螺母等相连，而内侧采用圆柱形或锥形。经过试验证明这种单筋粘结型锚具是成功的。

北京工业大学的詹界东等人研究了 FRP 筋锚具，提出了几种锚具：（1）机械夹持式锚具，这种锚具主要是靠锚具与筋材间摩擦力和咬合力产生的均匀表面剪力实现锚固的。（2）分离夹片式锚具，这种锚具主要是靠夹片施加在预应力筋上的压力产生加持作用来实现锚固的。（3）压铸管夹式锚具，这种锚具主要是靠压铸管的夹持作用（类似钢绞线挤压锚具原理）。（4）套筒灌胶式锚具，这种锚具主要是靠在套筒中注入树脂等粘结料粘结得以实现，并采用支承螺母锚固在构件上。（5）杯口封装式锚具，这种锚具主要是靠在锥体内填充树脂或者浆体形成粘结作用实现锚固的。（6）夹片-粘结型锚具，这种锚具主要是靠粘结和夹片横向压力的综合作用来实现锚固的。（7）夹片-套筒型锚具，这种锚具主要是通过预压安装锚具，使 FRP 筋与套筒之间，套管与夹片之间及夹片与锚环之间产生的作用引起的横向压力及摩擦咬合力来实现锚固的。他们对这种锚具进行了深入的研究，包括夹片与锚环之间的锥角差的研究，软金属套筒的材质的研究，套筒厚度的研究以及锚具长度的研究。

河南理工大学的徐平等人研制了 CFRP 筋粘结夹片式球面锚具，这种锚具主要是球面锚具端部是一个外凸球面，并配有内凹的球形垫板，这种设计在锚固过程中球形面锚杯可以在内凹的球形垫板内自由的调整方向，减少在安装过程中对中困难及受到偏心荷载后锚固性能降低的影响。

江苏大学的刘荣桂在已有的直筒式，内锥式，直筒内锥式 CFRP 粘结式锚具基础上设计了一种直筒内锥直筒锥式锚具。这种锚具可以使锚具中筋材的径向挤压力在锚固长度内分布更趋于均匀，锚固能力得到了提高。

同济大学的王伟等人对玻璃纤维（GFRP）筋锚具进行了研制。一种是夹片式锚具，另一种是套管粘结式锚具，这种锚具采用了一种新型粘结材料 RPC。

解放军理工大学的周兆鹏等人对 FRP 筋粘结型锚具进行了研究，研究出来的外部套筒的刚度对锚具承载力有较大的影响。树脂封装锚受环境影响较大，水泥砂浆封装锚在各种环境中都具有良好的力学性能，适用土木工程的应用。

中南林业科技大学的王彩兰对 CFRP 筋锚固力学性能进行了试验研究，西南交通大学的王连营对预应力 CFRP 的夹片粘结式锚具的锚固机理进行了研究。大庆石油学院的刘方坤对预应力 FRP 筋锚具系统进行了设计研究。彭福明等人对 CFRP 与钢材的粘结性能进行了试验研究。华中科技大学的怀臣子对 FRP 材料的非金属锚具系统理论及应用进行了研究。冯京波等人设计研制了 KM18 球形锚索锚具，应用于煤矿挖掘工作面试验，取得了成功。东南大学的郭范波通过试验和有限元分析验证了 CFRP 筋锚具研发的可行性与实用性，解决了"切口现象"。山东大学的张夏辉设计研制了新型 CFRP 弹簧片式锚具。综上可见，关于玄武岩纤维复合材料岩土锚固性能的研究刚刚起步，尚未系统及深入。

6.3　锚具的工艺试验

玄武岩筋材具有很高的抗拉强度，但是本身材料是一种脆性材料，抗剪性能稍弱。在进行 BFRP 筋材力学性能试验时，需要将 BFRP 筋材放置在万能试验机上的夹具中。所以，在制作杆件的时候，需要考虑在筋材的两端使用钢管锚具作为保护端，保证 BFRP 筋材不被万能试验机夹坏。

钢管锚具与筋材之间的粘结使用环氧树脂系胶粘剂，由于筋材本身表面非常粗糙，所以和环氧树脂系胶之间的胶结很牢固，不用担心 BFRP 筋材与环氧树脂系胶的脱胶问题；但是钢管锚具内壁有铁锈，而且由于铁锈的存在，容易造成钢管锚具与环氧树脂系胶粘剂之间的脱胶问题。

由于每种筋材使用钢管内径型号和厚度都不一样，同时，考虑万能试验机夹具的大小，在试验过程中使用钢管的型号如表 6.1 所示。考虑到万能试验机的夹具大小，筋材直径 6mm、8mm、10mm 筋材统一使用 19mm 的钢管。

				钢管型号	表 6.1
筋材直径（mm）	6	8	10	12	14
钢管型号（mm）		19		22	25
钢管长度（cm）		20		25	25

图 6.1　零处理锚具长度

6.3.1　锚具零处理

所谓锚具零处理，即直接在市场购买一定规格的无缝钢管，不对钢管作任何处理。采用直径 ϕ10mm 筋材进行试验，胶粘剂采用环氧树脂。当在万能试验机上进行抗拉试验时，钢管锚具出现脱胶的现象，而且所有的试件都出现了这种现象，如图 6.1 所示。

试验数据如表 6.2 所示，各试验拉伸曲线如图 6.2 所示。

		零处理锚具试件抗拉试验结果		表 6.2
试验内容	试验编号	试件破坏时的拉力（N）	筋材最大应力（MPa）	备注
拉伸试验	10-1	29089	370.56	脱胶
	10-2	11000	140.13	脱胶
	10-3	41698	531.18	脱胶
	10-4	73860	940.89	脱胶
	10-5	8184	104.25	脱胶
	10-6	37298	475.13	脱胶

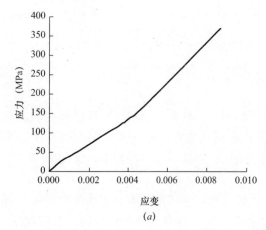

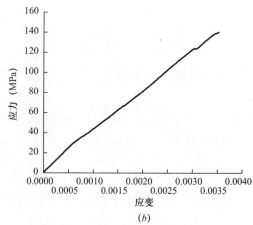

图 6.2　应力-应变曲线图

（a）10-1# 试件；（b）10-2# 试件

从受力图可以看出筋材承受的应力都很低，都没有达到筋材本身的抗拉强度试验就终止了，由于锚具与胶水之间的粘结强度不够，才造成了这种脱胶的现象。

6.3.2　锚具除锈并钳锥形口

将失败的筋材进行了分析研究，查找失败的原因。尝试对钢管内壁采用带磨砂头的钻头进行除锈处理，并且将钢管的一端使用液压钳（图 6.3）进行锥形夹口处理。试验试件如图 6.4 所示。

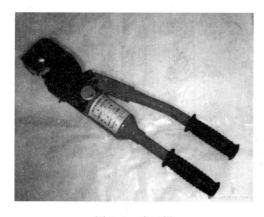

图 6.3　液压钳　　　　　　　　　　　　　图 6.4　试验试件

对于这种处理的锚具钢管，分别制作了直径 ϕ4mm、ϕ6mm、ϕ8mm、ϕ10mm 的筋材，每种筋材各 6 根，试验结果如表 6.3 所示。应力-应变曲线如图 6.5 所示。

除锈锚具＋锥形口试件拉伸试验结果　　　　　　　　　表 6.3

试验编号	试件破坏时的拉力（N）	筋材最大应力（MPa）	备注
4-1	0	0	试件损坏
4-2	9244.6	736.0	正常
4-3	8796.6	700.4	正常
4-4	9948.6	792.1	正常
4-5	9240.6	735.7	正常
4-6	10017	797.5	正常
6-1	32242	1140.9	正常
6-2	32082	1135.2	正常
6-3	34466	1219.6	正常
6-4	33858	1198.1	正常
6-5	32674	1156.2	正常
6-6	34466	1219.6	正常
8-1	0	0	数据丢失
8-2	37250	741.4	脱胶、数据丢失
8-3	26290	523.3	脱胶
8-4	34162	680.0	脱胶
8-5	40419	804.5	脱胶、数据丢失
8-6	24818	494.0	脱胶
10-1	29170	371.6	脱胶、数据丢失
10-2	37250	474.5	脱胶

试验编号	试件破坏时的拉力（N）	筋材最大应力（MPa）	备注
10-3	40418	514.9	脱胶
10-4	60340	768.7	脱胶
10-5	65540	834.9	脱胶
10-6	19409	247.2	脱胶

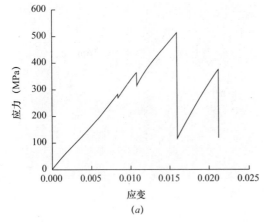
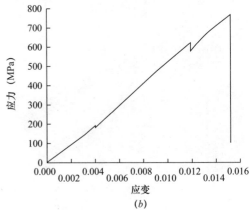

图 6.5　应力-应变曲线图

(a) 10-3# 试件；(b) 10-4# 试件

　　试验表明，将钢管锚具的一端进行夹口处理并且将钢管内壁进行除锈处理，可以大大增强钢管与胶水之间的粘结强度，此类处理适合于筋材直径小于或等于 6mm 的情况。筋材直径大于 6mm 以后，脱胶现象还是很明显，不能保证成功率。

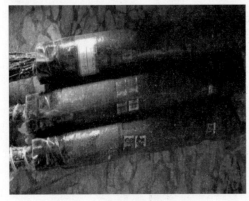

图 6.6　多个锥形口试件

6.3.3　锚具增加锥形口

　　由以上数据分析后，设计制作了如下的钢管锚具，在钢管壁上每隔 5cm 用液压钳夹一个锥形口，通过这种方法，大大增强了钢管内壁与环氧树脂系胶粘剂之间的摩擦力。试验采用直径 ϕ10mm 筋材，共制作了 2 个试件，试验试件如图 6.6 所示。

　　试验数据如表 6.4 所示，试验应力-应变曲线如图 6.7 所示。

多道锥形口拉伸试验结果　　　　　　　　　　　表 6.4

试验内容	试验编号	试件破坏时最大拉力（N）	筋材最大应力（MPa）	备注
10mm 筋材制作锚具对比试验	单口-1	60404	769.5	脱胶
	单口-2	41699	531.2	脱胶
	多口-1	83461	1063.2	正常
	多口-2	78919	1005.3	正常

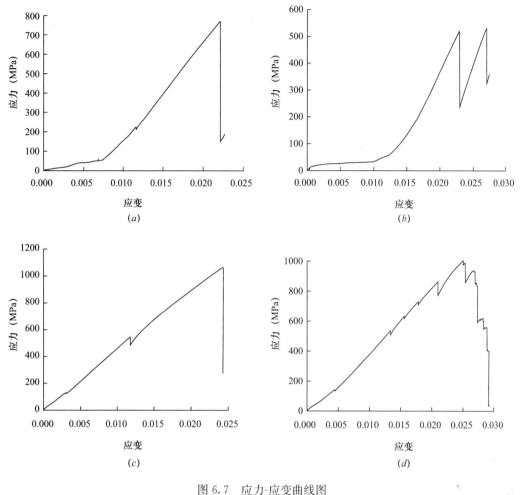

图 6.7　应力-应变曲线图

（a）单口-10-1#试件；（b）单口-10-2#试件；（c）多口 10-1#试件；（d）多口 10-2#试件

由以上数据和应力-应变曲线图可以看出来，使用多口和使用单口制作的钢管锚具与胶水之间的粘结强度有很大的差异，并且可以看出，筋材在达到破坏时，锚具仍然没有发生脱胶的现象。

6.3.4　锚具内部糙化

在钢管壁上夹出许多小口，虽然可以保证试验的成功，但是在制作上比较麻烦，通过使用钻机，对钢管锚具内壁进行处理，一方面将内壁进行除锈，另一方面是将内壁打出凹凸不平的刻痕，增强钢管锚具与环氧树脂系胶粘剂之间的摩擦力；然后将钢管锚具的一端端口钳为锥形，如图 6.8 所示，让钢管锚具的端口呈现出一种锥形结构。通过这两种措施，可以很好地避免钢管锚具与环氧树脂系胶粘剂的脱胶现象，试验后试件如图 6.9 所示。

试验结果如表 6.5 所示，应力-应变曲线如图 6.10 所示。

图 6.8　除锈并钳锥形管口

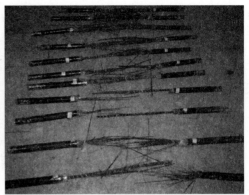

图 6.9　试验后试件

锚具内部糙化试验结果　　　　　　　　　　表 6.5

试验编号	试件破坏时的拉力（N）	筋材最大应力（MPa）	备注
6-1	28130	995.4	筋材没有居中，受剪力影响，剪切破坏明显
6-2	10417	368.6	筋材没有居中，受剪力影响，剪切破坏明显
6-3	36770	1301.1	正常
6-4	35650	1261.5	正常
8-1	53571	1066.3	正常
8-2	60276	1199.8	正常
8-3	59252	1179.4	正常
8-4	51859	1032.2	正常
10-1	76229	971.1	正常
10-2	87110	1109.7	正常
10-3	86982	1108.1	正常
10-4	84741	1079.5	正常

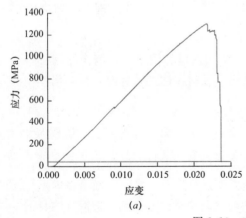

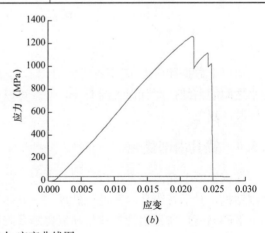

(a)　　　　　　　　　　(b)

图 6.10　应力-应变曲线图

(a) 6-3# 试件；(b) 6-4# 试件

6.3.5　粘结强度

无缝钢管锚具不作任何处理直接使用的情况下，可能造成筋材脱胶现象，且脱胶现象是粘结剂与锚具间产生了剪切滑移，而胶粘剂与筋材之间未产生滑移，说明胶粘剂与筋材之间的抗剪强度足够。此外，通过脱胶现象，也可以计算胶粘剂与无缝钢管锚具之间的抗剪强度，结果如表 6.6 所示，计算结果表明，胶粘剂与锚具之间的抗剪强度约 3.56MPa。

胶粘剂抗剪强度　　　　　　　　　表 6.6

试验内容	试验编号	脱胶破坏时的拉力（N）	胶粘剂抗剪强度（MPa）
拉伸试验	10-1	29089	3.09
	10-2	11000	1.17
	10-3	41698	4.42
	10-4	73860	7.84
	10-5	8184	0.87
	10-6	37298	3.96
平均值			3.56

按此粘结强度，若采用无任何处理的钢管锚具，根据各种规格筋材的抗拉强度，可计算出采用 $\phi15mm$（内径）钢管锚具。在不作任何处理的情况下，满足抗拉强度需要的锚具长度如表 6.7 所示。

零处理锚具长度　　　　　　　　　表 6.7

筋材直径（mm）	锚具长度（m）
6	0.186
8	0.341
10	0.521
12	0.601
14	0.841

6.3.6　小结

（1）试验表明，锚具可采用长 25cm、壁厚 2mm～3mm，内径大于 BFRP 筋材 4mm 的无缝钢管，可满足 $\phi14mm$ 及以下筋材拉拔要求。锚具不做任何处理，$\phi14mm$ 及以下 BFRP 筋材拉拔试验所有试件都出现脱胶，不能满足要求。

（2）锚具内壁采用带磨砂头的钻头进行除锈处理，并且将钢管的一端使用液压钳进行锥形夹口处理，可以满足直径在 $\phi6mm$ 及以下的拉拔要求。锚具增加锥形夹口，基本可以满足 $\phi14mm$ 及以下筋材抗拉要求。

（3）一方面将内壁进行除锈，另一方面是将内壁打出凹凸不平的刻痕，增强钢管锚具与环氧树脂系胶粘剂之间的摩擦力；然后将钢管锚具的一端端口钳为锥形，让钢管锚具的端口呈现出锥形结构。通过这两种措施，可以很好地避免钢管锚具与环氧树脂系胶粘剂的脱胶现象。

6.4　胶粘剂的适用性试验

在 BFRP 筋材试验的过程中，将筋材和钢管锚具相互粘结的是环氧树脂。在最初制作试件时，未考虑使用石英砂，但是制作出来的试件多数出现脱胶的现象，最初认为是钢管锚具内壁与环氧树脂系胶粘剂的粘结强度不够，造成了脱胶的现象，后来在钢管锚具多钳锥形口，而另一方面同时在配置胶粘剂时加入了石英砂。进一步增强了钢管锚具与环氧树脂之间的粘结强度。

6.4.1 环氧树脂

对于出现的脱胶的现象，在参阅其他的文献并总结分析试验失败原因后，采用在环氧树脂中加入石英砂。其配比如下：

环氧树脂：固化剂：催化剂：石英砂＝100：80：8：30。

按照以上配比和钢管锚具的处理过程，制作了一组对比试验，使用 ϕ10mm 筋材制作试件，同时将钢管锚具处理为多个锥形口，一组加入石英砂，一组不加石英砂，进行抗拉试验，试验结果如表 6.8 所示，应力-应变曲线如图 6.11 所示。

<table>
<tr><td colspan="5">环氧树脂粘结剂试验结果</td><td>表 6.8</td></tr>
<tr><td>试验内容</td><td>试验编号</td><td>试件破坏时的拉力（N）</td><td colspan="2">筋材最大应力（MPa）</td><td>备注</td></tr>
<tr><td rowspan="4">10mm 筋材制作
锚具对比试验</td><td>多口-石英砂-1</td><td>89990</td><td colspan="2">1146.4</td><td>正常</td></tr>
<tr><td>多口-石英砂-2</td><td>84421</td><td colspan="2">1075.4</td><td>正常</td></tr>
<tr><td>多口-1</td><td>83461</td><td colspan="2">1063.2</td><td>正常</td></tr>
<tr><td>多口-2</td><td>78919</td><td colspan="2">1005.3</td><td>正常</td></tr>
</table>

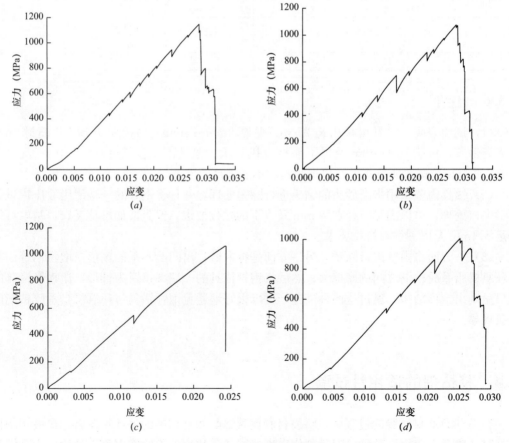

图 6.11 应力-应变曲线图

（a）多口-石英砂-1 试件；（b）多口-石英砂-2 试件；（c）多口-1 试件；（d）多口-2 试件

由以上数据和曲线图可以看出，加入石英砂后的钢管锚具与胶水之间的粘结强度大大地增强了，满足锚具抗拉强度要求。对于以上的这种钢管锚具的处理方法和胶粘剂的适用性，又做了一组试验来验证这种处理方式是否正确。试验数据如表 6.9 所示，应力-应变曲线如图 6.12 所示，试验后试件如图 6.13 所示。

			试验结果	表 6.9

试验内容	试验编号	试件破坏时的拉力（N）	筋材最大应力（MPa）
拉伸试验	10-1	89862	1144.7
	10-2	88518	1127.6
	10-3	93638	1192.8
	10-4	84229	1073.0
	10-5	93190	1187.1
	10-6	76549	975.1

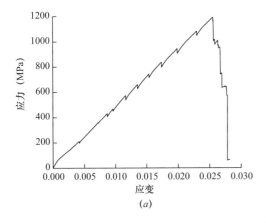
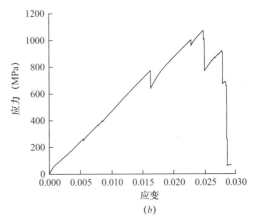

图 6.12　应力-应变曲线图

(a) 10-3# 试件；(b) 10-4# 试件

从以上试验数据和试验图形来看，这种处理钢管锚具和环氧树脂配比的方法完全可以满足钢管锚具强度要求。但是以上处理钢管锚具方法稍显繁琐，不是很方便，后来又重新试验了另外的一种钢管锚具的处理方法，就是锚具工艺试验中第四次提出内部糙化处理。这种处理钢管锚具的过程简单，并且与胶水的粘结强度更好。

6.4.2　喜利得植筋胶

若采用环氧树脂作为粘结剂，需要将试件

图 6.13　试验后试件

在 102℃ 的烘箱下烘烤 6h 左右才能使环氧树脂固化，达到最佳粘结强度。对于现场工程锚杆（索）施工，特别是长锚杆（索），采用烘箱加热固化是不适合的。目前，市场上有很多类型的植筋胶，因此试验测试了一种高强度植筋胶的粘结性能。

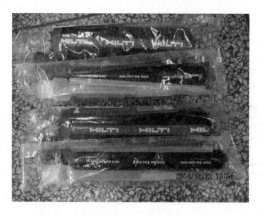

图 6.14 喜得利植筋胶

（1）喜利得植筋胶简介

喜利得植筋胶（图 6.14）用于基材混凝土/天然硬质石材，结构植筋。外观独创的软箔包装＋注射系统。材质为双酚 A 改，固化温度 5℃～40℃。剪切强度 7.9kN～77.8kN，包装规格是 500mL，1400mL。

喜利得植筋胶主要用于混凝土结构植筋加固，特别是重要、悬挑构件，承重动力作用的结构、构件等；重型荷载的固定，如梁柱、机械、设备等；恶劣环境的化学后锚固应用，如潮湿、明水，高低温环境及光滑孔中安装；特别适用于大直径与埋深（如搭接）的植筋与紧固；任何需要大量测试报告的重型荷载应用。

特性：强劲而稳定的粘结力沿锚固深度均匀分布，锚固效果如同预埋结构；安装不受恶劣环境影响，设计力值于潮湿孔与光滑孔中可完全发挥，水钻钻孔不需凿毛处理，并可在明水环境下安装；宽广的温度适应范围，安装完成后可以承载－50℃到＋80℃的环境温度；无膨胀应力锚固，适用于小边距，小间距安装；不含苯乙烯及乙二胺，无异味，符合无毒环保要求，固化后可用于饮用水接触的设备安装；独创的软箔包装，材料损耗少；专用双螺旋混合嘴，保证精确的混合配比，专业配套施工工具，确保规范施工；国家标准《混凝土结构加固设计规范》GB 50367 认证合格 A 级胶及该规范参编单位；长期性能获得中国、瑞士、日本、美国及法国等国家权威认证；耐火设计数据齐全（根据 ISO 834，至 F240/4h）；根部及双面焊接测试合格；先进的植筋及锚栓设计软件（EXBAR/PROFIS）及全球工程技术服务使用/储存环境要求使用时，胶粘剂本身不能低于 5℃，开封后的胶粘剂须在 4 周内用完。

（2）试验结果

总共制作了 5 种筋材，直径 6mm、8mm、10mm、12mm、14mm 的筋材，每种筋材各 4 根。锚具采用钳锥形口、内部除锈糙化等工艺处理。使用特制植筋胶枪，将喜得利胶水灌入钢管锚具中，并且在室温环境下放置 24h 以上。制作好的试件如图 6.15 所示，试验过程如图 6.16 所示。

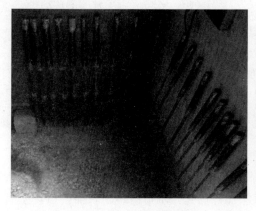

图 6.15 植筋胶粘结试件

图 6.16 试验过程

试验数据结果如表 6.10 所示，应力-应变曲线如图 6.17 所示。

试验结果

表 6.10

试验编号	试件破坏时的拉力（N）	筋材最大应力（MPa）	备注
6-1	0	0	人为破坏
6-2	32594	1153.4	正常
6-3	30930	1094.5	正常
6-4	30066	1063.9	正常
8-1	24226	482.2	脱胶，经检查，胶未注满
8-2	57924	1152.9	正常
8-3	55679	1108.3	正常
8-4	58132	1157.1	正常
10-1	88966	1133.3	正常
10-2	18912	240.9	脱胶，经检查，胶未注满
10-3	88710	1130.1	正常
10-4	84165	1072.2	正常
12-1	102151	903.7	正常
12-2	101767	900.3	正常
12-3	98630	872.5	正常
12-4	100358	887.8	正常
14-1	140489	913.1	正常
14-2	136329	886.1	正常
14-3	145737	947.2	正常
14-4	141641	920.6	正常

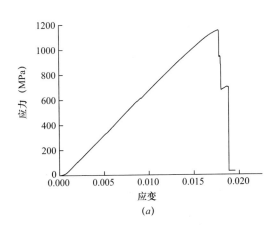
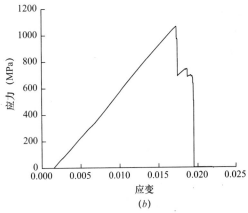

图 6.17 应力-应变曲线图

(a) 喜利得-6-1；(b) 喜利得-6-4

6.4.3 其他粘结剂

试验选取其他三种植筋胶分别为高强度环氧锚固胶 FIS EM 390S，RET 注射式植筋胶 390 和 ANSEN（安盛）高强建筑植筋胶。其价格对比如表 6.11 所示。

植筋胶价格表

表 6.11

植筋胶类型	喜利得	慧鱼	安盛	RET
价格（元）	130～150	80～100	20～25	20～30

（1）其他植筋胶简介

1）高强度环氧锚固胶 FIS EM 390S 是德国慧鱼集团生产的植筋胶，价格在 80 元～100 元。其优点是具有很好的粘结性能，高品质改性环氧树脂在混凝土中有最高承载力（螺杆和钢筋），不含苯乙烯和乙二胺，胶体颜色与混凝土相似，安装处干净、美观。适于水下安装和水钻钻孔，无膨胀应力的锚固可以实现较小的边间距。长期抗老化性能，抗震性能和在焊接性能优越。后置钢筋可达很高承载力，相当于预留钢筋。安装快捷，快速凝固，缩短施工进度，节省工时。其安装和固化时间如表 6.12 所示。

高强度环氧锚固胶 FIS EM 390S

表 6.12

料罐温度（℃）	基材温度（℃）	安装时间（min）	硬化时间（h）
−5～5	−5～5	240	80
5～10	5～10	120	40
10～20	10～20	30	18
20～30	20～30	14	10
30～40	30～40	7	5

以上所有时间从树脂和固化剂在静力混合管中混合开始算，注射时料罐的温度至少 5℃，安装时，如果料罐温度高于 30℃～40℃，则需降温至 30℃～40℃，若注射时间较长，也就是说工作时间间断时，必须更换静力混合管。

2）RET 注射式植筋胶 390 是浙江平湖瑞特建材科技有限公司生产的植筋胶，价格在 20 元～30 元。其特点是强度高，粘结力强，韧性好，相当于预埋效果；抗老化，耐热性能好，常温下不发生蠕变；低潮湿敏感度，在潮湿环境中长期负荷稳定；抗酸碱，防振性能好，无膨胀；触变性好，特别适用于侧面或顶面锚固植筋。其具体参数如表 6.13 和表 6.14 所示。

RET 注射式植筋胶

表 6.13

环境温度（℃）	可操作时间（min）	固化时间（h）
−5	65	72
0	45	48
10	30	24
20	25	16
≥30	20	8

RET 胶体性能和粘结性能

表 6.14

项目	数值
劈裂抗拉强度（MPa）	≥8.5
抗弯强度（MPa）	≥50
抗压强度（MPa）	≥60
钢—钢（钢套筒法）拉伸抗剪强度（MPa）	≥16
约束拉拔条件下带肋钢筋与 C30，$\phi25$，$L=150mm$（MPa）	≥11
混凝土的粘结强度 C60，$\phi25$，$L=125mm$（MPa）	≥17
不挥发物含量（固体含量）（%）	≥99.5

3）ANSEN（安盛）高强建筑植筋胶是北京瑞祥安盛建筑有限公司生产的植筋胶，价格在 20 元～25 元。其特点是耐水、耐冻融、抗酸碱、耐老化、耐热防火、湿度敏感度低，与混凝土的亲和力好，相当于预埋效果。施工方法：钻孔—清孔（二吹一刷）—置入药剂—快速旋转植入钢筋—固化过程—固定物体。其具体参数如表 6.15 所示。

ANSEN（安盛）高强建筑植筋胶　　　　　　　　　表 6.15

基材温度（℃）	凝胶时间（min）	固化时间（h）
40	30	8
30	30	8
20	60	16
5	180	24
0	360	48
−5	720	72

（2）三种植筋胶性能试验

将锚具和筋材分别与 3 种植筋胶粘结后，室温放置 30d 后，在万能试验机上做抗拉拔试验。试验结束标准是筋材破坏或者植筋胶破坏。其试验规程与喜利得植筋胶相同，其试验抗拉拔数据如表 6.16 所示，应力-位移曲线如图 6.18 所示。

拉拔试验数据表　　　　　　　　　表 6.16

型号		拉拔最大力（kN）	均值（kN）
安盛	2	134.6	139.3
	3	141.4	
	4	141.9	
RET 筋胶	1	173.2	138.0
	2	129.1	
	3	145.2	
	4	140.6	
安盛筋胶	1	129.5	137.1
	2	151.6	
	3	130.2	

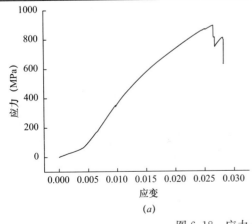
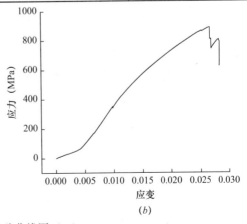

图 6.18　应力-位移曲线图（一）

（a）RET 植筋胶 1；（b）RET 植筋胶

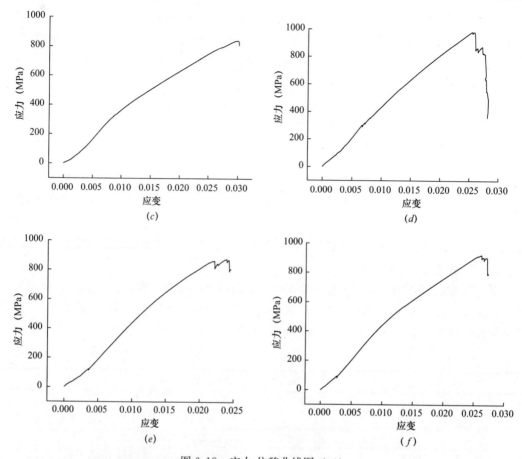

图 6.18　应力-位移曲线图（二）

(c) 安盛植筋胶 1；(d) 安盛植筋胶 2；(e) 慧鱼植筋胶 1；(f) 慧鱼植筋胶 3

图 6.19　植筋胶试验筋材

由试验数据可得到这 3 种植筋胶基本上满足筋材拉拔试验所需，且筋材拉断而植筋胶完好。综合植筋胶的参数和价格考虑，建议若是少批量应用，可选择喜利得或者慧鱼植筋胶；若是大量应用在满足所需强度安全情况下，可选择国产植筋胶。试验图片如图 6.19 所示。

6.4.4　小结

（1）若采用环氧树脂作为胶粘剂，配比为环氧树脂：固化剂：催化剂：石英砂＝100：80：8：30，试件需要在烘箱中以温度为 102℃的环境进行烘烤 6h。

（2）环氧树脂制作试件时，先将 BFRP 筋材的一头放入钢管锚具中，并且在室温环境下放置 24h 初步凝固，然后制作另外一头，同样放置 24h 以上；然后，将整个试件放入烘箱中烘烤。

（3）采用喜利得植筋胶作为胶粘剂，完全满足强度要求，但费用较高，国产植筋胶基本上满足筋材拉拔试验所需,且筋材拉断而植筋胶完好。综合植筋胶的参数和价格考虑,建议若是少批量应用可选择喜利得或者慧鱼植筋胶,若是大量应用在满足所需强度安全情况下可选择国产植筋胶。

6.5　锚具设计

由于 BFRP 本身的材料特性,不能直接和钢制品连接。所以需要特制锚具,且制作锚具时需要将剪力均匀分散。本设计是利用植筋胶来使力分散均匀到外边的钢管式锚具上,以期达到锚具的设计力学要求。新型非金属锚杆锚具,包括钢制粘结式套管、锁定垫板和锁定螺母,钢制粘结式套管首端设有内螺纹部,尾端设有外螺纹部,内壁设有压制缩径凸起,锁定垫板上设有至少一个固定孔,钢制粘结式套管尾端的外螺纹部穿过固定孔,并通过锁定螺母固定。

BFRP 非金属锚杆锚具,包括钢制粘结式套管、锁定垫板和锁定螺母,所述钢制粘结式套管首端设有内螺纹部,尾端设有外螺纹部,内壁设有压制缩径凸起,所述锁定垫板上设有至少一个固定孔,钢制粘结式套管尾端的外螺纹部穿过固定孔,并通过锁定螺母固定。

设计锚具尺寸如图 6.20 所示,锚具长度为 300mm,外螺纹长度为 100mm,内螺纹长度为 50mm,外径 ϕ30mm,内径 ϕ18mm,锁具六角螺母型号为 GB/T 4—2000。锚具外表面的中间和底部的内部是六边形凹口,是为了增加锚具与植筋胶的粘结性。锚具如图 6.21 所示。

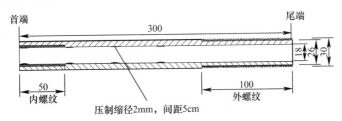

图 6.20　锚具设计尺寸图

锚杆锚具包括 U 形增厚垫板,U 形增厚垫板用于现场拉拔时锚具螺纹不足以锁定时,辅助增加锁定垫板厚度。锁定垫板包括单孔垫板和多孔垫板,多孔垫板包括四孔垫板和六孔垫板;单孔垫板用于单根锚杆拉拔锁定,多孔垫板用于多根锚索单根锁定。单孔垫板《岩土锚固技术手册》设计为 200mm×200mm 的方形钢板,厚度为 8mm,方形钢板上设有的固定孔直径为 ϕ32mm。所述四孔垫板《岩土锚固技术手册》设计为 200mm×200mm 的方形钢板,厚度为 20mm,方形钢板上对称布置 4 个长 64mm、宽 32mm、两端半径为 16mm 的腰形孔。六孔垫板《岩土锚固技术手册》设计为 200mm×200mm 的方形钢板,厚度为 20mm,方形钢板中部设有的 6 个直径为 ϕ32mm 的固定孔,并在半径为 56mm 的圆上均匀分布。U 形增厚垫板长

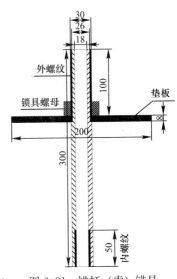

图 6.21　锚杆(索)锚具

100mm，宽 52mm，中间缺口宽为 32mm，缺口处设有 ϕ32mm 的半圆。垫板设计如图 6.22 所示，单孔垫板实物如图 6.23 所示，六孔垫板实物如图 6.24 所示。

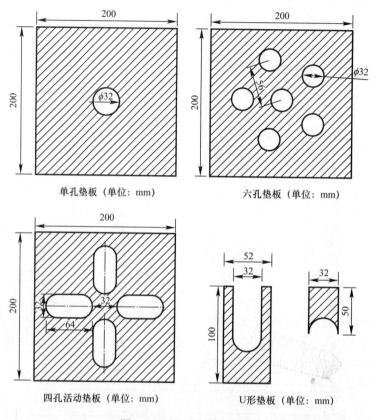

图 6.22　锚具垫板设计图

图 6.23　单孔垫板实物

图 6.24　六孔垫板实物

6.5.1　锚具承受力试验

使用螺纹锚具并且两头安装锁具螺母，在万能试验机做测试，在满足 BFRP 筋材抗拉强度的前提下，在螺帽受力达到 161.6kN 时，结束试验。螺帽和锚具完好，没有发生断裂，满足锚具设计要求，试验如图 6.25 所示，数据如图 6.26 所示。

图 6.25　锁具螺母抗拉试验图

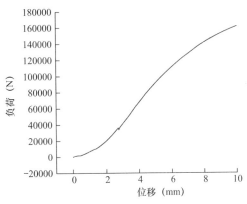

图 6.26　应力-位移曲线图

6.5.2　锚具螺纹承受力试验

使用内螺纹套管并且两头安装锚具，锚具两端安装锁具螺母，在万能试验机做测试，在满足 BFRP 筋材抗拉强度的前提下，在受力达到 150.4kN 时，结束试验。锚具和螺纹套管完好，没有被发生断裂。满足锚具设计拉拔要求，试验如图 6.27 所示，试验数据如图 6.28 所示。

图 6.27　锚具螺纹抗拉试验图

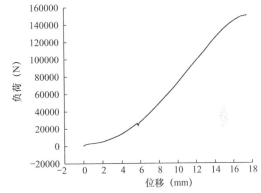

图 6.28　应力-位移曲线图

6.5.3　锚具拉拔装置设计

锚具上方安装连接的内螺纹套管，套管上部为外螺纹的钢筋，千斤顶置于支架上，穿过内螺纹套管，当拉拔结束后，用锁具螺母锁定。拉拔支架的目的是留出锁定锁具螺母的操作空间。支架设计为上部长 200mm，宽 200mm，厚度为 25mm 的带孔钢垫板，孔直径为 ϕ32mm，供延长拉拔杆穿过，延长拉拔杆为外螺纹钢筋，通过带内螺纹锁具导筒与锚具连接。下面为长 200mm，宽 200mm，厚度为 25mm 的带孔钢垫板，孔直径为 ϕ80mm，孔径较大的目的是提供紧固扳手操作空间。拉拔支架丝杆为直径 ϕ22mm 外螺纹钢筋，上部钢垫板高度可调节。现场实际拉拔装置如图 6.29 所示，拉拔支架如图 6.30 所示，

BFRP 锚杆拉拔装置实物如图 6.31 所示。

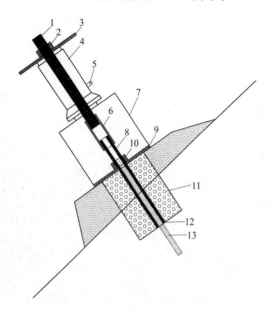

图 6.29　BFRP 锚杆拉拔装置图

1—拉拔外螺纹钢筋；2—螺母；3—千斤顶垫板；4—千斤顶；
5—油泵；6—连接内螺纹套管；7—拉拔支架；8—锚具；9—单孔
垫板；10—锁具螺母；11—锚孔；12—植筋胶；13—EFRP 筋材

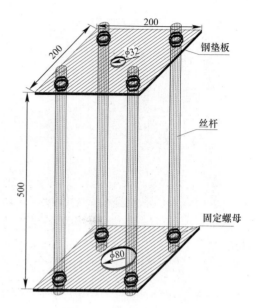

图 6.30　拉拔支架设计图

图 6.31　BFRP 锚杆拉拔装置实物图

6.5.4　小结

（1）BFRP 锚杆（索）锚具采用钢管式锚具，设计出尺寸为：钢管长 300mm，内径 18mm，外径 30mm，顶端外螺纹长度为 100mm，底端内螺纹长度为 50mm，锁具六角螺母型号为 GB/T 4—2000。

（2）单孔垫板设计尺寸 200mm×200mm 厚度为 20mm 的钢板，中间单孔直径为 $\phi32$mm，对于 BFRP 锚索，垫板采用多孔垫板。四孔垫板设计为 200mm×200mm 的方形钢板，厚度为 20mm，方形钢板上对称布置 4 个长 64mm、宽 32mm、两端半径为 16mm 的腰形孔。六孔垫板设计为 200mm×200mm 的方形钢板，厚度为 20mm，方形钢板中部设有的 6 个直径为 $\phi32$mm 的固定孔，并在半径为 56mm 的圆上均匀分布。U 形增厚垫板长 100mm，宽 52mm，中间缺口宽为 32mm，缺口处设有 $\phi32$mm 的半圆。试验表明，该锚具结构满足 $\phi14$mm 及以下筋材抗拉要求。

（3）对于 BFRP 预应力锚杆和锚索，设计了配套的拉拔装置，通过拉拔支架提供锁具螺母紧固空间，采用千斤顶加载至设计荷载，紧固螺母即可实现预应力。当锚具拉拔位移较大时，可采用 U 形垫片增加垫板厚度。对锁具螺母及锁具导筒强度测试表明，锁具螺母及拉拔导筒满足强度要求。对于 BFRP 锚杆（索），该装置可随时进行预应力补强。设计的 BFRP 钢管式锚具经过室内试验和工地现场施工情况，得出钢管式锚具满足 BFRP 锚杆（索）的拉拔和锁定的设计要求。

6.6 BFRP 筋材锚索（杆）锚具现场拉拔试验

6.6.1 拉拔试验目的

通过锚索（杆）拉拔试验以检测 BFRP 锚具力学性能，并同时获取筋材锚索（杆）的抗拔极限承载力，验证或修正 BFRP 筋材力学指标。同时，进行锚筋锚索（杆）的拉拔对比试验，对比 BFRP 筋材锚索（杆）与钢筋锚索（杆）的力学性能。

6.6.2 试验设备与安装

本工程采用的设备见表 6.17。

<table>
<tr><td colspan="5" align="center">使用仪器设备表　　　　　　　　　　　　　　　　表 6.17</td></tr>
<tr><th>设备名称</th><th>规格</th><th>设备编号</th><th>设备状况</th><th>数量</th></tr>
<tr><td>油压千斤顶</td><td>QFZ200T-20b</td><td>005082</td><td>良好</td><td>1 台</td></tr>
<tr><td>油压表</td><td>0-60MPa</td><td>11102531</td><td>良好</td><td>1 只</td></tr>
<tr><td>电动油泵</td><td>SYB-2</td><td>—</td><td>良好</td><td>1 台</td></tr>
<tr><td>百分表</td><td>0mm～50mm</td><td>51141、43547</td><td>良好</td><td>2 只</td></tr>
<tr><td>基准梁</td><td>2m</td><td>—</td><td>良好</td><td>2 根</td></tr>
<tr><td>计时表</td><td>—</td><td>—</td><td>良好</td><td>1 只</td></tr>
</table>

锚杆抗拔试验设备安装示意图见图 6.32 所示。以地基土、反力梁、锚具为锚杆抗拔反力系统；以经标定过的油压千斤顶、手动油泵、0.4 级精密压力表为加载控制系统；以 50mm 大量程精密百分表配合基准梁为锚杆位移观测系统。

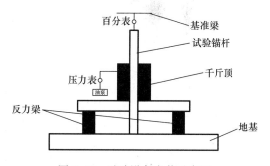

图 6.32 试验设备安装示意图

6.6.3 锚杆基本试验

基本试验依据《高层建筑岩土工程勘察规程》JGJ 72，为测得锚杆抗拔极限承载力，最大加载量，锚杆以 700kN 为预估荷载进行加载。

试验锚杆破坏条件：

（1）后一级荷载产生的锚头位移增量达到或超过前一级荷载产生的位移增量的 2 倍；

（2）锚头位移持续增长；

（3）锚杆（索）杆体破坏。

当出现上述情况之一时，可终止试验。锚杆基本试验加荷等级和观测时间如表 6.18

所示，锚杆基本试加载方案如表 6.19 所示。

锚杆基本试验加荷等级和观测时间表　　　　　　　　　　　　　表 6.18

加荷标准 循环次数 （加荷量 kN）	$\dfrac{\text{加荷量}}{\text{预计最大试验荷载}}\times 100\%$								
初始荷载（加荷量 kN）	—	—	—	—	10%	—	—	—	—
第一次（加荷量 kN）	10%	—	—	—	30%	—	—	—	10%
第二次（加荷量 kN）	10%	30%	30%	—	50%	—	50%	30%	10%
第三次（加荷量 kN）	10%	30%	30%	50%	70%	—	50%	30%	10%
第四次（加荷量 kN）	10%	30%	30%	50%	80%	70%	50%	30%	10%
第五次（加荷量 kN）	10%	30%	30%	50%	90%	80%	50%	30%	10%
第六次（加荷量 kN）	10%	30%	30%	50%	100%	90%	50%	30%	10%
观测时间（min）	5	5	5	5	10	5	5	5	5

锚杆基本试加载方案　　　　　　　　　　　　　表 6.19

加荷比例	10%	30%	50%	70%	80%	90%	100%
油压（MPa）	2.0	6.0	9.5	13.0	15.0	17.0	19.0
荷载（kN）	70.90	220.15	350.75	481.34	555.97	630.60	705.22

油压与荷载的函数关系如下：

$$\text{荷载(kN)} = 37.31(\text{油压,MPa}) - 3.73$$

6.6.4　试验结果分析

（1）单根 BFRP 筋材锚杆的拉拔试验

本试验进行了 2 组单根 ϕ14mm 筋材的拉拔试验，锚杆采用 1 根 ϕ14mmBFRP 筋材，锚杆长度 12m，锚固长度 8m，成孔直径 120mm，BFRP 筋材锚杆试验过程如图 6.33 所示。试验破坏表现为 BFRP 筋材拉断。

图 6.33　单束 ϕ14mm 筋材锚杆拉拔试验

根据钢筋锚杆破坏情况，得到单束 ϕ14mm 筋材锚杆单根锚杆极限抗拔力为 143.00kN。

（2）5 束 BFRP 筋材锚杆的拉拔试验

本次试验共进行了 1 根锚索抗拔力测试试验，试验加载至破坏，即筋材拉断，没有出现锚固体强度不足而将锚固体拉出现象。试验用锚索长 12m，其中锚固段长度为 8m，成孔直径 200mm，锚固层为泥岩。试验数据如表 6.20 所示，5 束 BFRP 筋材锚索试验抗拔力与变形关系曲线如图 6.34 所示。试验过程照片如图 6.35 所示，试验破坏表现为部分 BFRP 筋材拉断。

5 束 BFRP 锚杆基本试验荷载与位移数据汇总表　　　　　　表 6.20

第一次循环	位移（mm）	相对位移（mm）	累计位移（mm）
2.5MPa	1.22	0	0
6.5MPa	6.33	5.11	5.11
2.5MPa	5.76	−0.57	4.54
第二次循环	位移（mm）	相对位移（mm）	累计位移（mm）
2.5MPa	5.76	0	4.54
6.5MPa	7.15	1.39	5.93
11MPa	13.78	6.63	12.56
6.5MPa	12.71	−1.07	11.49
2.5MPa	11.51	−1.2	10.29
第三次循环	位移（mm）	相对位移（mm）	累计位移（mm）
2.5MPa	12.39	0	10.29
6.5MPa	15.63	3.24	13.53
6.5MPa	15.05	−0.58	12.95
11MPa	20.56	5.51	18.46
15.5MPa	27.09	6.53	24.99
11MPa	25.1	−1.99	23
6.5MPa	18.78	−6.32	16.68
2.5MPa	12.59	−6.19	10.49
第四次循环	位移（mm）	相对位移（mm）	累计位移（mm）
2.5MPa	12.59	0	10.49
6.5MPa	16.32	3.73	14.22
11MPa	22.63	6.31	20.53
17.5MPa	锚杆拉断	—	—

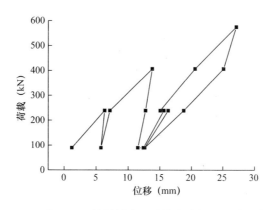

图 6.34　5 束 BFRP 筋材锚索试验抗拔力与变形关系曲线图

(a)　　　　　　　　　　　　　　　　(b)

图 6.35　5 束 BFRP 筋材锚索拉拔试验

根据钢筋锚杆破坏情况，锚杆极限抗拔力按停止加载后锚头位移稳定对应的荷载取值或破坏荷载的前一级荷载为极限抗拔力，得到 5 束 ϕ28mm 筋材锚杆单根锚杆极限抗拔力为 574.6kN。

（3）6 束 BFRP 筋材锚杆的拉拔试验

本次试验共进行了 1 根锚索抗拔力测试试验，试验加载至破坏，即筋材拉断，没有出现锚固体强度不足而将锚固体拉出现象。试验用锚索长 12m，其中锚固段长度为 8m，成孔直径 200mm，锚固层为泥岩。试验数据如表 6.21 所示，6 束 BFRP 筋材锚索试验抗拔力与变形关系曲线如图 6.36 所示。试验过程照片如图 6.37 所示，试验破坏表现为部分 BFRP 筋材拉断。

6 束 BFRP 锚杆基本试验荷载与位移数据汇总表　　　　　表 6.21

第一次循环	位移（mm）	相对位移（mm）	累计位移（mm）
2.5MPa（10%）	5.01	0	0
6.5MPa（30%）	12.22	7.21	7.21
2.5MPa（10%）	8.31	−3.91	3.3
第二次循环	位移（mm）	相对位移（mm）	累计位移（mm）
2.5MPa	8.31	0	3.3
6.5MPa	12.72	4.41	7.71
11MPa（50%）	23.72	11	18.71
6.5MPa	21.5	−2.22	16.49
2.5MPa	15.29	−6.21	10.28
第三次循环	位移（mm）	相对位移（mm）	累计位移（mm）
2.5MPa	15.29	0	10.28
6.5MPa	19.91	4.62	14.9
6.5MPa	19.77	−0.14	14.76
11MPa	28.87	9.1	23.86
15.5MPa（70%）	37.21	8.34	32.2
11MPa	32.82	−4.39	27.81

续表

第三次循环	位移（mm）	相对位移（mm）	累计位移（mm）
6.5MPa	27.1	−5.72	22.09
2.5MPa	17.26	−9.84	12.25
第四次循环	位移（mm）	相对位移（mm）	累计位移（mm）
2.5MPa	17.26	0	12.25
6.5MPa	20.83	3.57	15.82
11MPa	30.15	9.32	25.14
17.5MPa（80%）	40.6	10.45	35.59
15.5MPa	37.71	−2.89	32.7
11MPa	33.56	−4.15	28.55
6.5MPa	28.02	−5.54	23.01
2.5MPa	19.37	−8.65	14.36
第五次循环	锚杆拉断		

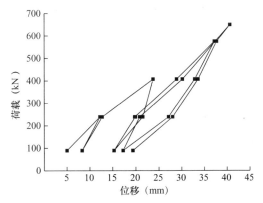

图 6.36　6 束 BFRP 筋材锚索试验抗拔力与变形关系曲线图

(a)　　　　　　　　　　　　(b)

图 6.37　6 束 BFRP 筋材锚索拉拔试验

根据钢筋锚杆破坏情况，锚杆极限抗拔力按停止加载后锚头位移稳定对应的荷载取值或破坏荷载的前一级荷载为极限抗拔力，得到 6 束 ϕ28mm 筋材锚杆单根锚杆极限抗拔力为 649.2kN。

6.6.5　3 束钢筋锚杆的对比拉拔试验

本试验进行了 2 组钢筋锚杆（索）的拉拔试验，锚杆采用 3 根 ϕ28mmHRB400 钢筋，锚固长度 8m，成孔直径 200mm。试验结果如表 6.22、表 6.23 所示，试验现场如图 6.38 所示。

1# 锚杆基本试验荷载与位移数据汇总表　　　　　　　　　　表 6.22

观测时间 （min）	荷载 （kN）	2# （3ϕ28，锚固段 7.8m）		
		弹性位移 （mm）	塑性位移 （mm）	总位移量 （mm）
0	70.90	0.00	0.00	0.00
10	220.15	−1.34	1.33	2.67
10	350.75	−1.71	1.65	3.36
10	481.34	−3.11	1.97	5.08
10	555.97	−5.02	2.21	7.23
10	630.60	−6.42	3.24	9.66
10	705.22	−7.00	12.00	19.00
—	—	—	—	—
极限值	630.60	−6.42	3.24	9.66

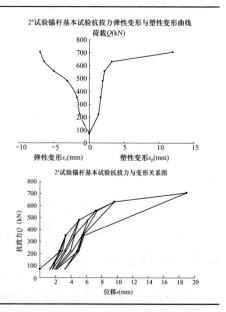

2# 锚杆基本试验荷载与位移数据汇总表　　　　　　　　　　表 6.23

观测时间 （min）	荷载 （kN）	3# （3ϕ28，锚固段 7.8m）		
		弹性位移 （mm）	塑性位移 （mm）	总位移量 （mm）
0	70.90	0.00	0.00	0.00
10	220.15	−0.72	0.04	0.76
10	350.75	−1.45	0.03	1.48
10	481.34	−2.20	0.33	2.53
10	555.97	−3.31	1.54	4.85
10	630.60	−5.58	1.97	7.55
10	705.22	−5.60	3.17	8.77
—	—	—	—	—
极限值	630.60	−5.58	1.97	7.55

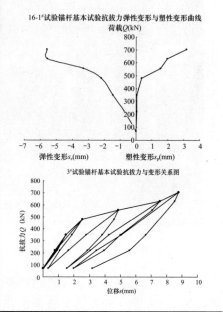

根据钢筋锚杆破坏情况，锚杆极限抗拔力按停止加载后锚头位移稳定对应的荷载取值或破坏荷载的前一级荷载为极限抗拔力，得到 3 束 ϕ28mm 对比钢筋锚杆单根锚杆极限抗拔力为 630.60kN。

6.6.6　小结

（1）BFRP 筋材锚杆拉拔试验结果表明，单根 ϕ14mm BFRP 筋材锚杆极限抗拔力约 143.00kN，3 束 ϕ28mm 对比钢筋锚杆单根锚杆极限抗拔力为 630.60kN，5 束 ϕ14mm BFRP 筋材锚索极限抗拔力为 574.6kN，6 束 ϕ14mm BFRP 筋材锚索极限抗拔力为 649.2kN。

图 6.38　3 束 ϕ28mm 筋材锚杆拉拔试验

（2）6 束 ϕ14mm BFRP 筋材锚索极限抗拔力与 3 束 ϕ28mm HRB400 筋材锚杆极限抗拔力（630.60kN）相当。若采用 BFRP 筋材替代钢筋锚杆，根据设计极限抗拔力，按等强度替代即可计算采用 BFRP 筋材的数量。现场拉拔试验证明设计的锚具性能可以满足实际工程应用。

6.7　本章小结

通过锚具工艺试验和胶粘剂选型试验获得了锚具研发的设计参数，并研发了一种新型 BFRP 筋材锚杆（索）锚具以及拉拔配套装置，通过现场拉拔试验，现场工程应用和监测试验，验证了锚具的锚固效果，已经满足实际应用要求。主要结论如下：

（1）通过锚具与植筋胶的粘结强度有影响的因素进行试验得出，锚具内部除锈，糙化对粘结强度有影响，锥形口的设计是影响粘结强度的关键。

（2）通过已有的植筋胶和自配的试验胶进行对比得出，喜利得植筋胶，慧鱼植筋胶完全满足设计要求，国产植筋胶廉价也可以达到其设计要求，但其长期性还有待试验验证。

（3）设计出 ϕ14mm 的 BFRP 筋材锚杆（索）的锚具及相关的拉拔试验装置，并且对锚具进行力学试验，满足 BFRP 锚杆（索）的拉拔和锁定的锚具设计要求。

（4）对新设计的锚具应用于实际土质边坡支护工程，并进行现场拉拔试验，FBRP 筋材锚杆拉拔试验结果表明，单根 ϕ14mm BFRP 筋材锚杆极限抗拔力约 143.00kN，5 束 ϕ14mm BFRP 筋材锚索极限抗拔力为 574.6kN，6 束 ϕ114mm BFRP 筋材锚索极限抗拔力为 649.2kN。6 束 ϕ14mm BFRP 筋材锚索极限抗拔力与 3 束 ϕ28mm HRB400 筋材锚杆极限抗拔力（630.60kN）相当。若采用 BFRP 筋材替代钢筋锚杆，根据设计极限抗拔力，按等强度替代即可计算采用 BFRP 筋材的数量。现场拉拔试验证明设计的锚具性能满足实际工程应用。

（5）通过 BFRP 筋材锚杆（索）应用于实际土质边坡支护工程的监测数据得出。采用直径为 14mm 的 BFRP 筋材支护土质边坡，其效果与采用直径为 25mm 的钢筋锚杆支护边坡相当。钢筋锚杆和 BFRP 筋材锚杆监测受力表明，两种锚杆受力情况，差别不大，相差都在 5kN 左右。单根锚杆的设计拉力为 50kN，实际锚杆所承受的最大拉力为 30kN。锚杆目前受力低于它的设计强度，边坡变形微小，边坡处于稳定状态。所使用的 BFRP 杆体，能替代钢筋支护边坡，施工方便，支护效果好，节约工程造价。

（6）通过 BFRP 筋材锚杆（索）应用于实际基坑支护工程的监测数据得出玄武岩筋材锚索可以代替传统钢绞线进行基坑支护。即用 6 束直径为 14mm 的玄武岩筋材锚索替代 4 束直径为 15.2mm 的钢绞线锚索是可行的。

由于设计锚具时未考虑材料重复利用的因素，所以设计的锚具还有些瑕疵。由于材料的特殊性，所以对于实际工程中的焊接以及施工方法还有待进一步研发。

第7章　玄武岩纤维复合筋岩土锚固试验研究

7.1　引言

玄武岩纤维复合筋（Basalt Fiber Reinforced Plastics，简称 BFRP）是以玄武岩纤维为增强材料，以合成树脂为基体材料，并掺入适量辅助剂，经拉挤工艺和特殊的表面处理形成的一种新型非金属复合材料。玄武岩纤维复合筋具有高强、轻质、耐碱、耐酸和耐自然元素的腐蚀等优异的物理化学性质。同时，玄武岩纤维复合筋的热膨胀系数与混凝土相近，确保了混凝土与筋材的同步变形；加之由于该材料在纵向可连续生产，用于连续配筋水泥混凝土可根据路段长度进行配置，减少了钢筋配筋纵向焊接工序，大大提高了工程建设进度，具有广泛的工程应用前景。

本章对 BFRP 与水泥基类之间粘结性能试验。包括不同直径的筋材与不同型号的水泥基类之间的粘结性能。BFRP 锚杆（索）支护设计，主要就是锚固参数的取值与施工工艺的确定。研究内容主要包括 BFRP 锚杆在岩土工程锚固中的设计方法、在岩土工程中 BFRP 锚杆（索）与钢筋锚杆（索）之间的受力对比研究及 BFRP 锚杆（索）的受力特性。BFRP 锚杆（索）支护设计锚固参数主要通过室内试验的各项力学性能数据来得到，同时参照相对应的钢筋锚杆（索）边坡支护设计规范。施工工艺通过室内锚具的设计与现场的施工设计来确定，由于纤维筋材的特殊性，必须使用特制的锚具。通过两个典型 BRPP 锚杆锚固工程（土质边坡和岩质边坡）的现场制作与监测试验，并进行钢筋锚杆（索）及 BFRP 锚杆（索）的对比试验，重点监测锚筋受力、坡体位移特征。

7.2　研究及应用现状

锚杆在土木工程领域应用广泛。传统钢材锚杆容易锈蚀，对结构的安全性和耐久性带来了严峻的挑战。国际预应力协会（FIP）曾对 35 个锚杆断裂实例进行调查，其中永久锚杆占 69%，临时锚杆占 31%，锚杆使用期在 2 年内和 2 年以上发生腐蚀断裂的各占一半。

复合纤维增强塑料筋（FRP）是由高性能纤维和树脂基体材料生成而成的。根据纤维种类的不同，可分为：玻璃纤维复合筋、玄武岩纤维复合筋、碳纤维复合筋、芳纶纤维复合筋。

与钢筋相比，FRP 具有低松弛性、耐腐蚀、轻质、高强等优良特性，非常适合用作锚杆拉筋，用在各类锚固工程中可有效解决传统钢材锚杆容易锈蚀的问题。在 FRP 锚杆性能研究方面，国内外一些专家学者做了大量卓有成效的工作，贾新等用改进的锚杆拉伸实验模型，进行了不同直径 GFRP、不同强度锚固砂浆的实验，结果表明其他参数相同的情况下，FRP 锚杆拉拔承载力随灌浆材料强度增大而提高；高丹盈提出了 FRP 锚杆锚固性能分析的数值计算方法；黄生文等进行了 FRP 土钉的试验，并结合实际应用进行了现场实测，结果表明 FRP 土钉与灌浆体粘结强度取决于后者的抗剪强度；朱海堂等对 FRP 锚杆的粘结滑移机理及支护设计方法进行了研究，提出了简化的四折段粘结滑移本构模型；黄志怀等研制了用于 FRP 锚杆螺纹耦合半模钢夹具并经实验检测具有较好性能；刘汉东等研究了 GFRP 锚杆的基本力学指标，通过与螺纹钢锚杆对比显示 GFRP 锚杆具有广泛应用前景；Benmokrane 等进行了不同 FRP 筋（CFRP、AFRP、GFRP）、不同锚固长度、不同灌浆材料的系列实验，得到了一些有意义的结论。上述研究说明使用 FRP 筋材作为锚杆在工艺上是可行的，在性能上能满足相关要求。

而将玄武岩纤维筋应用至锚固支护的研究较少，关于玄武岩纤维复合材料岩土锚固性能的研究刚刚起步，尚未系统及深入。

高性能纤维在土木工程领域的应用一直受到人们的关注，常用于混凝土增强的高性能纤维材料有玻璃纤维、碳纤维和芳纶。玻璃纤维不耐碱、老化快、与混凝土的适配性差，所以自 20 世纪 60 年代以来，在土木建筑中较少使用玻璃纤维增强混凝土。碳纤维和芳纶的生产过程严重污染环境，加之产品价格一直居高不下，使其在土木工程领域中的应用受到极大的制约。而玄武岩纤维以其良好的物化特性，则具有广泛的工程运用前景。

7.3 BFRP 与水泥基类握裹力性能试验

BFRP 用作替代钢筋成为水泥基类混凝土建筑物或构筑物的拉应力主要承受材料，其与水泥基类的粘结性能是重要的设计参数。如果复合筋与砂浆、混凝土等之间不具备良好的粘结性能，则不能达到两者间协调工作的情况，从而使得结构强度大大降低。

7.3.1 试验方法

混凝土的粘结强度（MPa）是表示混凝土抵抗钢筋滑移能力的物理量，以它的滑移力除以握裹面积来表示。一般情况下，粘结强度是指沿钢筋与混凝土接触面上的剪应力，亦即是粘结应力。实际上，钢筋周围混凝土的应力及变形状态比较复杂，粘结强度使钢筋应力随着钢筋握裹长度而变化，所以，粘结强度随着钢筋种类，外观形状以及在混凝土中的埋设位置，方向的不同而变化，也与混凝土自身强度有关，即混凝土抗压强度越高，粘结强度越大，但两者不是直线关系。

粘结强度是指钢筋与混凝土之间的粘结力，粘结力由以下三部分组成：

（1）混凝土在凝结硬化时的收缩，产生较大的摩擦力；

（2）钢筋与混凝土界面上产生的胶结力；

（3）钢筋表面的凸、凹形态（各种变形钢筋）而产生的机械咬合力。

上述三种力量，以摩擦力和机械咬合力为最主要的受力。

由于本项试验的试验方法与技术指标在现行规范中并未有所体现，故参考《混凝土结构试验方法标准》GB/T 50152—2012 中对于钢筋与混凝土粘结强度对比试验方法，对玄武岩纤维复合筋与砂浆、混凝土粘结强度进行试验。为探求玄武岩复合筋在各种状态下与水泥混凝土的粘结性能，本节将玄武岩纤维复合筋分别与不同强度等级的砂浆、混凝土粘结性能进行试验。

根据相关试验要求，试验用混凝土应采用普通骨料，粗骨料最大颗粒粒径不得大于 1.25 倍样品直径，故在试验前应选用满足要求的粗集料，进行纯水泥浆、M20 砂浆、M30 砂浆、C30 混凝土配合比试验，并确定混凝土配合比。

将制作试件标准养护至 28d 龄期后，逐一按规范所示的加载装置对各试件进行加载，直至试件破坏。在试验过程中，对试件破坏力、试件破坏位置等信息进行记录。

7.3.2　试验步骤

由于实际工程中使用较多的是 M20、M30 水泥砂浆，本次试验使用 M20、M30 水泥砂浆。而一般混凝土构件使用强度等级为 C7.5～C30 的混凝土，预应力混凝土构件使用强度等级为 C40 及以上的高强度混凝土，本次试验仅针对岩土锚固工程的坡面防护喷射混凝土及混凝土面板，试验选择 C30 混凝土标准进行试验。

（1）水泥基类配比

据试验要求选定粒径组成为 5mm～10mm 的粗集料，并进行纯水泥浆、M20 砂浆、M30 砂浆、C30 混凝土配合比设计。

1）纯水泥浆：水灰比 0.5（水和水泥的比值）；水泥型号为 32.5。

2）M20 水泥砂浆选用强度等级为 42.5 的水泥型号；

每立方米配合比：

水泥为 360kg、砂子为 1783kg、水用量为 300kg 左右。

水泥∶砂子∶水＝1∶5∶0.8

3）M30 水泥砂浆选用强度等级为 42.5 的水泥型号；

每立方米配合比：

水泥为 450kg、砂为 1400kg、水为 270kg 左右。

水泥∶砂子∶水＝1∶3.1∶0.6

4）C30 混凝土选用强度等级为 42.5 的水泥型号；

每立方米配合比：

水泥为 395kg、砂（中砂）为 575kg、卵石（粒径为 10mm）

为 1250kg、水为 190kg 左右。水灰比为 0.47

水泥∶砂子∶卵石∶水＝1∶1.5∶3.2∶0.5

（2）试验试件制作

参照钢筋与混凝土之间粘结强度的试验，制作两种不同形状的试件。采用中心拉拔方式来制作方形试验试件，如图 7.1 所示；使用 PVC 管制作圆柱形试验试件，如图 7.2 所示；同时，制作抗压试块，如图 7.3 所示。配置相应强度等级的混凝土注入模具中并振实。

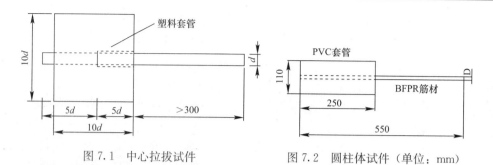

图 7.1 中心拉拔试件　　　　　图 7.2 圆柱体试件（单位：mm）

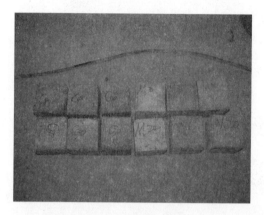

图 7.3 抗压试件

7.3.3 拉拔试验

将制作好的试件养护至初凝后拆模，并置入标准养护室养护至 28d 龄期，并在试验试件的受拉端安装拉拔锚具。如图 7.4 所示。

将养护完成的试件进行粘结强度拉拔试验。形状为正方体的中心拉拔试件使用万能试验机来进行试验，以 3kN/min 的速率对试件进行加载；形状为圆柱体的试件，使用空心千斤顶进行拉拔试验。试验过程如图 7.5～图 7.7 所示。

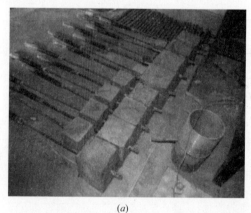

(a)　　　　　　　　　　　　　(b)

图 7.4 正方体与圆柱体试件

图 7.5 正方体试件拉拔试验　　图 7.6 抗压试件　　图 7.7 圆柱体试件拉拔试验

142

试验中若出现复合筋自由端相对混凝土立方体发生明显相对滑动或混凝土立方体劈裂破坏即停止试验，并记录破坏荷载与破坏形态。如图7.8所示。

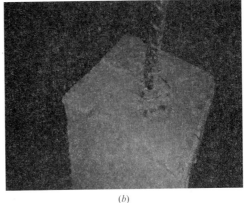

(a)　　　　　　　　　　　　　　　　(b)

图7.8　试验后试件

7.3.4　试验结果

纯水泥浆、M20 砂浆、M30 砂浆、C30 混凝土粘结性能试验结果如表 7.1～表 7.6 所示。本次试验可知，筋材型号不同，与砂浆和混凝土的粘结强度也不同，总体上看，筋材直径越大，粘结强度越小。对于常用工程锚杆直径（10mm 以上），M20、M30 砂浆与 BFRP 粘结强度约 5MPa～6MPa 左右；C30 混凝土与 BFRP 粘结强度约为 8MPa。

混凝土的物理力学性能　　　　　　　　　　　　　　　表7.1

水泥基类混凝土	水灰比	抗压强度（MPa）
M20 水泥砂浆	0.83	6.76
M30 水泥砂浆	0.6	19.93
C30 水泥砂浆	0.47	21.36

纯水泥浆粘结性能试验数据　　　　　　　　　　　　　　表7.2

筋材型号（mm）	锚固面积（mm²）		试样1	试样2	试样3	平均值
8	6283.18	锚固力（N）	16665	13332	26664	18887
		粘结强度（MPa）	2.65	2.12	4.24	3.01
10	7853.98	锚固力（N）	19998	14665.2	23331	19331.4
		粘结强度（MPa）	2.55	1.88	2.97	2.46
12	9424.77	锚固力（N）	16999	22662	21843	21501.33
		粘结强度（MPa）	2.12	2.40	2.32	2.28
14	10995.57	锚固力（N）	25997.4	23338	24664.2	24664.5
		粘结强度（MPa）	2.36	2.12	2.24	2.24

M20 砂浆粘结性能试验数据 表 7.3

筋材型号（mm）	受力面积（mm²）		试样 1	试样 2	试样 3	试样 4	平均值
4	251.33	锚固力（N）	1900.2	2476.4	1648.2	2216.3	2060.275
		粘结强度（MPa）	7.56	9.85	6.56	8.82	8.20
8	1005.31	锚固力（N）	5024.3	6156.4	4888.2	4164.3	5058.3
		粘结强度（MPa）	5.00	6.12	4.86	4.14	5.03
10	1570.80	锚固力（N）	9196.6	9232.6	6636.4	5060.3	7531.475
		粘结强度（MPa）	5.86	5.88	4.23	3.22	4.80
12	2261.94	锚固力（N）	14205	9012.6	11413	12081	11677.9
		粘结强度（MPa）	6.28	3.99	5.05	5.34	5.17

M30 砂浆粘结性能试验数据 表 7.4

筋材型号（mm）	受力面积（mm²）		试样 1	试样 2	试样 3	试样 4	平均值
4	251.33	锚固力（N）	4940.3	1224.1	3052.2		3072.2
		粘结强度（MPa）	19.67	4.87	12.15		12.23
8	1005.31	锚固力（N）	7144.5	4590.5	6044.4	6216.4	5998.95
		粘结强度（MPa）	7.11	4.57	6.01	6.18	5.97
10	1570.80	锚固力（N）	7872.5	7500.3	7716.5	6864.4	7488.425
		粘结强度（MPa）	5.01	4.78	4.91	4.37	4.77
12	2261.94	锚固力（N）	13141	14752.5	17473		14455.5
		粘结强度（MPa）	5.81	5.64	7.72		6.39

C30 混凝土粘结性能试验数据 表 7.5

筋材型号（mm）	受力面积（mm²）		试样 1	试样 2	试样 3	试样 4	平均值
4	251.33	锚固力（N）	6932.4	6752.4	6588.4	6180.4	6613.40
		粘结强度（MPa）	27.60	26.88	26.23	24.60	26.33
8	1005.31	锚固力（N）	8321.8	9624.6	8800.6	10357	9276.00
		粘结强度（MPa）	8.28	9.57	8.75	10.30	9.23
10	1570.80	锚固力（N）	10425	8368.5	12137	18913	12460.88
		粘结强度（MPa）	6.64	5.33	7.73	12.05	7.94
12	2261.94	锚固力（N）	23554	19569	20193	13609	19231.25
		粘结强度（MPa）	10.42	8.66	8.93	6.02	8.51

各型号筋材与水泥基类粘结强度汇总表（MPa） 表 7.6

筋材型号（mm）	纯水泥浆	M20 砂浆	M30 砂浆	C30 混凝土
4	—	8.20	12.23	26.33
8	3.01	5.03	5.97	9.23
10	2.46	4.80	4.77	7.94
12	2.28	5.17	6.39	8.51
14	2.24	—	—	—

7.3.5 小结

（1）水泥基类型号不同，粘结强度不相同。BFRP 与纯水泥砂浆的粘结强度在 2MPa～3MPa；与 M20 砂浆的粘结强度在 5MPa～8.5MPa；与 M30 砂浆的粘结强度在 4.5MPa～12.5MPa；与 C30 混凝土的粘结强度在 7.5MPa～27MPa。

（2）直径为 4mm 的 BFRP 与不同水泥基类的粘结强度普遍偏高。4mm 的 BFRP 筋材外表裹有大量的石英砂，同时与各种水泥基类构件的比表面积最大，增大了与接触水泥基类之间的摩擦力。

（3）BFRP 为新型材料，为安全计，在具体岩土工程中，建议粘结强度的取值在 2MPa～4MPa。

7.4　BFRP 筋材与钢筋锚固对比实验研究

7.4.1　概述

由于 BFRP 筋从未在岩土工程中有过应用，缺乏相关的工程经验，为保障应用研究工程的安全，因此在进行工程应用前，还需要选取合适的场地，进行 BFRP 筋材锚固特性现场试验研究。考虑到锚杆工程可验证 BFRP 筋材锚固特性，同时还可通过破坏试验检验 BFRP 筋材锚杆的抗剪性能，因此设计开展的 BFRP 筋材锚固特性试验为锚杆边坡工程，通过验证 BFRP 筋材在岩土工程中的锚固特性和可靠性，为下一步的应用研究提供可靠依据和工程经验。

7.4.2　试验场地条件

选取的试验场地位于成都绿地中心项目 10 号地块内（该地块在试验时尚未动工），属成都平原岷江水系Ⅲ级阶地，为山前台地地貌，地形有一定起伏，地面高程 519.22m～527.90m，最大高差为 8.68m。试验场地地形平坦，有稀疏的杂草覆盖。场地内地层组成较为简单，前期钻探揭露深度 14m 范围内，场地岩土主要由第四系全新统人工填土（Q_4^{ml}），包括新近填土（Q_4^{ml-1}）和老填土（Q_4^{ml-2}）、第四系中、下更新统冰水沉积层（Q_{1-2}^{fgl}）（主要是具弱膨胀性的黏土）构成。14m 以下依次为黏土、卵石土、白垩系上统灌口组（$K_{2}g$）泥岩。工程地质性质较差，选取的工程场地现场照片如图 7.9 所示。场地岩土构成与特征见表 7.7。

图 7.9　试验场地现场照片

场地岩土构成与特征一览表　　　　表 7.7

地质年代成因	地层编号	岩土名称	野外特征	典型岩芯照片
Q_4^{ml}	1	新近填土	新近填土主要来源于 2 年前附近建筑挖方的堆填，红褐色，稍湿，夹杂卵石，土质松软、固结度差、强度低，厚度 3m～4m	

地质年代成因	地层编号	岩土名称	野外特征	典型岩芯照片
Q_4^{ml}	2	老填土	老填土为多年形成的杂填土,主要为黏粒土夹淤泥土,含少量的砖屑、砾石。黏粒土为黄褐色,稍湿,呈可塑状,均匀性差,多为欠压密土,结构疏松,具有强度较低、压缩性高、荷重作用易变形等特点。钻探揭露层厚0.80m~2.70m	
Q_{2-1}^{fgl}	3	黏土	褐黄色,硬塑—坚硬,光滑,稍有光泽,无摇振反应,干强度高,韧性高,具弱膨胀性,含铁锰质氧化物结核及少量钙质结核。网状裂发育,缓倾裂隙也较发育。埋深2.0m以上,网状裂隙较发育,裂隙短小而密集,上宽下窄,较陡直而方向无规律性,将黏土切割成短柱状或碎块,隙面光滑,填灰白色黏土薄层。钻探揭露层厚4.30m~10.50m	
	4	卵石土	褐黄—黄红色,硬塑—可塑,以黏性土为主,含少量卵石。卵石成分主要为变质岩、岩浆岩;磨圆度较好,呈圆形—亚圆形,分选性差,大部分卵石呈全风化—强风化,用手可捏碎。卵石含量约15%~40%,卵石与黏性土胶结面偶见灰白色黏土矿物。该层普遍分布,钻探揭露层厚0.70m~5.30m	
K_{2g}	5	泥岩	棕红—紫红色,泥状结构,薄层—巨厚层构造,其矿物成分主要为黏土质矿物,遇水易软化,干燥后具有遇水崩解性,局部夹乳白色碳酸盐类矿物细纹,局部夹0.3m~1.0m厚泥质砂岩透镜体。据临近工程项目的调查,场地内岩层产状约在300°∠11°。根据风化程度可分为全风化泥岩、强风化泥岩、中等风化泥岩、微风化泥岩	

根据勘察对场地分布的岩土层进行的胀缩性试验结果,按《膨胀土地区建筑技术规范》GB 50112—2013的分析评价其胀缩性,岩土的自由膨胀率平均值为40.3%~45.8%,为具有弱膨胀潜势的膨胀性土。在进行边坡支护锚杆设计时其中土体的膨胀力25.2kPa~

100.9kPa，平均值为 57.8kPa。

7.4.3　试验设计和监测方案

（1）试验方案

为对比 BFRP 筋材锚杆的支护效果，在地质条件相同的同一场地内进行了无支护边坡、BFRP 筋材锚杆支护边坡和钢筋锚杆支护边坡的对比试验。

BFRP 筋材锚杆支护边坡与钢筋锚杆支护边坡设计方案基本一致，开挖边坡总高 9m，分三级开挖，于 2015 年 4 月底开始施工第一级边坡，5 月上旬施工第二级边坡，5 月中旬施工第三级边坡，6 月底完成全部施工工作。第三级边坡坡高 3.2m，主要为新近填土，土体松软，固结度差，强度较低，设计坡率 1:1，采用插入式土钉支护；第二级边坡坡高 2.6m，主要为老填土夹淤泥，土层工程性质较差，设计坡率 1:0.5，采用锚杆支护，坡脚设宽度 1m 平台；第一级边坡坡高 3.2m，主要为黏土，具有弱膨胀性，设计坡率 1:0.5，采用锚杆支护。坡顶、坡底分别设置截水沟和排水沟，坡面上装有排水孔，坡底设置一个 4m×4m 的集水池，设计方案示意图如图 7.10 所示。

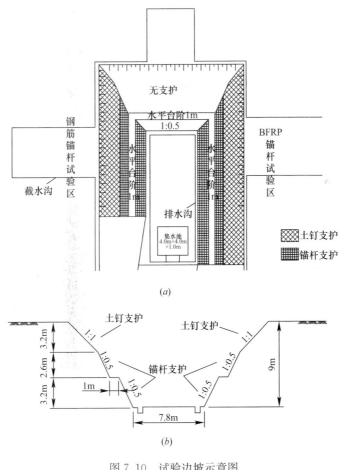

图 7.10　试验边坡示意图

（a）平面图；（b）剖面图

147

　　试验场地中的新近填土是近两年内附近建筑挖方堆填形成，勘察报告中没有该层土体的强度参数。因此，新近填土的强度参数由试开挖坡率为 1∶0.3 的边坡破坏试验反算得出，试开挖边坡破坏如图 7.11 所示。

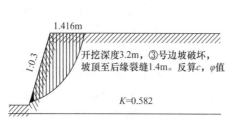

图 7.11　边坡破坏试验反算参数

　　根据试开挖边坡的破坏形状，利用理正软件试算新近填土的黏聚力和内摩擦角，得到天然工况下新近填土的 c、φ 值，并根据经验选取暴雨工况下的 c'、φ' 值如表 7.8 所示。

表 7.8

土层参数计算值

岩土类型	γ (kN/m³)	γ_{sat} (kN/m³)	c (kPa)	c' (kPa)	φ (°)	φ' (°)
新近填土	17	19	4	2	10	7
老填土	19	19	10	9	10	8
黏土	20.0	20	40	25	12	9

　　利用理正边坡稳定性分析软件计算开挖基坑边坡在天然和暴雨工况下边坡的稳定性，计算结果如表 7.9、图 7.12 所示。由于基坑边坡上部土层为新近填土，土层强度低，工程性质差，在天然工况下边坡即会产生局部破坏；在暴雨工况下边坡会发生边坡整体失稳。因此边坡需要采取加固措施，以暴雨条件为计算工况进行支护结构的设计。

表 7.9

开挖边坡稳定性系数

工况	天然		暴雨	
	局部	整体	局部	整体
稳定性系数	0.713	1.354	0.385	0.845

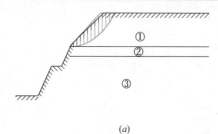
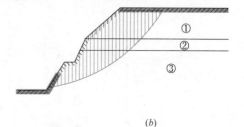

(a)　　　　　　　　　　　　　　　　　(b)

图 7.12　边坡的潜在滑面示意图

(a) 局部潜在滑面；(b) 整体潜在滑面

　　第三级边坡土体为新近填土，土质不均匀，固结度低，工程性质较差，若采用锚杆支护则在成孔施工中即可能造成边坡垮塌，因此设计采用土钉支护。参照《建筑基坑支护技术规程》JGJ 120—2012 进行设计，设计的土钉为直径 30mm，长约 6m 的直接击入式钢管，土钉水平间距 1.0m，垂直间距 1.5m。

第二级和第一级边坡土体为老填土和膨胀性黏土，相对于第三级边坡土质工程性质稍好，因此采用锚杆支护方案。在设计第一、二级边坡的支护锚杆时，把第三级边坡的土层强度参数提高至加土钉后的稳定状态（暴雨工况 $K = 1.507$、天然工况 $K = 1.767$），视作边坡上部为稳定土柱（暴雨工况 $c = 9$kPa，$\varphi = 17°$，天然工况 $c = 10$kPa，$\varphi = 19.5°$），以便于第一、二级边坡的锚杆设计。采用理正边坡稳定分析软件计算得出该边坡暴雨工况下，未支护边坡稳定性系数 $K = 0.908$，边坡安全等级是三级，根据《建筑边坡工程技术规范》GB 50330 边坡的安全系数 $[F_s] = 1.20$，计算得出边坡总下滑力为 445.393kN/m，总抗滑力为 404.272kN/m，再根据圆弧破坏边坡加固力计算公式计算得到每延米边坡所需要的锚固力 $T = 160$kN。

设计取锚杆水平间距为 1.5m，沿坡面的排距为 1.5m，共四排；锚杆安设角与水平方向呈 15°。按照每延米边坡所需锚固力 160kN 计算，间距 1.5m 锚杆单列所需锚固力为 240kN。因此可确定四排锚杆锚固力的设计值如表 7.10 所示。考虑使边坡稳定所需要的锚固力、该边坡的岩土性质以及施工条件等，选择的锚杆锚固方式为圆柱型全长粘结。

试验边坡锚杆锚固力分配值　　　　　　　　　　　　表 7.10

锚杆排数	第一排	第二排	第三排	第四排
锚固力 T_i(kN)	70	70	60	60

根据国家标准《锚杆喷射混凝土支护技术规范》GB 50086 中关于锚杆锚固体抗拔安全系数的规定，假定该试验场地边坡破坏后的危害程度较大，会出现公共安全问题，当锚杆服务年限小于 2 年，锚固体抗拔安全系数取 1.4。经分析，该边坡的最危险滑移面较浅，锚固所需的锚杆长度在 15m 以内，设计使用 BFRP 筋作为锚杆杆体，BFRP 筋名义屈服强度为其极限抗拉强度的 80%，根据前期试验可知 BFRP 筋抗拉强度标准值 f_{yk} 为 710MPa。同时 BFRP 筋耐腐蚀且受荷达到抗拉强度标准值后，还有较大的安全储备才会破坏，故偏安全，参考临时钢筋锚杆的抗拉安全系数取值为 1.4。

锚固体的直径微微大于钻孔直径，两者一般可理解为相等，在数值计算时往往取相同值，故可取钻孔直径为 100mm，即锚固体的直径也为 100mm。

锚筋的直径 A_s 可由式（7.1）确定，计算得到锚杆的横截面积为 138.01mm²，直径为 13.26mm，因此选用直径 14mm 的 BFRP 筋作为锚杆进行试验。

$$A_s \geqslant \frac{K_t \cdot N_t}{f_{yk}} \tag{7.1}$$

式中　K_t——锚杆杆体的抗拉安全系数；

　　　N_t——锚杆轴向拉力设计值（kN）。

锚杆长度是锚固段长度、自由段长度以及锚头长度之和。该场地边坡锚固采用的锚杆为圆柱形不带螺纹的筋材。所以其锚固段长度可由式（7.2）、式（7.3）确定。

$$L_a \geqslant \frac{K \cdot N_t}{\pi \cdot D \cdot f_{mg} \cdot \varphi} \tag{7.2}$$

$$L_a \geqslant \frac{K \cdot N_t}{n \cdot \pi \cdot d \cdot \xi \cdot f'_{ms} \cdot \varphi} \tag{7.3}$$

式中　K——锚杆锚固体抗拔安全系数；

　　　L_a——锚固段长度（m）；

f'_{ms}——锚固段灌浆体与筋体间粘结强度标准值（kPa）；

f_{mg}——锚固段灌浆体与地层间粘结强度标准值（MPa）。

根据 BFRP 筋与混凝土的握裹力试验，取 BFRP 筋锚杆与水泥砂浆的粘结强度为 4.0MPa。锚固段灌浆体与地层间粘结强度标准值取 70kPa；影响系数取 1.0～1.3，计算出各排锚杆锚固段的长度如表 7.11 所示。锚杆自由段长度主要应根据被加固边坡潜在滑面的产状、深度和锚杆设计位置来确定，同时应穿过潜在滑裂面不小于 1.5m，且不应大于 5.0m。

试验边坡锚杆锚固段长度   表 7.11

锚杆排数	第一排	第二排	第三排	第四排
锚固长度 L_{a}(m)	3.8	3.8	3.2	3.2

边坡采用锚杆支护并不施加预应力，锚头采用前述章节中的与网筋连接锚头。为方便材料的制作及施工，取锚杆长度分别为：第一排、第二排为 12m，第三排、第四排为 9m，注浆体为 M30 水泥砂浆。

对设计边坡进行验算，同时考虑土钉墙和锚杆支护下的天然工况边坡抗滑安全系数为 1.531，暴雨工况下仅考虑锚杆支护的边坡稳定性系数为 1.201，满足设计要求。

钢筋锚杆设计方法与 BFRP 筋材锚杆相似，设计的钢筋锚杆支护边坡同样布置 4 排锚杆，锚杆长度分别为 12m 和 9m，锚杆水平间距 1.5m，竖向间距 1.5m，杆体采用 HRB335 钢筋，杆体直径 25mm，锚固体直径 100mm，全长注浆。

试验边坡支护结构布置平面图和剖面图如图 7.13 所示。

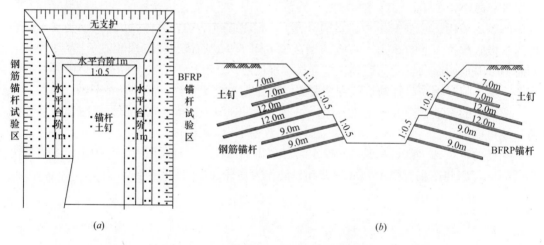

图 7.13 试验边坡支护设计方案示意图
(a) 平面图；(b) 剖面图

（2）监测方案

1）边坡深部变形监测

边坡深部变形是通过测斜管进行测量，测斜管通常安装在穿过不稳定土层至下部稳定地层的垂直钻孔内。使用数字垂直活动测斜仪探头，控制电缆和读数仪来观测测斜管的变形。第一次观测可以建立测斜管位移的初始断面，通过对比不同时间下的测试结果与初始的观测数据，可以确定侧向偏移的变化量，显示出地层所发生的运动位移，该项测试有助于确定边坡运动位移的深度、方向和速率。

测斜管的安装是在开挖基坑边坡前，为了能较准确监测到边坡深部变形，测斜管安装在第三级 1：1 的边坡及坡顶上。试验所需测斜管 12 根，每根测斜管长 14m。测斜管安装的位置及现场安装照片如图 7.14 所示。

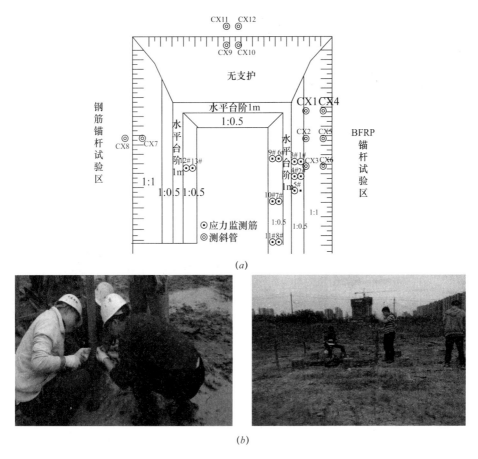

图 7.14　测斜监测方案与安装照片

（a）测斜孔布置平面图；（b）测斜管安装照片

2）地表位移监测

地表位移的监测是由两个基点，两个全站仪测站，若干地表测点形成的监测系统，全站仪在测站 1 首先对准一个基点 G1，调水平角归零，然后观测地表测点及基点 G2，分别测量水平角、平距、高差。以其中基点 G1 为坐标原点，计算各点的坐标，继而可分析坡顶和坡面的变形。测站 CZ1、测站 CZ2 分别位于两个试验边坡的坡顶处，并靠近无支护边坡，基点 G1、基点 G2 远离基坑边坡，距离 CZ2、CZ1 为 20m、30m。由于该试验主要研究对象为 BFRP 筋材锚杆，因此在 BFRP 筋材锚杆试验区观测点密度更大，共设置了八个观测剖面。钢筋锚杆试验区布置的监测点较少，共设置了三个观测剖面，无支护边坡也设置了三个观测剖面。坡顶变形监测点在基坑边坡开挖前布设，每开挖一级边坡，布设该坡面的变形监测点。试验基坑边坡地表位移监测点布置情况如图 7.15 所示。

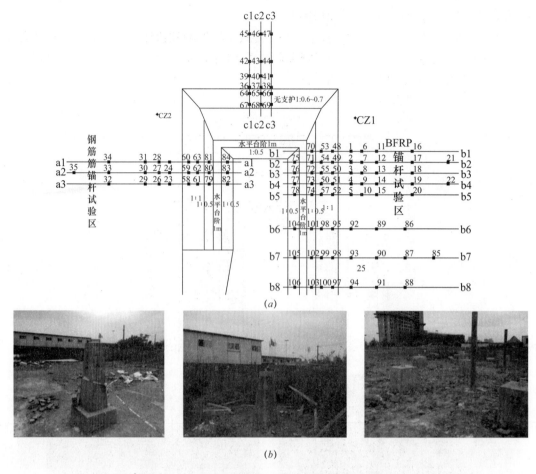

(a)

(b)

图 7.15　试验基坑边坡地表位移监测方案及现场照片

(a) 地表位移监测点布置平面图；(b) 现场测量基站照片

3）锚杆轴力监测

锚杆轴力是通过在锚杆中安装钢筋计实现的。由于试验主要针对 BFRP 筋材锚杆开展，因此 BFRP 筋材锚杆的受力监测量较多，共布置了 11 根测试锚杆，钢筋锚杆试验区布置了 2 根测试锚杆。单根锚杆中安装 3 个钢筋计，监测锚杆元件安装施工照片如图 7.16 所示。

图 7.16　锚杆安装施工照片（一）

图 7.16　锚杆安装施工照片（二）

7.4.4　试验边坡锚杆施工

（1）BFRP 筋材锚杆制作

虽然 BFRP 筋材具有耐腐蚀、强度高、质量轻、与混凝土粘结性能较好等优点。但是其弯曲性能及延展性差，易发生脆性破坏，锚头不能直接弯曲成 90°，固定于面网上。因此，BFRP 筋材锚杆的锚头需要特别制作，采用本书前述章节中的 BFRP 筋材锚杆锚头，钢管与 BFRP 筋材之间使用粘结剂粘结制成 BFRP 筋材锚杆，钢筋锚杆的锚头只需将端头部分的钢筋弯曲成 90°，施工时用钢扎丝绑定于面网上。制作完成的 BFRP 筋材锚杆如图 7.17 所示。

图 7.17　BFRP 筋锚头与锚杆成品

（2）边坡锚杆施工

由于场地土层的工程性质较差，为安全和便捷施工，采用分层开挖的施工方法，即挖方→钻孔→下锚→注浆→挂网→喷浆→养护→再挖方。

试验的基坑边坡分三层开挖，施工过程见图 7.18。

第三级基坑边坡（0m～ −3.2m）开挖深度 3.2m，坡率 1∶1，两个试验边坡用土钉墙支护，另一个边坡无支护措施。开挖通道为长 9.6m，宽 15.6m，坡率 1∶3，两侧自然放坡；

图 7.18　试验边坡现场施工照片
(a) 边坡开挖；(b) 锚杆钻孔施工；(c) 锚杆注浆；(d) 喷射混凝土；(e) 施工结束

第二级基坑边坡（－3.2m～－5.8m）开挖深度 2.6m，坡率 1：0.5，采用锚喷网支护，设计打两层锚杆，长 12m；开挖通道为长 17.4m，宽 12m，坡率 1：3，两侧自然放坡；

第一级基坑边坡（－5.8m～－9m）开挖深度 3.2m，坡率 1：0.5，在第二级基坑边坡坡脚留有 1m 水平台阶，采用锚喷网支护，设计打两层锚杆，长 9m；开挖通道为长 27m，宽 7.8m，坡率 1：3，两侧自然放坡；

集水池长 4m，宽 4m，深 1m，不做支护；

排水沟截面为 0.5m×0.5m，将砌片石砌筑，水泥砂浆抹面，总厚 10cm；

施工过程中边坡的稳定性利用理正边坡稳定性分析软件计算，通过自动搜索施工过程中边坡的最危险潜在滑动面，并计算其稳定性系数。在施工过程中，第一层新近填土最不稳定，易产生局部破坏，开挖边坡后及时支护，且做好隔水措施。

7.4.5　边坡变形特征

从现场边坡变形情况观察可知，在没有支护的天然工况下，基坑边坡开挖会导致边坡产生局部破坏，随着施工的进行产生整体浅层滑动破坏。钢筋锚杆加固的试验边坡和 BFRP 筋材锚杆加固的试验边坡在开挖和支护过程中，现场边坡一直处于稳定状态，施工结束后，边坡经历一个月的雨季并未出现失稳破坏，表明支护结构可有效加固边坡，控制边坡变形。

（1）BFRP 筋材锚杆试验边坡和钢筋锚杆试验边坡

BFRP 筋材锚杆试验边坡和钢筋锚杆试验边坡在施工过程和后期整体都比较稳定，但是均都出现微小裂缝（如图 7.19 所示为 BFRP 筋材锚杆试验边坡坡顶的拉裂缝，图 7.20 所示为钢筋锚杆试验边坡坡顶的拉裂缝），两侧边坡裂缝延伸均较短，宽度也很小。施工结束后，裂缝基本未发展，两个试验边坡经历一个月的雨季后并未出现失稳破坏（图 7.21）。

图 7.19　BFRP 筋材锚杆支护　　图 7.20　钢筋锚杆支护边坡　　图 7.21　BFRP 筋材和钢筋锚杆
边坡坡顶沿边坡走向的裂缝　　　坡顶沿边坡走向的裂缝　　　　两侧边坡试验后状态

（2）无支护试验边坡

无支护试验边坡在基坑第二层边坡开挖后不久，就已经出现局部失稳破坏现象；开挖第三层基坑边坡后，边坡坡顶出现了较明显的裂缝，施工结束后，边坡已发生了整体破坏。破坏过程见图 7.22。

（a）　　　　　　　　　　　（b）　　　　　　　　　　　（c）

图 7.22　无支护试验边坡破坏情况

（a）边坡坡顶沿坡面走向的裂缝；（b）边坡局部破坏 1；（c）边坡已整体破坏 2

7.4.6　地表变形监测结果

1. 钢筋锚杆试验边坡

以钢筋锚杆试验边坡 a1-a1 剖面监测结果为例对钢筋锚杆边坡变形监测结果进行说明，a1-a1 剖面上竖向变形和水平变形随时间变化曲线如图 7.23 所示。从图中可以看出，自开挖第二层边坡开始，a1-a1 剖面上各监测点的变形速率明显增大，向基坑内的水平位移增加约 10mm，进行支护之后的变形速率明显减小且变形逐渐趋于稳定。开挖第三层基坑边坡时，各监测点发生了明显的朝基坑内的位移，位移最大达 40mm。进行锚杆支护后，边坡的变形速率减小明显，之后边坡地表变形较稳定，基本没有发生较为明显的增长，最终最大水平变形达 43mm。竖直方向变形与水平方向变形类似，最终竖向位移最大值为 48mm。

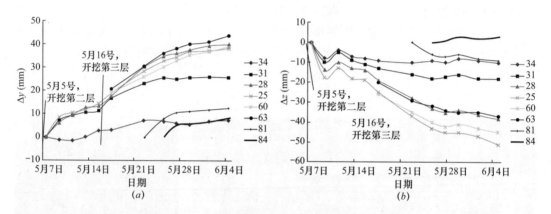

图 7.23　钢筋锚杆试验边坡地表变形曲线

(a) a1-a1 剖面水平方向位移；(b) a1-a1 剖面竖直方向位移

2. BFRP 筋材锚杆试验边坡

以 BFRP 筋材锚杆试验边坡 b1-b1 剖面监测结果为例对 BFRP 筋材锚杆边坡变形监测结果进行说明，b1-b1 剖面上竖向变形和水平变形随时间变化曲线如图 7.24 所示。从图中

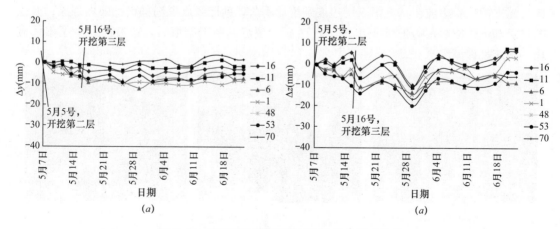

图 7.24　BFRP 筋材锚杆试验边坡地表变形曲线

(a) b1-b1 剖面水平方向位移；(b) b1-b1 剖面竖直方向位移

可以看出，自开挖第二层边坡开始，b1-b1 剖面上各监测点的变形速率增大，向基坑内的水平位移增加约 3mm～4mm，进行支护之后的变形速率明显减小且变化较为稳定。开挖第三层基坑边坡时，水平位移增加至约 10mm，进行锚杆支护后，边坡的变形速率明显小；之后，边坡地表变形较稳定，基本没有较大的增长，最终最大水平变形约 12mm。竖直方向变形与水平方向变形类似，最终竖向位移约 18mm。

3. 无支护边坡

无支护边坡坡面上的监测点在开挖过程中发生极大位移，边坡发生浅层滑移破坏。无支护边坡（以 c1-c1 剖面为例）水平与竖直方向变形曲线如图 7.25 所示。从图中可以看出，当边坡第三层开挖完成后，5 月 22 日边坡突然进入加速变形阶段，5 月 29 日边坡整体破坏。结合现场降雨和施工条件分析，5 月 16 日开挖第三层边坡后，边坡地表变形稍有增加，5 月 20 日的大降雨，使得边坡的变形速率稍微增大。5 月 22 日，边坡变形速率进一步增大，坡顶已出现明显的拉裂缝。

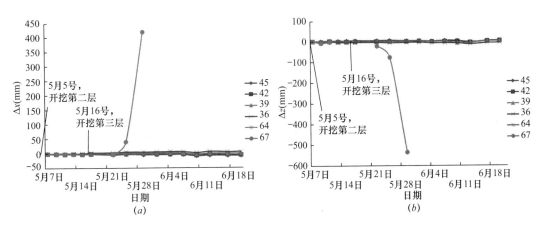

图 7.25　无支护边坡地表变形曲线

(a) c1-c1 剖面水平方向位移；(b) c1-c1 剖面竖直方向位移

7.4.7　深层水平位移监测结果

1. 钢筋锚杆试验边坡

钢筋锚杆试验边坡测斜管位于第三级基坑边坡上，测斜管顶部位于地面以下 3m 处。以钢筋锚杆试验边坡 7 号测斜管测试结果为例进行说明，7 号测斜管位移变化曲线如图 7.26 所示。从图中可以看出，5 月 5 日开挖第二层基坑边坡后（已开挖深度 5.8m），地下 5m 以下坡体变形较小，5m 以上坡体向基坑内的变形明显增加，顶部位移达 15mm。进行锚杆支护后，变形速率明显减小。5 月 16 日开挖第三层基坑边坡后（已开挖深度 9m），边坡整体变形增加，且边坡 6m 以上坡体变形明显增大，顶部位移达 27mm。进行锚杆支护后边坡变形速率明显减小。此外 7 号测斜管也位于一级边坡坡面上，0m～−1m 的测斜管在坡面之上，图中没有 0m～−1m 的变形曲线。截至 6 月 22 日，边坡坡顶位移达 41mm。

该侧边坡其他测斜点所测数据变化规律与 7 号点位相近。

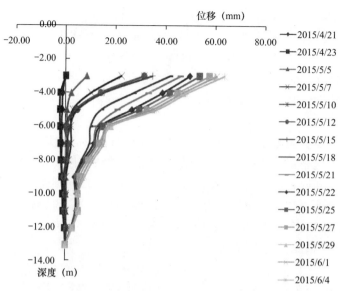

图 7.26　钢筋锚杆试验边坡深层水平位移变化曲线（7 号测点）

2. BFRP 筋材锚杆试验边坡

以 BFRP 筋材锚杆试验边坡 3 号测斜管测试结果为例对 BFRP 筋材锚杆试验边坡测斜变形进行说明，3 号测斜管位移变化曲线如图 7.27 所示。从图中可以看出，4 月 20 日开始开挖第一层基坑边坡后，边坡变形缓慢增加，5 月 5 日开挖第二层基坑边坡之后（已开挖深度 5.8m），地下 7m 以上坡体变形明显增大，3 号测斜管地面以下 7m 处为潜在滑面，5 月 16 日开挖第三层基坑边坡后，坡体变形又稍微增大。三次开挖后进行锚杆支护，坡体变形速率明显降低，施工结束后边坡变形以很小的速率增加，之后趋于稳定。3 号测斜管位于一级边坡坡面上，0m ～ -3m 的测斜管在坡面之上，图中没有 0m ～ -3m 的变形曲线。截至 6 月 22 日，3 号测斜管处的一级边坡坡面位移为 37mm。

该侧边坡其他测斜点所测数据变化规律与 3 号点位相近。

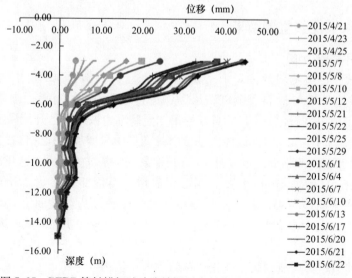

图 7.27　BFRP 筋材锚杆试验边坡深层水平位移变化曲线（3 号测点）

3. 无支护边坡

以无支护边坡 9 号测斜管测试结果进行分析。9 号测斜管相对位移曲线见图 7.28，5月 6 日开挖第二层基坑边坡后，5 月 8 日测量的坡顶位移为 41mm～43mm，5 月 10 日无支护边坡发生局部破坏。又由于 5 月 16 日开挖第三层基坑边坡和 5 月 20 日晚的降雨，5 月22 日坡顶出现了较明显的裂缝。5 月 25 日坡体变形剧增到 90mm～93mm，进入加速变形阶段。5 月 29 日边坡完全破坏。

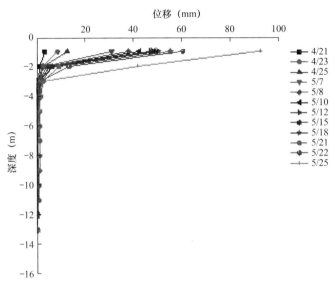

图 7.28　无支护边坡深层水平位移变化曲线（9 号测点）

7.4.8　锚杆轴力监测结果

1. 钢筋锚杆试验边坡

以钢筋锚杆试验边坡中 12 号 7m 长锚杆和 13 号 9m 长锚杆轴力监测结果为例进行介绍。12 号锚杆和 13 号锚杆不同位置处轴力变化如图 7.29 所示。从图中可以看出，从安装锚杆至施工结束，钢筋锚杆受到的拉力持续增加。施工结束后锚杆受力基本稳定。最终测

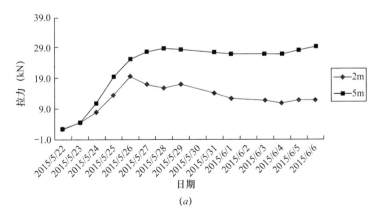

(a)

图 7.29　钢筋锚杆试验边坡监测筋受力变化图（一）

(a) 12 号锚杆

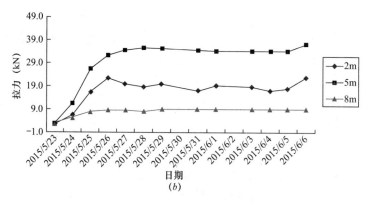

(b)

图 7.29 钢筋锚杆试验边坡监测筋受力变化图（二）

(b) 13 号锚杆

得 12 号锚杆最大拉力为 29kN，13 号锚杆最大拉力为 38kN，均位于距离边坡 5m 位置。可推测潜在滑动面在锚杆 5m 处左右，与测斜管监测结果基本吻合。

2. BFRP 筋材锚杆试验边坡

以 BFRP 筋材锚杆试验边坡中 4 号和 5 号锚杆轴力监测结果为例进行介绍。4 号锚杆和 5 号锚杆不同位置处轴力变化如图 7.30 所示。从图中可以看出，从安装锚杆至施工结束，钢筋锚杆受到的拉力持续增加。施工结束后锚杆受力基本稳定。最终测得 4 号锚杆最大拉力为 15kN，5 号锚杆最大拉力为 14kN，均位于距离边坡 4m 位置，其最大拉力远小于玄武岩筋材的强度值。

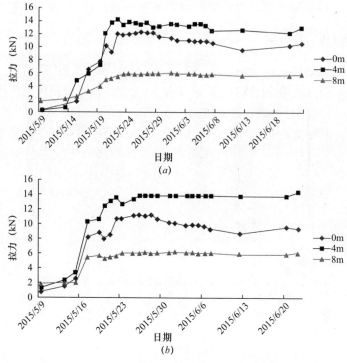

图 7.30 玄武岩筋材锚杆试验边坡监测筋受力变化图

(a) 4 号锚杆；(b) 5 号锚杆

7.4.9 试验边坡破坏试验

为了研究 BFRP 筋材锚杆支护边坡的破坏模式、破坏特性，为今后的同类工程设计施工提供指导，在试验边坡经历一个完整雨季未发生破坏的前提下，采用泡水、开挖坡脚等人工诱导的方式使得边坡破坏，并对边坡破坏下的变形特性，锚杆受力特性进行研究。

（1）破坏试验方案

边坡破坏诱导方案分多个步骤依次进行，分为开挖坡脚→坡脚、坡顶沟槽灌水浸泡→坡顶堆载等，直至试验边坡发生破坏后停止。

① 开挖坡脚

在钢筋加固边坡和 BFRP 筋材加固边坡坡脚开挖深 1.5m、宽 1m 的沟槽，顺坡脚全段开挖，开挖位置如图 7.31 所示。为保证开挖机具及施工人员安全，开挖采用长臂挖掘机，由里向外开挖。在开挖期间即时观测边坡变形和支护结构受力，若有变形加速发展情况，立即停止开挖。

② 坡脚、坡顶沟槽灌水浸泡

若开挖坡脚沟槽后边坡位发生破坏，则对开挖后的坡脚进行灌水浸泡，观测边坡变形

图 7.31 坡脚沟槽开挖位置示意图

1 周～2 周，若边坡变形无明显增大趋势，再在坡顶开挖沟槽浸水，并观测边坡变形及支护结构受力情况。灌水浸泡方案如图 7.32 所示。

| (a) | (b) |

图 7.32 浸水诱导破坏试验方案

（a）坡脚浸水；（b）坡顶开沟浸水

③ 坡顶堆载

若坡脚、坡顶沟槽饱水后，继续观测 1 周，边坡变形仍无明显增大趋势，则进行坡顶堆载，直至破坏，计划堆载区域如图 7.33 所示。

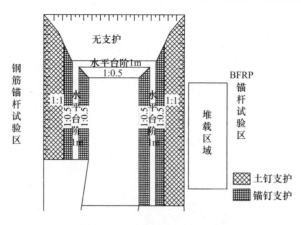

图 7.33　堆载破坏试验方案

（2）破坏试验结果

BFRP 筋和钢筋锚杆加固边坡破坏试验从 6 月 23 日开始，监测结束至 7 月底。地表位移监测选择 b4-b4 剖面和 a2-a2 剖面，深部变形监测选择是 CX6 与 CX7，锚杆拉力监测选择 6#、9# 和 12#、13# 锚杆。

① 现场边坡破坏描述

7 月 4 日，坡顶开挖并灌水之后，BFRP 筋材支护边坡的位移和支护结构受力持续的增加，且变化速率大。7 月 20 日现场边坡出现了较明显的裂缝见图 7.34（a），表明边坡已失稳。BFRP 筋材支护边坡由于坡脚、坡顶开槽灌水的干扰，现场边坡位移和裂缝不太明显。

6 月 23 日开挖坡脚并浸水后，钢筋锚杆加固边坡位移和锚杆受力也明显增加，变化速率较大，之后边坡位移和锚杆拉力持续发展，钢筋锚杆加固边坡坡顶出现裂缝贯通，7 月 4 日边坡发生了明显的整体破坏，如图 7.34（b）所示。坡顶破坏面后缘距离坡面约 5m。

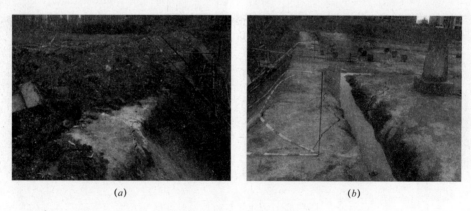

（a）　　　　　　　　　　　（b）

图 7.34　试验边坡失稳情况

（a）BFRP 筋材支护边坡失稳（7 月 20 日）；（b）钢筋锚杆支护边坡失稳（7 月 4 日）

② 地表变形

BFRP 筋材锚杆试验边坡 b4-b4 剖面的地表位移变化如图 7.35 所示。图中可见，6 月 23 日坡脚开挖并浸水后，边坡地表位移明显增加，随后变形速率逐渐减小，边坡位移趋于稳定，6月30日地表位移最大达40mm。7月4日坡顶开槽灌水，边坡位移逐渐增加，速率较快，Y、Z方向的位移均有明显变化，可判断边坡已经失稳。截至7月16日地表最大水平位移为82mm，最大竖向位移为76mm。由于坡顶挖槽灌水，7月4日之后只测量坡面上的部分地表位移监测点。

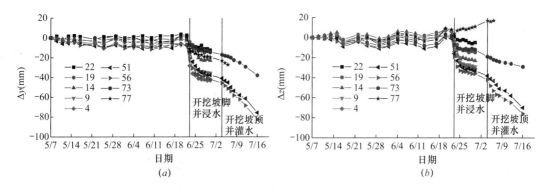

图 7.35　BFRP 筋材锚杆试验边坡地表位移（b4-b4 剖面）

（a）b4-b4 剖面水平方向位移；（b）b4-b4 剖面竖直方向位移

钢筋锚杆试验边坡 a2-a2 剖面的地表位移变化如图 7.36 所示，6月23日对边坡坡脚开挖并浸水后，地表各监测点位移明显的增大，且变化速率大，之后边坡位移以较大的速率持续增加，可判断边坡发生了加速滑动破坏。截至7月12日地表最大水平位移为93mm，最大竖向位移为88mm。

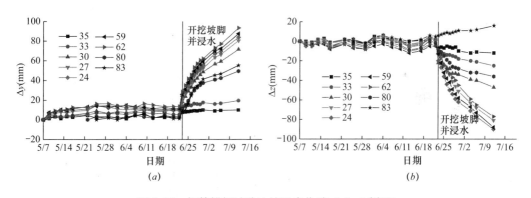

图 7.36　钢筋锚杆试验边坡地表位移（a2-a2 剖面）

（a）a2-a2 剖面水平方向位移；（b）a2-a2 剖面竖直方向位移

边坡地表位移监测结果可知，钢筋锚杆试验边坡开挖坡脚并浸水后，发生了加速位移，产生滑动破坏。BFRP 筋材锚杆试验边坡开挖坡脚并浸水后，地表位移明显增加，之后变形速率逐渐减小，坡顶开槽灌水之后，边坡的位移持续增加，边坡发生失稳破坏。截至7月12日，钢筋锚杆试验边坡地表最大水平位移为85mm，截至7月16日，BFRP 筋材锚杆试验边坡地表最大水平位移为75mm。钢筋锚杆试验边坡进行支护措施较 BFRP 筋材锚杆加固边坡晚，因此钢筋锚杆试验边坡释放变形较多，此外，钢筋锚杆试验边坡的地层性质相对较差，因此，钢筋锚杆试验边坡首先破坏，且位移相对较大。由于施工的原因，地表位移的监测初值是5月7日坐标，开挖第二层基坑边坡后，故得到的地表位移数值较小。

③ 深层水平位移

BFRP 筋材锚杆试验边坡的 6 号测斜管相对位移曲线如图 7.37 所示，6 月 23 日开挖坡脚并浸水之后，测斜管地下 6m 以上坡体变形突然增大，之后边坡变形速率逐渐减小。7 月 4 日边坡，在坡顶开挖沟槽并灌水之后，边坡整体位移以较大的速率持续增加，边坡发生失稳破坏，截至 7 月 12 日顶部位移量最大为 106mm。从测斜管相对位移曲线可知，边坡的整体滑裂面在地下 6m 处，次级滑裂面位于地下 8m 处。

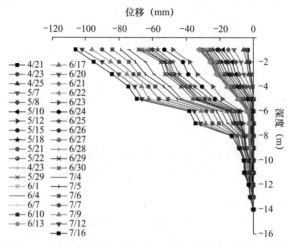

图 7.37　BFRP 筋材锚杆试验边坡深层水平位移曲线（6 号测斜管）

钢筋锚杆试验边坡的 7 号测斜管相对位移曲线如图 7.38 所示，6 月 23 日开挖坡脚浸水后边坡地面 6m 以上坡体位移突然增加，之后以较大变形速率持续增大，边坡产生整体失稳破坏，地下 8m 处发生次级滑动破坏。截至 6 月 30 日顶部最大位移达 110mm。

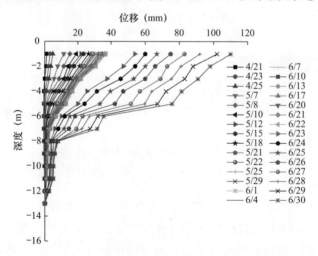

图 7.38　BFRP 筋材锚杆试验边坡深层水平位移曲线（7 号测斜管）

深部变形监测结果可知，钢筋锚杆支护试验边坡在开挖坡脚并浸水之后，发生了整体滑动破坏。BFRP 筋材锚杆支护试验边坡开挖坡脚并浸水之后，边坡深部形变位移突然增加，之后边坡变形速率逐渐减小。坡顶开挖沟槽并灌水之后，边坡整体位移以较大的速率持续增加，发生失稳破坏。两个试验边坡的整体滑裂面均位于测斜管的地下 6m 处，次级滑裂面位于地下8m处。钢筋锚杆试验边坡进行支护措施较BFRP筋材锚杆加固边坡晚，因此钢筋锚杆试验边坡释放变形较多，此外，钢筋锚杆试验边坡的地层性质相对较差，因此，钢筋锚杆试验边坡首先破坏且位移相对较大。

④ 锚杆受力

BFRP筋材锚杆试验边坡以6号、9号监测筋受力为例，6号监测筋变化曲线如图7.39（a）所示，安装锚杆之后，锚杆拉力稳定。6月23日开挖坡脚并浸水后，锚杆受力突然增加，之后拉力趋于稳定。7月4日坡顶开槽浸水之后，锚杆拉力以较大的速率持续增大，截至7月16日，锚杆受拉力达61kN。6号监测筋3m处的拉力最大，其次是端头位置，端尾受力最小。9号监测筋受力变化曲线如图7.39（b）所示，在试验期间的锚杆拉力变化规律与6号锚杆相似，拉力值较大，最大值达98kN，超过锚杆设计锚固力。

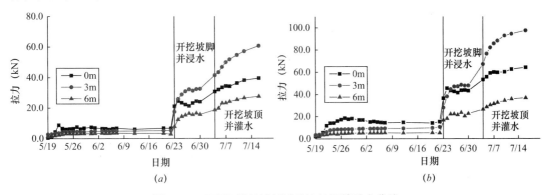

图7.39　BFRP筋材锚杆试验边坡钢筋受力曲线

（a）6号监测筋受力变化曲线；（b）9号监测筋受力变化曲线

钢筋锚杆试验边坡以12号、13号监测筋为例，其12号监测筋受力变化曲线如图7.40（a）所示，锚杆安装后，受力逐步增加并趋于稳定。6月23日，开始开挖坡脚并浸水后，锚杆受力突然增大，增加幅度大，随后持续增加至超过设计拉力值。截至7月12日，锚杆受力最大为69kN，已超过设计锚固力。12号监测筋5m处受力较大。13号监测筋受力变化曲线如图7.40（b）所示，在试验期间的锚杆拉力变化规律与12号锚杆相似，拉力值较大，最大值达88kN，超过锚杆设计锚固力，此时边坡已失稳破坏。

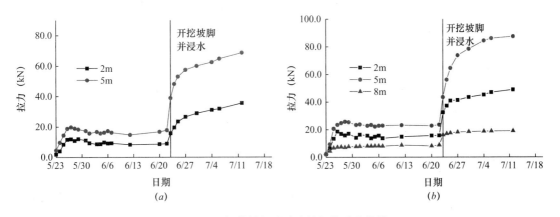

图7.40　钢筋锚杆试验边坡钢筋受力曲线

（a）12号监测筋受力变化曲线；（b）13号监测筋受力变化曲线

支护结构受力监测结果可知，钢筋锚杆支护试验边坡开挖坡脚并浸水后，钢筋锚杆受力明显增大，并持续增加到超过设计拉力值，边坡发生整体破坏。BFRP 筋材锚杆支护试验边坡开挖坡脚并浸水之后，BFRP 筋材锚杆拉力也有明显增加，随后拉力趋于稳定，开挖坡顶并浸水之后，BFRP 筋材锚杆拉力以较大的速率持续增大，边坡失稳。截至 7 月 12 日，钢筋锚杆受到的最大拉力为 88kN，截至 7 月 16 日 BFRP 筋材锚杆受到的最大拉力为 98kN。钢筋锚杆试验边坡的地层性质相对较差，故钢筋锚杆试验边坡首先破坏。边坡的失稳破坏是由于锚固体与地层之间的接触面发生剪切破坏导致，故两个边坡破坏时的锚杆拉力值相差不大。由于钢筋锚杆试验边坡的地层性质相对较差，锚固体与地层之间的粘结强度较小，故边坡破坏时，钢筋锚杆受到的拉力较小。

7.4.10 小结

通过 BFRP 筋材锚杆与钢筋锚杆加固土质边坡的现场对比试验和破坏试验，监测试验过程中边坡的地表位移、深部变形和锚杆受力，分析 BFRP 筋材锚杆和钢筋锚杆的加固效果，得出如下结论：

（1）试验场地内的岩土工程性质较差，边坡若不进行支护，则边坡开挖后将发生变形破坏，边坡无法自稳。

（2）现场边坡采用玄武岩筋材锚杆或钢筋锚杆支护后，均能保证边坡稳定，钢筋锚杆支护边坡坡顶最大水平位移约 65mm，玄武岩筋材锚杆边坡坡顶最大水平位移约 47mm。钢筋锚杆最大拉力约为 38kN，玄武岩筋材锚杆最大拉力约为 21kN，均满足设计要求。初步认为采用玄武岩筋材替换普通钢筋进行锚杆支护是可行的。

（3）边坡破坏试验表明，玄武岩筋材锚杆支护边坡破坏后将产生整体圆弧形滑动。破坏发生过程中锚杆拉力持续增大，直至破坏，破坏形式表现为锚杆筋材与锚固体发生滑移，玄武岩筋材本身未发生破坏。

7.5 BFRP 锚杆（索）锚固试验研究

在工程中选择试验工点，进行 BFRP 锚固应用的相关应用方法试验研究，通过与钢筋锚杆和锚索受力对比，验证 BFRP 作为锚杆（索）应用的使用性。通过锚杆（索）在边坡中的应用研究，对 BFRP 锚杆（索）应用性进行研究。

7.5.1 工程地质条件

试验工点为开挖路堑边坡。高约 46m，分 5 级开挖见图 7.41。第一、四级边坡采用锚杆支护，第二、三级边坡采用锚索支护，第五级边坡采用人形骨架植草防护。

1. 地形地貌

拟建项目两端位于丘陵斜坡坡地，地形陡峻，形态复杂，山坡上植被发育，主要有松树、杉树、灌木、杂草等，沟谷狭长，沟谷宽约 30m～80m，现为草地；冲沟地面标高 330m～340m；场区无路道与外界相通，交通条件差。

场区地貌上属于剥蚀丘陵和丘陵间冲洪积地貌。

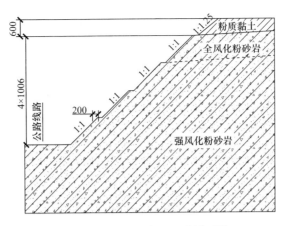

图 7.41　工点边坡面地质剖面图

2. 地层岩性

据钻探揭露和现场工程地质调查,场区内地层自上而下可分为第四系表土层(Q^{pd})、冲洪积层(Q^{al+pl})和侏罗系下统蓝塘群下亚群(J_1ln^a)地层。

耕植土:灰褐色,湿,松散,成分以粉粒、黏粒为主,土质不均匀,黏性较差,见少量植物根系。

粉质黏土:灰褐色,可塑—硬塑,湿,成分以粉粒、黏粒为主,土质不均匀,混少量细砂。本层埋深 0.50m,层顶高程 207.97m,层厚 0.50m;承载力基本容许值 160kPa;摩阻力标准值 50kPa。

强风化细砂岩:灰褐色、浅灰色,原岩结构清晰可辨,岩石受风化作用较严重,多呈 3cm～7cm 碎块状,裂面见较多铁质渲染,岩质稍硬,不易击碎。本层埋深 1.00m,层顶高程 207.47m,层厚 3.30m;承载力基本容许值 550kPa;摩阻力标准值 100kPa;进行标准贯入试验 1 次,实测击数 $N=50.0$ 击。

中风化细砂岩:浅灰色,细粒砂质结构,中—厚层状构造,硅质胶结,节理裂隙较发育,裂面见较多铁质渲染,岩芯多呈 3cm～8cm 块状,岩质硬,不易击碎。埋深 4.30m,层顶高程 204.17m,层厚 3.85m;承载力基本容许值 1300kPa;摩阻力标准值 210kPa。

3. 水文地质条件

场地内山间沟谷狭小,但地势稍平,勘察期间见地表积水。场地地表水排泄条件较好,沿山沟流至场区低洼处,雨季水量会猛增,地表水系不发育,主要接受大气降水的补给。

场区地下水由上部土层孔隙潜水和深部基岩裂隙水组成。上部土层中第四系冲洪积粉质黏土的含水性及透水性均较差,不具赋水条件,含水量小。深部基岩的强风化—中风化带内,岩石裂隙发育,含有一定的水量。总体而言,场区地下水不丰富,其补给来源主要靠大气降水及邻近区域地下水的渗透补给,水位埋深受季节性影响较大。本次勘察期间测得冲沟内钻孔的混合地下水位埋深为 0.00m。

4. 地质构造特征

场区未发现有深大断裂通过,亦无新构造活动痕迹,区域稳定性较好。工点边坡为顺层边坡,边坡倾角大于岩层倾角,且发育一组近直立的节理,节理走向与岩层走向斜角。

5. 不良地质及特殊岩土

场区内未见有明显的对拟建工程有较大影响的滑坡、崩塌、断层、溶洞等不良地质及特殊岩土。场区整体稳定性较好，适宜于拟建物的建设。

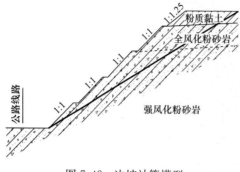

图 7.42　边坡计算模型

7.5.2　支护设计

工点边坡为顺层滑坡，易沿层面发生顺层滑动，从坡脚剪出。因此把过坡脚的层面当作潜在滑动面来进行锚杆、锚索的设计计算。边坡潜在滑面见图 7.42。

（1）稳定性计算参数及结果

根据勘察报告，已知边坡设计计算参数见表 7.12。

岩土层的设计力学参数建议值表　　　　表 7.12

岩（土）层名称	重度 γ(kN/m³)	黏聚力 c(kPa)	内摩擦角 φ(°)	边坡坡率
粉质黏土（Q_4^{dl}）	19	22	16	1:1.25
全风化粉砂岩（J_1ln^a）	20	23	21	1:10
强风化粉砂岩（J_1ln^a）	21	26	28	1:1.0

岩层面即结构面的黏聚力和内摩擦角分别为 19kPa、26°。

利用理正岩土岩质边坡稳定性分析软件（5.6 版）计算得到边坡的稳定性系数为 1.130。该边坡工程安全等级为二级，采用平面滑动法计算边坡稳定性，因此根据《建筑边坡工程技术规范》得到，该边坡的稳定安全系数为 1.30。故求得满足安全要求的边坡下滑力为 1051.91kN。

（2）BFRP 锚杆（索）设计

参考《岩土锚杆（索）技术规程》CECS 22：2005，取锚杆、索的水平间距为 3m、沿坡面间距为 3m，锚杆、索与水平线的夹角为 15°。锚杆锚固体直径为 100mm，锚索锚固直径为 150mm。取锚杆、索的注浆体强度为 30MPa。

根据《公路路基设计规范》JTG D30—2015 的锚固力计算公式，计算得到每延米边坡所需要的锚固力为 999.93kN。则每 3m 边坡所需要的锚固力为 2999.79kN。锚杆（索）初步设计见图 7.43，第一级边坡的三排锚杆

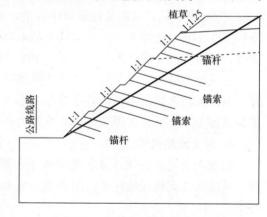

图 7.43　边坡锚杆锚索布置剖面图

以及第二、三级边坡的三排锚索主要用于防止边坡整体滑动，第四级的三排锚杆主要用于防止边坡上部局部破坏。将边坡需要的锚固力分配到锚杆（索）中，得到各排锚杆（索）的设计锚固力见表 7.13。

锚杆（索）锚固力设计值　　　　表 7.13

边坡级数	一级	二级	三级	四级
每级边坡的提供的锚固力设计值（kN）	300	1500	1500	300
单根锚杆、索锚固力设计值 P_t(kN)	100	500	500	100

① BFRP 锚索设计

设计采用的 BFRP 锚索为 $\phi14mm$ 玄武岩纤维复合筋材，$\phi14mmBFRP$ 的极限张拉荷载 P_u 为 140kN，安全系数 F_{s1} 为 1.8。根据锚索设计锚固力 P_t 和所选用的 BFRP 强度，可按下式计算每孔 BFRP 根数 n。得到锚索的钢绞线根数 n 为 6。

$$n = \frac{F_{s1} \cdot P_t}{P_u} \tag{7.4}$$

根据《公路路基设计规范》JTG D30—2015 锚杆锚固体的抗拔安全系数 F_{s2} 为 2.0；注浆体与分化砂岩的粘结应力取 500kPa；根据试验，BFRP 与注浆体的粘结强度取 4.0MPa。通过下面两个公式计算得到锚索的锚固段长度为最大值，得到 $l_a = 4.55m$，规范规定锚固段长度不应小于 3m，也不宜大于 10m，故取锚固段长度为 5m。

$$l_{sa} = \frac{F_{s2} \cdot P_t}{\alpha \cdot n \cdot \pi \cdot d \cdot \tau_u} \tag{7.5}$$

$$l_a = \frac{F_{s2} \cdot P_t}{\beta \cdot \pi \cdot d_h \cdot \tau} \tag{7.6}$$

式中　d——单根张拉筋材直径（m）；

d_h——锚固体（即钻孔）直径（m）；

τ_u——锚索张拉筋材与水泥砂浆的粘结强度设计值（kPa）；

α——锚索张拉筋材与砂浆粘结工作系数，对永久性锚杆取 0.60，对临时性锚杆取 0.72；

β——锚索张拉筋材与砂浆粘结工作系数，对永久性锚杆取 1.00，对临时性锚杆取 1.33；

τ——锚孔壁与注浆体之间粘结强度设计值（kPa）。

由边坡的潜在滑面产状、深度和锚索设计位置，确定锚索的自由段长度为 13m，锚杆的锚头段长度取 2m，便于张拉。故锚索的设计长度为 20m。

采用格构梁为传力结构，根据锚索拉力设计值、地基承载力和锚杆工作条件计算确定。

② BFRP 锚杆设计

已知锚杆的拉力设计值为 100kN。从安全角度出发，确定锚杆杆体的抗拉安全系数 K_t 为 1.8，采用 14mm BFRP 作为锚筋。

根据《公路路基设计规范》JTG D30—2015 锚杆锚固体的抗拔安全系数 F_{s2} 为 2.5；注浆体与分化砂岩的粘结应力 τ 取 500kPa；BFRP 与注浆体的粘结强度 τ_u 取 4.0MPa。$L_a = 1.59m$，又因为规范中锚固段长度不宜小于 2m，也不宜大于 10m，故取锚杆锚固段长度为 3m。

由边坡的潜在滑面产状、深度和锚索设计位置，确定锚杆的自由段长度为 6m，锚杆的锚头段长度取 1m。故锚杆的设计长度为 10m。

（3）锚固边坡稳定性分析

边坡上部采用的锚杆支护，其设计参数与上述设计的锚杆一致，利用理正岩土岩质边坡稳定性分析软件（5.6 版），计算锚固后上部边坡的局部稳定性系数为 1.864，满足安全要求。模型见图 7.44。

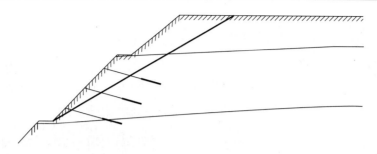

图 7.44 边坡上部局部稳定性分析计算模型

利用理正岩土岩质边坡稳定性分析软件（5.6 版）计算得到，锚固后边坡的稳定性系数为 1.358，满足整体稳定性的要求。模型见图 7.45。

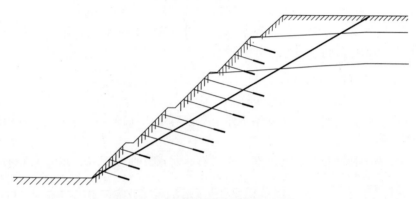

图 7.45 边坡整体稳定性分析计算模型

（4）锚杆（索）设计结果见表 7.14。

锚杆锚索设计参数 表 7.14

边坡级数	支护形式	杆体材料	设计拉力（kN）	杆体直径（mm）	锚杆长（m）	锚固段长（m）	锚固体直径（mm）
一级	锚杆	BFRP 筋材	100	14	10	3	100
二级	锚索	BFRP 筋材	500	6ϕ14	20	4	150
三级	锚索	BFRP 筋材	500	6ϕ14	20	4	150
四级	锚杆	BFRP 筋材	100	14	10	3	100
五级	人字形骨架植草						

设计锚索锁定拉力为 550kN。锚杆（索）与水平方向夹角为 15°，且水平间距及沿坡面间距均为 3m，注浆体强度等级为 M30。

工点主要治理方案：第 1 级边坡采用锚杆框架防护，锚杆长 10m，框架梁间采用喷混植生防护；第 2~3 级边坡采用锚索框架防护，锚索长 20m，框架梁间采用喷混植生防护；第 4 级边坡采用锚杆框架防护，锚杆长 10m，框架梁间采用喷混植生防护；第 5 级边坡采用人字形骨架植草，现场照片如图 7.46 所示。

7.5.3 BFRP锚杆（索）试验方案

（1）BFRP锚杆试验方案

在原边坡锚固设计的基础上，通过等强度换算，采用BFRP替代现场锚杆；对比试验段采用原设计，即采用钢筋锚杆。通过布置应力、变形监测元件，监测边坡变形及BFRP锚杆受力，对比分析BFRP边坡锚固效果。

根据前期室内试验，10mmBFRP破坏荷载约87.2kN；12mmBFRP破坏荷载约100.7kN；14mmBFRP破坏荷载约141.0kN。试验段设

图7.46 现场边坡照片

计锚杆抗拔力小于100kN，可采用14mmBFRP替代锚杆格梁中的锚杆。

共进行3个断面的BFRP锚杆现场支护试验，BFRP锚杆替代试验区和钢筋锚杆对比区各选择2个断面进行锚杆受力监测和边坡稳定性长期监测。每个断面设置2个应力计。共计5个断面，10个应力计。

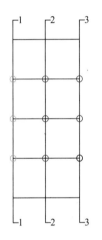

1-1为做拉拔试验的BFRP筋材锚杆；
2-2红色为安装钢筋计的BFRP筋材锚杆；
3-3蓝色为安装钢筋计的钢锚杆；
总共需要10个钢筋计

图7.47 BFRP锚杆应力检测平面图

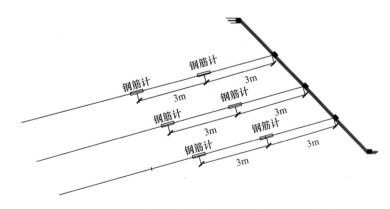

图7.48 BFRP锚杆及钢筋锚杆应力监测剖面示意图

（2）BFRP 锚索试验方案

在 BFRP 锚杆试验区选择两个断面进行 BFRP 锚索锚固性能探索试验。使用 6ϕ14BFRP 替代现场 4ϕ15.24mm 钢绞线锚索，设计抗拔力 500kN，锁定拉力 550kN。采用 ϕ150 钻孔，锚索全长≥20m。共替代 2 根锚索。采用锚索应力计进行 BFRP 锚索受力监测，研究 BFRP 锚固性能及应力松弛特性。并进行 1 根钢绞线锚索受力监测的对比试验。试验共计 3 个锚索应力计。

图 7.49　BFRP 锚杆施工现场图

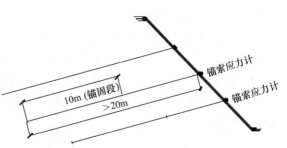

图 7.50　BFRP 锚索应力监测设计示意图

7.5.4　试验过程

2015 年 1 月 4 日进场进行现场锚杆施作，具体制作过程前面已有介绍，此处不再赘述。图 7.51～图 7.55 展示了 BFRP 锚杆（索）制作及安装过程。

图 7.51　BFRP 筋材锚索制作

图 7.52　BFRP 监测应力计

7.5.5　锚固应用效果监测分析

（1）BFRP 锚杆监测结果

BFRP 锚杆受力采用钢筋计进行监测，各钢筋计布置图如图 7.56 所示，每根锚杆上，第 1 个钢筋计距离坡面 3m，第 2 个钢筋计距离坡面 6m。

图 7.53　BFRP 锚索放置入锚孔

图 7.54　注浆后的 BFRP 锚杆

图 7.55　锚索锁固

BFRP 锚杆监测系统自 2015 年 1 月 24 日安装完成以来，目前共进行了 6 个月的监测，BFRP 锚杆受力随时间的变化如图 7.58 所示。从图中可以看出，BFRP 锚杆自安装完成注浆胶结后，锚杆受力有一定的上升，随后数月期间，锚杆拉力略有上升，但变化不大，仅编号 401322 的监测点受力随时间增加较多，即第二排锚杆距端头 3m 处的监测点。到目前为止，锚杆拉力基本稳定，整体受力较小，最大约 7.0kN，远未达到锚杆的极限抗拔力（100kN），也未达到该型号 BFRP 筋材 ϕ14mm 的极限抗拉强度（140kN）。目前，该边坡整体稳定，边坡支护结构受力很小是正常的。

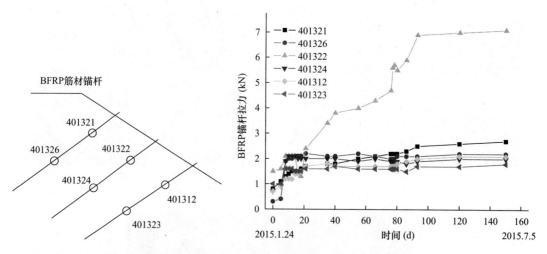

图 7.56　BFRP 锚杆监测元件布置图　　　图 7.57　BFRP 锚杆钢筋计受力变化曲线

作为对比试验的普通钢筋锚杆受力如图 7.59 所示，普通钢筋锚杆受力同样不大，最大约 3.6kN，与 BFRP 锚杆受力相当，均远低于锚杆的设计强度，边坡整体稳定。

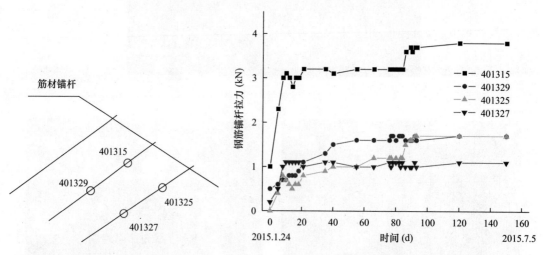

图 7.58　对比钢筋锚杆钢筋计布置图　　　图 7.59　钢筋锚杆钢筋计受力变化曲线

通过试验对比，BFRP 锚杆与普通钢筋锚杆受力机制类似，相同试验条件下受力相当。

（2）BFRP 锚索监测结果

BFRP 锚索与钢绞线锚索受力对比如图 7.60 所示。从图中可以看出，BFRP 锚索和钢绞线锚索相比，在张拉完成后初期阶段，BFRP 锚索和钢绞线锚索均有预应力损失，预加力下降。后期，应力情况就与钢绞线锚索应力情况相似。目前，BFRP 锚索和钢绞线锚索受力均达到稳定，受拉张设备影响，在张拉时并未达到设计张拉应力值。目前，BFRP 张拉力保持率约 90%，钢绞线锚索张拉力保持率约 83%。

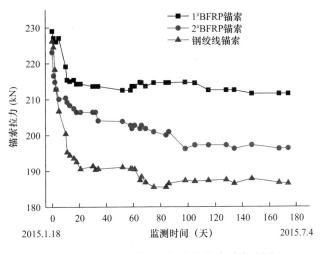

图 7.60　BFRP 锚索与钢绞线锚索受力监测

7.5.6　小结

（1）现场普通钢筋锚杆与 BFRP 锚杆受力监测结果表明，普通钢筋锚杆和 BFRP 锚杆受力相当，由于目前受力均很小，远未达到设计强度，边坡稳定。

（2）BFRP 锚索应力、应变突降之后，可以看出其应力、应变规律和传统钢绞线受力变形情况基本一致，目前受力都不会超过设计值。因此，玄武岩筋材锚索可以代替传统钢绞线进行边坡支护。目前，用 6 束直径为 14mm 的 BFRP 替代 4 束直径为 15.2mm 的钢绞线是可行的。

（3）由于 BFRP 锚索与钢筋锚索同样需要张拉预应力，所以在制作 BFRP 锚索时，应使用特制的锚具和张拉工具。

7.6　本章小结

目前通过 BFRP 基本物理力学性能试验、BFRP 与水泥基类之间的粘结强度试验、BFRP 锚杆（索）实际工程应用现场试验等研究，得出以下结论：

（1）试验用 BFRP 外表面均未见突出的纤维毛刺与裂纹，表面石英砂分布较为均匀，纤维与树脂间界面未见明显破坏，平均密度 2.089g/cm³。实测纵向热膨胀系数平均值为 $10.04 \times 10^{-6}/℃$，与普通钢筋相当。

（2）BFRP 的抗拉和抗剪试验表明，直径 $\phi6mm$、$\phi8mm$、$\phi10mm$、$\phi12mm$、$\phi14mm$ BFRP 的抗拉强度平均值分别为 1103.9MPa、1139.4MPa、1111.9MPa、891.1MPa、916.7MPa，比普通钢筋的抗拉强度大得多。BFRP 的弹性模量平均值约 46.3GPa～54.3GPa，约为普通钢筋的四分之一，而 BFRP 抗剪强度为 159MPa～189MPa，略小于普通钢筋。

（3）BFRP 耐候性能良好，在饱和酸碱溶液的长期浸泡下强度基本无损。本次试验所使用的玄武岩纤维复合筋实测耐碱强度保留率平均值为 96.0%，耐酸强度保留率平均值为 92.6%，反复冻融条件下 BFRP 整体平均保留率约 97.2%，耐候性能优于钢筋。

（4）试验表明，复合筋的松弛率前期发展较快，后期发展较慢，松弛率与时间对数基本呈线性相关关系；玄武岩纤维复合筋的弯曲性能与其直径呈反比，即较粗的复合筋其弯曲性能也较差。此弯曲角度可保证 BFRP 以较小直径盘绕而不断裂，即 BFRP 可绕成盘状，方便运输。实际运输过程中，$\phi14$mmBFRP 盘绕直径 2m，单根筋材连续长度可达 400m 以上。

（5）BFRP 与水泥基类的粘结能力较好，与纯水泥浆粘结强度约 2.24MPa～3.01MPa，与 M20 砂浆粘结强度约 4.80MPa～8.20MPa，与 M30 砂浆粘结强度约 4.77MPa～12.23MPa，与 C30 混凝土粘结强度约 7.94MPa～26.33MPa，与 C40 混凝土粘结强度约 18.11MP，BFRP 与水泥基类的粘结性能优于钢筋。对于工程常用直径锚杆（$\phi10$mm 及以上），与 M20、M30 砂浆粘结强度平均约 5MPa～6MPa，与 C30 混凝土粘结强度约 8MPa。

（6）用 BFRP 作为工程锚杆进行锚固设计，可参考相应的锚杆设计规范，BFRP 抗拉强度标准值为 750MPa，BFRP 与砂浆的粘结强度取 2.0MPa～4.0MPa。

（7）BFRP 锚杆土质边坡工程应用试验表明，采用 $\phi14$mm BFRP 支护土质边坡，其效果与采用直径为 25mm 的钢筋锚杆支护边坡相当。钢筋锚杆和 BFRP 锚杆监测受力表明，两种锚杆受力情况类似，差别不大。

（8）BFRP 锚杆（索）公路边坡支护工程应用试验表明，通过 BFRP 锚杆（索）边坡支护设计理论进行 BFRP 公路边坡支护设计，采用 $\phi14$mm BFRP 可代替 $\phi25$mm HRB335 钢筋锚杆，采用 6 束 $\phi14$mm BFRP 锚索可代替传统 4 束 $\phi15.2$mm 钢绞线锚索。锚杆受力监测表明，钢筋锚杆和 BFRP 锚杆受力均较小，边坡整体稳定。BFRP 锚索预加力保持率约 90%，与传统锚索受力机制类似。

综上所述，BFRP 抗拉强度高，耐酸碱，与混凝土的粘结性能良好，将 BFRP 应用于边坡加固工程中是可行的。建议在岩土工程中进行广泛推广使用，进一步验证 BFRP 锚杆（索）长期受力性能。

第8章 玄武岩纤维复合筋材结构性能试验研究

8.1 引言

玄武岩纤维（BFRP）复合筋相比钢筋，不仅具有强度高、质量轻等优点，其筋材造价约节省20%左右，且随着复合筋规模化生产造价将逐步降低。由于经济优势，且施工便捷，近年来玄武岩纤维复合筋在岩土工程中得到一定的试验应用。

结构工程加固广泛采用喷网结构，基坑、边坡工程大多采用喷射混凝土、支护桩及桩间网喷等稳定措施。如能通过深入研究，提出合理设计理论，用玄武岩纤维复合筋（BFRP）部分替代或全部替代钢筋或钢筋网，充分发挥其经济及技术优势，解决钢筋需求量大、腐（锈）蚀等问题，推广前景将十分可观。

玄武岩纤维复合筋作为一种新型的建筑材料，其工作性能并未完全探清，加之目前在工程应用中，玄武岩纤维复合筋的各项设计参数及计算理论还并不十分明确。为明确玄武岩纤维复合筋的各项设计参数与性能指标，采用试验研究的方式，有针对性地开展其物理化学性能试验、力学性能试验以及玄武岩纤维复合筋与混凝土配合性能试验研究，包括普通混凝土与复合筋配合、纤维混凝土与复合筋配合以及钢筋、复合筋混合等组合形式，为其性能及在实际运用中所需的各项设计参数及计算理论提供试验数据支撑和参考依据。

在本次研究中，所研究玄武岩纤维的试验项目及试验性能指标均参考《公路工程　玄武岩纤维及其制品　第4部分：玄武岩纤维复合筋》JT/T 776.4—2010与《结构加固修复用玄武岩纤维复合材料》GB/T 26745—2011。试验样品的主要物化性能指标如表8.1所示。样品见图8.1。

玄武岩纤维复合筋主要物化性能指标　　　　　　　　　　表8.1

项目	技术指标
物化试验	
外观工艺	玄武岩纤维复合筋表面无突出的纤维毛刺与裂纹，表面石英砂分布均匀，纤维与树脂间界面无明显破坏
内径（mm）	±0.3(BFCB-6-A-ER)/±0.4(BFCB-8-A-ER、FCB-10-A-ER)
外径（mm）	（0，+0.5）
密度（g/cm³）	1.9~2.1
线膨胀系数（$\times10^{-6}$/℃）	9~12
耐候性试验	
耐酸碱性能（强度保留率）（%）	≥85

续表

项目	技术指标
力学性能试验	
抗拉强度（MPa）	≥800
弹性模量（MPa）	$\geqslant 40 \times 10^3$
断裂伸长率（%）	≥1.8
弯曲性能	—
蠕变松弛性能（%）	—
与混凝土间粘结性能	
粘结强度（kN/mm²）	—

注：玄武岩纤维复合筋的弯曲性能、蠕变松弛性能与粘结强度在现行规范中未见技术指标。

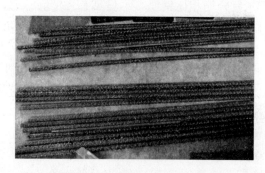

图 8.1　试验用玄武岩纤维复合筋

　　玄武岩纤维复合筋的公称直径一般在 3mm～50mm 的范围内。试验中，主要针对目前工程中使用较多的 BFCB-6-A-ER、BFCB-8-A-ER 及 BFCB-10-A-ER 三种型号的玄武岩纤维复合筋进行。试验中所采用的玄武岩纤维复合筋均由四川航天五源复合材料有限公司生产提供，根据试验需要将其加工至需要形状，主要试验样品信息见表 8.2。

主要试验样品信息　　　　　　　　　　　　　　　　　表 8.2

序号	样品名称	样品型号	样品批号	生产厂家
1	玄武岩纤维复合筋	BFCB-6-A-ER	2012-07-12	四川航天五源复合材料有限公司
2	玄武岩纤维复合筋	BFCB-8-A-ER	2012-07-17	
3	玄武岩纤维复合筋	BFCB-10-A-ER	2012-07-08	

　　试验所进行的玄武岩纤维复合筋试验项目及试验数量如表 8.3 所示。

试验项目于试验数量表　　　　　　　　　　　　　　　表 8.3

试验项目		样品型号	试验数量（根）	备注
物理性能试验	工艺外观检测	*	*	
	尺寸检测	BFCB-8-A-ER	20	
	密度试验	BFCB-8-A-ER	20	
	线膨胀系数试验	BFCB-8-A-ER	20	
耐候性试验	酸、碱环境下的强度保留率	BFCB-8-A-ER	15	酸、碱环境与对比试件各 5 根

试验项目		样品型号	试验数量（根）	备注
力学性能试验	抗拉强度	BFCB-6-A-ER BFCB-8-A-ER BFCB-10-A-ER	9	每种型号各 3 根
	弹性模量			
	断裂伸长率			
	弯曲性能	BFCB-6-A-ER BFCB-8-A-ER BFCB-10-A-ER	9	每种型号各 3 根
	蠕变松弛性能	BFCB-8-A-ER	5	
与混凝土间粘结性能	复合筋与不同标号混凝土粘接性能	BFCB-10-A-ER	12	C40、C50 混凝土各 6 根
	钢筋与不同标号混凝土粘接性能	HRB335（ϕ10)	12	C40、C50 混凝土各 6 根
	复合筋与不同温度混凝土粘接性能	BFCB-10-A-ER	18	20℃、40℃、60℃各 6 根
	钢筋与不同温度混凝土粘接性能	HRB335（ϕ10)	18	20℃、40℃、60℃各 6 根

注：表中"*"号代表针在所有试验试件和试验项目前均进行此项检测。

8.2　国内外研究现状

李炳宏等（2011）制作了 6 根配置 BFRP 连续螺旋箍筋的混凝土梁和 2 根配置矩形连续螺旋钢箍的对比混凝土梁。通过试验，得出了 BFRP 连续螺旋箍筋混凝土梁的抗剪性能，分析了配箍率、剪跨比和纵筋率等因素对构件抗剪性能的影响：构件的受剪破坏模式分为斜拉破坏和斜压破坏两种类型；在不同的受剪破坏模式下，斜裂缝形态箍筋应变和构件变形等都存在明显差异；构件的抗剪承载力受配箍率、剪跨比和纵筋率等因素的影响比较明显。

李宏兵通过设计 5 根梁的加固方案，对 BFRP 加固钢筋混凝土梁进行试验研究，并在试验研究的基础上，以 ANSYS 为平台建立加固梁的有限元模型进行数值模拟。对不同加固梁的受力性能，包括弯曲刚度、裂缝发展情况、延性和极限承载力等进行了对比分析，确定了 BFRP 粘贴宽度、锚固措施、加固量等对加固效果的影响。

林锋等通过改变配箍率、纵筋率和剪跨比等条件，设计了 6 根采用 BFRP 连续螺旋箍筋的混凝土简支梁。在构件跨中作用集中荷载，加载至构件发生剪切破坏。在试验研究的基础上，将各国规范中抗剪计算公式对 6 根梁的抗剪承载力的计算结果和试验所得抗剪承载力进行比较，探讨对 BFRP 螺旋箍筋混凝土梁抗剪承载力计算相对精确的公式。

甘怡等进行了 3 根先张有粘结预应力 BFRP 筋混凝土梁，1 根非预应力 BFRP 筋混凝土梁的受弯性能对比试验，分析了试验梁受力过程及破坏形态、平截面假定情况、特征荷载值、荷载-挠度关系、裂缝发展情况、延性指标，初步探讨给出了 BFRP 筋混凝土构件的挠跨比限值，对比分析了预应力与非预应力 BFRP 筋混凝土梁受弯工作性能。

霍宝荣等为研究 BFRP 作为混凝土结构增强材料替代钢筋的设计与应用。根据 BFRP 筋的力学特性，结合钢筋混凝土受弯构件的基本理论，基于有限元结构计算方法，借助 ADINA 计算机程序对 BFRP 加筋混凝土简支梁抗弯性能进行有限元分析。

目前关于 BFRP 筋作为支护结构构件的实际应用研究较少，研究比较多的是通过室内模型试验、有限元分析研究 BFRP 筋混凝土梁和 BFRP 筋水泥路面的应用效果，关于 BFRP 筋锚杆（索）、桩、板的应用研究基本属于空白。

综上可见，关于玄武岩纤维复合材料混凝土结构性能的研究刚刚起步，尚未系统及深入。

（1）BFRP 基本力学性能。主要研究 BFRP 筋材与水泥基类的粘结强度，以及影响粘接强度的因素。

（2）BFRP 筋材混凝土构件室内试验。采用不同的配筋率和不同的配筋方式，对 BFRP 筋材混凝土构件进行承载力和变形性能的试验。

（3）BFRP 筋材在实际的基坑、边坡支护中对 BFRP 筋材的受力性能和变形性能进行试验，同时对比普通钢筋的受力及变形情况。

（4）BFRP 筋材混凝土构件设计方法。通过室内试验和数值模拟得到的数据对假设的计算方法进行修正。

8.3 与混凝土粘结性能试验

玄武岩纤维复合筋用作替代钢筋成为水泥混凝土建筑物或构筑物的拉应力主要承受材料，其与混凝土间的配合工作情况则显得尤为重要。如复合筋与水泥混凝土之间不具备良好的粘接性能，则不能达到两者间协调工作的情况，从而使得结构强度大大降低。

8.3.1 试验设计

（1）试验方法

由于本项试验的试验方法与技术指标在现行规范中并未有所体现，故参考《混凝土结构试验方法标准》GB/T 50152—2012 中对于钢筋与混凝土粘结强度对比试验方法，对玄武岩纤维复合筋与混凝土粘结强度进行试验。为探求玄武岩复合筋在各种状态下与水泥混凝土的粘结性能，试验将玄武岩纤维复合筋分别与不同标号的混凝土，在不同温度下的粘结性能进行试验。为进行参照对比，同时使用同尺寸的 HRB335 混凝土用热轧带肋钢筋进行相同条件的对比试验。

根据相关试验要求，试验用混凝土应采用普通骨料，粗骨料最大颗粒粒径不得大于 1.25 倍样品直径，故在试验前，应选用满足要求的粗集料，进行 C40、C50 混凝土的配合比试验，并确定混凝土配合比。根据图 8.2 中的尺寸要求，制作立方体拔出时间，混凝土中无粘结部分的试件应套上硬质的光滑塑料套管套管，末端与钢筋之间空隙应封闭。

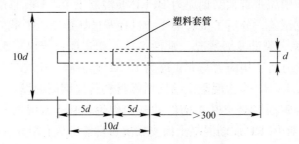

图 8.2 立方体拔出试件尺寸要求

将制作试件标准养护至 28d 龄期后，逐一按图 8.3 所示的加载装置对各试件进行加载，直至试件破坏。在试验过程中，对试件破坏力、试件破坏位置等信息进行记录。在进行不同温度下的粘结强度试验时，试件应逐一从恒温箱中取出，从试件取出至开始加载的时间不宜大于 30s。

（2）试验步骤

在进行玄武岩纤维复合筋与不同标号水泥混凝土在不同温度下的粘结性能试验，及与热轧带肋钢筋对比试验时，其试验步骤如下：

1）根据试验要求选定粒径组成为 5～10mm 的粗集料，并进行 C40、C50 水泥混凝土配合比设计；

2）将待试的玄武岩纤维复合筋与热轧带肋钢筋与混凝土间无粘结部分套上套管，并配置相应标号的混凝土灌入模具中并振实。见图 8.4、图 8.5。

3）将制作好的试件养护至初凝后拆模，并置入标准养护室养护至 28d 龄期，并将养护至 28d 龄期的安装玄武岩纤维复合筋的粘结性能试验试件的受拉端进行加固，其加固方式同拉伸试验。见图 8.6。

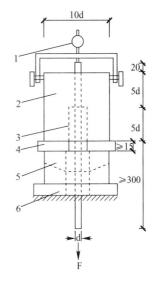

图 8.3　立方体拔出试验装置
1—百分表或位移传感器；2—构件；
3—塑料套管；4—承压垫板；
5—穿孔球铰；6—试验机垫板

图 8.4　使用塑料套管封闭无粘结段

图 8.5　将不同标号混凝土灌入模具

图 8.6　使用无缝钢管对复合筋受拉端进行加固

4）将养护完成的试件安装至试验机上，以 3kN/min 的速率对试件进行加载，直至出现：

① 复合筋或钢筋自由端相对混凝土立方体发生明显相对滑动；

② 混凝土立方体劈裂破坏。

5）上述情况发生后即停止试验，并记录破坏荷载与破坏形态。对与需进行 40℃、60℃温度下粘结试验的试件分别置入恒温箱内，保温 24h 以上方可进行试验。见图 8.7～图 8.10。

图 8.7　加载过程中的钢筋试件　　　　　图 8.8　加载过程中的复合筋试件

图 8.9　试验后的钢筋试件（钢筋滑移）　　图 8.10　试验后的复合筋（混凝土破坏）

8.3.2　武岩纤维复合筋物理性能试验

（1）外观工艺检测

本次试验所使用的全部型号（BFCB-6-A-ER、BFCB-8-A-ER、BFCB-10-A-ER）的玄武岩纤维复合筋表面均未见突出的纤维毛刺与裂纹，表面石英砂分布较为均匀，纤维与树脂间界面未见明显破坏。

（2）尺寸检测

对试验所使用的 BFCB-8-A-ER 玄武岩纤维复合筋实测内径平均值为 7.9mm，实测外径平均值为 8.2mm，满足《公路工程　玄武岩纤维及其制品　第 4 部分：玄武岩纤维复合筋》JT/T 776.4—2010 与《结构加固修复用玄武岩纤维复合材料》GB/T 26745—2011 中外观技术要求。

（3）密度试验

试验所使用的 BFCB-8-A-ER 玄武岩纤维复合筋实测密度平均值为 2.089g/cm^3，满足《公路工程　玄武岩纤维及其制品　第 4 部分：玄武岩纤维复合筋》JT/T 776.4—2010 与《结构加固修复用玄武岩纤维复合材料》GB/T 26745—2011 中密度技术指标。

试验结果见表 8.4、表 8.5。

尺寸检测结果　　　　　　　　　　　　　　　表 8.4

样品型号	样品编号	实测内径（mm）	内径技术指标（mm）	实测外径（mm）	外径技术指标（mm）
BFCB-8-A-ER	CC1	7.9	7.7±0.4	8.2	8(0，+0.5)
	CC2	8.0		8.1	
	CC3	7.8		8.2	
	CC4	8.0		8.3	
	CC5	7.9		8.1	
	CC6	8.0		8.3	
	CC7	8.0		8.3	
	CC8	7.8		8.2	
	CC9	7.8		8.2	
	CC10	7.9		8.3	
	CC11	7.8		8.0	
	CC12	7.9		8.2	
	CC13	7.8		8.3	
	CC14	7.9		8.4	
	CC15	7.9		8.0	
	CC16	7.8		8.2	
	CC17	7.9		8.1	
	CC18	8.0		8.1	
	CC19	7.9		8.2	
	CC20	7.8		8.3	

密度试验结果　　　　　　　　　　　　　　　表 8.5

样品型号	样品编号	实测密度（g/cm³）	密度技术指标（g/cm³）
BFCB-8-A-ER	MD1	2.080	1.9～2.1
	MD2	2.087	
	MD3	2.101	
	MD4	2.098	
	MD5	2.087	
	MD6	2.081	
	MD7	2.091	
	MD8	2.075	
	MD9	2.102	
	MD10	2.091	
	MD11	2.090	
	MD12	2.106	
	MD13	2.107	
	MD14	2.079	
	MD15	2.091	
	MD16	2.096	
	MD17	2.093	
	MD18	2.079	
	MD19	2.070	
	MD20	2.084	

（4）线膨胀系数试验结果

试验所使用的 BFCB-8-A-ER 玄武岩纤维复合筋实测纵向热膨胀系数平均值为 10.04×10^{-6}/℃，满足《公路工程　玄武岩纤维及其制品　第 4 部分：玄武岩纤维复合筋》JT/T 776.4—2010 与《结构加固修复用玄武岩纤维复合材料》GB/T 26745—2011 中热膨胀系数技术指标。试验结果见表 8.6。

线膨胀系数试验结果　　　　表 8.6

样品型号	样品编号	实测线膨胀系数（×10^{-6}/℃）	线膨胀系数技术指标（×10^{-6}/℃）
BFCB-8-A-ER	XPZ1	9.86	9～12
	XPZ2	9.59	
	XPZ3	10.13	
	XPZ4	9.86	
	XPZ5	10.13	
	XPZ6	9.86	
	XPZ7	10.13	
	XPZ8	10.42	
	XPZ9	9.86	
	XPZ10	10.13	
	XPZ11	9.86	
	XPZ12	10.13	
	XPZ13	9.33	
	XPZ14	10.42	
	XPZ15	10.13	
	XPZ16	10.42	
	XPZ17	11.23	
	XPZ18	9.86	
	XPZ19	9.59	
	XPZ20	9.86	

（5）耐候性能试验

试验所使用的 BFCB-8-A-ER 玄武岩纤维复合筋实测耐碱强度保留率平均值为 95.8%，耐酸强度保留率平均值为 92.6%，均满足《公路工程　玄武岩纤维及其制品　第 4 部分：玄武岩纤维复合筋》JT/T 776.4—2010 与《结构加固修复用玄武岩纤维复合材料》GB/T 26745—2011 中耐酸碱性技术指标。试验结果见表 8.7～表 8.9。

标准试件抗拉强度试验结果　　　　表 8.7

样品型号	样品编号	实测抗拉强度（MPa）	实测抗拉强度平均值（MPa）
BFCB-8-A-ER	NB1	1038	997
	NB2	975	
	NB3	1022	
	NB4	1001	
	NB5	949	

经过碱性溶液浸泡后的试件抗拉强度试验结果　　　　表 8.8

样品型号	样品编号	实测抗拉强度（MPa）	标准试件抗拉强度平均值（MPa）	强度保留率（%）	强度保留率平均值（%）
BFCB-8-A-ER	NJ1	1009		101.2	
	NJ2	922		92.5	
	NJ3	949	997	95.2	95.8
	NJ4	1014		101.7	
	NJ5	883		88.6	

经过酸性溶液浸泡后的试件抗拉强度试验结果　　　　表 8.9

样品型号	样品编号	实测抗拉强度（MPa）	标准试件抗拉强度平均值（MPa）	强度保留率（%）	强度保留率平均值（%）
BFCB-8-A-ER	NS1	961		96.4	
	NS2	849		85.2	
	NS3	953	997	95.6	92.6
	NS4	925		92.8	
	NS5	927		93.0	

8.3.3　力学性能试验

（1）蠕变松弛试验

试验送检的 BFCB-8-A-ER 玄武岩纤维复合筋在 0.6 倍平均极限拉伸强度的应力水平下，实测的 100h 蠕变松弛率平均值为 3.867%，推算 1000h 蠕变松弛率平均值为 4.427%。复合筋的松弛率前期发展较快，后期发展较慢，松弛率与时间对数基本呈线性相关关系。试验结果见表 8.10~表 8.15。

蠕变松弛试验结果　　　　表 8.10

样品型号	样品编号	初始试验力（N）	100h 剩余试验力（N）	100h 松弛率（%）		推算 1000h 松弛率（%）	
				实测值	平均值	推算值	平均值
BFCB-8-A-ER	XWYSC001	29300	28145.9	3.939		4.568	
	XWYSC002	29300	28046.6	4.278		4.827	
	XWYSC003	29300	28125.0	4.010	3.867	4.544	4.427
	XWYSC004	29300	28127.7	4.001		4.598	
	XWYSC005	29300	28390.1	3.105		3.596	

蠕变松弛试验数据整理表-1　　　　表 8.11

样品编号	XWYSC001	规格型号	BFCB-8-A-ER
初始试验力	29300N	试验时间	100h
初始力加载速率	500N/s	环境条件	温度：21℃湿度：57%

试验数据（特征点）

时间段	剩余试验力（N）	松弛率（%）	筋滑移量（mm）	修正后剩余试验力（N）	修正松弛率（%）
1min	29215.9	0.287	0.015	29239.2	0.208
3min	29163.2	0.467	0.033	29214.4	0.292

续表

时间段	剩余试验力（N）	松弛率（%）	筋滑移量（mm）	修正后剩余试验力（N）	修正松弛率（%）
6min	29113.9	0.635	0.045	29183.7	0.397
9min	29078.2	0.757	0.059	29169.7	0.445
15min	29027.2	0.931	0.077	29146.6	0.523
30min	28947.2	1.204	0.09	29086.8	0.728
45min	28892.4	1.391	0.101	29049.1	0.856
1h	28854.6	1.52	0.11	29025.2	0.938
1.5h	28794.6	1.725	0.119	28979.2	1.095
2h	28754.1	1.863	0.125	28948.0	1.201
4h	28623.2	2.31	0.144	28846.6	1.548
8h	28455.3	2.883	0.167	28714.3	1.999
10h	28403.1	3.061	0.175	28674.6	2.135
24h	28163.5	3.879	0.196	28467.5	2.841
48h	27975.1	4.522	0.215	28308.6	3.384
72h	27878.4	4.852	0.221	28221.2	3.682
96h	27802.2	5.112	0.225	28151.2	3.921
100h	27796.9	5.13	0.225	28145.9	3.939
推算1000h		6.091			4.568

蠕变松弛试验数据整理表-2
表8.12

样品编号	XWYSC002		规格型号	BFCB-8-A-ER	
初始试验力	29300N		试验时间	100h	
初始力加载速率	500N/s		环境条件	温度：21℃湿度：57%	

试验数据（特征点）

时间段	剩余试验力（N）	松弛率（%）	筋滑移量（mm）	修正后剩余试验力（N）	修正松弛率（%）
1min	29212.7	0.298	0.016	29237.5	0.213
3min	29156.7	0.489	0.035	29211	0.304
6min	29106	0.662	0.049	29182	0.403
9min	29067.9	0.792	0.061	29162.5	0.469
15min	29016.1	0.969	0.069	29123.1	0.604
30min	28928.5	1.268	0.091	29069.7	0.786
45min	28823	1.628	0.106	28987.4	1.067
1h	28774.4	1.794	0.116	28954.3	1.18
1.5h	28754.1	1.863	0.123	28944.9	1.212
2h	28745.6	1.892	0.127	28942.6	1.22
4h	28606.2	2.368	0.149	28837.3	1.579
8h	28448.5	2.906	0.172	28715.3	1.995
10h	28385	3.123	0.178	28661.1	2.181
24h	28155.8	3.905	0.185	28442.8	2.926
48h	27956.9	4.584	0.196	28260.9	3.546
72h	27845.3	4.965	0.193	28144.7	3.943
96h	27769.7	5.223	0.2	28079.9	4.164
100h	27734.8	5.342	0.201	28046.6	4.278
推算1000h		6.229			4.827

蠕变松弛试验数据整理表-3　　　表 8.13

样品编号	XWYSC003		规格型号	BFCB-8-A-ER
初始试验力	29300N		试验时间	100h
初始力加载速率	500N/s		环境条件	温度：21℃ 湿度：57%

试验数据（特征点）

时间段	剩余试验力（N）	松弛率（%）	筋滑移量（mm）	修正后剩余试验力（N）	修正松弛率（%）
1min	29224.1	0.259	0.013	29244.3	0.19
3min	29178.7	0.414	0.031	29226.8	0.25
6min	29135.6	0.561	0.041	29199.2	0.344
9min	29102.2	0.675	0.058	29192.2	0.368
15min	29058.9	0.823	0.067	29162.8	0.468
30min	28992.4	1.05	0.088	29128.9	0.584
45min	28950.5	1.193	0.099	29104.1	0.669
1h	28916.5	1.309	0.105	29079.4	0.753
1.5h	28863.4	1.49	0.12	29049.5	0.855
2h	28826.8	1.615	0.135	29036.2	0.9
4h	28686.5	2.094	0.155	28926.9	1.273
8h	28535.9	2.608	0.168	28796.5	1.719
10h	28477.8	2.806	0.185	28764.8	1.827
24h	28160.5	3.889	0.197	28466.1	2.846
48h	27974.2	4.525	0.204	28290.6	3.445
72h	27850.2	4.948	0.21	28175.9	3.836
96h	27801	5.116	0.216	28136.1	3.972
100h	27788.4	5.159	0.217	28125	4.01
推算 1000h		6.045			4.544

蠕变松弛试验数据整理表-4　　　表 8.14

样品编号	XWYSC004		规格型号	BFCB-8-A-ER
初始试验力	29300N		试验时间	100h
初始力加载速率	500N/s		环境条件	温度：21℃　湿度：57%

试验数据（特征点）

时间段	剩余试验力（N）	松弛率（%）	筋滑移量（mm）	修正后剩余试验力（N）	修正松弛率（%）
1min	29237.6	0.213	0.015	29260.9	0.134
3min	29189.8	0.376	0.034	29242.5	0.196
6min	29140.9	0.543	0.049	29216.9	0.284
9min	29105.2	0.665	0.062	29201.4	0.337
15min	29065.3	0.801	0.075	29181.6	0.404
30min	28996.7	1.035	0.094	29142.5	0.537
45min	28951.6	1.189	0.102	29109.8	0.649
1h	28920	1.297	0.109	29089.1	0.72
1.5h	28865.5	1.483	0.122	29054.7	0.837
2h	28828	1.611	0.128	29026.5	0.933
4h	28689.4	2.084	0.148	28919	1.3

续表

时间段	剩余试验力（N）	松弛率（%）	筋滑移量（mm）	修正后剩余试验力（N）	修正松弛率（%）
8h	28536.7	2.605	0.167	28795.7	1.721
10h	28477.8	2.806	0.172	28744.6	1.895
24h	28162.3	3.883	0.193	28461.7	2.861
48h	27976.8	4.516	0.201	28288.6	3.452
72h	27852.3	4.941	0.205	28170.3	3.856
96h	27806.3	5.098	0.208	28128.9	3.997
100h	27805.1	5.102	0.208	28127.7	4.001
推算 1000h		6.037			4.598

蠕变松弛试验数据整理表-5 表 8.15

样品编号	XWYSC005		规格型号		BFCB-8-A-ER
初始试验力	29300N		试验时间		100h
初始力加载速率	500N/s		环境条件		温度：21℃湿度：57%

试验数据（特征点）

时间段	剩余试验力（N）	松弛率（%）	筋滑移量（mm）	修正后剩余试验力（N）	修正松弛率（%）
1min	29228.2	0.245	0.019	29257.7	0.144
3min	29185.4	0.391	0.03	29231.9	0.232
6min	29146.8	0.523	0.046	29218.2	0.279
9min	29116.3	0.627	0.059	29207.8	0.315
15min	29069.1	0.788	0.071	29179.2	0.412
30min	29001.1	1.02	0.085	29132.9	0.57
45min	28959.5	1.162	0.101	29116.2	0.627
1h	28923.8	1.284	0.111	29096	0.696
1.5h	28873.4	1.456	0.119	29058	0.826
2h	28830.6	1.602	0.125	29024.5	0.94
4h	28717.2	1.989	0.134	28925.1	1.28
8h	28601.5	2.384	0.148	28831.1	1.6
10h	28565.4	2.507	0.154	28804.3	1.692
24h	28400.5	3.07	0.163	28653.3	2.207
48h	28255.2	3.566	0.174	28525.1	2.645
72h	28175.2	3.839	0.181	28456	2.881
96h	28111.9	4.055	0.186	28400.4	3.07
100h	28101.6	4.09	0.186	28390.1	3.105
推算 1000h		4.863			3.596

（2）拉伸试验

试验所使用的 BFCB-6-A-ER 玄武岩纤维复合筋实测拉伸强度平均值为 1075MPa、拉伸弹性模量平均值为 46.3GPa、断裂伸长率平均值为 3.3%；BFCB-8-A-ER 玄武岩纤维复合筋实测拉伸强度平均值为 970MPa、拉伸弹性模量平均值为 49.0GPa、断裂伸长率平均值为 2.8%；BFCB-10-A-ER 玄武岩纤维复合筋实测拉伸强度平均值为 1100MPa、拉伸弹性模量平均值为 47.7GPa、断裂伸长率平均值为 3.5%；均满足《公路工程 玄武岩纤维

及其制品　第4部分：玄武岩纤维复合筋》JT/T 776.4—2010与《结构加固修复用玄武岩纤维复合材料》GB/T 26745—2011中力学性能技术指标。试验结果见表8.16。

拉伸试验结果　　　　　　　　　　　　　表8.16

样品型号	样品编号	抗拉强度（MPa）		弹性模量（GPa）		断裂伸长率（%）	
		实测值	平均值	实测值	平均值	实测值	平均值
BFCB-6-A-ER	LS6-1	1165	1075	46	46.3	3.5	3.33
	LS6-2	995		45		3.0	
	LS6-3	1065		48		3.5	
BFCB-8-A-ER	LS8-1	965	972	49	49	2.5	2.83
	LS8-2	985		49		3.0	
	LS8-3	965		49		3.0	
BFCB-10-A-ER	LS10-1	1200	1100	44	44.3	4.0	3.50
	LS10-2	900		46		2.5	
	LS10-3	1200		43		4.0	

（3）弯曲试验

试验所使用的BFCB-6-A-ER玄武岩纤维复合筋极限弯曲角度平均值为51.4°；BFCB-8-A-ER玄武岩纤维复合筋极限弯曲角度平均值为49.3°；BFCB-10-A-ER玄武岩纤维复合筋极限弯曲角度平均值为45.4°。从实验结果可知，玄武岩纤维复合筋的弯曲性能与其直径呈反比，即较粗的复合筋其弯曲性能也较差。试验结果见表8.17。

弯曲试验结果　　　　　　　　　　　　　表8.17

样品型号	样品编号	实测弯曲破坏角度（°）	平均弯曲破坏角度（°）
BFCB-6-A-ER	WQ6-1	51.2	51.4
	WQ6-2	50.5	
	WQ6-3	52.6	
BFCB-8-A-ER	WQ8-1	49.5	49.3
	WQ8-2	48.2	
	WQ8-3	50.2	
BFCB-10-A-ER	WQ10-1	46.3	45.4
	WQ10-2	45.7	
	WQ10-3	44.2	

8.3.4　与混凝土粘结性能试验

试验所使用的BFCB-10-A-ER玄武岩纤维复合筋与C50混凝土粘结强度平均值为24.0MPa，钢筋与C50混凝土粘结强度平均值为21.0MPa。

试验所使用的BFCB-10-A-ER玄武岩纤维复合筋与C40混凝土粘结强度平均值为18.8MPa，钢筋与C40混凝土粘结强度平均值为16.8MPa。

试验所使用的BFCB-10-A-ER玄武岩纤维复合筋与C50混凝土在20℃时粘结强度平均值为24.0MPa，钢筋与C50混凝土在20℃时粘结强度平均值为21.0MPa。

试验所使用的BFCB-10-A-ER玄武岩纤维复合筋与C50混凝土在40℃时粘结强度平均值为25.5MPa，钢筋与C50混凝土在40℃时粘结强度平均值为20.5MPa。

试验所使用的BFCB-10-A-ER玄武岩纤维复合筋与C50混凝土在60℃时粘结强度平

均值为 20.6MPa，钢筋与 C50 混凝土在 60℃时粘结强度平均值为 17.5MPa。试验结果见表 8.18、表 8.19。

由上可知同等条件下试验所使用的 BFCB-10-A-ER 玄武岩纤维复合筋与混凝土的粘结强度明显优于钢筋与混凝土的粘结强度。

综上所述，针对本次送检的玄武岩纤维复合筋样品的试验结论如下：

（1）复合筋的物理性能、力学性能均能满足相关规范中对于玄武岩纤维复合材料的相关要求；

（2）复合筋与混凝土的粘结性能优于同等条件下钢筋与混凝土的粘结性能；

（3）复合筋的蠕变松弛率相对于目前工程上常用的预应力钢绞线等低松弛钢材偏高。复合筋的松弛率前期发展较快，后期发展较慢，松弛率与时间对数基本呈线性相关关系。

与混凝土粘结性能试验结果

表 8.18

混凝土标号	试验温度（℃）	复合筋粘结强度平均值（MPa）	钢筋粘结强度平均值（MPa）	粘结强度比值
C40	20	18.8	16.8	111.8%
C50	20	24.0	21.0	114.3%
	40	25.5	20.5	124.2%
	60	20.6	17.5	118.2%

与混凝土粘结性能试验数据整理表

表 8.19

类型	试验编号	粘结破坏时最大荷载值（kN）	粘结强度（MPa）	平均粘结强度（MPa）
玄武岩与 C50 混凝土粘结性能试验	XWYC50LB01	51.833	25.7	24.0
	XWYC50LB02	52.410	26.0	
	XWYC50LB03	46.834	23.2	
	XWYC50LB04	44.129	21.9	
	XWYC50LB05	44.409	22.0	
	XWYC50LB06	50.414	25.0	
钢筋与 C50 混凝土粘结性能试验	GJC50LB01	40.879	20.3	21.0
	GJC50LB02	41.522	20.6	
	GJC50LB03	43.238	21.4	
	GJC50LB04	43.367	21.5	
	GJC50LB05	41.803	20.7	
	GJC50LB06	43.221	21.4	
玄武岩与 C40 混凝土粘结性能试验	XWYC40LB01	42.149	21.2	18.8
	XWYC40LB02	35.567	17.9	
	XWYC40LB03	44.954	22.6	
	XWYC40LB04	31.723	16.0	
	XWYC40LB05	32.037	16.1	
	XWYC40LB06	37.674	19.0	
钢筋与 C40 混凝土粘结性能试验	GJC40LB01	37.052	18.7	16.8
	GJC40LB02	26.164	13.2	
	GJC40LB03	32.647	16.4	
	GJC40LB04	36.359	18.3	
	GJC40LB05	28.754	14.5	
	GJC40LB06	39.378	19.8	

类型	试验编号	粘结破坏时最大荷载值（kN）	粘结强度（MPa）	平均粘结强度（MPa）
玄武岩与 C50 混凝土 20℃ 粘结性能试验	XWYC50LB01	51.833	25.7	24.0
	XWYC50LB02	52.410	26.0	
	XWYC50LB03	46.834	23.2	
	XWYC50LB04	44.129	21.9	
	XWYC50LB05	44.409	22.0	
	XWYC50LB06	50.414	25.0	
钢筋与 C50 混凝土 20℃ 粘结性能试验	GJC50LB01	40.879	20.3	21.0
	GJC50LB02	41.522	20.6	
	GJC50LB03	43.238	21.4	
	GJC50LB04	43.367	21.5	
	GJC50LB05	41.803	20.7	
	GJC50LB06	43.221	21.4	
玄武岩与 C50 混凝土 40℃ 粘结性能试验	XWYC50LB40-1	54.126	26.8	25.5
	XWYC50LB40-2	58.233	28.9	
	XWYC50LB40-3	49.688	24.6	
	XWYC50LB40-4	45.712	22.7	
	XWYC50LB40-5	49.177	24.4	
	XWYC50LB40-6	51.354	25.5	
钢筋与 C50 混凝土 40℃ 粘结性能试验	GJC50LB40-1	41.621	20.6	20.5
	GJC50LB40-2	40.813	20.2	
	GJC50LB40-3	41.324	20.5	
	GJC50LB40-4	41.951	20.8	
	GJC50LB40-5	41.324	20.5	
	GJC50LB40-6	15.490	—	
玄武岩与 C50 混凝土 60℃ 粘结性能试验	XWYC50LB60-1	39.675	19.7	20.6
	XWYC50LB60-2	45.547	22.6	
	XWYC50LB60-3	47.708	23.7	
	XWYC50LB60-4	35.534	17.6	
	XWYC50LB60-5	34.314	17.0	
	XWYC50LB60-6	46.521	23.1	
钢筋与 C50 混凝土 60℃ 粘结性能试验	GJC50LB60-1	29.909	18.4	17.5
	GJC50LB60-2	24.844	15.3	
	GJC50LB60-3	31.558	19.4	
	GJC50LB60-4	24.663	15.2	
	GJC50LB60-5	30.231	18.6	
	GJC50LB60-6	28.923	17.8	

8.4　BFRP 筋材混凝土构件室内试验

在传统的混凝土结构构件中，混凝土内的增强材料都是采用了钢筋，但为了克服钢筋在某些特殊工程环境下的缺陷，如抗拉强度不足、易腐蚀、导电、硬度太大等，现在工程中越来越多的开始采用纤维增强材料如玄武岩纤维筋材作为混凝土内的增强材料。在对于玄武岩纤维筋材的基本性能的研究基础之上，对玄武岩纤维筋材在混凝土构件中的受力变形特性，及试件的承载性能等进行室内试验研究。

对玄武岩纤维筋材在混凝土构件中的力学性能以及构件承载力的研究分为两个方面，一是玄武岩纤维混凝土板件，二是玄武岩纤维混凝土桩。对于这两种不同种类的混凝土构件，分别测试了筋材直径相同而配筋率不同的结构承载力和配筋率相同而筋材直径不同的结构承载力。

8.4.1 试验方案及试件制作

（1）BFRP筋材混凝土板件的试验方案

板件总计制作了12块，每块板件的长宽高为500mm×500mm×80mm，基于玄武岩纤维筋材的基本性能特点，为了能最大限度发挥玄武岩纤维筋材的抗拉强度，筋网的位置距离底面为20mm，在保证混凝土与筋材之间的粘结强度的基础之上增加混凝土受压面积，以提升结构的整体承载力。

玄武岩纤维筋材直径分别采用了4mm、8mm、10mm、14mm，对应于每种不同直径的筋材，采用了3种不同间距进行排布分别为100mm、150mm、200mm。每根筋材长度450mm，配筋方式为双向配筋，纵横采用相同的配筋间距。混凝土强度采用C30，由于混凝土强度的离散性，实际的混凝土强度与设计强度有一定的差别。

荷载作用方式为中心集中加载，采用千斤顶加载并在千斤顶与板面之间放置钢垫板。约束采用四角简支，及在板的4个角上放置固定的支撑装置。在荷载作用位置的旁边放置百分表以记录板随力的变化的变形。

见图8.11、图8.12、图8.13。

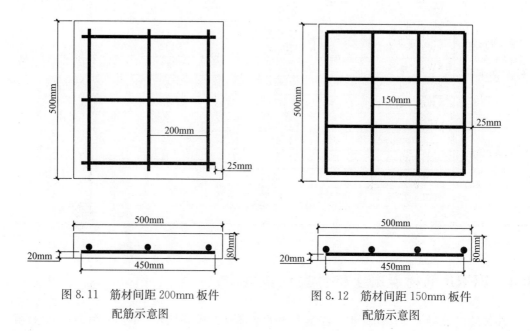

图 8.11 筋材间距 200mm 板件　　　　图 8.12 筋材间距 150mm 板件
　　　　　配筋示意图　　　　　　　　　　　　　配筋示意图

（2）BFRP 筋材混凝土圆形截面受弯构件的试验方案

玄武岩纤维筋材混凝土圆形截面受弯构件总计制作了 4 根，每根长 1500mm，直径 200mm，混凝土强度采用 C30。筋材直径采用了 8mm 和 10mm 两种，考虑到玄武岩纤维筋材无法弯曲成很小的圆环，所以箍筋采用了直径为 2mm 的光圆铁丝，箍筋间距为 100mm。混凝土保护层厚度为 40mm。本来可以将保护层厚度尽量减小，以增加混凝土受压面积从而提高整体承载性能，但是考虑到混凝土与筋材之间的粘结强度，所以选择了 40mm。具体配筋方案见表 8.20。

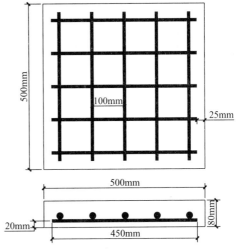

图 8.13　筋材间距 100mm 板件配筋示意图

桩构件配筋方案 　　　　　　　　　　　　　　　　表 8.20

序号	截面尺寸（mm）	配筋量	配筋率	筋材之间夹角（°）	筋材的净间距（mm）	保护层厚度（mm）
1	φ200	6φ8	0.96%	60	48	40
2	φ200	6φ10	1.5%	60	45	40
3	φ200	10φ8	1.6%	36	26.6	40
4	φ200	14φ8	2.24%	25.71	16.9	40

根据所估算的反力的大小定制反力架。为了方便圆形截面梁的放置和加载，在梁的支撑、加载位置，试验前根据截面的尺寸定做了钢支座和加载箱。此外，在加载过程中，结合各梁的截面尺寸、长度和对加载设备的要求，对不同截面梁的支撑位置、加载位置进行了微调。可满足试验要求。

试验主要采集数据有：荷载大小、应变分布、结构变形。加载方式为千斤顶在桩中间单点加载，荷载大小通过千斤顶上的油表可以直接获得，在桩长 1/3 和 2/3 的位置各有一个百分表用于记录整个桩的挠度变化。筋材上预先粘贴了电阻应变片用于测量筋材在整个加载过程中的变形和受力，同时配备了相应的 TST 静态应变测试仪用于应变片的数据读取。构件的配筋方式及应变片的粘贴位置如图 8.14～图 8.17 所示。

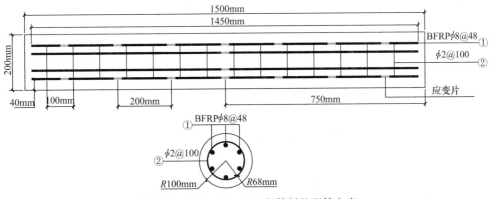

图 8.14　直径 8mm 配 6 根筋材的配筋方案

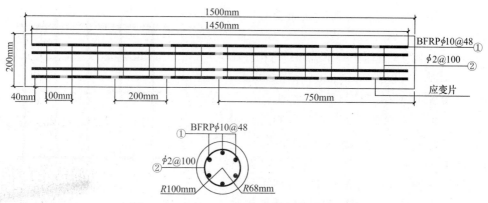

图 8.15　直径 10mm 配 6 根筋材的配筋方案

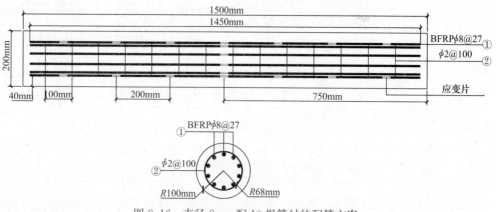

图 8.16　直径 8mm 配 10 根筋材的配筋方案

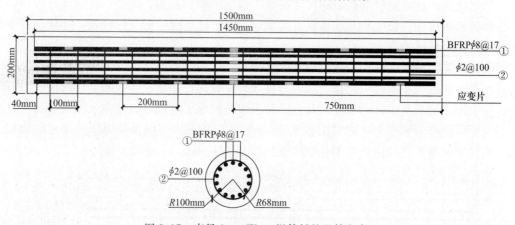

图 8.17　直径 8mm 配 14 根筋材的配筋方案

（3）BFRP 筋混凝土板件的制作

板件的模具为 1000mm×1000mm×10mm 的无底木框，用木板将整个木框隔为 4 块。浇筑时首先浇筑 20mm 混凝土，然后将制作好的双向筋网放置于混凝土中间，因为玄武岩纤维密度小于混凝土，所以筋网不会因为自重而下沉。放好筋网之后再浇筑上面的 60mm 混凝土，最后捣实之后盖上薄膜防止温差太大对混凝土硬化的影响。脱模时，先脱掉外层框架，然后将内部的 4 块板件依次拆开，并在板件上标记板件的筋材直径与间距。见图 8.18。

图 8.18　BFRP 筋混凝土板件的制作

（4）BFRP 筋混凝土受弯构件的制作

桩构件模具采用直径为 20mm 的 PVC 管，两端用 PVC 管的专用堵头进行密封，浇筑前对 PVC 管内进行刷油处理方便脱模。

浇筑前，将筋笼放入 PVC 管中，在保证筋笼的中心与 PVC 管的中心重合的条件下，在 PVC 管外标记筋笼中主筋的位置方向。

然后开始倒入混凝土，分两层浇筑，在混凝土浇筑到一半的位置时用振动棒捣实混凝土，然后浇筑上半部分。浇筑完成后盖上上面的堵头，并将数据线从堵头的开口位置引出保护好。在混凝土初凝后就可以进行脱模，将初凝的构件进行养护处理。见图 8.19。

图 8.19　BFRP 筋受弯构件的制作

8.4.2　构件承载力的预估

在进行室内试验之前，对构件的承载力需要进行初步预估，通过参考预估的承载力，才能对加载装置进行设计，才能在试验的过程中更好的控制加载的进程，才能在试验结束之后用来衡量试验是否成功。

鉴于 BFRP 筋混凝土构件的承载力计算公式还没有进行修正，对构件的承载力预估采用了计算 GFRP 筋混凝土构件承载力的公式，即式（8.1）、式（8.2）、式（8.3）。按照受弯构件的设计构造已知条件有 A、f_c、f_{fu}、A_s、r_s、r，而未知量为 M、α。

M、α 确定，由计算公式为

$$\alpha\alpha_1 f_c A\left(1-\frac{\sin2\pi\alpha}{2\pi\alpha}\right)=\alpha_t f_{fu} A_f \tag{8.1}$$

$$KM \leqslant \frac{2}{3}\alpha_1 f_c A r \frac{\sin^3\pi\alpha}{\pi\alpha}+f_{fu}A_f r_s \frac{\sin\pi\alpha_t}{\pi} \tag{8.2}$$

$$\alpha_t = 1.25-2\alpha \tag{8.3}$$

已知桩构件参数见表 8.21。

桩构件参数　　　　表 8.21

桩号	$A(\text{mm}^2)$	$f_c(\text{N/mm}^2)$	$f_{fu}(\text{MPa})$	$A_s(\text{mm}^2)$	$r_s(\text{mm})$	$r(\text{mm})$
1	31416	14.3	1139	302	56	100
2	31416	14.3	1112	471	55	100
3	31416	14.3	1139	503	56	100
4	31416	14.3	1139	704	56	100

因为 $A_f=A_s\alpha_t$，所以对式（8.1）进行变换得，

$$\alpha\alpha_1 f_c A-\alpha_1 f_c A\frac{\sin2\pi\alpha}{2\pi}-4\alpha^2 f_{fu}A_s-1.5625 f_{fu}A_s+5\alpha f_{fu}A_s=0 \tag{8.4}$$

因为对于所有构件，f_c、A 都是相同的，所以代入数据后，整理得，

$$413309\alpha-65780\sin2\pi\alpha-4\alpha^2 f_{fu}A_s-1.5625 f_{fu}A_s+5\alpha f_{fu}A_s=0 \tag{8.5}$$

将构件参数带入式（8.5）以后，通过迭代，可以求出 α 的值。见表 8.22。

各个构件的 α 值　　　　表 8.22

桩号	α
1	0.3589
2	0.3879
3	0.394
4	0.4166

然后将 α 的值和构件的数据带入式（8.2）中，即可求出各个构件的最大截面承载弯矩，并且由加载方案可知，其最大弯矩发生在跨中位置，所以由此可以预估出跨中位置处所施加的最大荷载。见表 8.23。

各个构件的 *M* 值及最大可承受荷载　　　　　　　　表 8.23

桩号	M(kN·m)	跨中荷载（kN）
1	6.9	18.4
2	8.2	21.8
3	8.6	22.9
4	9.7	25.8

由计算可知，构件最大承载力为 25.8kN 即 2.58t，所以在设计加载反力设备时其所能施加的反力至少要有 2.6t 以上。

8.4.3　试验步骤及过程

（1）BFRP 筋混凝土板件承载力试验步骤

① 试验前对构件进行基本性能分析，预估构件的理论开裂荷载和极限荷载；

② 试件浇筑前将浇筑的模具准备好，并在浇筑完成之后注意试件的养护；

③ 待试件强度达到试验要求后，将试件安装到特制的加载装置上，安装并调试加载设备和数据采集设备；

④ 对各种要记录的数据进行一个初读，开始加载后采用分级加载，每一级读取荷载值、挠度值、裂缝开裂程度等。根据开裂、极限破坏荷载进行合理的荷载分级，在开裂荷载和最终筋材屈服阶段，对荷载分级进行适当的加密；

⑤ 试验完后整理试验数据，分析试验过程，对试验中的各个加载阶段的图片进行标注保存。

（2）BFRP 筋受弯构件承载力试验步骤

① 试验前对构件进行基本性能分析，预估构件的理论开裂荷载和极限荷载；

② 试件浇筑前将浇筑的模具准备好，将应变片仔细的贴到筋材表面，外部用石蜡密封好，将数据线拉出避免浇筑时被破坏，且在模具表面标注试件上下主筋位置，并在浇筑完成之后注意试件的养护；

③ 待试件强度达到试验要求后，将试件安装到特制的加载装置上，安装并调试加载设备和数据采集设备；

④ 对各种要记录的数据进行一个初读，开始加载后采用分级加载，每一级读取荷载值、挠度值、裂缝开裂程度等。根据开裂、极限破坏荷载进行合理的荷载分级，在开裂荷载和最终筋材屈服阶段，对荷载分级进行适当的加密；

⑤ 试验完后整理试验数据，分析试验过程，对试验中的各个加载阶段的图片进行标注保存。

（3）试验过程

在加载过程中记录了受弯构件的开裂荷载、极限荷载、挠度、筋材的应变数据，记录了板构件的开裂荷载、极限荷载、挠度数据。

受弯构件在加载过程中，首先对百分表和应变片的初始读数进行记录，然后达到每一级荷载时记录一次数据。在构件达到极限荷载后，记录最大极限荷载和挠度，并对最大荷载下的构件变形状态进行记录。板构件的加载过程和桩构件相同。

通过试验观测，BFRP 筋混凝土构件在集中荷载下的破坏形态与钢筋混凝土构件在集中荷载作用的下的破坏形态相似。整个的破坏过程分为四个阶段：

① 无裂缝阶段。此阶段是从开始加载到板底面出现第一条裂缝的阶段。在这个阶段构件中没有裂缝，竖向挠度、截面各处应力、应变均较小，混凝土与筋的本构关系大致为线性，可以认为 BFRP 筋混凝土双向板呈现弹性性质。

② 轴向裂缝阶段。这个阶段是从构件底出现第一条轴向裂缝到出现斜向裂缝之前的阶段。这个阶段之初在与加载位置相对的构件底部附近产生第一条轴向裂缝，此裂缝的长度及宽度均较小，随着荷载的增加，在与第一条裂缝相垂直的另一个轴向的构件中心位置附近也会产生轴向裂缝。随着荷载的增大裂缝的宽度和长度都不断增加，并且轴向裂缝会出现轻微开叉及构件两端有轻微的向上翘起的现象。在这个阶段，构件的竖向挠度、混凝土及 BFRP 筋的应力、应变较第一阶段大，且荷载挠度曲线向挠度轴发生一定的弯曲，呈现出一定的塑性性质。

③ 斜向裂缝阶段。这个阶段是从第一条斜向裂缝出现到整个构件破坏前的阶段。在这个阶段，构件底面中心附近开始出现斜向的裂缝，随着荷载的增加，斜向裂缝是从构件底面中心附近沿对角线向两边不断延伸，且裂缝宽度、长度不断加大，同时，原有的轴向裂缝不断向边缘延伸，宽度不断增大，并伴随着有细小的混凝土块体颗粒掉落与有连续的爆裂声。在这个阶段，构件的竖向挠度急剧增大，产生明显的变形，同时翘起高度不断增大，混凝土及 BFRP 筋应变较大，较前两阶段的应力值大，荷载挠度曲线明显的向挠度轴弯曲，呈现出明显的塑性性质。荷载接近极限荷载。

试验过程见图 8.20～图 8.23。

图 8.20　受弯构件加载装置

图 8.21　构件底部出现微裂缝

图 8.22　构件底部裂缝继续出现斜裂缝

图 8.23　板件加载装置

④ 破坏阶段。在破坏时 BFRP 筋混凝土构件内部裂缝完全贯通，上部混凝土不断在压力的作用下翘起，下部混凝土不断脱落露出构件内部的筋材。在这个阶段，荷载较第三阶段的增长较小，板的挠度、筋的应力、混凝土的应力在破坏前的瞬间达到最大值，破坏发生时板的承载力突然下降，并伴随着巨大的爆裂声音，继续加载时，荷载越来越小，而挠度应变等数据不断增大，且应变片出现超载现象，说明应变片已经超出两成范围。破坏情况见图 8.24～图 8.26。

图 8.24　板件一角开始出现裂缝　　　图 8.25　裂缝扩大　　　图 8.26　板件破坏后的形态

8.4.4　试验结果分析

（1）圆形受弯构件试验分析

① 一号桩试验数据分析

一号桩为配 6 根直径为 8mmBFRP 筋材的桩构件。图 8.27 为该桩应变片位置距离桩端的距离和桩中截面应变片编号的示意图，上下两端主筋是以中间截面为基点，往两边每间距 200mm 贴一块应变片，而除在上下两根主筋贴了 7 块应变片以外，中间的两根主筋只在桩中间位置各贴一块应变片。因为在理想状态下当上下两端主筋位置垂直于加载面时，两边的主筋的受力方式是相同的，所以没有必要将所有 6 根筋材全部贴上应变片。

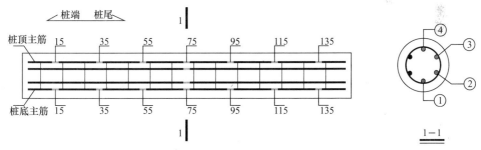

图 8.27　一号桩应变片距离桩端距离和桩中截面应变片编号示意图

图 8.28～图 8.32 为一号桩测试数据所绘制的图表，从图 8.28 中可知，最大荷载为20.16kN。桩底主筋最大拉应力在 3 号位置大小为 442MPa，而 5 号位置的最大拉应力为应变片已经失效后系统认为达到最大荷载引起的，有可能是在加载过程中该位置应变片被混凝土拉坏。桩顶主筋最大压应力在 14 号位置大小为 −331MPa，而 17 号位置的最大压应力为应变片已经失效后系统认为达到最大荷载引起的。

筋材应力随荷载的变化开始比较缓慢，当荷载达到 10kN 以后，筋材的应力开始迅速提高最终达到最大荷载。但筋材的最大拉应力还远未达到破坏应力，所以可以看出控制构件承载力大小的因素在于混凝土的抗压强度和抗压面积的大小。

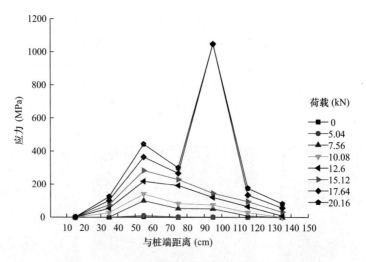

图 8.28　一号桩桩底主筋应力随荷载的变化

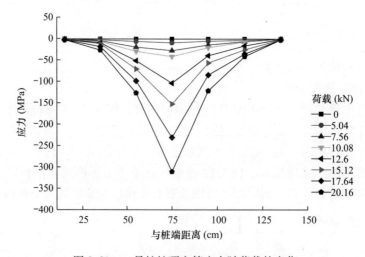

图 8.29　一号桩桩顶主筋应力随荷载的变化

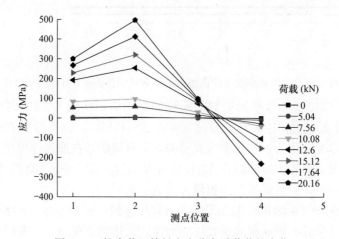

图 8.30　桩中截面筋材应力分布随荷载的变化

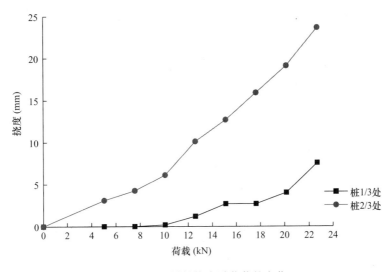

图 8.31　一号桩挠度随荷载的变化

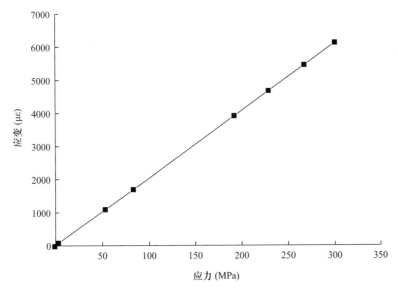

图 8.32　一号桩主筋的应力应变关系

桩体在加载过程中上下两端的主筋并没有和加载面垂直,导致中间靠下的一根主筋在桩中间截面的最大拉应力还大于最下端的主筋。从图中也可以看出,最大拉应力已经达到 500MPa,所以可知筋材的实际最大拉应力可能在 500MPa 以上。

整个桩在加载过程中挠度变化为先慢后快。荷载在 10kN 以下的时候整个桩体还没有开裂,挠度变化相对平缓,当荷载达到 10kN 以后挠度的变化速率开始加快,当最终达到承载极限时,荷载已经无法增加而挠度却不停地增加直到百分表脱离整个桩体。

由于玄武岩纤维筋材的基本属性属于低弹模高强度,所以导致构件在加载过程中往往达到很大挠度时还无法破坏,但是在实际工程中,挠度过大会影响构件的适用性,甚至影响耐久性。这不是简单的提供足够的承载能力就能够保证的。对结构的变形限制,一是保证结构的使用功能要求,二是防止对结构产生不良影响,三是防止对非结构构件产生不良影响，四是保证使用者安全感和舒适感。所以结合以上要求，参考《混凝土结构设计规范》GB 50010—2010 对受弯构件挠度的限值，可知当构件长度 $L<7m$ 时，挠度限值偏安全为 $L/250$，对试验的构件而言即挠度达到 6mm 时可以判定为达到正常使用极限状态承载力，所以一号桩的正常使用极限状态承载力偏安全取 10kN。

整个桩的极限荷载和筋材的最大应力都比较小，且整个桩加载过程中挠度的整体变化不大，整个桩呈现出一种脆性破坏的模式。加载初期各种数据变化幅度很小，而混凝土一旦开裂则瞬间变大，然后逐渐达到极限荷载。

② 二号桩试验数据分析

二号桩为配 6 根直径为 10mmBFRP 筋材的桩构件。图 8.33 为该桩应变片位置距离桩端的距离和桩中截面应变片编号的示意图，上下两端主筋是以中间截面为基点，往两边每间距 200mm 贴一块应变片，而除开上下两根主筋贴了 7 块应变片以外，中间的两根主筋只在桩中间位置各贴一块应变片。

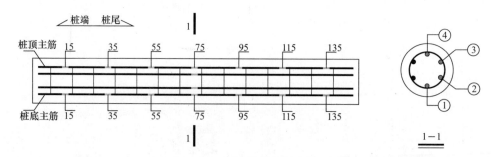

图 8.33　二号桩应变片距离桩端距离和桩中截面应变片编号示意图

图 8.33～图 8.38 为二号桩测试数据所绘制的图表，从图中可知，最大荷载为 23.9kN。桩底主筋最大拉应力在 4 号位置大小为 385MPa。桩顶主筋最大压应力在 15 号位置大小为 −385MPa。整个主筋的应力与位置的关系比较符合理想状态的模式，中间为应力最大位置往两边逐渐减小，且拉应力与压应力大小相等。

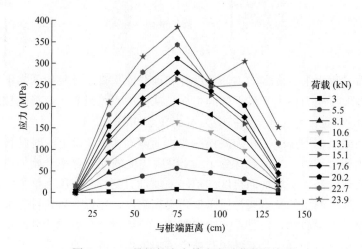

图 8.34　二号桩桩底主筋应力随荷载的变化

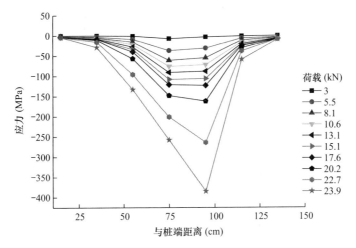

图 8.35　二号桩桩顶主筋应力随荷载的变化

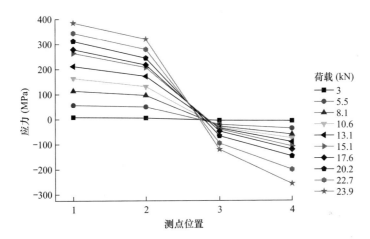

图 8.36　二号桩桩中截面筋材应力分布随荷载变化

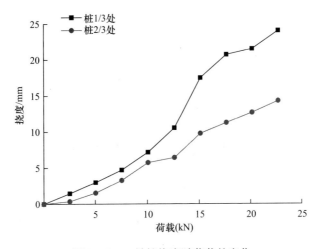

图 8.37　二号桩挠度随荷载的变化

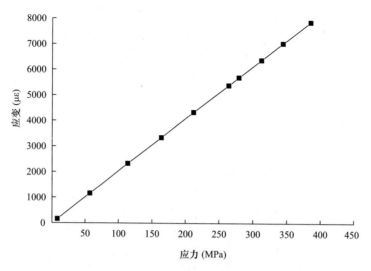

图 8.38　二号桩主筋的应力应变关系

　　从图表中可以看出筋材应力随荷载的变化比较平缓，应力随荷载的变化基本上呈现出线性的增长，但压应力随荷载的变化速率是不断增大的。整个桩主筋应力的分布和变化方式比较符合理论状态。

　　桩体在加载过程中上下两端的主筋基本上与加载面垂直，最大拉应力和最大压应力发生在上下两端主筋上，与预期一致。而且中间的两根主筋一根处于受压区另外一根处于受拉区。

　　整个桩在加载过程中挠度变化为先慢后快。荷载在 10kN 以下的时候整个桩体还没有开裂，挠度变化相对平缓，当荷载达到 12kN 以后挠度的变化速率开始明显加快，当最终达到承载极限时，荷载已经无法增加而挠度却不停地增加直到百分表脱离整个桩体。

　　如前所述，由于玄武岩纤维筋材的基本属性属于低弹模高强度，所以导致构件在加载过程中往往达到很大挠度时还无法破坏，但是在实际工程中，挠度过大会影响构件的适用性，甚至影响耐久性。对试验的构件而言即挠度达到 6mm 时可以判定为达到正常使用极限状态承载力，所以二号桩的正常使用极限状态承载力偏安全取 12kN。

　　整个桩的极限荷载和筋材的最大应力都比较小，且整个桩加载过程中挠度的整体变化不大，整个桩呈现出一种脆性破坏的模式。加载初期各种数据变化幅度很小，而混凝土一旦开裂则瞬间变大，然后逐渐达到极限荷载。

　　③ 三号桩试验数据分析

　　三号桩为配 10 根直径为 8mmBFRP 筋材的桩构件。图 8.39 为该桩应变片位置距离桩端的距离和桩中截面应变片编号的示意图，上下两端主筋是以中间截面为基点，往两边每间距 200mm 贴一块应变片，而除开上下两根主筋贴了 7 块应变片以外，中间的四根主筋只在桩中间位置各贴一块应变片。

　　图 8.40～图 8.44 为一号桩测试数据所绘制的图表，从图中可知，最大荷载为22.64kN。桩底主筋最大拉应力在 4 号位置大小为 408MPa，桩顶最大压应力在 14 号位置大小为 −291MPa。桩底主筋的 2 号位置和 5 号位置的应变片有可能是与筋材没有完全接

触，所以没有真实反映筋材在该位置的实际受力情况。

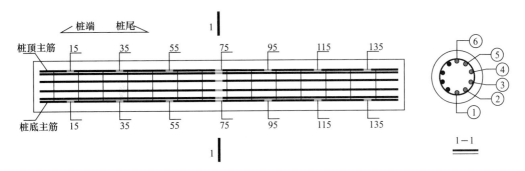

图 8.39　三号桩应变片距离桩端距离和桩中截面应变片编号示意图

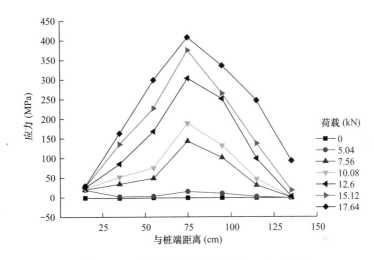

图 8.40　三号桩桩底主筋应力随荷载的变化

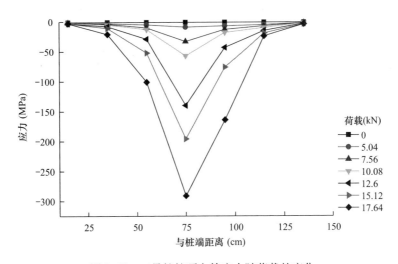

图 8.41　三号桩桩顶主筋应力随荷载的变化

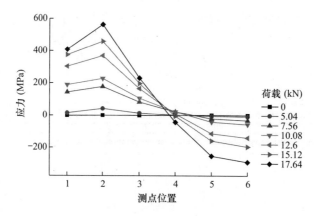

图 8.42　三号桩桩中截面筋材应力分布随荷载变化

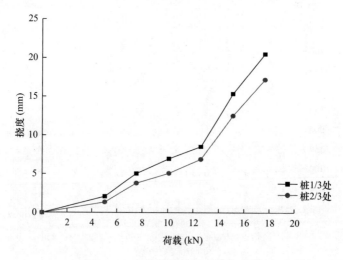

图 8.43　三号桩挠度随荷载的变化

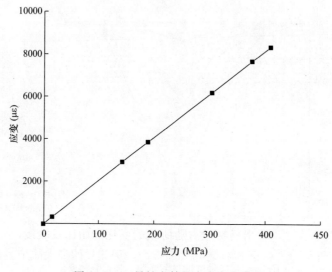

图 8.44　三号桩主筋的应力应变关系

从图表中可以看出筋材应力随荷载的变化开始比较缓慢，当荷载达到 12kN 以后，筋材的应力开始迅速提高最终达到最大应力。但筋材的最大拉应力还远未达到破坏应力，所以可以看出控制构件承载力大小的因素在于混凝土的抗压强度和抗压面积的大小。且上下两根主筋沿长度方向应力的分布为中间大两端小，且最大值点在桩跨中截面，符合理论预期。

桩体在加载过程中上下两端的主筋并没有和加载面垂直，导致中间靠下的一根主筋在桩中间截面的最大拉应力还大于本该在最下端的主筋。从图中也可以看出，最大拉应力已经达到 563MPa，所以可知整个桩实际最大拉应力可能在 563MPa 以上。所以也推测，最大压应力也应该大于－291MPa。

在整个桩在加载过程中挠度变化为先慢后快。荷载在 10kN 以下的时候整个桩体还没有开裂，挠度变化相对平缓，荷载在 10kN 以前挠度只变化了 5mm，而荷载从 10kN 到12kN 挠度就变化了 5mm，以后挠度的变化速率开始加快，当最终达到承载极限时，荷载已经无法增加而挠度却不停地增加直到百分表脱离整个桩体。

如前所述，由于玄武岩纤维筋材的基本属性属于低弹模高强度，所以导致构件在加载过程中往往达到很大挠度时还无法破坏，但是在实际工程中，挠度过大会影响构件的适用性，甚至影响耐久性。对试验的构件而言即挠度达到 6mm 时可以判定为达到正常使用极限状态承载力，所以三号桩的正常使用极限状态承载力偏安全取 13kN。

整个桩的极限荷载和筋材的最大应力都比较小，且整个桩加载过程中挠度的整体变化不大，整个桩呈现出一种脆性破坏的模式，即一裂即坏。加载初期各种数据变化幅度很小，而混凝土一旦开裂则瞬间变大，然后逐渐达到极限荷载。

④ 四号桩试验数据分析

四号桩为配 14 根直径为 8mmBFRP 筋材的桩构件。图 8.45 为该桩应变片位置距离桩端的距离和桩中截面应变片编号的示意图，上下两端主筋是以中间截面为基点，往两边每间距 200mm 贴一块应变片，而除开上下两根主筋贴了 7 块应变片以外，中间的 6 根主筋只在桩中间位置各贴一块应变片。

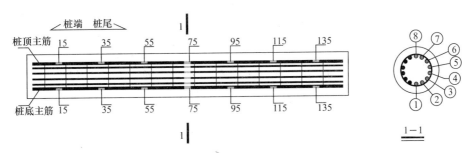

图 8.45　四号桩应变片距离桩端距离和桩中截面应变片编号示意图

图 8.46～图 8.50 为一号桩测试数据所绘制的图表，从图中可知，最大荷载为 20.16kN。桩底主筋最大拉应力在 4 号位置附近、大小为 302MPa，桩顶最大压应力在 14 号位置、大小为－93kN。从图表中可以看出筋材应力随荷载的变化开始比较缓慢，当荷载达到 12kN以后，筋材的应力开始迅速提高最终达到最大应力。但筋材的最大拉应力还远未达到破坏应力，所以可以看出控制构件承载力大小的因素在于混凝土的抗压强度和抗压面积的大

小。且上下两根主筋沿长度方向应力的分布为中间大两端小，且最大值点在桩跨中截面，符合理论预期。

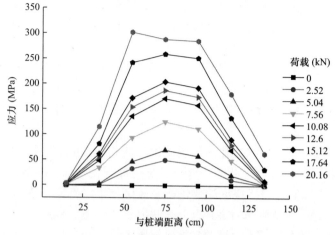

图 8.46　四号桩桩底主筋应力随荷载的变化

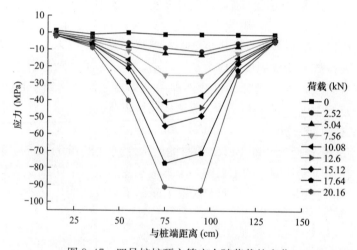

图 8.47　四号桩桩顶主筋应力随荷载的变化

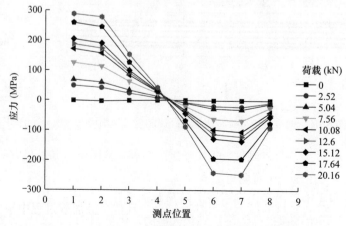

图 8.48　四号桩桩中截面筋材应力分布随荷载变化

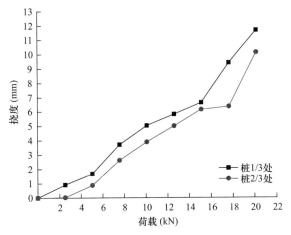

图 8.49　四号桩挠度随荷载的变化

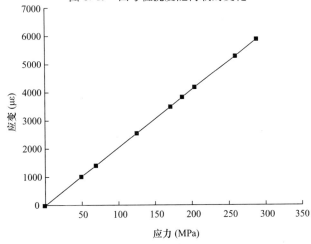

图 8.50　四号桩主筋的应力应变关系

　　桩体在加载过程中上下两端的主筋并没有和加载面垂直，导致中间靠上的一根主筋的压应力比本应该在顶端的主筋的压应力还要大。从图中也可以看出，最大拉应力已经达到 278MPa，所以可知整个桩实际最大拉应力可能在 278MPa 以上。而最大压应力发生在 21 号和 22 号应变片所在位置的主筋之间，最大压应力为－248MPa。

　　整个桩在加载过程中挠度变化比较平缓。当最终达到承载极限时，荷载已经无法增加而挠度不停地增加直到百分表脱离整个桩体。整个桩身实际工作期间，挠度总计变化了15mm。并且现场试验时继续进行加载，荷载已经开始回落，外层混凝土已经完全剥落，露出内部的筋材，可以发现筋材都是完好的，但混凝土已经完全破碎。

　　如前所述，由于玄武岩纤维筋材的基本属性属于低弹模高强度，所以导致构件在加载过程中往往达到很大挠度时还无法破坏，但是在实际工程中，挠度过大会影响构件的适用性，甚至影响耐久性。对试验的构件而言即挠度达到 6mm 时可以判定为达到正常使用极限状态承载力，所以四号桩的正常使用极限状态承载力偏安全取 15kN。

　　整个桩的极限荷载和筋材的最大应力都比较小，且整个桩加载过程中挠度整体变化不大，整个桩呈现出一种脆性破坏的模式，即一裂即坏。加载初期各种数据变化幅度很小，而混凝土一旦开裂则瞬间变大，然后逐渐达到极限荷载。

BFRP 受弯构件试验结论：

① 一号桩配置了 6 根直径 8mm 的 BFRP 筋材，配筋率为 0.96%，正常使用极限状态承载力为 10kN；

② 二号桩配置了 6 根直径 10mm 的 BFRP 筋材，配筋率为 1.5%，正常使用极限状态承载力为 12kN；

③ 三号桩配置了 10 根直径 8mm 的 BFRP 筋材，配筋率为 1.6%，正常使用极限状态承载力为 13kN；

④ 四号桩配置了 14 根直径 8mm 的 BFRP 筋材，配筋率为 2.24%，正常使用极限状态承载力为 15kN；

⑤ 从试验构件的正常使用极限状态承载力来看，当筋材直径相同但配筋率不同时（一、三、四号桩），配筋率越大的构件其承载力更高；当配筋率相同而筋材直径不同时（二、三号桩），筋材直径越小的承载力越高；

⑥ 玄武岩纤维筋材混凝土构件在整体性能上还是脆性结构，即承载力一旦达到最大限度后就立刻下降，而不存在一个屈服阶段；

⑦ 玄武岩纤维筋材混凝土构件的整体承载能力很大程度上取决于混凝土的强度和质量，因为玄武岩纤维筋材的模量比较低，和钢筋比达到同样抗拉强度的变形量要大一些，而玄武岩纤维的极限抗拉强度又大于钢筋，所以玄武岩纤维达到极限抗拉强度时的变形量会大于钢筋；

⑧ 因为玄武岩纤维筋材的极限抗拉强度远大于钢筋，所以在配筋时为了最大限度的利用筋材的抗拉强度，可以适当的减小保护层厚度；

⑨ 玄武岩纤维筋材在构件中的最优配筋率应该是介于按等强度替换原则替换钢筋的配筋率与最大配筋率之间，这个最优配筋率对普通钢筋混凝土结构配筋率而言属于超筋配置，但为了减小玄武岩纤维筋材构件的挠度和提高构件适用性，可以适当提高配筋率标准。

（2）板构件试验分析

① 筋材间距 100mm

图 8.51～图 8.55 为配置了不同直径的 BFRP 筋材但筋材间距相同的混凝土板件加载

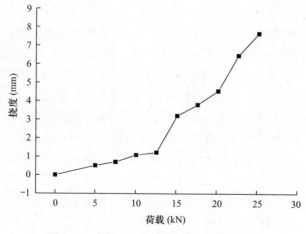

图 8.51　$\phi 4@100mm$ 板件挠度与荷载关系

得到的数据所绘制的。当板件内筋材的直径不同但间距相同时，板件整体表现出的还是一种脆性破坏，从图 8.51～图 8.55 可以看出，板件挠度变化初期都比较平稳，当达到某一荷载时或者达到最大承载力时挠度会出现突变。而且直到最大承载力之前，板件的整体挠度都不大。

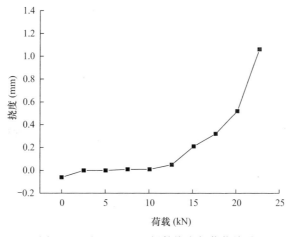

图 8.52　$\phi8$@100mm 板件挠度与荷载关系

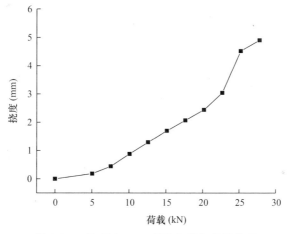

图 8.53　$\phi10$@100mm 板件挠度与荷载关系

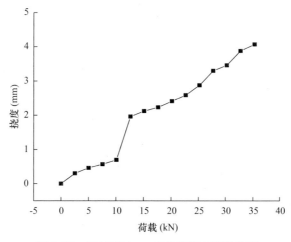

图 8.54　$\phi14$@100mm 板件挠度与荷载关系

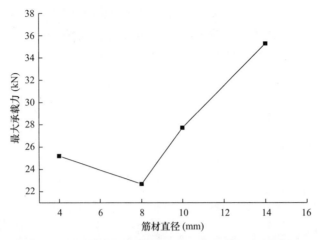

图 8.55　不同直径筋材间距 100mm 板件最大承载力

从图 8.55 可以看出，筋材间距相同的情况下，板件承载力随筋材直径的增大而增大，从另外一个角度来看就是构件的承载力随配筋率的增加而增长。但增长的效果并没有非常明显，直径为 4mm 的板件最大承载力为 25.2kN 和直径为 10mm 的板件最大承载力为 27.72kN 相比也仅仅增加了 2kN。

② 筋材间距 150mm

图 8.56～图 8.60 为配置了不同直径的 BFRP 筋材但筋材间距相同的混凝土板件加载得到的数据所绘制的。筋材间距为 150mm 的板件，最大承载力范围为 20.16kN～25.2kN。板件在加载过程中整体表现出的还是一种脆性破坏，板件挠度变化初期都比较平稳，当达到某一荷载时或者达到最大承载力时挠度会出现突变。而且直到最大承载力之前，板件的整体挠度都不大。

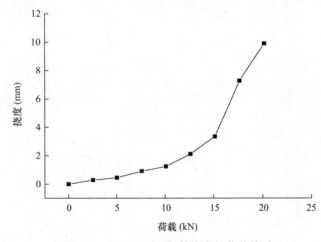

图 8.56　$\phi 4@150mm$ 板件挠度与荷载关系

从图 8.60 可以看出，筋材的间距相同的情况下，板件承载力随筋材直径的增大而增大，从另外一个角度来看就是构件的承载力随配筋率的增加而增长。但增长的效果并没有非常明显，直径为 4mm 的板件最大承载力为 20.16kN 和直径为 14mm 的板件最大承载力为 25.2kN 相比也仅仅增加了 5kN。

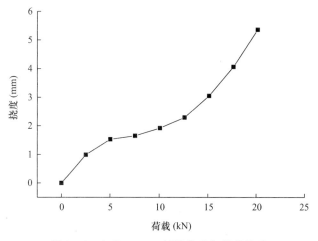

图 8.57　ϕ8@150mm 板件挠度与荷载关系

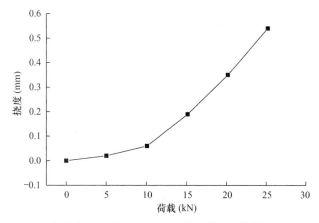

图 8.58　ϕ10@150mm 板件挠度与荷载关系

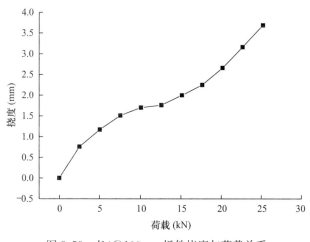

图 8.59　ϕ14@100mm 板件挠度与荷载关系

③ 筋材间距 200mm

图 8.61～图 8.65 为配置了不同直径的 BFRP 筋材但筋材间距相同的混凝土板件加载得到的数据所绘制的。筋材间距为 200mm 的板件，最大承载力范围为 10.8kN～25.2kN。

板件在加载过程中整体表现出的还是一种脆性破坏。板件挠度变化初期都比较平稳，当达到某一荷载时或者达到最大承载力时挠度会出现突变。而且直到最大承载力之前，板件的整体挠度都不大。

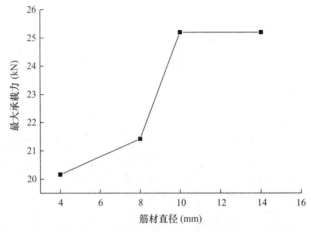

图 8.60　不同直径筋材间距 150mm 板件最大承载力

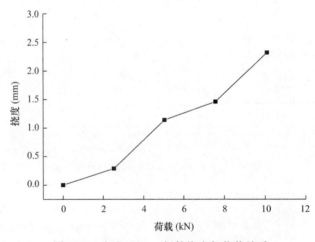

图 8.61　$\phi4@200$mm 板件挠度与荷载关系

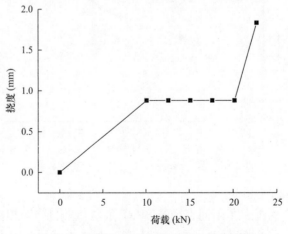

图 8.62　$\phi8@200$mm 板件挠度与荷载关系

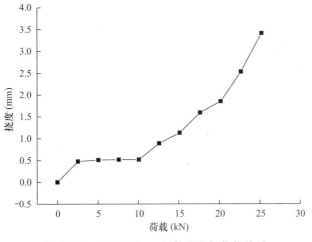

图 8.63　ϕ10@200mm 板件挠度与荷载关系

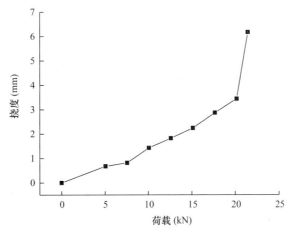

图 8.64　ϕ14@200mm 板件挠度与荷载关系

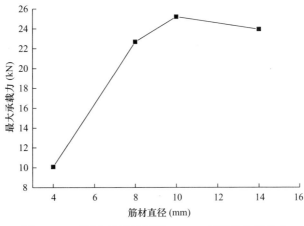

图 8.65　不同直径筋材间距 200mm 板件最大承载力

从图 8.65 可以看出，筋材间距相同的情况下，板件承载力随筋材直径的增大而增大，从另外一个角度来看就是构件的承载力随配筋率的增加而增长。而且可以发现，当筋材间距达到 200mm 时，筋材直径为 4mm 的板件承载能力有明显的下降，在实验过程中也可以实际观察到板件压坏的时候筋材已经断裂。

BFRP 板件试验结论：

① 玄武岩纤维筋材混凝土板件当筋材间距为 100mm 时，最大承载力范围为 25.2kN～35.28kN；当筋材间距为 150mm 时，最大承载能力范围为 20.16kN～25.2kN；当筋材间距为 200mm 时，最大承载力范围为 10kN～26kN。

② 从试验数据中可以直观看出，当筋材间距相等时，构件的承载力随筋材的直径增大而增大，当筋材的直径相等时，构件的承载力随间距的减小而增大，由此可知在混凝土强度不变的情况下，配筋率越高承载力越高；

③ 玄武岩纤维筋材板件在整体性能上也属于脆性构件，即构件达到最大承载力之后，承载力便突然回落，没有一个明显的屈服阶段；

④ 虽然配筋率越高承载能力越好，但是影响效果并不是非常明显，所有构件中，最大承载力范围集中在 20kN～27kN 之间，并没有一个明显的上升趋势；

⑤ 当筋材直径为 14mm 间距为 100mm 时，板件达到所有试件的最大承载能力，最大承载力为 35.28kN。当筋材直径为 4mm 间距为 200mm 时，板件达到所有试件的最小承载能力，最小承载能力为 10.08kN，并且试件达到极限荷载之后筋材断裂。可以看出想要继续提升板件的承载能力可以继续提升板件整体的配筋率，如使用直径更大的筋材，或者采用更小的间距。而且可以从破坏类型和承载能力的大小上来看，直径 4mm 间距 200mm 的试件实际上是发生了少筋破坏，并没有完全发挥混凝土的抗压强度。

8.5　圆形构件数值模拟

8.5.1　模型及材料的选取

对室内试验的计算机模拟采用的是 ANSYS 软件。ANSYS 作为一款大型通用的有限元分析软件，能够用于结构、热、流体、电磁等科学的研究，广泛地应用于土木工程、地质矿产、水利、铁道等一般工业及科学研究工作，是一款功能十分强大的数值模拟软件。

（1）模型的选取

ANSYS 提供分析混凝土结构的模型主要有整体式、分离式、组合式。

在整体式模型中，可将钢筋混凝土结构中钢筋分布到混凝土中，整个单元仍为均匀连续的材料，即形成一个含有加固材料的混凝土单元。在 ANSYS 中 SOLID65 单元通常用来模拟混凝土，可以实现将钢筋分布到混凝土中形成整体式单元。在整体式模型中，可将钢筋混凝土结构中钢筋分布到混凝土中，整个单元仍为均匀连续的材料，即形成一个含有加固材料的混凝土单元。

分离式模型是将混凝土与钢筋分别视为不同的单元进行分析。钢筋混凝土构件受力后钢筋与混凝土之间可能会发生滑移，可以在钢筋单元与混凝土单元之间加入过渡单元来考虑二者之间的粘结滑移，也可以分析二者之间的作用机理。但这种模式建模较麻烦且计算不易收敛。

当不考虑混凝土与钢筋之间的粘结滑移时可以采用这种模式，认为钢筋混凝土粘结良好，钢筋埋置于混凝土中二者形成一个整体。

基于以上分析，本章采用分离式模型分析 BFRP 筋混凝土正截面受弯结构。

（2）单元的选取

对于分离式模型，筋材和混凝土分别采用两种不同的单元类型以更好的模拟各自在结构中的工作状态。

ANSYS 中 SOLID65 单元是专门设计用来模拟混凝土等类似抗压能力远远大于抗拉能力的非均匀材料。它可以模拟混凝土中的加强钢筋（如玻璃纤维、型钢等）以及材料的拉裂与压溃现象，SOLID65 单元每个结点均有三个平动自由度 UX、UY、UZ，可以考虑混凝土这类非线性材料的很多非线性性质。

在 ANSYS 中，GFRP 筋和钢筋均可采用 ANSYS 单元库中 LINK10 单元，该单元可用于模拟桁架、斜拉索、连结及弹簧等。三维 LINK10 单元的两个节点具有三个方向的自由度（X，Y，Z），单元可承受轴向的拉压应力。

（3）材料的本构模型

在实际工程中，一般采用的是混凝土在单轴荷载作用下的应力-应变关系曲线作为计算依据的。本章采用《混凝土结构设计规范》GB 50010—2002 规定的表达式：

当 $x \leqslant 1$ 时，$\qquad y = \alpha_a x + (3 - 2\alpha_a)x^2 + (\alpha_a - 2)x^3$

当 $x > 1$ 时，$\qquad y = \dfrac{x}{\alpha_a(x-1)^2 + x}$ （8.6）

其中，$x = \varepsilon_f / \varepsilon_f$，$y = \sigma_f / f_c$。

BFRP 筋为线弹性材料，因而其应力应变曲线采用线弹性模型，表达式为：

$$\sigma_f = E_f \varepsilon_f \qquad (8.7)$$

8.5.2　ANSYS 建模

（1）材料性能参数

模拟试验的各项材料性能参数见表 8.24。

材料性能参数　　　　　　　　　　　　　　　　　表 8.24

材料名称	弹性模量（GPa）	抗拉强度（MPa）	抗压强度（MPa）	泊松比
C30 混凝土	30	—	20	0.2
ϕ10BFRP 筋	54	1111	—	0.2
ϕ8BFRP 筋	49	1139	—	0.2

（2）建模过程

有限元模型的网格划分是影响结果是否收敛以及计算精度的重要环节。试验梁模型的截面是圆形的，因此不如矩形截面容易划分为整齐的六面体单元。梁长度方向（Z 轴方向）单元的划分长度为 100mm，经单元网格划分检查，没有任何错误或警告提示，计算精度较好。因为所有试件结构基本一致，所以仅以配置 6 根 8mm 直径 BFRP 筋材的构件为例展示建模过程。所建立模型见图 8.66～图 8.70。

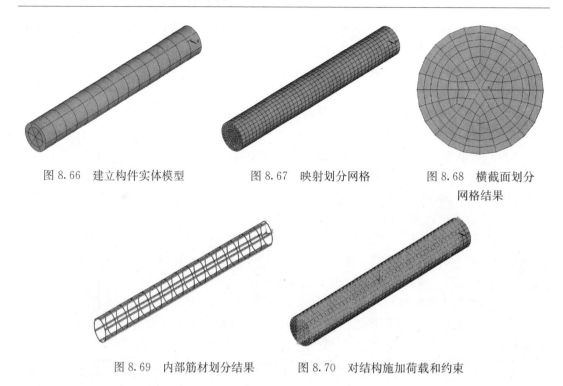

图 8.66　建立构件实体模型　　　图 8.67　映射划分网格　　　图 8.68　横截面划分
网格结果

图 8.69　内部筋材划分结果　　　图 8.70　对结构施加荷载和约束

8.5.3　计算结果分析

（1）约束条件

为更加真实的反应实际的试验过程，对构件的整个 $Y\text{-}O\text{-}Z$ 面进行横向约束，使整个构件无法沿 X 轴方向移动，只能沿 Y 轴移动，在模型两端施加集中固定约束。

（2）加载方式

在模型中间位置施加 Y 轴负方向的集中荷载，实际模拟室内试验加载过程。由前面章节可知，表面粘砂螺纹状 BFRP 筋与混凝土粘结较好，两者能够共同受力，因此模型不考虑 BFRP 筋与混凝土的滑移，两者共用节点。

（3）计算结果

由图 8.71～图 8.74 可知，1 号模拟构件筋材受力最大应力值为 479MPa，实际试验测

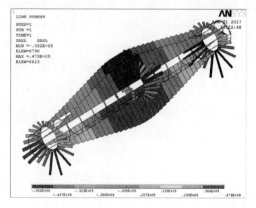

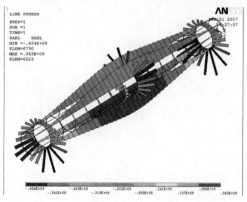

图 8.71　1 号构件内部筋材应力云图（Pa）　　　图 8.72　2 号构件内部筋材应力云图（Pa）

得筋材最大应力为 500MPa。2 号模拟构件筋材受力最大应力值为 363MPa，实际试验测得筋材最大应力为 385MPa。3 号模拟构件筋材受力最大应力值为 329MPa，实际试验测得筋材最大应力为 563MPa。4 号模拟构件筋材受力最大应力值为 294MPa，实际试验测得筋材最大应力为 302MPa。

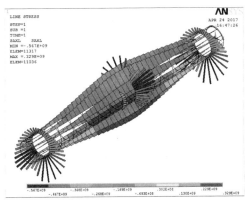 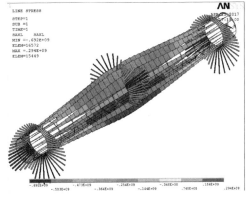

图 8.73　3 号构件内部筋材应力云图（Pa）　　图 8.74　4 号构件内部筋材应力云图（Pa）

数值模拟结果和实际试验所测得的筋材受到的应力大小相差不大，且筋材应力分布情况和预计相同，证明了试验结果与预期是比较吻合的。不过 3 号构件的实测应力值模拟结果相比差距较大，可能与构件内部筋材的受力分布不均匀有关。

8.5.4　小结

（1）本章通过室内试验，对 BFRP 筋材混凝土构件的承载力与 BFRP 筋材配筋之间的关系进行了研究。并结合数值模拟，对试验结果进行验证。

（2）通过室内试验可知，BFRP 筋混凝土构件破坏模式属于脆性破坏。整个加载过程分为弹性阶段、开裂阶段、破坏阶段。破坏前没有屈服阶段，内部筋材应力会出现突变现象。最终破坏时，构件的变形较大。

（3）在 BFRP 筋混凝土圆形截面受弯构件承载力试验中，分析了不同的配筋率对构件承载力的影响。对试验数据的分析发现，当筋材直径相同时，配筋率越高承载能力越好，但承载力提高并不明显。当配筋率相同时，筋材直径越小，承载力越好，可以理解为筋材和混凝土接触的比表面积增大从而更加充分的利用了筋材的抗拉强度。

（4）在 BFRP 筋混凝土板件的承载力试验中，分析了不同配筋方式对板件承载力的影响。最终发现对承载力影响的主要因素来自于配筋率的大小，且当配筋率低于一定程度时发生了少筋破坏，而配筋率的提高并没有显著提高构件的承载力。

（5）对室内试验的数值模拟分析可知构件的受力情况和模拟中的受力情况基本相同，而就整体而言模拟所得出的结果都大于实际值，分析认为是混凝土质量没有达到理论强度，导致在达到理论强度之前就已经压坏，所以内部 BFRP 筋的应力达不到模拟强度。

（6）最终通过实际测定构件的弯矩值和使用原公式计算得出的弯矩值进行运算，得出了用于修正原公式的修正系数 β 的值为 2.5，从而得出了可以适用于 BFRP 筋混凝土圆形截面受弯构件承载力大小的计算公式。

8.6 本章小结

通过 BFRP 的基本力学性能研究、BFRP 与混凝土之间的粘结强度试验、BFRP 筋混凝土结构室内试验和 BFRP 筋材在基坑支护中的实际应用研究，得出以下结论：

（1）BFRP 筋材属于脆性材料，其应力-应变关系近似为线性关系。其抗拉强度普遍较高，大多在 1000MPa 以上，抗剪强度和弹性模量较低为普通钢筋的四分之一，且其抗拉和抗剪强度随筋材直径的增加而降低。

（2）BFRP 筋材与混凝土的粘结性能良好，分别对直径为 10mm、14mm、20mm 的 BFRP 筋材与 C20 和 C30 强度的混凝土的粘结性能进行了试验。结果显示，其粘接强度范围在 14MPa～29MPa，且随筋材直径和混凝土强度的增加而增加。

（3）在研究对比了 GFRP 筋材和 BFRP 筋材的物理力学性能和外观结构的基础之上，考虑通过参考 GFRP 筋混凝土结构承载力的计算方法，并对计算公式进行修正，推导出可以用于计算 BFRP 混凝土结构承载力的计算公式。

（4）对 BFRP 筋混凝土结构承载力计算公式中添加了修正系数 β。本章通过室内试验和计算机数值模拟，对所设计的 BFRP 筋混凝土构件承载力进行试验。并通过试验数据和模拟结果，对计算公式计算结果进行比较，最终得出修正系数 β 的具体值为 2.5。不过受限于实验数据太少，所以对于该公式的适用性还需进一步研究。

（5）BFRP 筋混凝土结构的室内试验中，对圆形截面受弯构件和板件进行了承载力试验。从试验结果可知，构件的破坏模式主要为混凝土压坏导致构件破坏。根据现有规范对构件进行的设计最终试验结果并不是很理想，一方面混凝土强度是制约构件承载力的因素，另外一方面 BFRP 筋材模量偏低导致在构件开裂阶段变形较大也会影响构件的极限荷载。

（6）最终通过试验和模拟的结果可知，在设计采用 BFRP 筋材的混凝土结构时，可以考虑减小保护层厚度，增加配筋率，提高混凝土强度等措施。对于构件开裂较大，破坏前挠度较大的问题，可以考虑通过超筋配置或者施加预应力来提高构件的抗裂性能。

（7）将 BFRP 筋材应用于实际工程中的效果是理想的。对于基坑支护桩而言，BFRP 筋材相对于钢筋来说其优势在于造价便宜，无需焊接，抗腐蚀，有更大的抗拉强度。劣势在于刚度太低，导致吊装过程中不易吊装，也会使支护桩在使用过程中形变偏大，导致结构开裂。总体而言，在实际工程中使用 BFRP 筋材替换钢筋是可行的。

（8）对于 BFRP 筋材在实际工程中的应用，受限于研究时间等条件，无法进行长期的试验和研究，对于 BFRP 筋材在结构中的长期使用效果和一些特殊情况下（如地震、大风、暴雨、爆破等）的可靠性还有待研究。不过在实际工程中，对于配置 BFRP 筋材的结构，建议进行超筋配置或者施加预应力以防止结构变形过大，而具体的超筋配置方法和预应力的施加有待于以后的研究。

综上所述，BFRP 作为一种新型材料应用于现代土木工程中是有着极大的积极作用的。相信随着对材料本身的不断研究和应用于实际工程的研究不断加深，BFRP 必然会对未来的土木工程产生巨大影响。

第9章 BFRP筋结构设计计算方法

9.1 概述

通过前述章节的相关试验可知，BFRP筋是具有高抗拉强度、低弹性模量的线弹性脆性材料，因此BFRP筋材作为边坡支挡结构措施时，其受力破坏机理与钢筋构件并不完全相同。本章分别介绍BFEP筋材结构、锚杆支护设计方法、BFRP筋材混凝土结构设计计算方法、BFRP筋材土钉墙设计计算方法。

9.2 玄武岩纤维复合筋设计原则

9.2.1 替代钢筋设计计算

（1）玄武岩纤维复合筋混凝土结构构件、组合梁的力学计算按照《纤维增强复合材料建设工程应用技术规范》GB 50608进行。

（2）玄武岩纤维复合筋在路（桥）面及隧道铺装调平层中的设计参照钢筋网，有以下两种方法：

① 采用等间距、等强度来替代原有的钢筋网铺装层。按正常使用抗拉设计，采用玄武岩纤维复合筋替代钢筋应保证其抗拉强度的承载能力一致，即：

$$f_钢 S_钢 = f_复 S_复 \tag{9.1}$$

式中，f表示抗拉强度；S表示筋的横截面积。

通过上式计算得到玄武岩纤维复合筋替代钢筋的直径关系见表9.1。

玄武岩纤维复合筋替代钢筋的直径   表9.1

钢筋直径（mm）	10	12	14	16	18	20	22	24	26	28	30
复合筋直径（mm）		8		10		12		14		16		18	20

② 采用等间距、等面积来替代原有的钢筋网铺装层。在钢筋网铺装层中，采用相同的直径，等间距地来使用玄武岩纤维复合筋，这样能保证配筋率不变。

从经济上考虑，在板形构件及铺装筋网设计中采用等间距、等强度替代设计方式。其他设计要求及未尽事宜见现行钢筋相关设计标准进行。

9.2.2 规范《ACI 440. R—03》推荐的设计计算

由于盾构井连续墙为临时结构，因此环境影响因子取值为$C_E = 1.0$，即不经折减将

BFRP 筋的保证强度和极限应变直接应用到设计中。

1. 抗弯承载力计算

（1）BFRP 筋配筋率

$$\rho_f = A_f/bd \tag{9.2}$$

式中，b 为截面计算宽度（mm）；d 为截面有效高度（mm）。

（2）平衡配筋率

$$\rho_{fb} = 0.85\beta_1(f'_c/f_{fu})Ef\varepsilon_{cu}/(E_f\varepsilon_{cu} + f_{fu}) \tag{9.3}$$

式中，β_1 取 0.85，但混凝土强度达到或超过 27.6MPa 后，强度每增加 6.89MPa，则其值减少 0.05，但不小于 0.65；f_{fu} 为 BFRP 筋保证抗拉强度；E_f 为 BFRP 筋弹性模量；f'_c 为混凝土的抗压强度；ε_{cu} 为混凝土的极限应变，一般取 0.003。

（3）BFRP 筋的抗弯承载力

如果 $\rho_f < \rho_{fb}$，即 BFRP 筋断裂破坏，则其弯矩为：

$$M_n = 0.8A_f f_{fu}(d - \beta_1 c_b/2) \tag{9.4}$$

$$c_b = \varepsilon_{cu}/(\varepsilon_{cu} + \varepsilon_{fu})d \tag{9.5}$$

式中，A_f 为 BFRP 筋断面积（mm²）。

如果 $\rho_f > \rho_{fb}$，即混凝土受压破坏，则 BFRP 筋承受的拉力 f_f 为：

$$f_f = [(E_f\varepsilon_{cu})^2/4 + (0.85\beta_1 f'_c/\rho_f)E_f\varepsilon_{cu}]^{1/2} - 0.5E_f\varepsilon_{cu} \leqslant f_{fu} \tag{9.6}$$

BFRP 筋承受的弯矩为：

$$M_n = \rho_f f_f(1 - 0.59\rho_f f_f/f'_c)bd^2 \tag{9.7}$$

（4）抗弯强度折减系数

考虑到 BFRP 筋是脆性破坏材料，规范《ACI 440.R—03》按照偏于安全的原则引入抗弯强度折减系数的概念，根据构件的截面破坏形式是混凝土压碎还是 BFRP 筋断裂破坏，采用了不同的抗弯强度折减系数 φ。该系数的引入，同时也提高了结构抗震设计中基于构件延性的安全储备。

当 $\rho_f \leqslant \rho_{fb}$ 时，$\varphi = 0.5$；当 $\rho_{fb} < \rho_f < 1.4\rho_{fb}$ 时，$\varphi = 0.5\rho_f/\rho_{fb}$；当 $\rho_f \geqslant 1.4\rho_{fb}$ 时，$\varphi = 0.7$。

2. 抗剪承载力计算

（1）素混凝土的抗剪强度

$$V_{cf} = \rho_f E_f/(90\beta_1 f'_c) \times (f'_c)^{1/2}bd/6 \tag{9.8}$$

（2）BFRP 弯筋的抗剪强度：

$$f_{fv} = 0.004E_f \leqslant f_{fb} \tag{9.9}$$

$$f_{fb} = (0.05r_b/d_b + 0.3)f_{fv} \leqslant f_{fu} \tag{9.10}$$

式中，f_{fb} 为 BFRP 弯筋的设计抗拉强度（MPa）；r_b 为 BFRP 弯筋的弯曲半径（mm）；d_b 为 BFRP 弯筋的直径（mm）。

抗剪 BFRP 筋的断面积 A_{fv} 可通过下式计算：

$$A_{fv}/s = (V_u - \varphi V_{cf})/\varphi f_{fv}d \tag{9.11}$$

式中，V_u 为截面上的计算剪力（N）；s 为箍筋间距（mm）；其他参数同前。

规范《ACI 440.R—03》建议抗剪折减系数 $\varphi = 0.85$，则每米 4 根 5# 筋即可满足要求。由于国内仅个别地铁盾构工点工作井连续墙采用过这种设计方案，根据调查得到的资料，BFRP 筋的用量基本采用等量替换计算所需钢筋用量，在实际施工中未发生过事故。

但在中国香港、中国台湾及国外（没有相关 BFRP 筋设计规范的国家和地区）的设计中基本上采用美国 ACI 规范进行设计。

9.3　BFRP 筋材锚杆支护设计方法

岩土边坡的稳定性取决于边坡的高度、边坡体应力、岩层质量与地质结构、土壤孔隙或岩石裂隙中的水压力，以及各种外力作用。边坡锚固设计一般分为以下几个步骤：潜在滑移体的位置、大小和滑动力的识别与计算；加固滑移体锚固力的计算；锚固参数与施工工艺的确定与优化。

9.3.1　锚固力计算

对于土质边坡来说，最常见的破坏面呈圆弧或螺旋状。但当土质中有潜在软弱面或夹层，部分滑面可能沿着这些弱面滑动；对于岩质边坡，边坡内部的断层、节理等不连续结构面控制着边坡的稳定，而潜在的滑移体一般为这些结构面作为边界而成的楔体。

边坡滑移体和滑动面的识别是边坡锚固设计的重要一步，它是锚固力计算和锚固参数的设计基础。

以岩质边坡发生平面滑动为例。需要加固的边坡，通常是稳定性系数不足，有沿着潜在滑裂面破坏的可能。因此，通过施加加固力 T 来提高边坡的稳定性系数，使之达到要求。如图 9.1 所示。

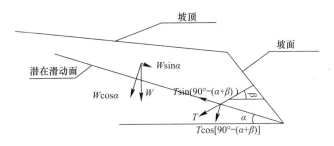

图 9.1　锚固剖面受力分析图

若施加一和水平面成夹角 β 的加固力 T，如图 9.1 所示。T 和滑动面法向的夹角为 $90°-(\alpha+\beta)$，此时的稳定性系数可按公式（9.12）计算。

$$K_{s} = \frac{抗滑力}{下滑力} = \frac{W\cos\alpha \cdot \tan\varphi + cl + T\cos[90°-(\alpha+\beta)] \cdot \tan\alpha}{W\sin\alpha - T\sin[90°-(\alpha+\beta)]} \tag{9.12}$$

式中　α——滑动面的倾角（°）；

　　　φ——滑动体的内摩擦角（°）；

　　　c——滑动体的黏聚力（kPa）；

　　　l——潜在滑动面的长度（m）；

　　　V——滑动体的单宽体积（m³）；

　　　W——单宽滑动体的重力（N）；

　　　K——稳定性系数。

对于给定的稳定安全系数值 K_s，由式（9.12）可求得单位宽度需施加的加固力 T。

9.3.2　锚杆的布置与安设角度

1. 锚杆间距

锚杆设计中，锚杆间距的选择非常重要，间距过大，锚杆拉力可能过大，甚至影响对边坡的加固效果；间距过小，易引起"群锚"，影响锚固效果。故而，锚杆上下排间距不宜小于 2.5m，水平间距不宜小于 2m。当锚杆间距小于上述规定或锚固段岩土稳定性较差时，锚杆应采用长短相间的方式布置。第一排锚杆锚固体的上覆土层厚度不宜小于 4m，上覆岩层的厚度不宜小于 2m。第一锚固点位置可设于坡顶下 1.5m～2m 处。锚杆布置尽量与边坡走向垂直。

2. 锚固角

锚杆的安设角度，对于自由注浆倾角一般应大于 11°，否则应须增设止浆环进行压力注浆，也不应大于 45°。倾角愈大，锚杆提供的锚固力沿滑面的分力愈小，抵抗滑体滑动的能力就相应的减弱，所以锚杆安设角以 15°～30°为宜。

9.3.3　锚固体的设计

1. 锚固体的形式

根据使边坡稳定所需要的锚固力、该边坡的岩土性质以及施工条件等，选择具体的锚固方式。

目前国内外使用的锚杆种类已有数百种之多，但在工程中常用的锚杆种类还是有限的。根据其锚固的长度划分为端头锚固和全长锚固；按其锚固方式可分为机械锚固、粘结锚固、摩擦式锚固等。

2. 安全系数的确定

边坡需用安全系数值，是指边坡允许的最小安全系数。其值大小直接关系到边坡工程的安全性和经济性，所以，合理地选用是边坡锚固工程设计需首先解决的问题。边坡安全系数可采用工程类比法或参照《岩土工程勘察规范》GB 50021—2001（2009 年版）等有关规范确定。

规范界定，新设计的边坡：当Ⅰ级边坡工程，安全系数在 1.30～1.50；Ⅱ级边坡工程，安全系数在 1.15～1.30；Ⅲ级边坡工程，安全系数在 1.05～1.15；验算已有边坡的稳定时，安全系数可采用 1.10～1.25；当需对边坡加载，增大边坡角度或开挖坡脚时，应按新设计的边坡选用安全系数。

3. 锚固体的直径

锚固体的直径微大于钻孔直径，两者一般可理解为相等，在数值计算时往往取相同值。根据《岩土锚杆（索）技术规程》CECS 22：2005，锚杆成孔直径宜取 100mm～150mm。故可取钻孔直径为 100mm，即锚固体的直径也为 100mm。

4. 锚筋的直径

设计采用 BFRP 筋材为锚杆材料，根据试验得到 BFRP 筋材的极限抗拉强度，并取其抗拉强度标准值 f_{yk} 为 750MPa。锚筋的直径 A_s 可由式（9.13）确定：

$$A_s \geqslant \frac{K_t \cdot N_t}{f_{yk}} \tag{9.13}$$

式中　K_t——BFRP 锚杆杆体的抗拉安全系数，如表 9.2 所示；

　　　N_t——BFRP 锚杆轴向拉力设计值（kN）。

BFRP 锚杆安全系数 k　　　　　　　　　　　　　表 9.2

锚杆破坏后危险程度	安全系数	
	临时锚杆	永久锚杆
危害轻微，不会构成公共安全问题	1.4	1.8
危害较大，但公共安全无问题	1.6	2.0
危害大，会出现公共安全问题	1.8	2.2

9.3.4　锚杆长度的确定

锚杆长度是锚固段长度、自由段长度以及锚头长度之和。

1. 锚固段长度

锚杆锚固段承受土压力作用在传力结构上的力，使边坡稳固。该场地边坡锚固采用的锚杆为圆柱形表面喷砂处理的 BFRP 筋材。所以其锚固段长度可由式（9.14）、式（9.15）确定。

$$L_a \geqslant \frac{K \cdot N_t}{\pi \cdot D \cdot f_{mg} \cdot \phi} \tag{9.14}$$

$$L_a \geqslant \frac{K \cdot N_t}{n \cdot \pi \cdot d \cdot \xi \cdot f_{ms} \cdot \phi} \tag{9.15}$$

式中　K——锚杆锚固体抗拔安全系数；

　　　N_t——锚杆或单元锚杆轴向拉力设计值（kN）；

　　　L_a——锚固段长度（m）；

　　　f_{mg}——锚固段注浆体与地层间粘结强度标准值（kPa），按表 9.3、表 9.4 取值；

　　　f_{ms}——锚固段注浆体与筋体间粘结强度标准值（MPa），见表 9.5；

　　　D——锚杆锚固段钻孔直径（mm）；

　　　d——筋材直径（mm）；

　　　ξ——采用 2 根或 2 根以上筋材时，界面粘结强度降低系数，取 0.6~0.85；

　　　ϕ——锚固长度对粘结强度的影响系数；

　　　n——筋材根数。

岩石与注浆体界面粘结强度特征值　　　　　　　　表 9.3

岩石类别	岩石单轴饱和抗拉强度值（MPa）	粘结强度标准值 f_{rb}（kPa）
极软岩	<5	135~180
软岩	5~15	180~380
较软岩	>15~30	380~550
较硬岩	>30~60	550~900
硬岩	>60	900~1300

注：1. 表中数据适用于注浆强度等级为 M30；
　　2. 表中数据仅适用于初步设计，施工时应通过试验检验；
　　3. 在岩体结构面发育时，粘结强度取表中下限值。

土层与锚固体粘结强度特征值　　　　　　　　表 9.4

土层种类	土的状态	粘结强度标准值 f_{rb}(kPa)
黏性土	软塑	15~25
	硬塑	25~32
	坚塑	32~40
砂性土	松散	30~50
	稍密	50~70
	中密	70~105
	密实	105~140
碎石土	稍密	60~90
	中密	90~110
	密实	110~150

注：1. 本表适用于注浆强度等级为 M30；
　　2. 表中数据仅适用于初步设计，施工时应通过试验检验。

水泥砂浆与钢筋、钢绞线、BFRP 筋材间的粘结强度标准值　　表 9.5

类型	粘结强度标准值（MPa）
水泥结石体与螺纹钢筋之间	2.0~3.0
水泥结石体与钢绞线之间	3.0~4.0
混凝土与光面钢筋之间	1.5~3.5
砂浆与 BFRP 筋材之间	2.0~4.0

注：1. 粘结长度小于 6.0m；
　　2. 水泥结石体抗压标准值不小于 M30。

2. 自由段长度

锚杆自由段长度主要应根据被加固边坡潜在滑面的产状、深度和锚杆设计位置来确定，同时应穿过潜在滑裂面不小于 1.5m，且不应小于 5.0m（《岩土锚杆（索）技术规程》CECS 22：2005）。

3. 锚头长度

BFRP 筋为脆性材料，锚头需用钢管和钢筋做特殊处理。故锚头长度可取为零。BFRP 锚杆长度大于 4m 或杆体直径大于 32mm 的锚杆，应采取杆体居中的构造措施。

9.4　预应力 BFRP 筋材锚索支护设计方法

预应力锚索所采用的 BFRP 筋应符合《公路工程玄武岩纤维及其制品　第 4 部分：玄武岩纤维复合筋》JT/T 776.4—2010 的规定。BFRP 预应力锚索可用于土质、岩质边坡加固，其锚固段宜置于稳定岩层内，对于极软岩、风化岩宜采用压力分散型锚索，腐蚀性环境对 BFRP 预应力锚索的影响较小。预应力 BFRP 筋材锚索支护设计包括单锚设计锚固力、锚索安全系数的确定、锚索几何参数确定以及注浆体等。

9.4.1　锚索设置

锚索的间距和长度，应根据锚杆所锚定构筑物及其周边地层整体稳定性确定。

锚索间距宜采用 3～6m，最小不应小于 1.5m。当所采用的间距更小时，应将锚固段错开布置，或改变相邻锚索的倾角。

锚索的设置应避免对临近建（构）筑物的基础产生不利影响，根据国外经验，锚索与相邻基础及地下构筑物的距离要在 2.5m 以上。

锚索锚固段的上覆土层厚度不宜小于 4.5m。

锚索的倾角宜避开与水平向成 $-10°～+10°$ 的范围。

9.4.2　单锚设计锚固力

设计锚固力是指边坡达到规定的稳定安全系数时，每延米边坡所施加的加固力。应根据边坡不稳定力（下滑力确定），按式（9.16）计算。

$$P = E/[\sin(\alpha+\beta)\tan\varphi + \cos(\alpha+\beta)] \qquad (9.16)$$

式中　P——边坡所需的加固力（kN/m）；

$\quad\quad E$——滑坡下滑力（kN）；

$\quad\quad \varphi$——滑动面内摩擦角（°）；

$\quad\quad \alpha$——锚索与滑动面相交处滑动面倾角（°）；

$\quad\quad \beta$——锚索与水平面的夹角（°），以下倾为宜。

单根锚索的设计拉力值，由锚杆的布置形式（间距、角度）以及每延米边坡所需的加固力计算得到。

单锚设计拉力值＝（设计锚固力×锚杆水平间距）÷锚杆排数

9.4.3　锚索的安全系数

锚索的安全系数分为抗拔安全系数和抗拉安全系数。

其中：预应力锚索的抗拔安全系数应按表9.6取值。预应力锚索的抗拉安全系数取值按表9.7取值。

预应力锚索的抗拔安全系数　　　　　　　　　　表 9.6

锚杆损坏的危害程度	安全系数	
	临时锚杆	永久锚杆
危害大，会构成公共安全问题	1.8～2.0	2.0～2.2
危害较大，但不致出现公共安全问题	1.6～1.8	1.8～2.0
危害较轻，不构成公共安全问题	1.4～1.6	1.6～1.8

注：1. 如果在土体或全风化岩中，应取表中较高值；
　　2. 对蠕变明显地层中的永久性锚杆锚固体，最小安全系数取 2.5。

锚杆杆体抗拉安全系数　　　　　　　　　　表 9.7

杆体材料	最小安全系数	
	临时锚杆	永久锚杆
BFRP 筋	1.6	1.8

9.4.4　锚筋个数

根据每孔锚索设计锚固力 P_t 和所选用的 BFRP 筋的强度，可按公式（9.17）计算每孔锚索所需要的 BFRP 筋根数 n。

$$n = \frac{K_t \cdot P_t}{P_u} \qquad (9.17)$$

式中　n——每孔锚索的 BFRP 筋根数；

　　　P_t——每孔锚索设计锚固力（kN）；

　　　K_t——抗拉安全系数；

　　　P_u——锚固材料极限张拉荷载（kN）。

9.4.5　锚索长度

1. 锚固段长度

通过下面两个公式计算得到锚索的锚固段长度为取大值，且不应小于 3m，也不宜大于 10m。

$$l_a = \frac{K \cdot P_t}{\xi \cdot \pi \cdot D \cdot f_{rb}} \qquad (9.18)$$

$$l_a = \frac{K \cdot P_t}{\zeta \cdot n \cdot \pi \cdot d \cdot f_b} \qquad (9.19)$$

式中　K——抗拔安全系数，按表 6.51 取值；

　　　l_a——锚固段长度（m）；

　　　d——单根张拉筋材直径（m）；

　　　n——每孔锚索的 BFRP 筋根数；

　　　D——锚固体（即钻孔）直径（m），成孔直径宜取 0.1m～0.15m；

　　　f_b——锚索张拉筋材与水泥砂浆的粘结强度设计值（kPa），按表 9.5 取值；

　　　f_{rb}——地层与锚固段注浆体之间粘结强度设计值（kPa），按表 9.3 或表 9.4 取值；

　　　ζ——锚索杆体与砂浆粘结工作条件系数，对永久性锚索（服务年限＞2 年）取 0.6，对临时性锚索（服务年限≤2 年）取 0.72；

　　　ξ——锚固体与地层粘结工作条件系数，对永久性锚索（服务年限大于 2 年）取 1.00，对临时性锚索（服务年限≤2 年）取 1.33。

2. 自由段长度

锚杆自由段长度主要应根据被加固边坡潜在滑面的产状、深度和锚杆设计位置来确定，同时应穿过潜在滑裂面不小于 1.5m，且不应小于 5.0m（《岩土锚杆（索）技术规程》CECS 22：2005）。

3. 外锚固段长度

为便于张拉，外锚固段长度宜为 1.5m 左右，此外 BFRP 筋为脆性材料，外锚固段需用钢管和钢筋做特殊处理。

预应力锚索锚固段内的锚筋每隔 1.5m～2.0m 应设置隔离架。

9.4.6　其他设计要求

1. 锚头

锚头由垫墩、钢垫板和锚具组成。预应力 BFRP 锚索需用特制的锚具进行张拉固定。

预应力 BFRP 锚索锚具设计图参见第 4 章相关内容。

2. 注浆体

预应力锚索锚固段注浆体的抗压强度，应根据锚杆的结构类型和锚固段地层按表 9.8 确定。

预应力锚杆锚固段注浆体的抗压强度　　　　　　　表 9.8

锚固地层	锚杆类型	抗压强度标准值（MPa）
土层	拉力型和拉力分散型	≥20
	压力型和压力分散型	≥35
岩石	拉力型和拉力分散型	≥30
	压力型和压力分散型	≥35

3. 传力结构

传递锚杆拉力的格梁、腰梁、台座的截面尺寸的配筋，应根据锚索拉力设计值、地层承载力和锚杆工作条件经计算确定。

传力结构应具有足够的强度和刚度。传力结构的混凝土强度等级不应低于 C25。

4. 初始预应力

对地层和被锚固结构位移控制要求较高的工程，预应力锚杆的初始预应力（锁定拉力）值宜为锚杆拉力设计值。

对地层和被锚固结构位移控制要求较低的工程，预应力锚杆的初始预应力（锁定拉力）值宜为锚杆拉力设计值的 0.75 倍～0.90 倍。

5. 锚固结构稳定性

采用锚杆锚固结构物时，除锚杆拉力应满足设计要求外，还必须验算结构物、锚杆和地层组成的锚固结构体系的整体稳定性。

锚固结构体系的外部稳定性可采用圆弧滑动法或折线滑动法验算；内部稳定性可采用 Kranz 法验算。

9.5　BFRP 锚杆锚具设计

由于 BFRP 本身的材料特性，不能直接和钢制品连接。所以需要特制锚具，且制作锚具时需要将剪力均匀分散。

9.5.1　预应力锚具设计

对于 BFRP 预应力锚杆和锚索，设计了配套的拉拔装置，通过拉拔支架提供锁具螺母紧固空间，采用千斤顶加载至设计荷载，紧固螺母即可实现预应力，当锚具拉拔位移较大时，可采用 U 型垫片增加垫板厚度。对锁具螺母及锁具导筒强度测试表明，锁具螺母及拉拔导筒满足强度要求。对于 BFRP 锚杆（索），该装置可随时进行预应力补强。如图 9.2 所示。

单孔垫板实物如图 9.3 所示。6 孔垫板实物如图 9.4 所示。

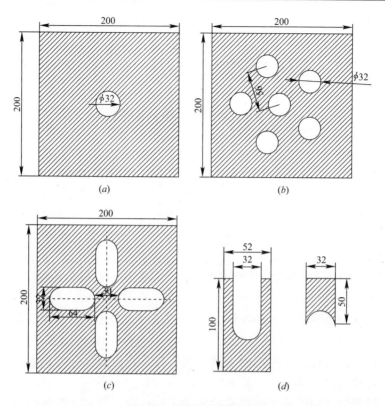

图 9.2 锚具垫板设计图

(a) 单孔垫板（单位：mm）；(b) 6 孔垫板（单位：mm）；(c) 4 孔活动垫板；(d) U 型垫板（单位：mm）

图 9.3 单孔垫板实物

图 9.4 六孔垫板实物

设计锚具尺寸如图 9.5 所示，锚具长度为 300mm，外螺纹长度为 100mm，内螺纹长度为 50mm，外径 $\phi30$mm，内径 $\phi18$mm。锚具外表面的中间和底部的内部是六边形凹口，是为了增加锚具与植筋胶的粘结性。锚具如图 9.6 所示。

9.5.2 非预应力锚具设计

当边坡采用不施加预应力的锚杆支护设计时，锚头的设计就比较简单。根据工程经验，可用一定长度的钢筋与套在锚杆上的锚具通过电弧焊焊接，再把未焊接的钢筋弯曲与面网使用 20# 的钢扎丝绑扎固定。所以设计选用 4 根长 0.7m 的 $\phi8$HRB335 钢筋与每根锚杆的锚具焊接，焊接长度为 0.4m，锚具钢管内径为 20mm，外径为 25mm。如图 9.7 所示。

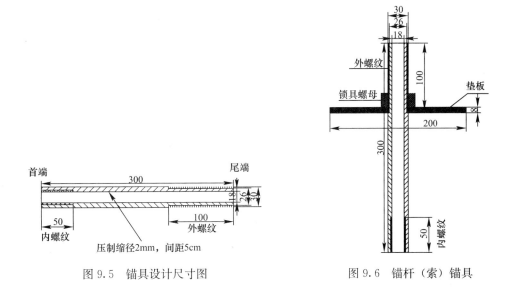

图 9.5　锚具设计尺寸图

图 9.6　锚杆（索）锚具

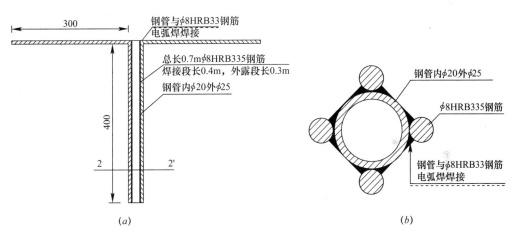

(a)

(b)

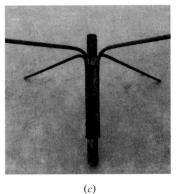

(c)

图 9.7　BFRP 锚杆锚头

(a) 锚头剖面图；(b) 2-2′截面图；(c) 锚头实物

9.5.3 小结

(1) 用 BFRP 为锚杆材料，根据试验得到 BFRP 的极限抗拉强度，并取其抗拉强度标准值为 750MPa。

(2) BFRP 锚杆在计算锚固段时，筋材与注浆体之间的粘结系数取值范围为 2～4MPa。

(3) BFRP 锚杆在岩土工程中，需要特制的锚具。本节提供了预应力锚具设计和非预应力锚具设计，可结合具体施工情况选择。

(4) BFRP 岩土边坡锚杆设计可参考钢筋锚杆设计。具体可参考人民交通出版社出版的《岩土锚固技术手册》。

9.6 BFRP 筋材混凝土结构设计方法

9.6.1 理论依据

通过相关试验可知，BFRP 筋是具有高抗拉强度、低弹性模量的线弹性脆性材料，因此 BFRP 筋混凝土构件的受力破坏机理与钢筋混凝土构件并不完全相同。本节借鉴 GFRP 混凝土构件的研究方法，即基于平截面假定和力的平衡条件，在把受压区混凝土的应力图形简化成等效矩形应力图形的基础上，来探索正截面承载力计算方法。

在深基坑工程中，作为支护结构的排桩基本采用圆形截面。支护桩是受弯、剪构件，其配筋方式通常有两种，一种是筋材沿圆周均匀布置，另一种是筋材均匀布置在距离中和轴较远的局部圆弧内。在受弯承载力相同的情况下，第二种配筋方式比第一种节约筋材用量，因此是比较经济合理的配筋方式。但对于深基坑支护桩，"局部均匀配筋"虽然比"全部均匀配筋"经济合理，但是施工时桩身钢筋笼定位方向的准确性是比较难以控制的，对施工质量的要求非常高，因此最后常常还是选择沿圆周均匀布筋。

圆形截面的 GFRP 混凝土构件研究已经很多，不管是从配筋方式，还是从规范的计算理论、计算参数方面，都进行了深入的讨论。本章借鉴前人的研究思路，在现有规范、规程的基础上，研究圆形截面 BFRP 筋桩正截面受弯承载力的计算公式。

GFRP 筋是一种高性能纤维复合材料，是通过拉挤工艺把纤维和树脂基体两种不同性质、不同形态的组分材料复合在一起，固化形成一种性能优良的复合材料，具体性质见表 9.9。

玻璃纤维筋力学性能指标 表 9.9

公称直径 d(mm)	抗拉强度标准值 f_k(MPa)	剪切强度 f_v(MPa)	极限拉应变 ε(%)	弹性模量 E_f(GPa)
$D<16$mm	≥600			
16mm≤$d<25$mm	≥550	≥110	≥1.2	≥40
25mm≤$d<34$mm	≥500			
$D≥34$mm	≥450			

BFRP 筋是由多股 CBF 与树脂基体材料结合经挤压、拉拔成型，挤压成型工艺从原材料开始经过浸润、压模、固化、切割等最后形成的一种新型复合材料，BFRP 筋与钢筋相比具有耐腐蚀、强度高、质量轻、抗疲劳、绝缘等优点可以替代或部分替代钢筋用于混凝土结构中，从根本上解决钢筋锈蚀问题。具体性质如表 9.10 所示。

玄武岩纤维复合筋的基本物理力学性能　　　　　　　表 9.10

名称		玄武岩纤维筋
密度（g/cm³）		1.9～2.1
拉伸强度（MPa）		≥750
拉伸弹性模量（MPa）		≥40×10³
断裂伸长率（%）		≥1～8
热膨胀系数（10^{-6}/℃）	纵向	9～12
	横向	21～22
耐碱性（强度保留率）（%）		≥85
磁化率（$4\pi \times 10^{-3}$SI）		≤5×10⁻⁷

现将 GFRP 筋和 BFRP 筋的主要性能作比较，见表 9.11。

钢筋、钢绞线和各种纤维筋的性能比较　　　　　　　表 9.11

品种	密度 g/cm³	极限强度（MPa）	屈服强度（MPa）	弹性模量（GPa）	热膨胀系数（横向）（10^{-6}/℃）	热膨胀系数（纵向）（10^{-6}/℃）
钢筋	7.85	490～700	280～420	210	11.7	11.7
钢绞线	7.85	1400～1890	1050～1400	180～200	11.7	11.7
GFRP 筋	1.2～2.1	480～1600	—	35～65	23	8～10
BFRP 筋	1.9～2.1	600～1500	—	50～65	21	9～12

从表 9.9 和表 9.10、表 9.11 可以看出，两种材料的物理力学性能相近，包括弹性模量都比较低，抗拉强度都很高，都不存在屈服强度。而两种筋材的物理外观也相似，所以可以保证筋材与混凝土之间的机械咬合力与粘结力也相近。

9.6.2　GFRP 筋混凝土受弯构件承载力计算理论

由前一节可知，在 BFRP 和 GFRP 性质性能都相近的情况下，对于 BFRP 筋混凝土受弯构件的承载力计算方法，在一定程度上是可以借鉴 GFRP 筋混凝土受弯构件的计算方法的。

因为对于圆形截面 BFRP 筋混凝土受弯构件暂时没有计算规范，所以选用了与 BFRP 性质相近的 GFRP 筋混凝土受弯构件计算规范《盾构可切削混凝土配筋技术规程》CJJ/T 192—2012。

在《盾构可切削混凝土配筋技术规程》CJJ/T 192—2012 总则中提到本规程适用于盾构可切削 GFRP 筋混凝土临时结构配筋工程的设计、施工和质量验收。虽然两种支护结构一个是地铁修建中的支护结构，一个是普通建筑基坑支护结构，但两种结构在用途上都是起到临时支撑土体边坡，防止边坡过度变形。所以如果两种材料的物理性质、力学性能等数据都相似的话，是可以借鉴 GFRP 的设计方案。

《盾构可切削混凝土配筋技术规程》CJJ/T 192—2012 第 4.2.2 节中给出沿周边均匀配筋的 GFRP 筋混凝土圆截面受弯承载力计算公式，见式（9.20）～式（9.23），图 9.8 为沿圆周均匀配置的圆形截面界限破坏时的应变状态。

$$\alpha\alpha_1 f_c A\left(1 - \frac{\sin 2\pi\alpha}{2\pi\alpha}\right) = \alpha_t f_{fu} A_f \tag{9.20}$$

$$KM \leqslant \frac{2}{3}\alpha_1 f_c A\gamma \frac{\sin^3 \pi\alpha}{\pi\alpha} + f_{fu} A_f r_s \frac{\sin\alpha_t}{\pi} \tag{9.21}$$

$$\alpha_t = 1.25 - 2\alpha \tag{9.22}$$

$$\alpha_b = \arccos\left[r - \beta_1 \frac{r + r_s}{1 + \dfrac{f_{fu}}{\varepsilon_{cu} E_f}}\right] \tag{9.23}$$

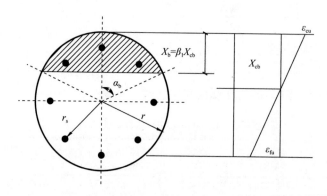

图 9.8　沿圆周均匀配置的圆形截面界限破坏时的应变状态

式中　A——圆形截面面积（mm²）；

　　　A_f——纵向受拉玻璃纤维筋的截面面积（mm²）；

　　　E_f——玻璃纤维筋的弹性模量（MPa）；

　　　r——圆形截面的半径（mm）；

　　　r_s——纵向玻璃纤维筋重心所在圆周的半径（mm）；

　　　α——对应于受压区混凝土截面面积的圆心角（rad）与 2π 的比值（%）；

　　　α_t——纵向受拉玻璃纤维筋与全部纵向玻璃纤维筋截面面积的比值，当 $\alpha > 0.625$ 时，取＝0；

　　　K——设计弯矩调整系数，取 1.4；

　　　α_b——界限受压圆心角；

　　　f_{fu}——玻璃纤维筋抗拉强度设计值（MPa）；

　　　α_1——系数，取 0.92。

但是 GFRP 筋的抗拉强度约为钢筋的两倍或更高，而弹性模量只有钢筋的五分之一左右，对构件的受弯承载力造成很大影响。因此，钢筋混凝土截面受弯承载力计算方法不适用于 GFRP 筋混凝土结构。从《盾构可切削混凝土配筋技术规程》CJJ/T 192—2012 中提出了 GFRP 筋圆形截面受弯承载力计算方法（简称《规程》方法）可知，其沿用了《混凝土结构设计规范》GB 50010—2010（简称《混凝土规》）中钢筋混凝土圆截面受弯承载力计算公式的表达形式。所以，在实际工程应用中，其计算方法也许考虑不到一些筋材本身性质所带来的问题。

参考《混凝土规》和文献中推导钢筋混凝土圆截面受弯承载力计算公式的方法，推导 GFRP 筋混凝土圆截面受弯承载力计算公式，过程如下：

1. 基本假定

（1）GFRP 筋与混凝土之间具有良好的粘结性能，截面应变保持平面；

（2）不考虑混凝土的抗拉强度；

（3）混凝土受压的应力应变关系按《混凝土结构设计规范》GB 50010—2010 中条款确定；

（4）不考虑纵向 GFRP 筋的抗压强度；

（5）GFRP 筋的受拉应力取其应变与弹性模量的乘积，但其值应符合公式（9.24）：

$$0 \leqslant E_f \varepsilon_f \leqslant f_f \tag{9.24}$$

式中　E_f——GFRP 筋弹性模量（MPa）；

　　　ε_f——GFRP 筋的应变；

　　　f_f——GFRP 筋的抗拉强度设计值（MPa）。

2. 计算简图

图 9.9、图 9.10 为 GFRP 筋混凝土圆截面受弯承载力计算简图，x-x 轴为受弯截面中和轴，阴影部分为受压区混凝土简化的矩形应力图，其他参数符号详见图。值得说明的是，受压区混凝土简化的矩形应力图高度 V 与受压边缘至中和轴的高度的比值 β_1 需要通过实验来确定，这里暂定为 0.8。

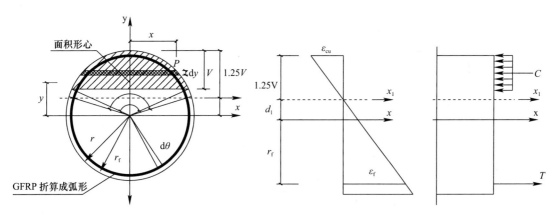

图 9.9　截面计算简图　　　　　图 9.10　应力应变计算简图

如图 9.9 所示，设圆的方程为 $x^2 + y^2 = r^2$，则沿弓形圆弧上任一点 P 的坐标为 $x = r\cos t$，$y = r\sin t$（t 为 OP 与 x 轴的夹角）。设弓形受压区高度 $V = \eta r$，则正对弓形的圆心角之半为 $\alpha = \arccos(1 - \eta)$。中和轴 x-x 到受压区边缘的距离为 $V_1 = V/\beta_1$。图 9.9 中弓形受压区的面积微元为：

$$dA = 2x dy = 2r^2 \cos^2 \theta d\theta \tag{9.25}$$

弓形面积为：

$$A_c = 2r^2 \int_{\frac{\pi}{2}-\alpha}^{\frac{\pi}{2}} \cos^2\theta \mathrm{d}\theta = (\alpha - \sin\alpha\cos\alpha)r^2 \tag{9.26}$$

受压区混凝土总压力为：

$$C = \alpha_1 f_c A_c = \alpha_1 (\alpha - \sin\alpha\cos\alpha)r^2 f_c \tag{9.27}$$

弓形受压区面积形心距 x 轴距离为：

$$\bar{y} = \frac{2r^3 \int_{\frac{\pi}{2}-\alpha}^{\frac{\pi}{2}} \sin\theta \cos^2\theta \mathrm{d}\theta}{A_c} = \frac{2r \sin^3\alpha}{3(\alpha - \sin\alpha\cos\alpha)} \tag{9.28}$$

弓形受压区总压力对 x-x 轴的力矩为：

$$M_c = C\bar{y} = \frac{2}{3}\alpha_1 r^3 f_c \sin^3\alpha \tag{9.29}$$

3. GFRP 受弯构件截面的平衡方程

全截面均匀配筋，设配筋面积为 A_f。为了方便计算，将 GFRP 筋折算为弧状薄片，其厚度为 $t = \dfrac{A_f}{(2\pi r_e)}$。受压区边缘混凝土最大压应变为 ε_{cu}，根据平截面假定，受拉区 GFRP 筋最大拉应变为：

$$\varepsilon_f = \left(\frac{\beta_1 (r + r_f)}{nr}\right)\varepsilon_{cu} \tag{9.30}$$

令 $d_1 = \left(1 - \dfrac{\eta}{\beta_1}\right)r$，其余受拉 GFRP 筋微元应变为 $\left(\dfrac{d_1 + r_f\sin\theta}{d_1 + r_f}\right)\varepsilon_f$。GFRP 筋弧状薄片面积微元为 $\mathrm{d}A_f = tr_f\mathrm{d}\theta$，拉力微元为：

$$\mathrm{d}T = \frac{tr_f E_f\varepsilon_f}{d_1 + r_f}(d_1 + r_f\sin\theta)\mathrm{d}\theta \tag{9.31}$$

积分区间为 $\left[\beta - \dfrac{\pi}{2},\ \dfrac{\pi}{2}\right]$，其中 $\beta = \arccos\left(\dfrac{r - \dfrac{\eta r}{\beta_1}}{r_f}\right)$。所以，受拉区 GFRP 筋总拉力为：

$$\begin{aligned} T &= \frac{tr_f E_f\varepsilon_f}{d_1 + r_f}\int_{\beta - \frac{\pi}{2}}^{\frac{\pi}{2}} (d_1 + r_f\sin\theta)\mathrm{d}\theta \\ &= \frac{tr_f E_f\varepsilon_f}{d_1 + r_f}\left[d_1(\pi - \beta) + r_f\sin\beta\right] \end{aligned} \tag{9.32}$$

得到受拉区 GFRP 筋对 x 轴的总力矩为：

$$\begin{aligned} M_f &= \frac{tr_f^2 E_f\varepsilon_f}{d_1 + r_f}\int_{\beta - \frac{\pi}{2}}^{\frac{\pi}{2}} (d_1\sin\theta + r_f\sin^2\theta)\mathrm{d}\theta \\ &= \frac{tr_f^2 E_f\varepsilon_f}{d_1 + r_f}\left\{d_1\sin\theta + \frac{r_f}{2}(\pi - \beta - \sin\beta\cos\beta)\right\} \end{aligned} \tag{9.33}$$

根据轴力平衡和力矩平衡，得到 GFRP 筋混凝土圆截面受弯承载力计算公式为：

$$\begin{cases} C = T \\ M \leqslant M_f + M_c \end{cases} \tag{9.34}$$

9.6.3 BFRP 筋混凝土受弯构件承载力计算方法分析

由前一节可知，GFRP 和 BFRP 筋材的性能属性相差不大，都属于由矿物熔融拔丝然后经过多种步骤制作而成的筋材。其力学特性都属于抗拉强度高、模量低、抗剪强度低、密度低，且其外观造型等也相似。所以在当前 BFRP 筋混凝土结构承载力计算方法还并不完善的条件之下，考虑通过对 GFRP 筋混凝土结构承载力计算公式进行修改，形成可以用于 BFRP 混凝土结构承载力计算的方法。

结合前一节对 BFRP 和 GFRP 筋材之间性能的比较和 GFRP 筋材的受弯构件承载力计算方法的介绍，针对现在 BFRP 筋材混凝土结构承载力计算方法还不完善的现状，在 GFRP 筋混凝土结构承载力计算方法的基础之上对计算公式进行改善，并结合实际试验数据对公式进行修正。

所以，BFRP 筋混凝土结构承载力计算方法也应包含如下内容。

1. 基本假定

（1）BFRP 筋与混凝土之间具有良好的粘结性能，截面应变保持平面；

（2）不考虑混凝土的抗拉强度；

（3）混凝土受压的应力应变关系按《混凝土结构设计规范》GB 50010—2010 中条款确定；

（4）不考虑纵向 BFRP 筋的抗压强度；

（5）BFRP 筋的受拉应力取其应变与弹性模量的乘积，但其值应符合以下公式：

$$0 \leqslant E_f \varepsilon_f \leqslant f_{fd} \tag{9.35}$$

式中　E_f——BFRP 筋弹性模量（MPa）；

　　　ε_f——BFRP 筋的应变；

　　　f_{fd}——BFRP 筋的抗拉强度设计值（MPa）。

由于 BFRP 没有钢筋一样的屈服平台，到达极限时候会发生脆性破坏，所以需要规定一个设计拉应力 f_{fd}。

根据本书前述章节内容，本书采用标准值为平均最大拉伸强度减去 1.645 倍的均方差，设计值的分项系数为 1.4，即极限拉应力 $f_{fu} = f_{fu,ave} - 1.645\sigma$，设计拉应力 $f_{fd} = f_{fu}/1.4$。

2. BFRP 筋混凝土结构承载力计算公式

对比 GFRP 和 BFRP 两种材料的性能后发现，虽然都属于矿物纤维增强材料，但无论其密度、抗拉极限、模量都有着一定的差异。所以，对 GFRP 公式的改变主要在差异的属性上。所以，得出如下公式：

$$\alpha \alpha_1 f_c A \left(1 - \frac{\sin 2\pi\alpha}{2\pi\alpha}\right) = a_t^2 f_{fd} A_s \tag{9.36}$$

$$\beta M \leqslant \frac{2}{3} \alpha_1 f_c A r \frac{\sin^3 \pi\alpha}{\pi\alpha} + \alpha_t f_{fd} A_s r_s \frac{\sin\pi\alpha_t}{\pi} \tag{9.37}$$

$$\alpha_t = 1.25 - 2\alpha \tag{9.38}$$

式中　A——圆形截面面积（mm²）；

　　　A_s——全部纵向 BFRP 筋的截面面积（mm²）；

　　　r——圆形截面的半径（mm）；

　　　r_s——纵向 BFRP 筋重心所在圆周的半径（mm）；

　　　α——对应于受压区混凝土截面面积的圆心角（rad）与 2π 的比值（%）；

　　　α_t——纵向受拉 BFRP 筋与全部纵向玻璃纤维筋截面面积的比值，当 $\alpha > 0.625$ 时，取 0；

f_{fd}——BFRP 筋抗拉强度设计值（MPa）；

α_1——系数，取 0.92；

β——待求系数。

整个式中，修改了原公式中的弯矩调整系数 K，换成了未知量 β，且对于抗拉强度的选采用了设计值而非最大值，这样整个公式更偏于保守和安全。

对于未知量 β 的求得，本章将通过室内试验所得出的正常使用极限承载弯矩与通过该公式计算所得的弯矩进行对比，同时通过数值模拟对对比结果进行验证，从而从理论上计算出 β 使整个公式符合实际情况，达到修正和改进 BFRP 筋混凝土构件承载力计算公式。

9.6.4 BFRP 筋材混凝土结构计算公式的修正

本章根据前述所提出的 BFRP 筋混凝土构件计算方法对室内试验的构件承载力进行了预估，然后在预估的承载力基础之上进行了实际的室内试验，通过室内试验对构件的实际承载能力进行了测试。

在前面章节里，对室内试验的正常使用极限承载能力进行了测定。本节打算通过对比实际测定值和预估值，求得待定系数 β，从而得出符合试验结果的用于计算 BFRP 筋材混凝土构件的承载力计算公式。因为预估值在计算时考虑了原公式中的弯矩调整系数 K。所以在进行计算时要调整为实际计算所得弯矩值即 K_M。现将所有数据列出见表 9.12。

计算弯矩和测定弯矩值　　　　　　　　　表 9.12

桩号	实际计算所得弯矩值（kN·m）	室内试验所测定弯矩值（kN·m）	比值	平均值
1	9.66	3.75	2.576	
2	11.48	4.5	2.551	2.502
3	12.04	4.875	2.469	
4	13.58	5.625	2.414	

由计算值和测定值的比值可以看出，弯矩调整系数 K 可由原公式中的 1.4 调整为 2.5，即所求的未知系数 β。

由此，在得出未知系数 β 后，BFRP 筋混凝土圆形截面受弯构件承载力计算公式为：

$$\alpha\alpha_1 f_c A\left(1-\frac{\sin2\pi\alpha}{2\pi\alpha}\right)=\alpha_t^2 f_{fd}A_s \tag{9.39}$$

$$\beta M \leqslant \frac{2}{3}\alpha_1 f_c Ar \frac{\sin^3\pi\alpha}{\pi\alpha}+a_t f_{fd}A_s r_s \frac{\sin\pi\alpha_t}{\pi} \tag{9.40}$$

$$\alpha_t = 1.25 - 2\alpha \tag{9.41}$$

式中　A——圆形截面面积（mm²）；

A_s——全部纵向 BFRP 筋的截面面积（mm²）；

r——圆形截面的半径（mm）；

r_s——纵向 BFRP 筋重心所在圆周的半径（mm）；

α——对应于受压区混凝土截面面积的圆心角（rad）与 2π 的比值（%）；

α_t——纵向受拉 BFRP 筋与全部纵向玻璃纤维筋截面面积的比值，当 $\alpha>0.625$ 时，取 $\alpha_t=0$；

f_{fd}——BFRP 筋抗拉强度设计值（MPa）；

α_1——系数，取 0.92；

β——系数，取 2.5。

9.6.5　小结

本章首先通过对比 GFRP 和 BFRP 两种材料在各种性能和属性上的差别，指出两种材料在一些方面的共通性，基于两种材料在性质上的共通性，才为接下来基于 GFRP 筋混凝土结构承载力计算公式的基础之上进行修正，以达到满足符合实际试验数据的 BFRP 筋混凝土结构承载力计算方法。

接下来在参考和借鉴关于 GFRP 的混凝土结构承载力计算方法之后，对 GFRP 筋混凝土结构承载力计算方法的基本计算思路进行了分析。其计算方法首先还是源于普通混凝土结构设计方法，然后在计算方法上依然采用了力平衡方程和弯矩平衡方程两个基本公式，不同点在于 BFRP 筋混凝土材料不存在一个屈服阶段，结构整体属于脆性结构。

最后对 BFRP 混凝土结构的承载力计算方法提出自己的预期公式，并对预期公式进行说明，并打算在接下来的室内试验中对预期公式进行修正，以符合试验实际，从而形成符合 BFRP 筋的混凝土结构计算方法。

9.7　玄武岩纤维混凝土设计

9.7.1　拌合物性能设计

（1）玄武岩纤维混凝土拌合物应具有良好的和易性，不得离析、泌水或玄武岩纤维聚团，并应满足设计和施工要求。拌合物性能的试验方法应符合现行国家标准《普通混凝土拌合物性能试验方法标准》GB/T 50080 的规定。

（2）泵送玄武岩纤维混凝土拌合物在满足施工要求的条件下，入泵坍落度不宜大于 180mm，其可泵性应符合现行行业标准《混凝土泵送施工技术规程》JGJ/T 10 的规定。

（3）玄武岩纤维混凝土拌合物中水溶性氯离子最大含量应符合表 9.13 的规定。玄武岩纤维混凝土拌合物中水溶性氯离子含量的试验方法宜符合现行行业标准《水运工程混凝土试验检测技术规范》JTS/T 236 中混凝土拌合物中氯离子含量的快速测定方法的规定。

玄武岩纤维混凝土拌合物中水溶性氯离子最大含量　　　　　表 9.13

环境条件	水溶性氯离子最大含量（%）		
	钢玄武岩纤维混凝土	配钢筋的合成玄武岩纤维混凝土	预应力钢筋玄武岩纤维混凝土
干燥或有防潮措施的环境	0.30	0.30	0.06
潮湿但不含氯离子的环境	0.10	0.20	
潮湿并含有氯离子的环境	0.06	0.10	
除冰盐等腐蚀环境	0.06	0.06	

注：水溶性氯离子含量是指占水泥用量的质量百分比。

9.7.2　力学性能要设计

（1）玄武岩纤维混凝土的强度等级应按立方体抗压强度标准值确定。玄武岩纤维混凝土的强度等级不应小于 C20；玄武岩纤维混凝土的强度等级应采用 BF 表示，并不应小于 BF25；喷射钢玄武岩纤维混凝土的强度等级不宜小于 BF30。玄武岩纤维混凝土抗压强度的合格评定应符合现行国家标准《混凝土强度检验评定标准》GB/T 50107 的规定。

（2）玄武岩纤维混凝土的轴心抗压强度、受压和受拉弹性模量、剪变模量、泊松比、线膨胀系数以及合成玄武岩纤维混凝土轴心抗拉强度标准值可按国家现行标准《混凝土结构设计规范》GB 50010 和《公路钢筋混凝土及预应力混凝土桥涵设计规范》JTG 3362—2018 的规定采用。玄武岩纤维体积率大于 0.15% 的合成玄武岩纤维混凝土的轴心抗压强度、受压和受拉弹性模量、剪变模量、泊松比、线膨胀系数以及合成玄武岩纤维混凝土轴心抗拉强度标准值应经试验确定；玄武岩纤维混凝土轴心抗拉强度标准值应符合相关规定。玄武岩纤维混凝土轴心抗压强度和弹性模量试验方法应符合现行国家标准《混凝土物理力学性能试验方法标准》GB/T 50081 的规定。

（3）玄武岩纤维混凝土的抗弯韧性、弯曲韧性、抗剪强度、抗疲劳性能和抗冲击性能应符合设计要求；抗弯韧性试验方法、弯曲韧性试验方法、抗剪强度试验方法 X 应符合相关标准规定，抗弯韧性和弯曲韧性试验方法不同，两者取其一即可；抗疲劳性能试验方法应符合现行国家标准《普通混凝土长期性能和耐久性能试验方法标准》GB/T 50082 的规定；抗冲击性能试验方法应符合现行国家标准《水泥混凝土和砂浆用合成纤维》GB/T 21120 的规定。

（4）玄武岩纤维混凝土的轴心抗拉强度标准值可按下式计算：

$$f_{ftk} = f_{tk}(1 + \alpha_t \rho_f l_f / d_f) \tag{9.42}$$

式中　f_{ftk}——玄武岩纤维混凝土轴心抗拉强度标准值（MPa）；可采用劈裂抗拉强度乘以 0.85 确定；玄武岩纤维混凝土劈裂抗拉强度试验方法应符合现行国家标准《普通混凝土力学性能试验方法标准》GB/T 50081 的规定，并应满足设计要求；

　　　　f_{tk}——同强度等级混凝土轴心抗拉强度标准值（MPa），应按现行国家标准《混凝土结构设计规范》GB 50010 采用；

　　　　ρ_f——玄武岩纤维体积率（%）；

　　　　l_f——玄武岩纤维长度（mm）；

　　　　d_f——玄武岩纤维直径或当量直径（mm）；

　　　　α_t——玄武岩纤维对钢玄武岩纤维混凝土轴心抗拉强度的影响系数，宜通过试验确定。

（5）玄武岩纤维混凝土的弯拉强度标准值可按下式计算：

$$f_{ftm} = f_{tm}(1 + \alpha_{tm} \rho_f l_f / d_f) \tag{9.43}$$

式中　f_{ftm}——玄武岩纤维混凝土的弯拉强度标准值（MPa）；弯拉强度试验方法应符合现行行业标准《公路工程水泥及水泥混凝土试验规程》JTG E30 的规定。

　　　　f_{tm}——同强度等级混凝土的弯拉强度标准值（MPa），应按现行行业标准《公路水泥混凝土路面设计规范》JTG D 40 的规定确定；

　　　　α_{tm}——玄武岩纤维对钢玄武岩纤维混凝土弯拉强度的影响系数，宜通过试验确定。

9.7.3　长期性能和耐久性能设计

（1）玄武岩纤维混凝土的收缩和徐变性能应符合设计要求。玄武岩纤维混凝土的收缩和徐变试验方法应符合现行国家标准《普通混凝土长期性能和耐久性能试验方法标准》GB/T 50082 的规定。

（2）玄武岩纤维混凝土的抗冻、抗渗、抗氯离子渗透、抗碳化、早期抗裂、抗硫酸盐侵蚀等耐久性能应符合设计要求。

（3）玄武岩纤维混凝土耐久性能的检验评定应符合现行行业标准《混凝土耐久性检验评定标准》JGJ/T 193 的规定。

（4）玄武岩纤维混凝土耐久性能试验方法应符合现行国家标准《普通混凝土长期性能和耐久性能试验方法标准》GB/T 50082 的规定。

9.7.4　配合比设计

（1）玄武岩纤维混凝土配合比设计应满足混凝土试配强度的要求，并应满足混凝土拌合物性能、力学性能和耐久性能的设计要求。

（2）玄武岩纤维混凝土的最大水胶比应符合现行国家标准《混凝土结构耐久性设计标准》GB/T 50476 的规定。

（3）玄武岩纤维混凝土的最小胶凝材料用量应符合表 9.14 的规定；喷射钢玄武岩纤维混凝土的胶凝材料用量不宜小于 380kg/m³。

玄武岩纤维混凝土的最小胶凝材料用量　　　　　　　　　　　表 9.14

最大水胶比	最小胶凝材料用量（kg/m³）	
	钢玄武岩纤维混凝土	合成玄武岩纤维混凝土
0.60	—	280
0.55	340	300
0.50	360	320
≤0.45	360	340

（4）矿物掺合料掺量和外加剂掺量应经混凝土试配确定，并应满足玄武岩纤维混凝土强度和耐久性能的设计要求以及施工要求；钢玄武岩纤维混凝土矿物掺合料掺量不宜大于胶凝材料用量的 20%。

（5）用于公路路面的钢玄武岩纤维混凝土的配合比设计应符合现行行业标准《公路水泥混凝土路面施工技术细则》JTG F 30 的规定。

（6）玄武岩纤维混凝土的配制强度应符合下列规定：

① 当设计强度等级小于 C60 时，配制强度应按下式确定：

$$f_{cu,0} \geqslant f_{cu,k} + 1.645\sigma \tag{9.44}$$

式中　$f_{cu,0}$——玄武岩纤维混凝土的配制强度（MPa）；

　　　$f_{cu,k}$——玄武岩纤维混凝土立方体抗压强度标准值（MPa）；

　　　σ——玄武岩纤维混凝土的强度标准差（MPa）。

② 当设计强度等级大于或等于 C60 时，配制强度应按下式确定：

$$f_{cu,0} \geqslant 1.15 f_{cu,k} \tag{9.45}$$

（7）玄武岩纤维混凝土强度标准差的取值应符合表 9.15 的规定。

玄武岩纤维混凝土强度标准差（MPa） 表 9.15

混凝土强度标准值	≤C20	C25～C45	C50～C55
σ	4.0	5.0	6.0

（8）掺加玄武岩纤维前的混凝土配合比计算应符合现行行业标准《普通混凝土配合比设计规程》JGJ 55 的规定。

（9）配合比中的每立方米混凝土玄武岩纤维用量应按质量计算；在设计参数选择时，可用玄武岩纤维体积率表达。

（10）玄武岩纤维混凝土中的玄武岩纤维体积率不宜小于 0.35%，当采用抗拉强度不低于 1000MPa 的高强异形玄武岩纤维时，玄武岩纤维体积率不宜小于 0.25%；玄武岩纤维混凝土的玄武岩纤维体积率范围宜符合表 9.16 的规定。

玄武岩纤维混凝土的玄武岩纤维体积率范围 表 9.16

工程类型	使用目的	体积率（%）
工业建筑地面	防裂、耐磨、提高整体性	0.35～1.00
薄型屋面板	防裂、提高整体性	0.75～1.50
局部增强预制桩	增强、抗冲击	≥0.50
桩基承台	增强、抗冲切	0.50～2.00
桥梁结构构件	增强	≥1.00
公路路面	防裂、耐磨、防重载	0.35～1.00
机场道面	防裂、耐磨、抗冲击	1.00～1.50
港区道路和堆场铺面	防裂、耐磨、防重载	0.50～1.20
水工混凝土结构	高应力区局部增强	≥1.00
	抗冲磨、防空蚀区增强	≥0.50
喷射混凝土	支护、砌衬、修复和补强	0.35～1.00

（11）玄武岩纤维混凝土的玄武岩纤维体积率范围宜符合表 9.17 的规定。

合成玄武岩纤维混凝土的玄武岩纤维体积率范围 表 9.17

使用部位	使用目的	体积率（%）
楼面板、剪力墙、楼地面、建筑结构中的板壳结构、体育场看台	控制混凝土早期收缩裂缝	0.06～0.20
刚性防水屋面	控制混凝土早期收缩裂缝	0.10～0.30
机场跑道、公路路面、桥面板、工业地面	控制混凝土早期收缩裂缝	0.06～0.20
	改善混凝土抗冲击、抗疲劳性能	0.10～0.30
水坝面板、储水池、水渠	控制混凝土早期收缩裂缝	0.06～0.20
	改善抗冲磨和抗冲蚀等性能	0.10～0.30
喷射混凝土	控制混凝土早期收缩裂缝、改善混凝土整体性	0.06～0.25

注：增韧用粗玄武岩纤维的体积率可大于 0.5%，并不宜超过 1.5%。

（12）玄武岩纤维最终掺量应经试验验证确定。

（13）玄武岩纤维混凝土配合比的试配、调整与确定应符合现行行业标准《普通混凝土配合比设计规程》JGJ 55 的规定。

（14）玄武岩纤维混凝土配合比应根据玄武岩纤维掺量按方法进行试配：

① 对于玄武岩纤维混凝土，应保持水胶比不降低，可适当提高砂率、用水量和外加剂用量；对于玄武岩纤维长径比为 35～55 的玄武岩纤维混凝土，玄武岩纤维体积率增加 0.5％时，砂率可增加 3％～5％，用水量可增加 4kg～7kg，胶凝材料用量应随用水量相应增加，外加剂用量应随胶凝材料用量相应增加，外加剂掺量也可适当提高；当玄武岩纤维体积率较高或强度等级不低于 C50 时，其砂率和用水量等宜取给出范围的上限值。喷射玄武岩纤维混凝土的砂率宜大于 50％。

② 对于玄武岩纤维体积率为 0.04％～0.10％的合成玄武岩纤维混凝土，可按计算配合比进行试配和调整；当玄武岩纤维体积率大于 0.10％时，可适当提高外加剂用量或（和）胶凝材料用量，但水胶比不得降低。

③ 对于掺加增韧合成玄武岩纤维的混凝土，配合比调整可按①进行，砂率和用水量等宜取给出范围的下限值。

（15）在配合比试配的基础上，玄武岩纤维混凝土配合比应按现行行业标准《普通混凝土配合比设计规程》JGJ 55 的规定进行混凝土强度试验并进行配合比调整。

（16）调整后的玄武岩纤维混凝土配合比应按下列方法进行校正：

① 玄武岩纤维混凝土配合比校正系数应按下式计算：

$$\delta = \rho_{c,t}/\rho_{c,c} \tag{9.46}$$

式中　δ——玄武岩纤维混凝土配合比校正系数；

$\rho_{c,t}$——玄武岩纤维混凝土拌合物的表观密度实测值（kg/m³）；

$\rho_{c,c}$——玄武岩纤维混凝土拌合物的表观密度计算值（kg/m³）。

② 调整后的配合比中每项原材料用量均应乘以校正系数 δ。

（17）校正后的玄武岩纤维混凝土配合比，应在满足混凝土拌合物性能要求和混凝土试配强度的基础上，对设计提出的混凝土耐久性项目进行检验和评定，符合要求的，可确定为设计配合比。

（18）玄武岩纤维混凝土设计配合比确定后，应进行生产适应性验证。

9.8　本章小结

本章在玄武岩纤维复合筋工程性能与应用现状研究、玄武岩纤维复合筋材连结与锚固试验研究、玄武岩纤维复合筋材锚固现场试验研究的基础上，针对玄武岩纤维复合筋在岩土工程中的应用范围，提出了 BFEP 筋材锚杆支护设计方法、BFRP 筋材混凝土结构设计计算方法、BFRP 筋材土钉墙设计计算方法。并通过制作不同配筋量的 BFRP 筋圆形构件，监测构件受弯过程中 BFRP 筋及构件的力学特征，分析圆截面 BFRP 筋混凝土构件的受弯过程、破坏特征及承载能力，得到主要结论如下：

（1）圆截面 BFRP 筋受弯构件开裂前变形较慢，开裂使用阶段较短。开裂荷载为正常使用极限荷载的 51％～67％。

（2）配筋率越高，圆截面 BFRP 筋混凝土构件的承载力越高，当配筋率＞1.6％时，单纯地提高配筋率对承载力的贡献不大。

（3）圆截面 BFRP 筋混凝土构件受拉区和受压区主筋均随荷载的增大而增大，其中受拉区主筋无突变，受压区有突变。突变指示受压区混凝土开始进入塑性状态，仍有很强的承载能力。

（4）圆截面 BFRP 筋混凝土构件的正截面应力具有较好的线性关系，支持平截面假定的合理性。

（5）修正得到了圆截面 BFRP 筋混凝土结构承载力计算公式，并通过试验求得待定系数 $\beta = 2.6$。

第 10 章　玄武岩纤维及其筋材施工控制研究

10.1　概述

本书已通过 BFRP 筋材基本物理力学特性试验、BFRP 筋材与水泥基类粘结性能试验、BFRP 筋材连结与锚固特性试验、BFRP 筋材锚固现场试验等全方位、多角度的研究，对 BFRP 筋材作为岩土工程支挡与锚固结构构件的基本特性已悉数获得，并建立了系统完整的 BFRP 筋支护结构设计计算方法，作者本着服务工程实践的原则，本章就上述成果进行实践转化，梳理出具有工程可操作性的 BFRP 筋施工控制标准，主要设计 BFRP 筋材锚杆（索）施工工艺、BFRP 筋材锚杆（索）检验与监测标准，以及 BFRP 筋材作为抗浮锚杆、混凝土支护桩受力筋时工程施工要点。

10.2　喷射玄武岩纤维混凝土施工

施工工艺流程图见图 10.1。

10.2.1　原材料选择

（1）玄武岩纤维：可用普通碳素钢，其抗拉强度不得低于 380MPa；玄武岩纤维直径宜为 0.3～0.5mm；其长度宜为 20～25mm，且不得大于 25mm；玄武岩纤维宜为混合料重量的 3～6%；玄武岩纤维喷射混凝土设计标号不应低于 200 号。其重度为 23～24kN/m³。

（2）水泥：优先选用硅酸盐水泥或普通硅酸盐水泥，标号≥425#，质量应符合《硅酸盐水泥、普通硅酸盐水泥质量标准》GB 175。

（3）细骨料：宜选用河砂，以细度模数 2.3～3.0 的中砂最佳，含泥量不超过 3%，其他各技术指标应符合《普通混凝土用砂质量标准》JG 52，严禁采用海砂。

（4）粗骨料：宜采用碎石或卵石，最大粒径不超过 20mm 或玄武岩纤维长度的 2/3，其他技术指标应符合《普通混凝土用碎石或卵石质量标准》JGJ 53。

（5）水：宜选用饮用水，或经检验合格的淡水。

（6）外加剂：宜选用优质高效减水剂或速凝剂、黏稠剂。禁止采用含有氯离子的各种外加剂。

10.2.2　玄武岩纤维混凝土的配合比设计

（1）玄武岩纤维混凝土配合比设计应满足结构要求的抗压强度、抗拉强度与抗折强度以及施工要求的和易性。一般抗压强度≥30MPa，抗折强度≥6.7MPa。

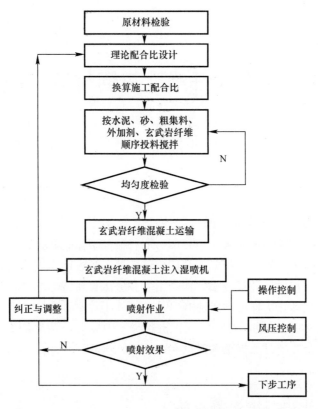

图 10.1　施工工艺流程图

（2）玄武岩纤维混凝土的施工配制，抗压强度应按现行国家标准《混凝土强度检验标准》及其他现行有关规范关于普通混凝土施工配制强度的规定采用。抗拉强度或抗折强度的施工配制强度提高系数，采用抗压强度施工配制强度的提高系数。

（3）玄武岩纤维混凝土的水灰比根据试配的抗压强度按下式计算：

粗骨料为碎石时：$\qquad R_h = 0.46 R_c (c/w - 0.52)$　　　　　　　　（10.1）

粗骨料为卵石时：$\qquad R_h = 0.46 R_c (c/w - 0.61)$　　　　　　　　（10.2）

式中　R_h——试配抗压强度（MPa）；

　　　R_c——水泥实际强度（MPa）；

　　　c/w——混凝土所需要的灰水比，一般水灰比宜在 0.45×0.5 之间。

（4）玄武岩纤维混凝土的单位用水量，根据材料品种规格、玄武岩纤维体积率及施工要求的稠度，通过试验或有关资料确定，若掺用外加剂或混合材料时，其掺量和单位用水量应通过试验确定。

（5）玄武岩纤维混凝土的水泥用量宜为 $360 kg/m^3 \sim 450 kg/m^3$，体积率较大时可适当增加水泥用量和砂率，但水泥用量不得超过 $500 kg/m^3$。

（6）玄武岩纤维混凝土的砂率，通过试验或有关资料确定，一般为 $45\% \sim 55\%$。

（7）玄武岩纤维的掺量以玄武岩纤维混凝土中玄武岩纤维所占的体积率表示。按设计要求实施，设计未明确时，玄武岩纤维的掺量一般为玄武岩纤维混凝土体积率的 1.65%。玄武岩纤维体积率按玄武岩纤维混凝土的抗拉强度或抗折强度的要求按下式计算或参照有关资料和试验确定：

$$f_{ftk} = f_{tk}(1 + \alpha_t \lambda_f) \tag{10.3}$$

$$f_{ftm} = f_{tm}(1 + \alpha_{tm} \lambda_f) \tag{10.4}$$

$$\lambda_f = P_f \times L_f / d_f \tag{10.5}$$

式中　f_{ftk}、f_{ftm}——抗拉强度、抗折强度标准值或设计值（MPa）；

　　　f_{tk}、f_{tm}——根据玄武岩纤维混凝土等级按现行有关混凝土结构设计规范确定的同强度等级素混凝土抗拉强度或抗折强度标准值或设计值（MPa）；

　　　α_t、α_{tm}——纤维对抗拉强度、抗折强度的影响系数，取值为：熔抽型长≤35mm时，$\alpha_t = 0.36$，$\alpha_{tm} = 0.52$；熔抽型长＞35mm 时，$\alpha_t = 0.47$，$\alpha_{tm} = 0.73$；

　　　λ_f——玄武岩纤维含量特征参数；

　　　P_f——玄武岩纤维体积率，一般玄武岩纤维体积率宜在0.5％～2％，不得小于0.5％；

　　　L_f——玄武岩纤维长度（m）；

　　　d_f——玄武岩纤维直径或等效直径（m）。

（8）按绝对体积法或假定质量密度法计算材料用量，确定试配配合比。

（9）按试验配合比进行拌合物性能试验，调整单位体积用水量和砂率，确定强度试验用基准配合比。

（10）根据抗压强度与抗拉强度或抗压强度与抗折强度的试验结果，调整水灰比和玄武岩纤维体积率，确定理论配合比。

10.2.3　机械设备要求及施工

1. 机械设备要求

机械设备要求见表10.1。

单口作业所需机具设备　　　　　　　　　　　　表 10.1

序号	名称	单位	备注
1	强制式搅拌机	台	
2	玄武岩纤维分散机	台	
3	混凝土输送	台	条件不具备时可用翻斗车
4	湿喷机	台	
5	空压机	台	风压稳定在 0.6MPa 以上
6	喷浆机器人	台	条件不具备时可用简易支架

2. 施工

（1）搅拌玄武岩纤维混凝土采用强制式搅拌机，搅拌机一次搅拌量不得大于其定额搅拌量80％，搅拌时间比普通混凝土延长 1～2min。

（2）搅拌时，各种材料计量允许误差为：粗细骨料±3％，玄武岩纤维、水泥和外加剂±2％，水±1％。

（3）投料顺序以搅拌过程中玄武岩纤维均匀分散不产生结团为原则。方法是：采用玄武岩纤维先掺法干拌工艺，即水泥＋砂＋粗集料＋外加剂（拌 2min）边拌边掺玄武岩纤维（拌 2min）加水（拌 2min）出料。

（4）玄武岩纤维采用机械分散（量少时可采用人工分散）加入。方法是：在拌合机漏斗的上方搭设平台、上放玄武岩纤维分散机，在分散机下安装活动式滑槽。待水泥、砂、粗集料、外加剂由漏斗进入拌合机后，放下漏斗，将玄武岩纤维分散平台滑槽放入拌合机内，在拌合机拌合的同时，开动玄武岩纤维分散机，人工配合通过滑槽逐步加入玄武岩纤维。

（5）玄武岩纤维混凝土的运输与普通混凝土的运输规定一样，但应尽量缩短运输时间，运输过程中避免拌合物离析，已产生离析的，应作二次拌合方可使用。

（6）玄武岩纤维混凝土注入湿喷机后就可进行喷射作业，喷射时喷头与受喷面的距离为 1.5m～2.0m 较适宜。由于喷头压力大，有条件的可将喷头固定在机械手上进行作业，若人工掌握喷头，应两人操作或用简易支架进行操作。

（7）风压：湿喷机要求工作风压 0.2MPa～0.5MPa，系统风压≥0.5MPa，耗风量≥9m³/min，若风压控制不好，会造成回弹量增大。

（8）喷射角度：喷头应保持与受喷面垂直，若受喷面被格栅、钢筋网覆盖时，可将喷头稍加偏斜，但不宜小于 70°，如果喷头与受喷面的角度太小时，会造成混凝土物料在工作面上滚动，产生凹凸不平的波形喷面，增加回弹量，影响喷射混凝土的质量。

（9）喷头运动方式：在喷射作业中，喷头应作连续不断的圆周运动，并呈螺旋状运动，后一圈压前一圈三分之一。喷射线路应自上而下，呈"S"形运动，隧道内的喷混凝土应先边墙后拱部。

（10）喷射厚度：喷射边墙时一次喷厚达 100mm 以上，拱部一次喷射厚度可达 70mm。

10.2.4 质量控制

（1）原材料质量控制

① 玄武岩纤维混凝土中的水泥、粗细骨料、水和外加剂等材料，按国家现有规范、标准取样检验。

② 玄武岩纤维按每 3t 为一批取样（不足 3t 按一批计），从每批样品中的不同部位的 10 袋中，每袋取约 100 根玄武岩纤维混合均匀后，用四分法缩分，直至所要求的数量进行长度、重量、弯折和抗拉强度检验。

从缩分好的样品中取 5 根玄武岩纤维进行抗拉强度检验，试验宜用 8 字拉模，中间放置塑料隔板，单根玄武岩纤维从中间穿过，两端埋入高强水泥砂浆中，在拉力试验机上测试，抗拉强度评定舍去 1 个最大值、1 个最小值，取中间 3 根的平均值，其抗拉强度不低于 380MPa。

从缩分好的样品中，取 100 根玄武岩纤维进行反复弯折检验。对不同类型的玄武岩纤维应分别在拐点、双拐点、直线段对单根纤维进行 90° 反复弯折检验，反复弯折 3 次，在拐点、双拐点、直线段折断数分别不超过 25%、15%、20%。

从缩分好的样品中取 100 根玄武岩纤维，用游标卡尺进行长度检查，长度偏差不超长度公称值的 ±5%，计算式为：

$$\delta = \sum L_i / 100 - L_f \tag{10.6}$$

式中 δ——纤维长度偏差；

L_i——每根受检玄武岩纤维实测长度（m）；

L_f——玄武岩纤维的长度公称值（m）。

从缩分好的样品中，取 100 根玄武岩纤维用分析天秤进行重量检验，其重量偏差不超过按尺寸公称值计算重量的±15%。

（2）玄武岩纤维混凝土拌合物检查

① 粗细骨料含水量每 4h 测定 1 次，若遇天气变化应适当增加次数，并调整混凝土施工配合比。

② 玄武岩纤维的称量、每工班至少检查 2 次。

③ 玄武岩纤维混凝土坍落度，每工班至少测试 2 次（方法同普通混凝土）。

④ 玄武岩纤维体积率检验，在浇筑处取样，用水洗检验玄武岩纤维的体积率，其误差不应超过配合比要求的玄武岩纤维体积率的±15%，每工班至少测定 2 次。

（3）玄武岩纤维混凝土质量检验

① 喷射玄武岩纤维混凝土需做试件检验质量时，在现场搅拌机取样后立即制作。坍落度小于 50mm 时，试件宜用振动台振实。坍落度大于 50mm 时，用木棒槌实，不宜用捣棒或振动器作内部振实。

② 决定施工措施所需的检查试件应与施工现场同等条件下养护。

③ 玄武岩纤维混凝土力学性能按相关标准进行试验。

④ 对现场喷射质量控制和检查与全湿式喷射混凝土施工相同。

10.3　玄武岩纤维混凝土浇筑施工

10.3.1　玄武岩纤维混凝土的制备

（1）玄武岩纤维混凝土宜采用预拌方式制备。原材料计量宜采用电子计量仪器，使用前应确认其工作正常。每盘混凝土原材料计量的允许偏差应符合表 10.2 的规定。

原材料计量的允许偏差 表 10.2

原材料种类	计量允许偏差（按质量计）	原材料种类	计量允许偏差（按质量计）
玄武岩纤维	±1%	粗、细骨料	±3%
水泥和矿物掺合料	±2%	拌合用水	±1%
外加剂	±1%		

（2）玄武岩纤维混凝土应采用强制式搅拌机搅拌，并应配备玄武岩纤维专用计量和投料设备；宜先将玄武岩纤维和粗、细骨料投入搅拌机干拌 30s～60s，然后再加水泥、矿物掺合料、水和外加剂搅拌 90s～120s，玄武岩纤维体积率较高或强度等级不低于 C50 时，宜取搅拌时间范围的上限。当混凝土中钢玄武岩纤维体积率超过 1.5% 或合成玄武岩纤维体积率超过 0.20% 时，宜延长搅拌时间。

10.3.2　玄武岩纤维混凝土的运输、浇筑和养护

（1）玄武岩纤维混凝土在运输过程中不应离析和分层。

（2）当玄武岩纤维混凝土拌合物因运输或等待浇筑的时间较长而造成坍落度损失较大

时，可在卸料前掺入适量减水剂进行搅拌，但不得加水。

（3）用于泵送钢玄武岩纤维混凝土的泵的功率，应比泵送普通混凝土的泵大20%。喷射钢玄武岩纤维混凝土时，宜采用湿喷工艺。

（4）玄武岩纤维混凝土拌合物浇筑倾落的自由高度不应超过1.5m。当倾落高度大于1.5m时，应加串筒、斜槽、溜管等辅助工具。

（5）玄武岩纤维混凝土浇筑应保证玄武岩纤维分布的均匀性和结构的连续性，在浇筑过程中不得加水。

（6）玄武岩纤维混凝土应采用机械振捣，在保证其振捣密实的同时，应避免离析和分层。

（7）玄武岩纤维混凝土的浇筑应避免玄武岩纤维露出混凝土表面。对于竖向结构，宜将模板角修成圆角，可采用模板附着式振动器进行振动；对于上表面积较大的平面结构，宜采用平板式振动器进行振动，再用表面带凸棱的金属圆辊将竖起的钢玄武岩纤维压下，然后用金属圆辊将表面滚压平整，待玄武岩纤维混凝土表面无泌水时，可用金属抹刀抹平，经修整的表面不得裸露钢玄武岩纤维。

（8）玄武岩纤维混凝土浇筑成型后，应及时用塑料薄膜等覆盖和养护。

（9）当采用自然养护时，用普通硅酸盐水泥或硅酸盐水泥配制的玄武岩纤维混凝土的湿养护时间不应少于7d；用矿渣水泥、粉煤灰水泥或复合水泥配制的玄武岩纤维混凝土的湿养护时间不应少于14d。

（10）在采用蒸汽养护前，玄武岩纤维混凝土构件静停时间不宜少于2h，养护升温速度不宜大于25℃/h，恒温温度不宜大于65℃，降温速度不宜大于20℃/h。

10.3.3　原材料质量检验

（1）玄武岩纤维混凝土原材料进场时，供方应按规定批次向需方提供质量证明文件，质量证明文件应包括型式检验报告、出厂检验报告与合格证等，玄武岩纤维和外加剂产品还应提供使用说明书。

（2）玄武岩纤维混凝土原材料进场后，应进行进场检验；在施工过程中，还应对玄武岩纤维混凝土原材料进行抽检。

（3）玄武岩纤维混凝土原材料进场检验和工程中抽检的项目应符合下列规定：

① 玄武岩纤维抽检项目应包括抗拉强度、弯折性能、尺寸偏差和杂质含量。

② 合成玄武岩纤维抽检项目应包括玄武岩纤维抗拉强度、初始模量、断裂伸长率、耐碱性能、分散性相对误差、混凝土抗压强度比，增韧玄武岩纤维还应抽检韧性指数和抗冲击次数比。

③ 其他原材料应按相关标准执行。

（4）玄武岩纤维混凝土原材料的检验规则应符合下列规定：

① 用于同一工程的同品种和同规格的钢玄武岩纤维，应按每20t为一个检验批；用于同一工程的同品种和同规格的合成玄武岩纤维，应按每50t为一个检验批。

② 散装水泥应按每500t为一个检验批，袋装水泥应按每200t为一个检验批；矿物掺合料应按每200t为一个检验批；砂、石骨料应按每400m³或600t为一个检验批；外加剂应按每50t为一个检验批。

③ 不同批次或非连续供应的玄武岩纤维混凝土原材料，在不足一个检验批量情况下，

应按同品种和同规格（或等级）材料每批次检验一次。

10.3.4　混凝土拌合物性能检验

（1）玄武岩纤维混凝土制备系统各种计量仪器设备在投入使用前应经标定合格后方可使用。原材料计量偏差应每班检查 2 次，混凝土搅拌时间应每班检查 2 次。

（2）玄武岩纤维混凝土拌合物抽样检验项目应包括坍落度、坍落度经时损失、凝结时间、离析、泌水、黏稠性、保水性；对于钢玄武岩纤维混凝土拌合物，还应按本规程附录 F 的规定测试钢玄武岩纤维体积率。坍落度、离析、泌水、黏稠性和保水性应在搅拌地点和浇筑地点分别取样检验；钢玄武岩纤维体积率应在浇筑地点取样检验。

（3）玄武岩纤维混凝土的坍落度、离析、泌水、黏稠性、保水性，每工作班应至少检验 2 次，凝结时间和坍落度经时损失应 24h 检验一次。

10.3.5　玄武岩纤维混凝土性能检验

（1）强度等级检验应符合现行国家标准《混凝土强度检验评定标准》GB/T 50107 的规定；弯拉强度检验应符合现行行业标准《公路水泥混凝土路面施工技术细则》JTG F 30 的规定；其他力学性能检验应符合有关标准和工程要求的规定。

（2）耐久性能检验评定应符合现行行业标准《混凝土耐久性检验评定标准》JGJ/T 193 的规定。

（3）玄武岩纤维混凝土力学性能和耐久性能应符合设计规定。

10.3.6　玄武岩纤维混凝土工程验收

（1）玄武岩纤维混凝土工程验收应根据使用功能符合国家现行相关标准的规定。

（2）玄武岩纤维混凝土工程的耐久性能应符合设计要求。当有不合格的项目，应组织专家进行专项评审并提出处理意见，作为验收文件的一部分备案。

10.4　玄武岩纤维复合筋施工工艺

10.4.1　材料检验内容及方法

（1）密度。应按《结构加固修复用玄武岩纤维复合材料》GB/T 26745—2011 的规定检测。

（2）拉伸强度、拉伸弹性模量、断裂伸长率。拉伸强度、拉伸弹性模量、断裂伸长率试验应按 GB/T 1447 的规定测定。在电子万能试验机上进行测试时，为防止测试过程中打滑，样品的两头宜进行锚固。测试拉伸弹性模量、断裂伸长率时，加载速度宜为 2mm/min；测试拉伸强度时，加载速度宜为 5mm/min。

（3）热膨胀系数。热膨胀系数实验应按《纤维增强塑料平均线膨胀系数的试验方法》GB/T 2572—2005 的规定检测。

（4）耐碱性。耐碱性试验应按《土工布及其有关产品抗酸、碱液性能的试验方法》GB/T 17632—1998 规定检测。

（5）磁化率。磁化率实验方法应按《永磁（硬磁）材料磁性试验方法》GB/T 3217—

2013 的规定检测。

10.4.2　处置、存放及运输措施

玄武岩纤维复合筋是一种纤维增强型建筑材料，并且被运送到施工现场进行使用，在施工过程中要在一定程度内尽可能减少对玄武岩纤维复合筋的损伤，在搬运，储存和安装过程中应注意。

玄武岩纤维复合筋表面很容易受到损伤，其表面的擦损会直接降低它与混凝土的握裹力。最小程度地减少对筋材的损害的方法：

（1）若保存时间较长，应将玄武岩纤维复合筋遮蔽并置于干燥处；玄武岩纤维复合筋防止雨淋，并避免阳光直射。

（2）操作过程中应该带上工作手套，避免操作人员被裸露的纤维和锋利的筋材边缘弄伤。

（3）玄武岩纤维复合筋不能直接的放在地上，其应放置在托盘上以保持清洁，并方便操作，不能在地上拖动玄武岩纤维复合筋，否则将影响其与混凝土的握裹力。

（4）玄武岩纤维复合筋不宜承受撞击力，应避免锤子及锋利工具的重击，应避免将带有锋利边刃的沉重物体直接放在玄武岩纤维复合筋上。

（5）如果需要切割的话，应该使用高转速的电锯或无齿锯来进行切割，不能使用剪刀进行剪裁。

（6）运输车辆以及堆放处应有防雨、防潮设施，装卸车时不应损伤包装和碰撞。

10.4.3　玄武岩纤维复合筋施工

（1）施工前，应详细了解施工地点情况、施工图筋的布置情况、施工工期情况以做好统筹安排玄武岩纤维复合筋的数量、每卷长度、施工人员配置等。

（2）铺筑前，应按设计图纸准确放样筋网设置位置、梁的位置及接缝位置。玄武岩纤维复合筋网所采用的玄武岩纤维复合筋直径、间距，设置位置、尺寸、层数等应符合设计图纸的要求。

（3）由于玄武岩纤维复合筋为连续生产的盘卷成型，在使用中玄武岩纤维复合筋需进行现场切割，以满足施工长度需求。

① 玄武岩纤维复合筋的现场切割应按照施工设计图纸和现场工况进行统筹规划长度，为下一步布筋与绑扎做好先期工作。

② 切割玄武岩纤维复合筋时，应使用高速切割机锯，而不能通过剪切方式切割。

③ 切割时应尽量使弯曲的玄武岩纤维复合筋拉直，以方便筋网的布置，保证筋网间距准确。

④ 切割时应尽量减少在地面上的拖拽，防止玄武岩纤维复合筋表面被磨平，降低与混凝土的握裹力。

（4）玄武岩纤维复合筋铺装层中筋网布置需满足如下要求：

① 应严格按照施工图纸的要求进行玄武岩纤维复合筋筋网的布置。玄武岩纤维复合筋混凝土桥面极限最薄厚度不得小于 80mm。在接缝处、负弯矩位置、断面变化处，应考虑使用钢筋进行加固处理（注意钢筋焊接时应避免破坏复合筋），再进行玄武岩纤维复合筋筋网的布置。

② 布筋时应准确定位筋的位置，按照施工图间距进行布筋；单层玄武岩纤维复合筋网的纵向筋设在面层表面下 1/3～1/2 厚度范围内，横向筋位于纵向筋之下。外侧玄武岩纤维复合筋中心至接缝或自由边的距离不宜小于 100mm。

③ 双层玄武岩纤维复合筋网纵筋应分别安装在上层顶部、下层底部。双层玄武岩纤维复合筋网上、下层之间不应少于 4～6 个/m² 焊接支架或环形绑扎箍筋。双层玄武岩纤维复合筋网底部可采用焊接架立玄武岩纤维复合筋或用 30mm 厚的混凝土垫块支撑，数量不少于 4 个/m²～6 个/m²。

④ 双层玄武岩纤维复合筋网底部到基层表面应有不小于 30mm 的保护层，顶部离面板表面应有不小于 50mm 的耐磨保护层。

⑤ 纵横向筋采用不锈钢丝进行绑扎，绑扎时做到不漏绑；布筋时应尽量使纵横向筋拉直，绑扎时应注意间距是否达到要求，应在绑扎时进行间距矫正，达到施工图要求。

⑥ 纵横向筋需要搭接时，应注意搭接长度；玄武岩纤维复合筋绑扎搭接长度不应小于 35d；同一垂直断面上不得有 2 个绑扎接头，相邻玄武岩纤维复合筋的绑扎接头应分别错开 500mm 以上。

玄武岩纤维复合筋网绑扎的允许偏差、玄武岩纤维复合筋网的允许偏差分别见表 10.3、表 10.4。

玄武岩纤维复合筋网绑扎的允许偏差　　　　　　　　　　表 10.3

项目	绑扎玄武岩纤维复合筋网及骨架允许偏差（mm）
玄武岩纤维复合筋网的长度与宽度	±10
玄武岩纤维复合筋网眼尺寸	±20
玄武岩纤维复合筋骨架宽度及高度	±5
玄武岩纤维复合筋骨架的长度	±10
箍筋间距	±20

玄武岩纤维复合筋网的允许偏差　　　　　　　　　　表 10.4

项目		允许偏差（mm）
受力玄武岩纤维复合筋排距		±5
横向玄武岩纤维复合筋间距	绑扎玄武岩纤维复合筋网	±20
玄武岩纤维复合筋预埋位置	中心线位置	±5
	水平高差	±3
玄武岩纤维复合筋保护层	距表面	±3
	距底面	±5

（5）混凝土浇筑时应注意事项

① 混凝土摊铺前应将筋网固定在支架上（或采用混凝土块将筋网抬高固定），距离梁顶的高度需根据混凝土的厚度而定（一般不得低于 30mm）；不得有贴地、变形、移位、松脱现象。

② 在浇筑混凝土前，应对所铺设的筋网进行检查，验收合格后，方可开始浇筑混凝土。浇筑中应时刻注意筋网是否发生断裂，若发现筋网有断裂现象，应立即进行搭接。

（6）其他未尽事宜按照现有钢筋网铺设来执行。

10.4.4 验收标准

（1）物理力学性能检验应取自外观、尺寸检验合格的产品。

（2）按以下规则进行抽样：

① 尺寸偏差和外观检验采用一次抽样法，样本数为 6 根；

② 物理力学性能二次抽样法，样本数为 3 根。

（3）判定规则

① 外观质量和尺寸应符合产品及进场检验的要求。所抽样本中样品全部合格或仅有一个不合格，则判为合格；否则判为不合格。

② 物理力学性能应符合设计和进厂检验的要求。所抽样品中样品全部合格，则判为合格；有 2 个及以上样品不合格，可第二次抽样复检。两次检验的不合格样品总数不多于 1 个，则判为合格；否则，判为不合格。

③ 外观质量、尺寸和各项性能均合格，则判该批合格；否则判不合格。

10.5 BFRP 筋材锚杆（索）施工工艺

10.5.1 施工准备

1. 技术准备

锚杆施工前必须具备以下文件：

（1）工程周边环境调查及工程地质勘察报告；

（2）支护施工图纸齐全，包括支护平、剖面图及总体尺寸；挡土结构的类型、详细设计图纸及设计说明，如已施工完毕应有施工的详细记录；表明锚杆位置、尺寸（直径、孔径、长度）、倾角和间距；喷射混凝土面层厚度及锚杆尺寸，锚杆喷射混凝土面层的联系构造方法和混凝土强度等级；

（3）排水及降水方案设计；

（4）施工方案或施工组织设计，规定边坡开挖的深度及长度，边坡开挖面的裸露时间限制等；

（5）现场测试监控方案，以及为防止危及周围建筑物、道路、地下设施安全而采取的措施及应急方案；了解支护坡顶的允许最大变形量，对邻近建筑物、道路、地下设施等环境影响的允许程度；

（6）确定基坑开挖线、轴线定位点、水准基点、变形观测点等，并在设置后加以妥善保护。

2. 材料准备

各种材料应按计划逐步进场，BFRP 筋材、水泥及化学添加剂必须有相关产品合格证。

（1）锚杆（索）：用作锚杆的 BFRP 筋材必须符合设计要求，并有出厂合格证和现场复试的试验报告。筋材物理力学特性需满足表 10.5 中要求。

玄武岩复合筋材改型前后性能与钢筋主要性能指标对比　　　　表 10.5

性能名称	原玄武岩筋材	改型玄武岩筋材	普通钢筋
密度（g/cm³）	1.9~2.1	1.9~2.1	7.9
抗拉强度（MPa）	≥800	891.1~1139.4	≥475
弹性模量（GPa）	40	46.3~54.3	200
热膨胀系数（×10⁻⁶/℃）	9~12	9~12	12
酸碱腐蚀强度保留率（%）	≥85	92.6~96.0	—
反复冻融强度保留率（%）	—	97.2	—
抗剪强度（MPa）	—	159~189	170
弯曲性能	—	45.4~51.4	—
蠕变松弛率（%）	—	4.43	—

（2）BFRP 筋材面网：用于喷射混凝土面层内的 BFRP 筋材网片及连接结构的连接头必须符合设计要求，并有出厂合格证和现场复试的试验报告。

（3）水泥浆锚固体：水泥采用普通硅酸盐水泥，必要时可采用抗硫酸盐水泥，不得使用高铝水泥。细骨料应选用粒径小于 2mm 的中细砂。采用符合要求的水质，不得使用污水，不得使用 pH 值小于 4 的酸性水。

（4）塑料套管材料：应具有足够的强度，保证其在加工和安装过程中不致损坏，具有抗水性和化学稳定性，与水泥砂浆和防腐剂接触无不良反应。

（5）隔离架应由钢、塑料或其他杆体无害的材料制作，不得使用木质隔离架。

（6）防腐材料：在锚杆服务年限内，应保持其耐久性，在规定的工作温度内或张拉过程中不开裂、变脆或成为流体，不得与相邻材料发生不良反应，应保持其化学稳定性和防水性，不得对锚杆自由段的变形产生任何限制。

（7）BFRP 筋材粘结剂：由于 BFRP 筋材不能直接焊接，也不能直接拉拔，需要采用专用锚具实现预加力的锁定或与其他构造筋的连接，BFRP 锚杆通过粘结剂与专用锚具粘结，常用粘结剂特点见表 10.6。

可供选用的粘结剂　　　　表 10.6

粘结剂	特　点
环氧树脂系粘结剂	环氧树脂、石英砂、催化剂、固化剂按照一定的配比制作，但需要在温度为 102℃ 的恒温箱里固化 6 个小时才可以达到强度，价格便宜，经济适用性强
喜利得植筋胶	常温固化 24 小时，就可以达到基本强度的 80%、操作简单，采用专门的胶枪注胶，但价格偏高
慧鱼高强度环氧锚固胶 FIS EM 390S	黏结性能好，能够达到混凝土中最高承载力，可以水下安装，对灰尘的敏感度低，常温固化时间小于 40 小时，价格偏高
RET 注射式植筋胶	强度高，粘结力强，韧性好，相当于预埋效果；抗老化，耐热性能好，常温固化时间小于 48 小时，价格便宜
ANSEN（安盛）高强建筑植筋胶	耐水、耐冻融、抗酸碱、耐老化、耐热防火、湿度敏感度低，与混凝土得亲和力好，相当于预埋效果。常温固化时间小于 48 小时，价格便宜

3. 机具设备准备

（1）成孔机具设备

根据现场土质特点和环境条件选择成孔设备，如：冲击钻机、螺旋钻机、回转钻机、洛阳铲等；在易塌孔的土体钻孔时宜采用套管成孔或挤压成孔。

（2）灌浆机具设备

灌浆机具设备有注浆泵和灰浆搅拌机等；注浆泵的规格、压力和输浆量应满足施工要求。

（3）混凝土喷射机具

混凝土喷射机具有 Z-5 混凝土喷射机和空压机等；空压机应满足喷射机所需的工作风压和风量要求；可选用风量 9m³/min 以上、压力大于 0.5MPa 的空压机。

10.5.2 施工控制要点

1. 施工作业条件

（1）有齐全的技术文件和完整的施工组织设计方案，并已进行技术交底。

（2）进行场地平整，拆迁施工区域内的报废建（构）筑物和挖除工程部位地面以下 3m 内的障碍物，施工现场应有可使用的水源和电源。在施工区域内已设置临时设施，修建施工便道及排水沟，各种施工机具已运到现场，并安装维修试运转正常。

（3）已进行施工放线，锚杆孔位置、倾角已确定；各种备料和配合比及粘结强度经试验可满足设计要求。

（4）当设计要求必须事先做锚杆施工工艺试验时，试验工作已完成并已证明各项技术指标符合设计要求。

（5）工程锚杆施工前，宜取两根锚杆（索）进行钻孔、注浆、张拉与锁定的试验性作业，考核施工工艺和施工设备的适应性。

2. 关键技术要点

（1）灌浆是土层锚杆施工中的一道关键工艺，必须认真进行，并做好记录。灌浆材料采用水泥浆，其强度等级不宜低于 M20；水灰比为 0.4～0.5，如需早强，可掺加水泥用量 3%～5% 的混凝土早强剂；水泥浆液试块的抗压强度应大于 25MPa，塑性流动时间应在 22s 以下，可用时间应为 30min～60min；整个灌浆过程应在 5min 内结束。

（2）灌浆压力一般不得低于 0.2MPa，亦不宜大于 2MPa；宜采用封闭式压力灌浆和二次压力灌浆，可有效提高锚杆抗拔力（20% 左右）。

（3）锚杆设计及构造应符合下列规定：

1）锚杆的锚固体应设置在地层的稳定区域内，且上覆土层厚度不宜小于 4.0m；

2）锚杆的自由段长度不宜小于 5m 并应超过潜在滑裂面 1.5m；

3）土层锚杆锚固段长度不宜小于 4m；

4）锚杆上下排垂直间距不宜小于 2.0m，水平间距不宜小于 1.5m；

5）锚杆倾角宜在 15°～25°，且不应大于 45°；

6）沿锚杆轴线方向每隔 1.0～1.5m 宜设置一个定位支架；由于 BFRP 筋材锚杆不同于普通钢筋锚杆，所以定位支架的制作不能采用传统的焊接工艺，而是使用绑扎工艺，一般采用 φ5 铁丝绕制 φ70mm 铁丝圈。丝绕式支架见图 10.2。

7）锚杆锚固体宜采用水泥浆，其强度等级不宜低于 M20。

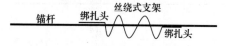

图 10.2　丝绕式支架示意图

3. 质量控制

（1）根据设计要求、水文地质情况和施工机具条件，认真编制施工组织设计，选择合适的钻孔机具和方法，精心操作，确保顺利成孔和安装锚杆并顺利灌注。

（2）在钻进过程中，应认真控制钻进参数，合理掌握钻进速度，防止埋钻、卡钻、塌孔、掉块、涌砂和缩颈等各种通病的出现，一旦发生孔内事故，应尽快进行处理，并配备必要的事故处理工具。

（3）钻机拔出钻杆后要及时安置锚杆（土钉），并随即进行注浆作业。

（4）锚杆安装应按设计要求，正确组装，认真安插，确保锚杆安装质量。

（5）锚杆灌浆应按设计要求，严格控制水泥浆，做到均匀搅拌，应使灌浆设备和管路处于良好的工作状态。

（6）施加预应力应根据锚杆类型正确选用锚具，并正确安装台座和张拉设备，保证数据准确可靠。

（7）锚杆的组装和安放必须符合《土层锚杆设计与施工规范》CECS 22：90 的要求；锚杆的张拉、锁定和防锈处理必须符合设计和施工规范的要求；土层锚杆的试验和监测必须符合设计和施工规范的规定。

10.5.3　施工工艺

1. 工艺流程

（1）土层锚杆施工工艺流程

土方开挖→修整边坡→测量、放线→钻机就位→接钻杆→校正孔位→调整角度→打开水源→钻孔（接钻杆）→钻至设计深度→冲洗→插锚杆→压力灌浆→养护→裸露 BFRP 筋材除油除尘→专用 BFRP 锚具安装（静置 48 小时固化）→上横梁（或预应力锚件）→锁定锚具→张拉（仅限于预应力锚杆）→锚头（锚具）锁定。

土层锚杆干作业施工程序与水作业钻进法基本相同，只是钻孔时不用水冲泥渣成孔，而是将土体顺钻杆排出孔外而成孔。

（2）喷射混凝土面层施工工艺流程

立面平整→绑扎 BFRP 筋材网片→干配混凝土料→依次打开电、风、水开关→进行喷射混凝土作业→混凝土面层养护。

2. 操作工艺

（1）钻孔

1）钻孔前，根据设计要求和岩土层条件，定出孔位，做出标记。

2）作业面场地要平坦、坚实、有排水沟，场地宽度大于 4m。

3）钻机就位后，应保持平稳，导杆或立轴与钻杆倾角一致，并在同一轴线上。

4）钻进用的钻具，可采用地质部门使用的普通岩芯钻探的钻头和管材系列。钻孔设备可根据土层条件选择专门锚杆钻机或地质钻机。

5）根据土层条件可选择岩芯钻进，也可选择无岩芯钻进；为了配合跟管钻进，应配备足够数量的长度为 0.5m～1.0m 的短套管。

6）在钻进过程中，应精心操作，精神集中，合理掌握钻进参数，合理掌握钻进速度，防止埋钻、卡钻等各种孔内事故。一旦发生孔内事故，应争取一切时间尽快处理，并备齐必要的事故打捞工具。

7）钻孔完毕后，用清水把孔底沉渣冲洗干净，直至孔口清水返出。

（2）锚杆杆体的制作，组装与安放

1）按设计要求制作锚杆，锚杆材料为 BFRP 筋材，锚头采用 A 级结构胶（如喜利得植筋胶）与 BFRP 专用锚具粘结，并静置 24 小时。

2）为使锚杆处于钻孔中心，应在锚杆杆件上安设定中架或隔离架。筋材的定中架需要特别制作，由钢丝绕制而成，并且用细钢丝固定到筋材上，每隔 2m 一个。

3）锚杆筋材平直、顺直、除油除尘。杆体自由段应用塑料布或塑料管包扎，与锚固体连接处用铅丝绑扎。

4）安放锚杆杆体时，应防止杆体扭曲、压弯，注浆管宜随锚杆一同放入孔内，管端距孔底为 50mm～100mm，杆体放入角度与钻孔倾角保持一致，安好后使杆体始终处于钻孔中心。

5）若发现孔壁坍塌，应重新透孔、清孔，直至能顺利送入锚杆为止。

（3）边坡开挖

杆支护应按设计规定分层、分段开挖，做到随时开挖，随时支护，随时喷射混凝土，在完成上层作业面的锚杆预应力张拉或锚杆与喷射混凝土以前，不得进行下一级边坡的开挖。为防止边坡岩土体发生塌陷，对于易塌的岩土体可采用以下措施：

1）对修整后的边壁立即喷上一层薄的砂浆或混凝土，待凝结后再进行钻孔；

2）在作业面上先安装 BFRP 筋材网片喷射混凝土面层后，再进行钻孔并设置土钉；

3）在水平方向分小段间隔开挖；

4）先将开挖的边壁做成斜坡，待钻孔并设置土钉后再清坡；

5）开挖时沿开挖面垂直击入钢筋、钢管或注浆加固土体。

（4）排水

1）锚杆支护宜在排除地下水的条件下进行施工，应采取恰当的降、排水措施排除地下水，以避免土体处于饱和状态并减轻作用于面层上的静水压力。

2）边坡四周支护范围内应预修整，构筑排水沟和水泥砂浆或混凝土地面，防止地表水向地下渗透。靠近边坡坡顶 2m～4m 的地面应适当垫高，并且里高外低，便于径流远离边坡。

3）在支护面层背部应插入长度 400mm～600mm、直径不小于 40mm 的水平排水管，其外端伸出支护面层，间距可为 1.5m～2m，以便将喷射混凝土面层后的积水排出。

（5）注浆

1）注浆材料应根据设计要求确定，一般宜选用水泥∶砂＝1∶1～1∶2，水灰比 0.38～0.45 的水泥砂浆或水灰比 0.40～0.45 的纯水泥浆，必要时可加入一定量的外加剂或掺合料。

2）浆液应搅拌均匀，过筛，随搅随用，浆液应在初凝前用完，注浆管路应经常保持畅通。

3）常压注浆采用砂浆泵将浆液经压浆管输送至孔底，再由孔底返出孔口，待孔口溢出浆液或排气管停止排气时，可停止注浆。

4）浆液硬化后不能充满锚固体时，应进行补浆，注浆量不得小于计算量，其充盈系数为 1.1～1.3。

5）注浆时，宜边灌注边拔出注浆管。但应注意管口应始终处于浆面以下，注浆时应随时活动注浆管，待浆液溢出孔口时全部拔出。

6）拔出套管，拔管时应注意筋材有无被带出的情况，否则应再压进去直至不带出为止，再继续拔管。

7）注浆完毕应将外露的筋材清洗干净，并保护好。

（6）张拉与锁定

1）按设计和工艺要求安装好腰梁，并保证各段平直，腰梁与挡墙之间的空隙要紧贴密实，并安装好支承平台。

2）锚杆张拉前至少先施加一级荷载（即 1/10 的锚拉力），使各部紧固伏贴和杆体完全平直，保证张拉数据准确。

3）锚固体与台座混凝土强度均大于 15MPa 时（或注浆后至少有 7 天的养护时间），方可进行张拉。

4）锚杆张拉至 1.1～1.2 设计轴向拉力值时 N_t，土质为砂土时保持 10min，为黏性土时保持 15min，然后卸荷至锁定荷载进行锁定作业。锚杆张拉荷载分级观测时间遵守表 10.7 的规定。

锚杆基本试验加荷等级和观测时间表　　　　　表 10.7

加荷标准 循环次数 （加荷量 kN）	$\dfrac{加荷量}{预计最大试验荷载}\times10\%$							
初始荷载（加荷量 kN）	—	—	—	10%	—	—	—	—
第一次（加荷量 kN）	10%	—	—	30%	—	—	—	10%
第二次（加荷量 kN）	10%	30%	30%	50%	—	50%	30%	10%
第三次（加荷量 kN）	10%	30%	30%	50%	70%	—	50%	30%	10%
第四次（加荷量 kN）	10%	30%	30%	50%	80%	70%	50%	30%	10%
第五次（加荷量 kN）	10%	30%	30%	50%	90%	80%	50%	30%	10%
第六次（加荷量 kN）	10%	30%	30%	50%	100%	90%	50%	30%	10%
观测时间	5	5	5	5	10	5	5	5	5

5）锚杆锁定工作，应采用符合技术要求的特制拉拔装置，达到设计值后，拧紧螺母锁定。

10.5.4　施工注意事项

1. 允许偏差
（1）锚杆水平方向孔距误差不应大于 50mm，垂直方向孔距误差不应大于 100mm。
（2）钻孔底部的偏斜尺寸不应大于锚杆长度的 3%。
（3）锚杆孔深不应小于设计长度，也不宜大于设计长度的 1%。
（4）锚杆锚头部分的防腐处理应符合设计要求。

2. 施工注意事项
（1）避免工程质量通病
1）根据设计要求和岩土层条件，认真编制施工组织设计，选择合理的钻进方法，认真操作，防止发生钻孔坍塌、掉块、涌砂和缩径，保证锚杆顺利安插和顺利灌注。

2）按设计要求正确组装锚杆，正确绑扎，认真安插，确保锚杆安装质量。

3）按设计要求严格控制水泥浆水泥砂浆配合比，掌握搅拌质量，并使注浆设备和管路处于良好工作状态。

4）根据所用锚杆类型正确选用锚具，并正确安装台座和张拉设备，保证试验数据准确可靠。

（2）主要安全技术措施

1）施工前应认真进行技术交底，施工中应明确分工，统一指挥。

2）各种设备应处于完好状态。

3）张拉设备应牢靠，试验时应采取防范措施，防止夹具飞出伤人。

4）注浆管路应畅通，防止塞泵、塞管。

5）机械设备的运转部位应有安全防护装置。

6）电器设备应设接地、接零，并由持证人员安装操作，电缆、电线必须架空。

7）施工人员进入现场应戴安全帽，操作人员应精神集中，遵守有关安全规程。

8）锚杆钻机应安设安全可靠的反力装置。

9）在有地下承压水地层钻进，孔口必须设置可靠的防喷装置，一旦发生漏水涌砂时能及时封住孔口。

10）锚杆各条筋材的连接要牢靠，严防在张拉时发生脱扣现象。

10.6 BFRP 筋材锚杆（索）张拉试验要点

10.6.1 测试工具

（1）液压穿孔千斤顶，BFRP 锚杆设计极限抗拔力（由设计提供）应在其加载范围的 20%～80%。

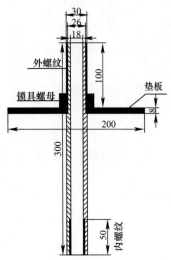

（2）测力杆，量程与液压穿孔千斤顶相配套。

（3）百分表（精度不小于 0.01mm，量程不小于 50mm）。

（4）锚具。

适合 BFRP 筋材锚杆（索）的锚具参见图 10.3。包括钢制粘结式套管、锁定垫板和锁定螺母。由于 BFRP 筋的特殊性，钢制粘结式套管长度为 300mm，内径为 18mm～20mm，首端设有内螺纹部，尾端设有外螺纹部，外螺纹长度为 100mm，内螺纹长度为 50mm。锁定垫板上设有至少一个固定孔，钢制粘结式套管尾端的外螺纹部穿过固定孔，并通过锁定螺母固定，锁具六角螺母型号为 GB/T 4—2000。

钢管锚具的中间和底部钳制六边形凹口，类似于前述的多口锥形锚具，锚具首端设内螺纹，类似于锚具内

图 10.3 锚具结构图（单位：mm）

部糙化，这些措施都是为了增加锚具与胶结剂的粘结性能。

设计的锁定垫板包括单孔垫板、多孔垫板和 U 型增厚垫板，其中多孔垫板又包括四孔垫板或六孔垫板。单孔垫板用于单根锚杆拉拔锁定，多孔垫板用于多根锚索单根锁定，U 型增厚垫板用于现场拉拔时锚具螺纹不足以锁定时辅助增加锁定垫板厚度。

单孔垫板设计为 200mm×200mm 的方形钢板，厚度为 8mm，钢板上开有直径 32mm 孔洞；四孔垫板设计尺寸为 200mm×200mm 的方形钢板，厚度为 20mm，方形钢板上对称布置 4 个长 64mm、宽 32mm、两端半径为 16mm 的腰形孔；六孔垫板设计尺寸为 200mm×200mm 的方形钢板，厚度为 20mm，方形钢板中部设有的 6 个直径为 32mm 的固定孔，并在半径为 56mm 的圆上均匀分布。U 型增厚垫板长 100mm，宽 52mm，中间缺口宽为 32mm，缺口处设有直径 32mm 的半圆孔。BFRP 筋锚具照片如图 10.4 所示。

（5）张拉设备

张拉设备用 YC-60 型穿心式千斤顶，配 YC-60 型油泵、油压表等，YC-60 型穿心式千斤顶在使用前必须送当地技术监督部门或有资质的检测机构进行校验标定。设备的拉拔支架上部尺寸为 200mm×200mm，厚 25mm 的带孔钢垫板，孔直径 32mm，供延长拉拔杆穿过，延长拉拔杆为外螺纹钢筋，通过带内螺纹锁具导筒与锚具连接。支架下部尺寸为 200mm×200mm，厚 25mm 的带孔钢垫板，孔直径 80mm，孔径较大的目的是提供紧固扳手操作空间。拉拔支架丝杆为直径 22mm 的外螺纹钢筋，上部钢垫板高度可调节。见图 10.5、图10.6。

图 10.4　BFRP 筋锚具

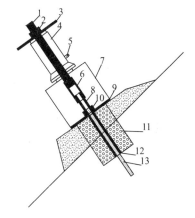

图 10.5　BFRP 锚杆拉张设备

1—拉拔外螺纹钢筋；2—螺母；3—千斤顶垫板；
4—千斤顶；5—油泵；6—连接内螺纹套管；
7—拉拔支架；8—锚具；9—单孔垫板；10—锁具螺母；
11—锚孔；12—植筋胶；13—BFRP 筋材

10.6.2　测试方法

采用穿孔液压千斤顶加载，BFRP 锚杆、千斤顶、测力杆三者应在同一轴线上，千斤顶的反力支架可置于喷射混凝土面层上，加载时用油压表大体控制加载值并由测力杆准确予以计量。BFRP 锚杆的拔出位移量用百分表测量，百分表的支架应远离混凝土面层着力点。

具体的加载方式为：

玄武岩纤维及其复合筋材在岩土工程中应用

图 10.6　拉拔支架结构

（1）试验采用分级连续加载。

（2）首先施加 BFRP 锚杆设计极限抗拔力 10%，使加载装置保持稳定。

（3）以后每级荷载增量不超过 BFRP 锚杆设计极限抗拔力的 20%。

在每级荷载施加完毕后立即记下位移读数并保持荷载稳定不变，继续记录以后的 1min、6min、10min 位移读数 δ_1、δ_6、δ_{10}。若同级荷载下 10min 与 1min 的位移增量（$\delta_{10}-\delta_1$）小于 1mm，即可立即施加下级荷载，否则应保持荷载不变继续测读 15min、30min、60min 时的位移 δ_{15}、δ_{30}、δ_{60}。此时若 60min 与 6min 的位移增量（$\delta_{60}-\delta_6$）小于 2mm，可立即进行下级加载，否则即认为达到极限抗拔力。

（4）上述试验加载达到 BFRP 锚杆设计极限抗拔力 1.25 倍后可停止。

10.6.3　试验注意事项

（1）在进行张拉和锁定时，台座的承压面应平整，并与锚杆的轴线方向垂直。

（2）进行基本试验时，所施加最大试验荷载（Q_{max}）不应超过筋材强度标准值的 0.8 倍。

（3）基本试验所得的总弹性位移应超过自由段理论弹性伸长的 80%，且小于自由段长度与 1/2 锚固段长度之和的理论弹性伸长。

10.7　BFRP 筋材抗浮锚杆施工要点

1. 玄武岩筋材抗浮锚杆制作步骤

（1）按设计要求或根据入岩孔深要求截取玄武岩筋材，注意每根锚杆端部预留 1m，并对其端部做除尘处理；

（2）在筋材端部采用预制的带外螺纹的无缝钢管粘结，将制好的锚杆分别制作成 4 簇，并且在其自由端套上塑料套管，塑料套管的材质、规格和型号应满足设计要求；

（3）按照设计要求对锚杆进行防腐蚀性处理；

（4）在每簇锚杆体上装上相应的隔离架，并在锚杆中轴部位捆扎一次注浆管，注浆管头部距锚杆末端宜为 50mm～100mm，注浆管强度需满足设计要求；

（5）锚杆制作完成后进行检查，最后按锚杆长度和规格型号进行编号挂牌。

2. 玄武岩筋材抗浮锚杆施工步骤

（1）测量确定设计抗浮锚杆点位，并在点位处标记；

（2）利用钻进设备进行钻孔，钻孔垂直度误差不超过 1°；

（3）钻孔完成后，将制作好的玄武岩筋材抗浮锚杆插入孔中，锚杆体插入孔内深度为距孔底不超过 0.10m，杆体放入钻孔前，应检查杆体的质量，确保组装后杆体满足设计要求；

（4）利用注浆管进行锚索注浆，采用二次注浆方案，一次注浆后进行二次注浆，完成

262

锚杆施工。

3. 拉拔试验验证

由于抗浮锚杆的应用效果需要多方面的条件才能达到，特别是地下水的条件在实际情况中很难人工实现，因此采用现场拉拔的方式检测单根锚杆的抗拔极限承载力，获得锚固体与岩层的侧阻力指标的同时验证玄武岩筋材抗浮锚杆的可靠性。

10.8　BFRP 筋材混凝土支护桩施工要点

玄武岩筋材支护桩制作与安装步骤如下：

（1）计算并确定所需玄武岩纤维筋材的直径和长度后，制备材料；

（2）将切割好的筋材与监测主筋进行组装，形成完整的玄武岩纤维筋笼，且监测主筋在筋笼对称的两边；

（3）将厂家配套的搭接钢筋与钢筋计进行拼接并做好保护措施，记录元件编号和位置，然后测一次初值；

（4）将制作好的筋笼内的线缆进行绑扎整理，并安装测斜管；

（5）将外露的线缆和测斜管进行保护；

（6）配合施工方将筋笼进行吊装，并确保安装位置正确；

（7）待混凝土浇筑完成后，对外露的线缆和测斜管进行二次保护，并做好提示牌，防止施工时将原件破坏。

10.9　本章小结

本章结合前述章节的研究成果，对接实践转化，梳理出具有工程可操作性的玄武岩纤维混凝土、BFRP 筋施工控制标准，主要设计 BFRP 筋材锚杆（索）施工工艺、BFRP 筋材锚杆（索）检验与监测标准，以及 BFRP 筋材作为抗浮锚杆、混凝土支护桩受力筋时工程施工要点，以便更好地服务于工程实践。

第11章 BFRP筋材在基坑工程应用实践

11.1 概述

目前，BFRP筋材还未有作为基坑支挡围护结构的经验，然而，基坑的支护体系相对较多，如悬臂桩、双排桩、土钉、预应力锚索、内支撑以及他们的不同组合形式等等，本章以成都市中西医结合医院三期工程、"绿地中心·蜀峰468超高层项目"的主体项目8号地块两个实体工程为例，分别开展BFRP筋材混凝土支护桩、BFRP筋材锚索两种常规支护体系在基坑工程中的应用效果实践，为此类工程提供相关经验和参考。

11.2 BFRP筋材混凝土支护桩在基坑支护中应用

11.2.1 工程简介

试验场地为成都市中西医结合医院三期工程，位于成都市高新区万象北路18号，南三环路外侧，地理位置见图11.1。现场试验选择了基坑DE和EF段的4根支护桩开展施工监测，其中两根为普通钢筋混凝土支护桩，两根为全桩长配置的BFRP筋材混凝土支护桩，4根桩具体位置见图11.2。其中，DE段桩径1.2m，桩间距2.2m，桩长20.5m，桩间设置3排1860级锚索，锚固段长5.95m，悬臂段长15.35m，桩身混凝土强度为C30，桩身混凝土保护层厚度50mm。EF段桩径1.2m，桩间距2.2m，桩长14.7m，悬臂桩，锚固段长7.15m，悬臂段长8.35m，桩身混凝土强度为C30，桩身混凝土保护层厚度50mm。

图11.1 试验工点地理位置图

11.2.2 场地工程地质条件

拟建场地地貌单元单一，属岷江水系Ⅱ级阶地。场地高程在497m左右。测得勘探点孔口高程为496.35m～498.51m，地势基本平坦。

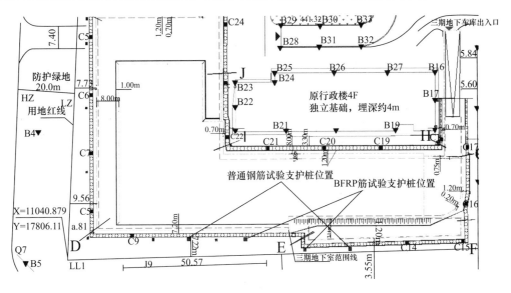

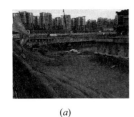

(a)　　　　　　　*(b)*　　　　　　　*(c)*　　　　　　　*(d)*

图 11.2　BFRP 筋支护桩试验边坡示意图

(a) 20m 钢筋混凝土桩；*(b)* 20mBFRP 筋混凝土桩；*(c)* 15m 钢筋混凝土桩；*(d)* 15mBFRP 筋混凝土桩

1. 场地地层

地层主要由第四系全新统人工填土层（Q_4^{ml}）、第四系上更新统冲洪积层（Q_3^{al+pl}）和白垩系上统灌口组泥岩（K_{2g}）组成。各层特征由上至下描述如下：

（1）第四系全新统人工填土层（Q_4^{ml}）

主要为黏性土、粉土，分布于场地表层，含较多建筑垃圾，该层在场地内普遍分布，层厚 1.8m～4.6m。

（2）第四系上更新统冲洪积层（Q_3^{al+pl}）

黏土：场地内普遍分布，层厚 3.9m～7.3m。

粉土：场地内大部分地段分布，层厚 0.5m～2.7m。

细砂：分布于卵石层顶部，层厚 0.5m～1.6m。

中砂：见少量云母碎屑和其他黑色矿物，局部分布于卵石层顶部，普遍以透镜体分布于卵石层中，层厚 0.5m～1.7m。

卵石：石粒径 2cm～8cm，个别大于 15cm，亚圆形，卵石成分多为岩浆岩和沉积岩，中等—微风化，中砂、砾石、少量黏性土充填，充填物含量 20%～50%，局部含少量漂石，卵石层顶面埋深 8.40m～10.70m。

（3）白垩系上统灌口组泥岩（K_{2g}）：中等风化泥岩，岩质较软，含少量砂质，风化裂隙较发育，裂隙面充填灰绿色黏土矿物，层位顶面埋深 16.80m～18.50m，顶部夹少量强风化泥岩。

2. 地下水

场地地下水类型主要为砂卵石层中的孔隙潜水，受四周建筑及本场地降水影响，场地地下水位埋藏较深。该卵石层属强透水层，随着深度增加，卵石层中黏粒含量增多，透水性逐渐减弱。场地地下水补给源主要是大气降水及地下径流。

根据区域水文地质资料，地下水位年变化幅度为 2.0m 左右。

勘察期间处于丰—平水期，受临近场地开挖降水影响，地下水位埋藏较深，勘察期间测得其稳定水位埋深 8.70m～10.90m。

砂卵石层为主要含水层，为透水层，Ⅱ类环境类型。

根据成都地区区域水文地质资料和临近场地抽水试验结果，场地砂卵石土渗透系数 K 值建议取为 18m/d。

3. 场区内不良地质作用

场地不同地层的物理力学参数见表 11.1。

场地不同地层的物理力学参数表　　　　　　　　　　　　表 11.1

岩土名称	厚度（m）	$\gamma(kN/m^3)$	$C(kPa)$	$\varphi(°)$	地下水位深度（m）
杂填土	2.9	17.5	5	10	10.3
黏土	6.3	20	55	17	
粉土	0.6	19.5	18	15	
松散卵石	0.8	20		28	
中密卵石	0.8	21		40	
密实卵石	1.1	22		45	
稍密卵石	0.7	20.5		35	
密实卵石	1.4	22		45	
中砂	0.7	19		22	
密实卵石	1.3	22		45	
中风化泥岩	100	23.5	240	35	

11.2.3　支护桩设计

1. 土压力计算

结合各岩土层物理力学参数，采用朗肯土压力理论可以计算出边坡的主、被动土压力（计算过程详见《土力学（第 2 版）》，清华大学出版社，2013），计算结果见表 11.2。

各土层主、被动土压力大小（kN）　　　　　　　　　　表 11.2

土层名称	被动	主动	土层名称	被动	主动
杂填土	—	30.35	密实卵石	471.87	44.04
黏土	139.55	52.34	稍密卵石	239.91	47.92
粉土	51.43	47.93	密实卵石	942.05	66.10
松散卵石	81.32	56.74	中砂	211.56	94.67
中密卵石	195.36	37.03	密实卵石	170.60	10.50

2. 支护桩配筋计算

按照原设计方案，20m 桩的桩径 1.2m，锚固段长 5.95m，悬臂段长 15.35m，桩身混凝土强度为 C30，桩身混凝土保护层厚度 50mm，桩间距 2.2m。桩上设置 3 排 1860 级锚索，预应力为 250kN。主筋选用 HRB400 钢筋，直径 20mm，在整个桩内均匀配置，总计 18 根。箍筋为 HPB235 光圆钢筋，直径 10mm。

15m 桩的桩径 1.2m，桩间距 2.2m，桩长 15.5m，悬臂桩，锚固段长 7.15m，悬臂段长 8.35m，桩身混凝土强度为 C30，桩身混凝土保护层厚度 50mm，桩间距 2.2m，不设置锚索。主筋选用 HRB400 钢筋，直径 16mm，在整个桩内均匀配置，总计 18 根。箍筋为 HPB235 光圆钢筋，直径 10mm。

对于玄武岩纤维筋混凝土圆形截面结构极限承载力的配筋计算，作者采用了与原设计进行等强度替换的原则，即玄武岩纤维混凝土构件截面极限承载力不会小于钢筋混凝土极限承载力。

所以，其计算过程为，首先计算在原设计方案下钢筋混凝土构件截面的极限承载力，然后将其极限承载力应用到玄武岩纤维混凝土构件的承载力计算公式中，即可得出在原设计方案下的极限承载力的玄武岩纤维筋材的最小配筋方案。

计算流程如下：

（1）首先计算原设计的结构极限承载力，采用规范为《建筑基坑支护技术规程》JGJ 120—2012，其中附录 B 中对圆形截面混凝土支护桩正截面受弯承载力有明确规定。采用规范中对沿周边均匀配置纵向钢筋的正截面受弯承载力计算公式。进而得到玄武岩纤维筋混凝土支护桩设计参数。见表 11.3。

试验桩桩身参数设计值　　　　　　　　　　　　表 11.3

桩配筋类型		f_c(N/mm²)	f_y(N/mm²)	A_s(m²)	r_s(m)	A(m²)	r(m)
钢筋	20m	14.3	360	0.00565	0.55	1.13	0.6
	15m	14.3	360	0.00362	0.55	1.13	0.6
玄武岩	20m	14.3	910	0.55	1.13	0.6	1048.7
	15m	14.3	910	0.55	1.13	0.6	655.49
	20m 桩，实际截面积 2.8×10³m²，用量 18 根； 20m 桩，实际截面积 2.5×10³m²，用量 16 根。						

（2）验算配筋率，配置在圆形截面的纵向筋材，其按全截面面积计算的配筋率不宜小于 0.2% 和 $0.45f_t/f_{fu}$ 的较大值。计算的配筋率都符合规范要求。

11.2.4　试验桩监测方案设计

1. 监测元件布置方案

监测元件分为两种，应力计和测斜管。

在所选取的 4 根支护桩的筋笼内布置了与支护桩桩长一样长的测斜管，用以监测支护桩的变形量。使用数字垂直活动测斜仪探头，控制电缆和读数仪来观测测斜管的变形。第一次观测可以建立起测斜管位移的初始断面。其后的观测会显示当地面发生运动时断面位移的变化。对比当前与初始的观测数据，可以确定侧向偏移的变化量，显示出整个支护桩随时间变化或者开挖的进展而发生的位移。

　　在所选取的 4 根支护桩的筋笼内都布置了应力计。在玄武岩纤维复合筋材的筋笼内，以 2m 为间隔布置一个应力计，20m 长支护桩筋笼内进行监测的筋材上总计布置 9 个应力计，15m 长的支护桩筋笼内进行监测的筋材上总计布置 7 个应力计。在整个筋笼的前后相对应的两根筋上都以相同方式布置应力计，所以 20m 支护桩内总计布置了 18 个应力计，15m 支护桩内总计布置了 14 个应力计。

　　在普通的钢筋混凝土支护桩筋笼上，以 4m 为间隔布置一个应力计，达到与对应同等桩长的玄武岩支护桩的筋笼受力进行对比。在 20m 长支护桩筋笼内进行监测的筋材上总计布置 5 个应力计，15m 长的支护桩筋笼内进行监测的筋材上总计布置 4 个应力计。在整个筋笼的前后相对应的两根筋上都以相同方式布置应力计，所以 20m 支护桩内总计布置了 10 个应力计，15m 支护桩内总计布置了 8 个应力计。

　　具体布置形式如图 11.3 所示。

2. 监测元件安装布置方法

（1）测斜管安装

测斜管绑扎在钢筋笼主筋上，随钢筋笼下放。

（2）钢筋应力计安装

对于钢筋混凝土支护桩在筋笼上安装钢筋计的方式为，首先采用钢筋计生产商配套的搭接钢筋连接到钢筋计两端。然后将安装完成的钢筋计按照观测电缆的长度从头到尾依次摆放到其所对应的钢筋笼的相应位置，并将对应位置的钢筋切掉部分。最后，将钢筋计两端的搭接钢筋与钢筋笼上切断部分两端的钢筋进行焊接，使钢筋计的受力方向与钢筋笼主筋方向一致。其具体搭接方式如图 11.4 所示。

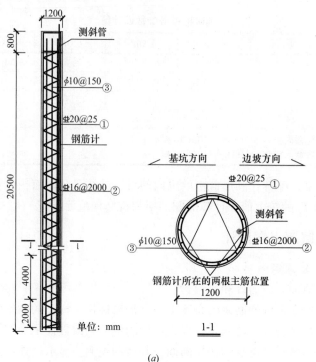

(a)

图 11.3　筋材混凝土支护桩监测元件布置示意图（一）

（a）20m 钢筋混凝土支护桩监测元件布置示意图

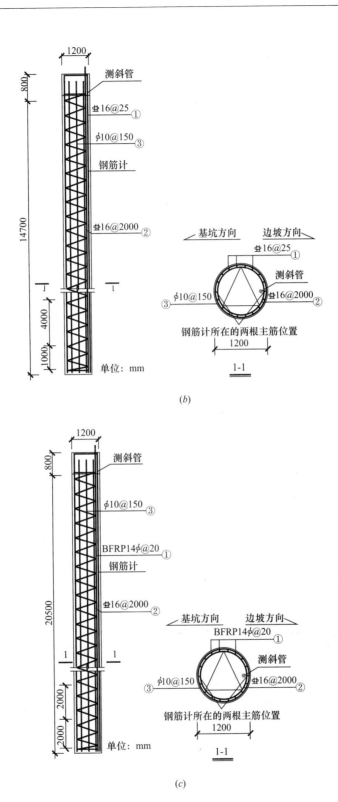

(b)

(c)

图 11.3　筋材混凝土支护桩监测元件布置示意图（二）

(b) 15m 钢筋混凝土支护桩监测元件布置示意图；(c) 20mBFRP 钢筋混凝土支护桩监测元件布置示意图

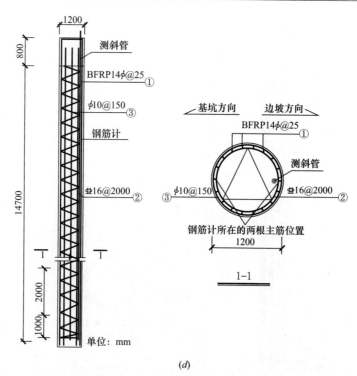

图 11.3 筋材混凝土支护桩监测元件布置示意图（三）

(d) 15mBFRP 筋材混凝土支护桩监测元件布置示意图

BFRP 筋材混凝土支护桩的筋笼钢筋计的安装过程，首先是将直径 14mm 的玄武岩纤维筋材分别切割成 1m、2m 等不同长度。然后购买钢管并将钢管车丝，使其可以与钢筋计咬合。将车丝钢管的一头封堵住然后在里面注入植筋胶，然后将切好的筋材插入注胶的钢管内，放置一段时间后将筋材的另外一段也同样处理。

最后，就可以使用钢筋计将所有两端有钢管的筋材连接起来，形成一根完整的监测主筋最后编入筋笼。具体连接方式如图 11.5 所示。

图 11.4 钢筋计的搭接方式

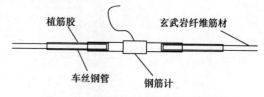

图 11.5 BFRP 筋材钢筋计连接方式

11.2.5 监测结果分析

1. 支护桩桩身应力监测结果分析

（1）20m 钢筋混凝土支护桩

图 11.6、图 11.7 分别为靠边坡侧主筋应力随深度分布曲线、靠基坑侧主筋应力随深度分布曲线。

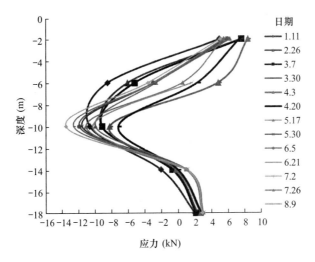

图 11.6　靠边坡侧主筋应力随深度分布

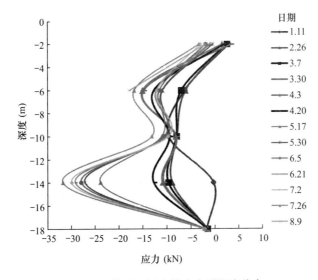

图 11.7　靠基坑侧主筋应力随深度分布

由图 11.6 和图 11.7 可以看出，20m 钢筋混凝土桩身靠边坡侧为中部受压两头受拉，而靠基坑侧则全为受压，不过中部压力明显小于两端。该桩形态变化为中间朝基坑方向凸出两端朝边坡方向凸出。

靠基坑侧最大应力点稳定在 −14m 且受到的压力较大，而且从图 11.7 可以看出，最初时 −14m 位置并不是压力最大的点，最大压力点在 −6m 的位置，随着基坑的挖掘进展的发展，最终最大压应力位置稳定在 −14m。

并且从靠基坑侧的应力图可以看出，在 4 月 20 号到 5 月 17 号直接有一次应力的突变。结合现场实际施工情况而言，4 月 20 号现场第二层开挖完毕，到 5 月 17 号直接处于第三层开挖阶段，且第三层深度为 11m，与应力图最大值位置也接近，所以应力图上出现了应力突变情况。而从监测数据可以反推现场施工情况，也可以得知数据是真实可靠的。

（2）20m BFRP 筋混凝土支护桩

图 11.8、图 11.9 分别为靠边坡侧主筋应力随深度分布曲线、靠基坑侧主筋应力随深

度分布曲线。整体而言该桩靠边坡侧上部受压下部受拉，而靠基坑侧则全为压力，不过上部压力明显小于下部压力。桩整体变化形态为上部朝边坡侧凸出，下部朝基坑侧凸出。

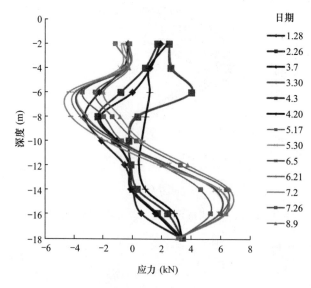

图 11.8　桩靠边坡侧主筋应力随深度分布

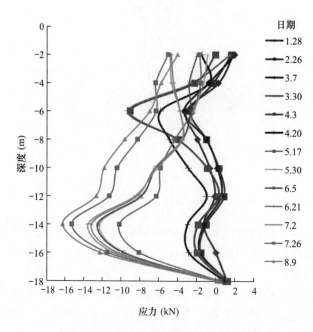

图 11.9　桩靠基坑侧主筋应力随深度分布

　　从靠边坡侧的应力图可以看出在 3 月 7 号以前桩身受力都变化不大，桩身上部受压下部受拉，且应力都不大。而到 3 月 30 号的时候应力发生突变，变为靠边坡侧全部受拉，且最大拉力位置在-6m 处。而从现场的进展情况可知，3 月 7 号左右开挖还没有挖完第一层，到 3 月 30 号的时候第一层已经开挖完毕并且正在进行第一层锚索的施工。而从 3 月 30 号到 4 月 20 号，应力又发生突变靠边坡侧依然全长受拉，不过-6m 处的拉力明显减小，且全长应力更为平缓。结合现场施工进展可知 4 月 20 号第一层锚索已经施加预应力，所以靠边坡侧的拉力减小。到 5 月 17 号的时候应力又出现突变，结合现场施工进展可知，开挖到了第三层，而第二层锚索预应力还未加上所以出现应力突变。全长呈现出上部受压下部受拉的状态，且在锚索预应力施加之后，应力也没有发生突变，只是整体受力大小变化了一点，而受力方式并未改变。最大压应力为 -4.37kN，最大拉应力为 6.6kN。

而靠基坑一侧的应力图变化情况与靠边坡侧相同，只不过全长受压力。同样应力在 3 月 30 号、4 月 20 号、5 月 17 号发生突变，且变化位置与靠边坡一侧相同。最终最大压应力稳定在 -14m 的位置，大小为 -16.2kN，因为该桩位置位于进入基坑的马道旁，所以在第二层锚索加载后就没有继续挖到第三层，故后续变化不大。

（3）15m 钢筋混凝土支护桩

图 11.10 和图 11.11 为 15m 钢筋混凝土桩前后对称位置的应力分布图。因为在施工过程中的问题，导致该桩靠边坡侧 -2m 位置处的钢筋计失效。所以该桩重点讨论靠基坑侧的受力分布。整体而言该桩靠边坡侧 -6m 以下都是受压力，靠基坑侧全长受，该桩变化形态为字母"s"形。

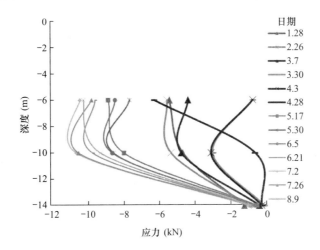

图 11.10　桩靠边坡侧主筋应力随深度分布

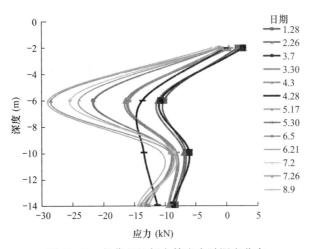

图 11.11　桩靠基坑侧主筋应力随深度分布

从靠边坡侧的应力图可以看出在 3 月 7 号以前桩身受力都变化不大，桩身－6m 以下呈受压状态，且应力都不大。而到 3 月 30 号的时候应力发生突变，整体压应力减小且－6m 位置的压应力接近 0。而从现场的进展情况可知，3 月 7 号左右开挖还没有挖完第一层，到 3 月 30 号的时候第一层已经开挖完毕并且正在进行第一层锚索的施工，所以会呈现出靠边坡一侧主筋的有受拉的倾向。而从 3 月 30 号到 4 月 28 号，应力又发生突变靠边坡侧依然全长受压，不过－6m 处的压力明显增大。结合现场施工进展可知 4 月 28 号 15m 桩已经挖到第一平台处，且桩上的防护措施已经完成，所以出现了应力突变。到 5 月 17 号的时候应力又出现突变，结合现场施工进展可知，开挖到了第三层，15m 桩前面平台前方被挖到第三层。而后整体应力逐渐变大但是应力分布形态没有变化。最终最大压应力为－10.34kN，位于－9m。

而靠基坑一侧的应力图变化情况与靠边坡侧相同，只不过全长受压力。同样应力在 3 月 30 号、4 月 28 号、5 月 17 号发生突变，且变化位置与靠边坡一侧相同。最终最大压应力稳定在－6m 的位置，大小为－28.91kN，因为 15m 桩没有设计锚索，所以只有开挖会对应力产生影响，而一旦开挖停止则逐步开始稳定。

（4）15m BFRP 筋混凝土支护桩

图 11.12 和图 11.13 为 15m BFRP 筋混凝土桩前后对称位置的应力分布图。整体而言该桩靠边坡侧－8m 以下都是受压力，－8m 以上都是受拉，靠基坑侧全长受压。

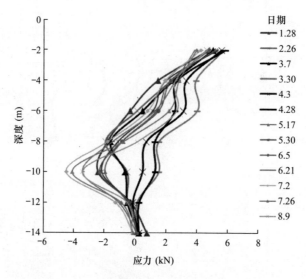

图 11.12　桩靠边坡侧主筋应力随深度分布

从靠边坡侧的应力图可以看出整个应力图可以分为三个部分，在 3 月 7 号以前桩身受力都变化不大，桩身－6m 以下呈受压状态，－6m 以上呈受拉状态，且应力都不大。而到 3 月 30 号的时候应力发生突变，全长变为受拉状态。而从现场的进展情况可知，3 月 7 号左右开挖还没有挖完第一层，到 3 月 30 号的时候第一层已经开挖完毕并且正在进行第一层锚索的施工，所以会呈现出靠边坡一侧主筋由刚开始的一部分受压变为全长受拉。而从 3 月 30 号到 4 月 28 号，应力图变化不大，此为第二部分。结合现场施工进展可知 4 月 28 号 15m 桩已经挖到第一平台处，且桩上的防护措施已经完成。到 5 月 17 号的时候应力又出现突变，结合现场施工进展可知，开挖到了第三层，15m 桩前面平台前方被挖到第三层。而后整体应力逐渐变大但是应力分布形态没有变化。最终最大压应力为 −4.5kN，位于 −10m，最大拉应力为 5.88kN，位于 −2m。

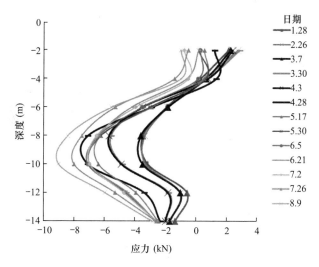

图 11.13　桩靠基坑侧主筋应力随深度分布

而靠基坑一侧的应力图变化情况与靠边坡侧相同，只不过基本上全长受压力。同样应力在 3 月 30 号、4 月 28 号、5 月 17 号发生突变，且变化位置与靠边坡一侧相同。最终最大压应力稳定在 −10m 的位置，大小为 −8.9kN，因为 15m 桩没有设计锚索，所以只有开挖会对应力产生影响，而一旦开挖停止则逐步开始稳定。

2. 支护桩桩身位移监测数据分析

（1）20m 钢筋混凝土支护桩

图 11.14 为 20m 钢筋混凝土支护桩桩身位移曲线。

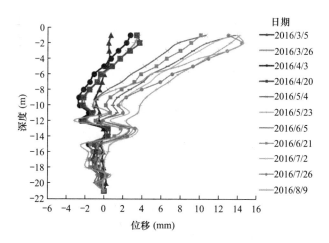

图 11.14　20m 钢筋混凝土支护桩桩身位移

从图 11.14 可见，该桩最大偏移量发生在桩顶位置，最大位移为 14.57mm，朝向基坑一侧。−14m 以下位移变化幅度不大。

整个桩变化阶段与应力变化的阶段相同，可以大致分为 3 个部分，首先在 4 月 3 号以前的时间，整桩位移幅度不大，桩身基本保持竖直，最大偏移量仅为 2mm 左右。结合现场实际情况可知，20m 桩前方第一层开挖完毕，正在进行第一层锚索的施工，所以桩身整体变化幅度不大，且变化范围仅仅发生在−6m 以上部分。

然后在 4 月 20 号以后到 5 月 20 号之间，桩身发生较大变化，位移变化量达到 5mm，且变化范围增大−10m 以上部分都发生了较大的偏移。结合现场实际情况可知，现场第一层锚索加载预应力完成，然后完成了第二层锚索工作面的开挖，而第二层锚索工作面距离基坑顶部恰好为 10m。到 5 月 20 号时，最大偏移量达到 13mm。

最后在 5 月 30 号以后，桩身整体位移趋于稳定，变化幅度不大，变化范围增加到了−12m 位置处，桩顶最大位移量稳定在 13mm 左右。结合现场实际情况可知，5 月 30 号以后第二层锚索加载预应力完成，然后进行了第三层锚索工作面的开挖，到 6 月 12 号的时候第三层的锚索施工完毕，所以位移量会有所回落。

最终开挖到基坑底部以后，由于 20m 桩本身位置的影响，其位移变化量趋于稳定，且−14m 以下部分变化基本不大。而且变化阶段与钢筋计的读数变化阶段吻合良好，证明了数据的真实性。

（2）20m BFRP 筋混凝土支护桩

图 11.15 为 20m BFRP 筋混凝土支护桩桩身位移曲线。

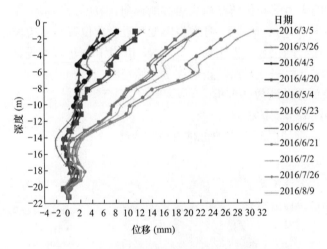

图 11.15　20m 玄武岩纤维筋混凝土支护桩位移图

图 11.15 可见，该桩最大偏移量发生在桩顶位置，最大位移为 30.13mm，朝向基坑一侧。−14m 以下位移变化幅度不大。

整个桩变化阶段与应力变化的阶段相同，可以大致分为 3 个部分，首先在 4 月 3 号以前的时间，整桩位移幅度不大，桩身基本保持竖直，最大偏移量为 8mm 左右。结合现场实际情况可知，20m 桩前方第一层开挖完毕，正在进行第一层锚索的施工，所以桩身整体变化幅度不大，且变化范围仅仅发生在−6m 以上部分。

4 月 20~5 月 20 号，桩身发生较大变化，位移变化量达到 10mm，且变化范围增大−14m 以上部分都发生了较大的偏移。结合现场实际情况可知，现场第一层锚索加载预应力完成，然后完成了第二层锚索工作面的开挖，而第二层锚索工作面距离基坑顶部恰好为

10m。到 5 月 20 号时，最大偏移量达到 20mm。

最后在 5 月 30 号以后，桩身整体位移趋于稳定，变化形态保持不变，到 6 月 20 号以后桩身又开始发生偏移。结合现场实际情况可知，5 月 30 号以后第二层锚索加载预应力完成，然后进行了第三层锚索工作面的开挖，到 6 月 20 号的时候第三层的锚索施工完毕开始开挖最后一层，所以桩身整体继续发生偏移。随着基坑的继续开挖，最大偏移量达到 30.13mm。

最终开挖到基坑底部以后，由于 20m 桩本身位置的影响，其位移变化量趋于稳定，且－14m 以下部分变化基本不大。而且变化阶段与钢筋计的读数变化阶段吻合良好，证明了数据的真实性。

（3）15m 钢筋混凝土支护桩

图 11.16 为 15m 钢筋混凝土支护桩桩身位移曲线。

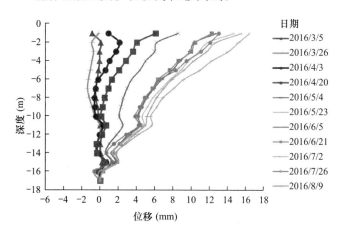

图 11.16　15m 钢筋混凝土支护桩位移图

从图 11.16 可见，该桩最大偏移量发生在桩顶位置，最大位移为 16.52mm，朝向基坑一侧。－14m 以下位移变化幅度不大。

整个桩变化阶段与应力变化的阶段相同，可以大致分为 3 个部分，首先在 4 月 3 号以前的时间，整桩位移幅度不大，桩身基本保持竖直，最大偏移量为仅为 0.9mm 左右。结合现场实际情况可知，15m 桩前方第一层开挖完毕，而根据设计，15m 桩不设锚索，所以仅进行挂网喷浆处理，对桩身影响不大。且变化范围发生在－6m 以上的位置。

4 月 20 号~5 月 20 号，桩身发生较大变化，位移变化量达到 10mm，且变化范围增大－14m 以上部分都发生了较大的偏移。结合现场实际情况可知，现场 15m 桩前方基坑开挖到设计平台位置，然后流出平台空间，在平台前方继续向下开挖。到 5 月 20 号时，最大偏移量达到 14mm。

最后在 5 月 30 号以后，桩身整体位移趋于稳定，变化形态保持不变。结合现场实际情况可知，5 月 30 号以后 15m 桩一侧边坡开挖已经完成，挂网喷浆也已经完成，所以桩身的变化是自身在桩后土压力作用下的位移。随着基坑的开挖的完成，最大偏移量达到 16.52mm。

最终开挖到基坑底部以后，其位移变化量趋于稳定，且－14m 以下部分变化基本不大。

（4）15m BFRP 筋混凝土支护桩

图 11.17 为 15m BFRP 筋混凝土支护桩桩身位移曲线。

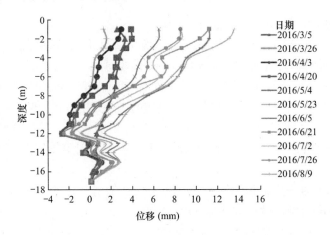

图 11.17　15m 玄武岩纤维筋混凝土支护桩位移图

从图 11.17 可见，该桩最大偏移量发生在桩顶位置，最大位移为 13.52mm，朝向基坑一侧。−14m 以下位移变化幅度不大。

整个桩变化阶段与应力变化的阶段相同，可以大致分为 3 个部分，首先在 4 月 3 号以前的时间，整桩位移幅度不大，桩身基本保持竖直，最大偏移量为仅为 1mm 左右。结合现场实际情况可知，15m 桩前方第一层开挖完毕，而根据设计，15m 桩不设锚索，所以仅进行挂网喷浆处理，对桩身影响不大。且变化范围发生在 −6m 以上的位置。

4 月 20 号～5 月 20 号，桩身发生较大变化，位移变化量达到 10mm，且变化范围增大 −14m 以上部分都发生了较大的偏移。结合现场实际情况可知，现场 15m 桩前方基坑开挖到设计平台位置，然后流出平台空间，在平台前方继续向下开挖。到 5 月 20 号时，最大偏移量达到 11mm。

最后在 5 月 30 号以后，桩身整体位移趋于稳定，变化形态保持不变。结合现场实际情况可知，5 月 30 号以后 15m 桩一侧边坡开挖已经完成，挂网喷浆也已经完成，所以桩身的变化是自身在桩后土压力作用下的位移。随着基坑的开挖的完成，最大偏移量达到 13.52mm。

最终开挖到基坑底部以后，其位移变化量趋于稳定，且 −14m 以下部分变化基本不大。

11.2.6　支护效果分析

（1）钢筋计与测斜数据可以分别真实反应现场施工进展情况，可以证明数据的真实性，而钢筋计与测斜数据的变化方式和变化位置的吻合也相互证明数据的真实性。

（2）相比两种不同配筋的支护桩在实际工程中的表现情况可知，玄武岩筋材在受力方面与钢筋相同，而变形较钢筋要大，这跟筋材本身属性有关。而在整个支护结构的安全系数和作用类型的前提下，使用玄武岩筋材代替钢筋的配筋方案是可行的。

（3）针对玄武岩纤维的自身属性导致变形较大的问题，在实际设计中建议可以进行超筋配置，提高结构的抗变形性能，从而提高结构的安全性能。

（4）因为时间关系，整个监测过程持续时间只有几个月，而且天气也没有出现极端情况，比如大雨、地震、超载等，所以玄武岩纤维筋材构件在极端工况下的表现性能暂时无法讨论。

11.3　BFRP 筋材锚索在基坑支护中的应用

11.3.1　工程概况

8 号地块是"绿地中心·蜀峰 468 超高层项目"的主体项目，该项目建筑用地面积 24530m²，汇集五星级酒店、企业 CEO 行政公馆、超甲级写字楼、公寓、精品商业、会议中心等多功能超高层的城市综合体。项目由编号分别为 T1（468m）、T2（319m）、T3（349.5m）的 3 栋超高层塔楼和局部地上 3 层的裙房及 4 层地下室组成。这就使得该地块的基坑支护更为重要。8 号地块建设项目平面图见图 11.18。

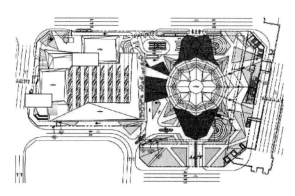

图 11.18　8 号地块项目平面图

11.3.2　场地工程地质条件

1. 区域地质构造

成都平原主体为岷江水系和沱江水系冲积而成，在构造上属第四纪坳陷盆地。成都市区位于该平原的中部东侧，由近代河流冲积、洪积而成的砂卵石层和黏性土所组成的 I 级、II 级河流堆积阶地之上，下伏基岩为白垩系泥岩；白垩系基底西部较深，向东逐渐抬升变浅。其埋藏深度在成都东郊约为 15m～20m，市区 20m～50m，至西郊茶店子附近陡增至 100 多米，南郊约 13m～17m。成都市东西向地质剖面示意见图 11.19。

成都平原处于新华夏系第三沉降带之川西褶带的西南缘，位于龙门山隆褶带山前江油—灌县区域性断裂和龙泉山褶皱带之间，为断陷盆地。该断陷盆地内，西部的大邑—彭县—什邡和东部的蒲江—新津—成都—广汉两条隐伏断裂将断陷盆地分为西部边缘构造带、中央凹陷和东部边缘构造带三部分。

成都平原存在的褶皱有：龙泉山背斜、借田背斜、苏码头背斜、普兴场向斜；存在的断裂有：新津—双流—新都断裂、新都—磨盘山断裂、双桥子—包家桥断裂、苏码头背斜两翼断裂、柏合寺—白沙—兴隆断裂、借田铺断裂、龙泉驿断裂。

总体来说，成都坳陷与成都平原分布的范围基本一致，成都市区所处的地壳为一稳定核块。经历 2008 年汶川 8.0 级特大地震和 2013 年雅安芦山 7.0 级强震，该场区均未遭受破坏性地震危害。从区域地质构造来看，该场地属于相对稳定场地。

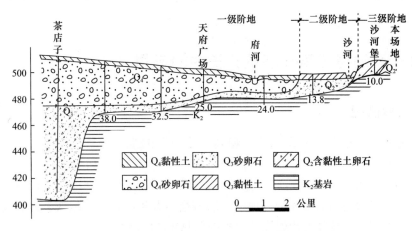

图 11.19　成都市区东西向地质剖面图

2. 地形地貌

拟建场地地处成都平原岷江水系Ⅲ级阶地，为山前台地地貌，地形有一定起伏，地面高程 519.22m～527.90m，最大高差为 8.68m。

3. 场地岩土的构成与特征

经本次勘察查明，在本次钻探揭露深度范围内，场地岩土主要由第四系全新统人工填土（Q_4^{ml}）、其下的第四系中、下更新统冰水沉积层（Q_{2-1}^{fgl}）和白垩系上统灌口组（K_{2g}）泥岩构成。场地岩性自上而下特征为：

①₁ 杂填土（Q_4^{ml}），主要分布于已拆建筑和既有建筑的基础、地坪等范围。钻探揭露层厚 0.30m～2.80m。

①₂ 素填土（Q_4^{ml}），黑褐—黄褐色，稍湿—很湿，多以黏性土、粉粒为主，该层场地普遍分布，钻探揭露层厚 0.40m～5.50m。

② 黏土（Q_{2-1}^{fgl}），硬塑—坚硬，层底多含砾石、卵石，局部地段无分布。黏土中分布的裂隙情况如下：1）埋深 2.0m 以上，网状裂隙较发育，裂隙短小而密集，上宽下窄，较陡直而方向无规律性，将黏土切割成短柱状或碎块，隙面光滑，充填灰白色黏土薄层，厚 0.1cm～0.5cm；2）埋深 2.0m 以下，网状裂隙很发育，局部分布有水平状裂隙，裂隙倾角多呈闭合状，裂隙一般长 3cm～16cm，间距为 3cm～45cm，充填的灰白色黏土厚0.1cm～2.00cm，倾角变化为 4°～40°，少量为 60°～70°。网状裂隙交叉部位，灰白色黏土厚度较大；3）该层呈层状分布，局部缺失，具有弱膨胀潜势，层底局部相变为粉质黏土，钻探揭露层厚 2.00m～8.70m。

③ 粉质黏土（Q_{2-1}^{fgl}），硬塑—可塑。颗粒较细，网状裂隙较发育，裂隙面充填灰白色黏土，在场地内局部分布，钻探揭露层厚 1.30m～4.50m。

④ 含卵石粉质黏土（Q_{2-1}^{fgl}），硬塑—可塑，以黏性土为主，含少量卵石，卵石粒径以 2～5cm 为主，含量约 15%～40%。该层局部夹厚度 0.3m～1.0m 的全风化状紫红色泥岩孤石。该层普遍分布，钻探揭露层厚 0.70m～12.30m。

⑤ 卵石层（Q_{2-1}^{fgl}），稍湿—饱和，稍密—中密，粒径多为 2cm～8cm，少量卵石粒径可达 10cm 以上。该层场地内局部分布，钻探揭露层厚 0.30m～8.10m。

⑥ 泥岩（K_{2g}），泥状结构，薄层—巨厚层构造，局部夹乳白色碳酸盐类矿物细纹，局

部夹 0.3m～1.0m 厚泥质砂岩透镜体。场地内岩层产状约在 300°∠11°。根据风化程度可分为全风化泥岩、强风化泥岩、中等风化泥岩、微风化泥岩。

⑦ 强风化泥质砂岩（K_{2g}），风化裂隙很发育一发育，岩体破碎，岩石结构清晰可辨。该层以透镜体赋存与泥岩中。钻探揭露该层层厚 0.40m～0.90m。

4. 水文气象条件

（1）气象条件

成都地区膨胀土的湿度系数 ψ_w 取 0.89，大气影响深度 d_a 为 3.0m，大气影响急剧深度为 1.35m。

（2）水文地质条件

场地的地下水类型主要是第四系松散堆积层孔隙性潜水（稳定水位 512.94m），白垩系泥岩层风化一构造裂隙和孔隙水（稳定水位 498.60m～499.30m），水位埋藏较深；次为上部填土层中的上层滞水（稳定水位 515.01m～522.38m）。

11.3.3　锚索支护方案设计

1. 钢筋锚索支护方案

基坑南侧区域设置四道预应力锚索，其中，所研究区域第一层锚索与最顶部内支撑竖向距离为 8m，锚索间距 1.5m，入射角 25°，第二层锚索与第一层锚索竖向距离 3.75m，锚索间距 1.5m，入射角 20°，第三层锚索与第二层锚索竖向距离 3.75m，锚索间距 1.5m，入射角 15°，第四层锚索与第三层锚索竖向距离 3m，锚索间距 1.5m，入射角 15°。

MS1-5 是由 5 根 ϕ15.2mm 的 HRB400 钢绞线制成的锚索，总长 30m，锚固段 17.5m，预应力锁定值为 460kN，位于第一层。MS3-5 是由 5 根 ϕ15.2mm 的 HRB400 钢绞线制成的锚索，总长 20.5m，锚固段 12.5m，预应力锁定值为 630kN，位于第三层。MS1-4 是由 4 根 ϕ15.2mm 的 HRB400 钢绞线制成的锚索，总长 24.5m，锚固段 12.5m，预应力锁定值为 340kN，位于第一层。MS3-4 是由 4 根 ϕ15.2mm 的 HRB400 钢绞线制成的锚索，总长 17.5m，锚固段 10m，预应力锁定值为 520kN，位于第一层。钢锚索的设计图如图 11.20 所示。

2. BFRP 锚索支护设计

采用玄武岩纤维复合筋材锚索替代四根钢锚索，第一层和第三层锚索各两根。即替换 MS1-5、MS3-5、MS1-4、MS3-4 旁边的锚索，玄武岩纤维复合筋材锚索编号为 8030635、803060、8030655、803138，如图 11.20（c）所示。

采用等强度替代法，设计玄武岩纤维复合筋材锚索。原设计锚索为 4 根、5 根 ϕ15.2mm 的 HRB400 钢绞线，已知单根 ϕ15.2 的钢绞线的屈服张拉荷载为 220kN，则 4 根 ϕ15.2 钢绞线的屈服张拉荷载为 880kN，5 根 ϕ15.2 为 1100kN。玄武岩纤维复合筋材的抗拉强度标准值为 750MPa，即玄武岩纤维复合筋材名义上的屈服强度为 750MPa，可计算得到 ϕ14 玄武岩纤维复合筋材的名义屈服张拉荷载为 115kN。根据等强度替代原则，可采用 10 根 ϕ14 玄武岩纤维复合筋材替代 5 根 ϕ15.2 钢绞线作为锚索，采用 8 根 ϕ14 玄武岩纤维复合筋材替代 4 根 ϕ15.2 钢绞线作为锚索，此处计算忽略筋材根数对锚索张拉力的影响。

测试元件即钢筋计都安装在锚索的锚头位置，共 8 根，其中四根为钢绞线锚索，四根为玄武岩纤维复合筋材锚索。

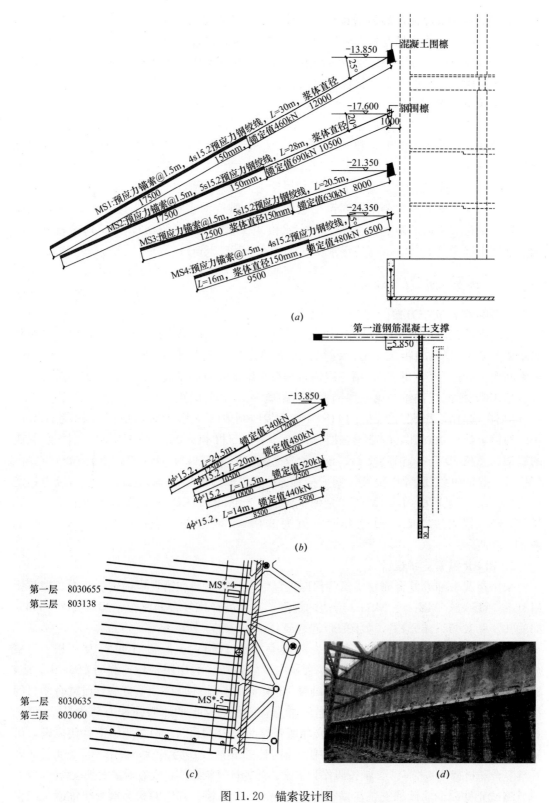

图 11.20　锚索设计图

(*a*) MSI-5 和 MS3-5 设计剖面图；(*b*) MSI-4 和 MS3-4 设计剖面图；(*c*) 替代锚索平面图；(*d*) 锚索现场立面图

工程南侧区域普遍设置四道预应力锚索，锚索成孔直径不小于 150mm，同尺寸条件下，玄武岩筋材的抗拉强度为钢筋材的抗拉强度的 1.9 倍，鉴于无专门设计规范计算玄筋锚索的锚固段长度，拟采用等强度法，按照钢筋锚索的设计方法进行玄武岩纤维复合筋材锚索的相关设计。

3. 锚固施工方法

锚索成孔采用全套管跟进法成孔，水泥使用 P.O.42.5 普通硅酸盐水泥拌制，水灰比为 0.45~0.55。锚固体采用二次注浆成锚工艺，第一次采用常压注浆，第二次注浆压力为 2.0MPa~3.0MPa。锚索的张拉要求宜在锚固体强度达到 15MPa 并在围檩达到设计强度的 80% 后方可进行张拉锁定。张拉值为设计拉力的 1.05 倍。

（1）锚索制作

1）截取 14m 的玄武岩纤维复合筋材 3 根，15m 的玄武岩纤维复合筋材 3 根，5m 的钢绞线 3 根，4m 的钢绞线 3 根。

2）分别取出 14m 和 15m 长的玄武岩筋材锚杆，在每根玄武岩筋材的顶部套上特制的压制式套筒锚具，锚具长为 60cm，筋材套进套筒的长度为 30cm，为 5m 和 4m 长钢绞线套进套筒预留 30cm 的空间（锚索总长为 19m）。

3）先向套管内注胶，后插入 14m 或 15m 筋材，待胶水凝固后再注胶插入 4m 或 5m 钢绞线。至此，6 根 19m 长的试验用筋材已准备完毕。

4）将 6 根玄武岩筋材用塑料锚索支架固定，中间插入注浆管，完成锚索的制作工作。

（2）锚索施工

1）在预先设计点位钻孔。

2）钻好空后将制作好的锚索插入孔中，采用人工下锚方式。

3）注浆。

4）立锚墩，加锚索应力计、套锚具并采用分级张拉方式进行张拉。

5）安装锚索应力计保护盒等后续工作。

施工工艺流程如图 11.21 所示。

11.3.4　监测结果分析

第一层 2 根锚索监测时间是从 2015 年 1 月 11 号到 2015 年 11 月 27 号。第三层 2 根锚索监测时间是从 2015 年 1 月 12 号到 2015 年 11 月 27 号。这里对 4 根玄武岩筋材锚索及其对比传统钢绞线锚索进行分析。用 Origin 软件画出两根玄筋锚索和传统锚索的应力对比图如图 11.22 所示。

从图 11.22（a）中对第一层玄武岩锚索 8030635 与钢绞线锚索 MS1-5 受力情况进行对比得出，初期受力阶段玄武岩筋材锚索与钢绞线锚索应力情况相似，然后玄武岩筋材锚索突然有个下降的应力突变，中期受力阶段玄武岩筋材锚索情况就与钢绞线锚索应力情况相似，受力基本不变，中后期受力阶段不同的是玄筋锚索突然又有个下降的应力突变后受力基本不变。

从图 11.22（b）中对第一层玄武岩锚索 8030655 与钢绞线锚索 MS1-4 受力情况进行对比得出，初期受力阶段玄武岩筋材锚索是受力逐渐减小，钢绞线锚索则是逐渐增加，中后期受力阶段玄武岩筋材锚索受力有小幅度的减小趋势，钢绞线锚索受力保持基本不变。

图 11.21　BFRP 筋材锚索施工流程

（a）套管注浆；（b）锚索绑扎；（c）钻孔；（d）下锚；（e）注浆；（f）张拉锚索

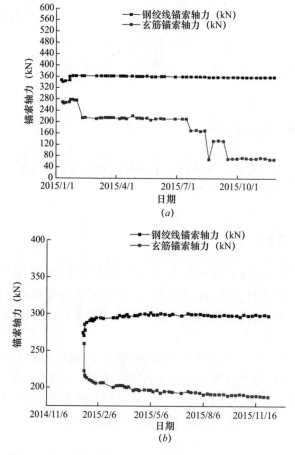

图 11.22　BFRP 筋锚索与钢绞线锚索应力对比图（一）

（a）第一层 BFRP 筋锚索 8030635 与钢绞线锚索 MS1-5 对比图；

（b）第一层 BFRP 筋锚索 8030655 与钢绞线锚索 MS1-4 对比图

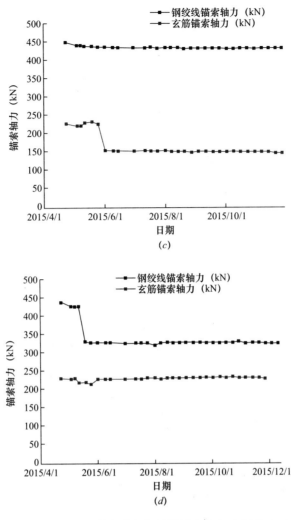

图 11.22　BFRP 筋锚索与钢绞线锚索应力对比图（二）

（c）第三层 BFRP 筋锚索 803036 与钢绞线锚索 MS3-5 对比图；

（d）第三层 BFRP 筋锚索 803138 与钢绞线锚索 MS1-4 对比图

　　从图 11.22（c）中对第三层玄武岩锚索 803060 与钢绞线锚索 MS3-5 受力情况进行对比得出，在整个受力阶段中钢绞线筋材锚索是受力基本不变，玄武岩筋材锚索则是前期减小，中后期也基本受力保持不变。

　　从图 11.22（d）中对第三层玄武岩锚索 803138 与钢绞线锚索 MS3-4 受力情况进行对比得出，在整个受力阶段中玄武岩筋材锚索受力基本不变，钢绞线锚索则是前期减小，中后期也基本受力保持不变。

　　理论上来说，在锚索支护边坡工程中，随着基坑开挖，深度变大，锚索受力应该越来越大。这一点在钢绞线锚索中主要体现在受力前期，中后期受力基本不变。对于玄武岩筋材锚索，忽略其的应力突降现象，中后期受力也基本不变。这与钢绞线锚索的受力情况基本一致。二者的应变也基本与上述情况一致。

11.3.5 支护效果分析

（1）玄武岩筋材锚索应力和变形规律和传统钢绞线受力变形规律基本一致，玄武岩筋材锚索可以代替传统钢绞线进行基坑支护。

（2）用 6 束直径为 14mm 的玄武岩筋材锚索替代 4 束直径为 15.2mm 的钢绞线锚索是可行的。

（3）从后期基坑支护的监测数据中，包括其他锚索受力变形情况和测斜监测，进一步验证了玄武岩筋材锚索代替传统钢绞线锚索在基坑支护中的可行性。

11.4 本章小结

本章以成都市中西医结合医院三期工程、"绿地中心·蜀峰 468 超高层项目"的主体项目 8 号地块两个实体工程为例，分别开展 BFRP 筋材混凝土支护桩、BFRP 筋材锚索两种常规支护体系在基坑工程中的应用效果实践，支护效果良好，具体结论如下：

1. BFRP 筋材混凝土支护桩在基坑支护中应用

（1）钢筋计与测斜数据可以分别真实反应现场施工进展情况，可以证明数据的真实性，而钢筋计与测斜数据的变化方式和变化位置的吻合也相互证明数据的真实性。

（2）相比两种不同配筋的支护桩在实际工程中的表现情况可知，玄武岩筋材在受力方面与钢筋相同，而变形较钢筋要大，这跟筋材本身属性有关。而在整个支护结构的安全系数和作用类型的前提下，使用玄武岩筋材代替钢筋的配筋方案是可行的。

（3）针对玄武岩纤维的自身属性导致变形较大的问题，在实际设计中建议可以进行超筋配置，提高结构的抗变形性能，从而提高结构的安全性能。

2. BFRP 筋材锚索在基坑支护中的应用

（1）玄武岩筋材锚索应力和变形规律和传统钢绞线受力变形规律基本一致，玄武岩筋材锚索可以代替传统钢绞线进行基坑支护。

（2）用 6 束直径为 14mm 的玄武岩筋材锚索替代 4 束直径为 15.2mm 的钢绞线锚索是可行的。

（3）从后期基坑支护的监测数据中，包括其他锚索受力变形情况和测斜监测，进一步验证了玄武岩筋材锚索代替传统钢绞线锚索在基坑支护中的可行性。

第 12 章　BFRP 筋材在边坡工程应用实践

12.1　概述

本章通过 2 个具体边坡试验，探讨 BFRP 筋材锚杆（索）支挡结构的支护效果。2 个工程边坡分别为土质边坡和岩质边坡，其中土质边坡选择绿地中心蜀峰 468 超高层城市综合体，岩质边坡为汕揭高速公路中的试验工点，分别从场地稳定性评价、锚杆支护设计、锚杆施工、锚固效果监测、锚固效果评价 5 个部分对 BFRP 筋材锚杆（索）支挡结构效果进行说明，旨为 BFRP 筋材作为锚杆（索）类支挡结构提供工程经验和参考。

12.2　玄武岩纤维复合筋材锚杆土质边坡应用

选择合适土质边坡工点，进行 BFRP 边坡锚固应用的相关试验研究。通过具体的土质边坡的试验，参照钢筋锚杆的制作流程，使用 BFRP 制作锚杆。同时进行钢筋锚杆和 BFRP 锚杆的受力对比试验，验证支护设计效果。

12.2.1　场地工程地质条件

试验工点位于成都东部新城文化创意产业综合功能区核心区域，总占地面积 448 亩，规划总建筑面积约 138 万 m^2，总投资规模达 120 亿元。其中，超高层建筑及裙楼等商业用地 230 亩，成都绿地中心的高度将达到前所未有的 468m，这是目前开工建设中世界第七、中国第四，更是成都乃至西部的第一高度。工点位于成都市驿都大道地铁 2 号线洪河站 A1 和 A2 出口南侧，椿树街东侧。距离成都市中心天府广场 15km，距离三环路东段约 1km，距离龙泉驿区约 7km。场地交通条件十分便利。在建项目场地地理位置见图 12.1。

本次锚杆支护的边坡在场地西侧，主要是为研究新材料的锚固效果而进行支护的一个试验性边坡，是一个基坑的附属边坡工程。该开挖边坡高 5.5m，坡度为 1∶1，长度为 40m，见图 12.2。

在建场地地处成都平原的岷江水系Ⅲ级阶地，为山前台地地貌，地形有一定起伏，地面高程 519.22m～527.90m，最大高差为 8.68m。

经勘察查明，在钻探揭露深度的范围内，场地岩土主要由第四系全统人工填土

（Q$_4^{ml}$）、其下的第四系中、下更新统冰水沉积层（Q$_{2-1}^{fgl}$）和白垩系上统灌口组（K$_{2g}$）泥岩构成。而锚固试验边坡主要由第四系全统人工素填土（Q$_4^{ml}$）和第四系中、下更新统冰水沉积层（Q$_{2-1}^{fgl}$）黏土组成，边坡剖面见图 12.3。

图 12.1　试验工点地理位置图

图 12.2　BFRP 锚杆试验边坡

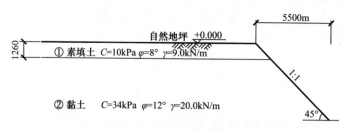

图 12.3　边坡剖面图（单位：mm）

（1）素填土：多以黏性土、粉粒为主，多呈可塑状有少量砖屑、砾石混杂，该层位于垃圾清运中心内地段具有腥臭味。该层场地普遍分布，钻探揭露层厚 0.40m～5.50m。

（2）黏土：层底多含砾石、卵石，局部地段无分布。网状裂隙发育，缓倾裂隙也很发育。从钻孔揭示的黏土层来看，黏土中分布的裂隙情况如下：

1）埋深 2.0m 以上，网状裂隙较发育，裂隙短小而密集，上宽下窄，较陡直而方向无规律性，将黏土切割成短柱状或碎块，隙面光滑，充填灰白色黏土薄层，厚 0.1cm～0.5cm；

2）埋深 2.0m 以下，网状裂隙较发育，局部分布有水平状（波浪状）裂隙，具有一定的规律性，裂隙倾角多呈闭合状，隙面光滑，裂隙一般长 3cm～16cm，间距为 3cm～45cm，充填的灰白色黏土，倾角变化为 4°～40°，少量为 60°～70°。网状裂隙交叉部位，灰白色黏土厚度较大；

3）该层底部混有不等量的紫红色泥岩岩屑和岩粉等。该层呈层状分布，局部缺失，具有弱膨胀潜势，层底局部相变为粉质黏土，钻探揭露层厚 2.00m～8.70m。

场地的地下水类型主要是第四系松散堆积层孔隙性潜水和白垩系泥岩层风化—构造裂隙和孔隙水，水位埋藏较深；次为上部填土层中的上层滞水。

场地内分布的特殊岩土主要为膨胀岩土。由于其存在遇水膨胀、失水收缩的特征，以及土体内裂隙发育的特点，其在室内试验指标显示极好，但在工程建设中却往往引发基坑垮塌、地坪隆起、墙面开裂的不良后果。故在地基基础和基坑支护设计、施工中，应予以充分的研究，并重视其不利影响的处置。根据勘察对场地分布的岩土层进行的胀缩性试验结果，按《膨胀土地区建筑技术规范》GB 50112—2013 的分析评价其胀缩性，岩土的自由膨胀率平均值为 40.3%～45.8%，均属膨胀性土，具有弱膨胀潜势。场地地处的大气影响深度为 2.00m，大气急剧影响深度为 1.25m，根据《膨胀土地区建筑技术规范》GB 50112—2013 经计算，地基分级变形量 s_c 在 12.8mm～18.1mm，膨胀土地基的胀缩等级为 Ⅰ 级。其中黏土的膨胀力平均值为 57.8kPa。

从野外钻探的岩芯和探槽的工程地质调查来看，该场地的膨胀土具有多裂隙、裂隙分布和连续性的规律性差、裂隙面多发育灰白高岭土矿物的特征。膨胀土的新鲜土体断面坚硬、光滑、稍有光泽，但在降水浸泡后，土性变软，土体黏度增加，黏土裂隙面黏性却急剧降低。暴晒后，土体表面发育网状龟裂而成裂纹，裂纹交错连通，裂纹宽度 1mm～8mm，深度一般 5cm～20cm，多垂直于土体面发育，土体表面呈坚硬状，但土性较差，易崩解。

由勘测资料得到，本次锚固的边坡第一层为素填土，厚度 1.26m，第二层为黏土，厚度 6.3m，具有弱膨胀性；液性指数 $I_L=0.1$。第三层为含卵石粉质黏土，含潜水，具微承性。场地岩土体的物理力学参数见表 12.1。

土层设计参数建议值　　　　　　　　　　　　　　　　　　　　表 12.1

岩土名称	天然重度 γ(kN/m³)	天然重度 γ_{sat}(kN/m³)	天然黏聚力 c(kPa)	天然内摩擦角 φ(°)	饱和黏聚力 c(kPa)	饱和内摩擦角 φ(°)	液性指数 I_L
素填土①₁	19.0	19.0	10	8	7	6	—
黏土②（大气影响层）	19.0	20.0	17	9	15	8	—
黏土②（内层）	20.0	20.0	34	12	17	10	0.1

该边坡的支护工程是绿地中心蜀峰 468 超高层项目的一个附属工程，根据《岩土工程勘察规范》GB 50021—2001（2009 年版）规定，该工程重要性等级为三级；边坡高 5.5m＜10m，若边坡破坏后，后果较严重，所以边坡的安全等级为三级（《建筑边坡工程技术规范》GB 50330—2013）。

12.2.2　边坡稳定性评价

边坡稳定性分析方法中，须考虑裂隙的存在。学者提出一种考虑裂隙影响的膨胀土边坡稳定分析方法研究，仍以 Bishop 法为基础，通过考虑裂缝引起的强度降低的影响、考虑裂缝深度的影响、考虑浅层与深层滑动的影响进行稳定性评价。

膨胀土边坡受大气影响，使得边坡浅层的强度降低，常常发生浅层滑动。因此其存在可能的危险滑面有深层滑弧以及浅层滑弧；浅层滑弧的整体滑动可根据大气影响深度确定，深层滑弧通过费伦纽斯方法确定最危险滑面。

根据上述膨胀土边坡稳定性的分析方法及最危险滑面的确定方法，建立边坡的稳定性计算模型，考虑天然工况（图 12.4）、暴雨工况（图 12.5）场地稳定性。由于该边坡的②、③区域土层为弱膨胀土，根据其他类似的工程经验，对边坡进行稳定性计算时，需将其饱和状态下的 c'、φ' 值降低。降低后的计算参数如表 12.2 所示。

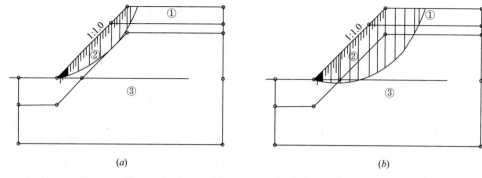

图 12.4 天然工况下边坡浅、深层滑动计算模型
(*a*) 浅层；(*b*) 深层

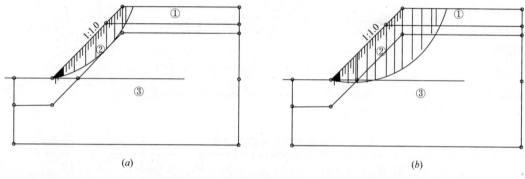

图 12.5 暴雨工况下边坡浅、深层滑动计算模型
(*a*) 浅层；(*b*) 深层

边坡稳定性评价计算参数 表 12.2

参数区域	$\gamma(kN/m^3)$	$\gamma_{sat}(kN/m^3)$	$c(kPa)$	$c'(kPa)$	$\varphi(°)$	$\varphi'(°)$
①	19.0	19	10	7	8	6
②	19.0	20	17	8	9	7
③	20.0	20	34	13	12	7

利用理正软件计算边坡的稳定性系数，结果见表 12.3。

边坡稳定性计算结果 表 12.3

工况	天然		暴雨	
滑动面	浅层滑弧	深层滑弧	浅层滑弧	深层滑弧
稳定性系数	1.610	1.975	0.822	0.892

通过表 12.3 边坡的稳定性系数计算结果可知，该边坡在天然条件下比较稳定，在暴雨条件下，可能发生浅层滑动以及深层滑动。因此，需要进行支护。根据暴雨工况下边坡的深层滑动情况，以及场地地质条件等，选择用非预应力锚喷网的支护形式。

12.2.3 锚杆（索）设计

1. 锚固力计算

考虑施工方便的因素，参照规范，可取锚杆轴线与水平方向成 15°，如图 12.6 所示。

进一步可计算出未锚固边坡的安全系数 $m=$ 0.892，又因为边坡安全等级是三级，根据《建筑边坡工程技术规范》GB 50330—2002 边坡的安全系数 $m'=1.20$，得到每延米边坡所需要的锚固力 $P=$ 87.65kN。

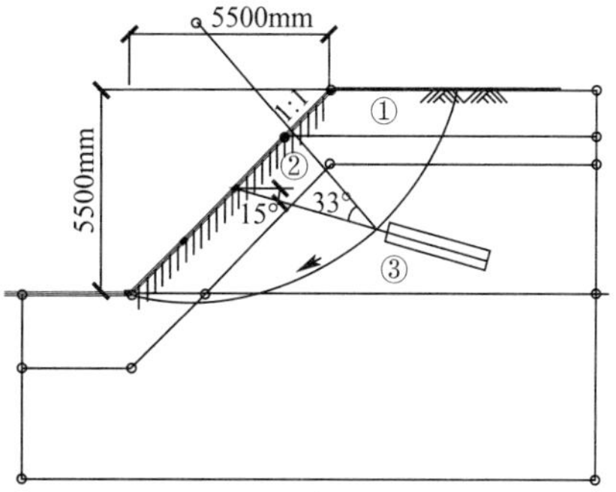

2. 锚杆的布置与安设角度

设置锚杆水平间距为 1.5m，沿坡面的排距 2m，共三排；锚杆安设角与水平方向呈 15°。锚杆布置剖面图及平面图如图 12.7 所示。

图 12.6　锚杆的安设角度以及
与滑面垂线的夹角

3. 计算锚杆设计锚固力

已经计算出为保证边坡稳定，每延米边坡所需要的锚固力为 87.65kN，则每 1.5m 宽边坡所需要的锚固力为 131.47kN。因此可确定三排锚杆锚固力的设计值，其中第一排、第二排锚杆锚固力为 50kN，第三排锚杆锚固力为 40kN。

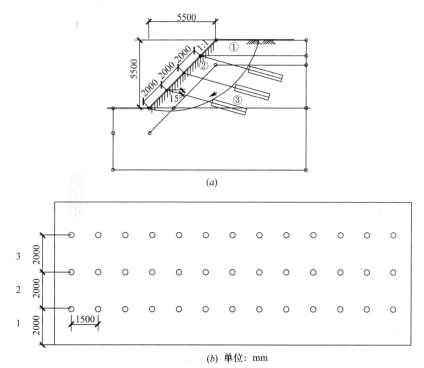

(a)

(b) 单位：mm

图 12.7　坡面锚杆布设图
(a) 布设剖面图；(b) 布设正视图

4. 锚固体的计算

(1) 锚固体的形式

根据使边坡稳定所需要的锚固力、该边坡的岩土性质以及施工条件等，选择的锚固方式为圆柱型全长粘结。

(2) 安全系数的确定

根据锚杆锚固体抗拔安全系数的规定，该场地边坡破坏后的危害程度较大，会出现公共安全问题，且锚杆服务年限<2年，所以锚固体抗拔安全系数 K 取 1.4。该边坡的最危险滑移面较浅，锚固所需的锚杆长度在 15m 以内，设计使用玄武岩纤维增强复合筋（BFRP）作为锚杆杆体，BFRP 筋名义屈服强度为其极限抗拉强度的 80%，即认为 BFRP 筋材的抗拉安全系数 K_t 为 1.25。

（3）锚筋的直径

已知锚杆支护时，BFRP 锚杆的抗拉安全系数 $K_t=1.25$，锚杆轴向拉力设计值 N_t 取最大的锚杆锚固力设计值。计算得到锚筋的横截面积 $A_s=83.33mm^2$，锚杆直径 $d_s=10.30mm$。因此可取锚杆直径 $d_s=12mm$。

5. 锚杆长度的确定

根据试验结果取 BFRP 锚杆与砂浆的粘结强度 f_{ms} 为 2MPa。边坡为黏性土层，且土 $I_L=0.1$ 为硬塑状态，因此锚固段灌浆体与地层间粘结强度标准值 f_{mg} 可取 65kPa～80kPa；φ 可取 1.0～1.3（《岩土锚杆（索）技术规程》CECS 22：2005）。

三排锚杆设计长度分别为：

第一排：锚固段长 2.48m，自由段长 5.14m，总长 7.62m；

第二排：锚固段长 2.48m，自由段长 5.68m，总长 8.16m；

第三批：锚固段长 1.98m，自由段长 5.49m，总长 7.47m。

为方便材料的制作，取锚杆长度分别为：第一、第三排为 8m，第二排为 9m。

6. 注浆体强度

根据规范，全长粘结型锚杆注浆体的抗压强度应不小于 M20（土层）和 M25（岩石）。故取注浆体的强度为 M30。

7. 面网及混凝土喷射设计

面网及喷射混凝土是一种边坡表面的加固技术，常与锚杆一起作用，是一种理想的边坡加固方法。其主要的作用有：

（1）预防风化作用-雨水对岩土的侵蚀损伤和岩土工程地质条件的恶化，保护边坡的长期稳定。

（2）喷射混凝土能加强坡面上不连续结构面周围的强度。当这些不连续面构成楔型或平面型不稳定块体时，喷射混凝土将增加对岩石的抗滑阻力。

（3）面网增强混凝土的抗剪和抗拉强度，与混凝土共同作用加固边坡。

根据《锚杆喷射混凝土支护技术规范》GB 50086—2001，喷射混凝土的设计强度等级不应低于 C15，面网材料采用 I 级钢筋，钢筋直径宜为 4mm～12mm，钢筋间距宜为 150mm～300mm，钢筋保护层厚度不应小于 20mm，钢筋网喷射混凝土支护的厚度不应小于 100mm，且不宜大于 200mm。

因此设计喷射混凝土强度为 C15，喷射厚度为 100mm，由于 BFRP 筋的强度较钢筋高，故 BFRP 面网直径取为 6mm，间距为 150mm，并使用 20# 的钢扎丝绑扎。

12.2.4 BFRP 锚杆施工

1. 锚杆施工流程

根据设计，在试验段左侧 20m 区段仍然用常规的钢筋进行防护，在试验段的右侧 20m 区段则用 BFRP 筋代替钢筋，进行对比试验，如图 12.8 所示。试验段长 40m，坡面宽 8.0m。原设计采用锚杆＋挂网喷浆支护，钢筋锚杆采用 ϕ25mm 钢筋，挂网采用 ϕ8mm 钢筋，锚杆间距为 1.5m，挂网筋间距为 150mm。BFRP 试验段采用 ϕ14mm 筋材，挂网筋采用 ϕ4mm 筋材。边坡上以水平夹角 15°打三排锚杆，上面两排锚杆长度为 9m，最底下一排锚杆长度为 8m。

图 12.8　现场试验区段

该边坡治理工程的主要措施有：挖方，非预应力锚杆工程，安装面网及喷射混凝土工程，截排水工程等。

建议施工工序为：挖方→钻孔→下锚→挂网→注浆→喷射混凝土→挖排水沟→钻排水孔。

2. 锚杆施工方法

（1）锚杆孔位测量

放孔位时注意先根据施工段坡长进行丈量，按设计要求，锚杆间距为 1.5m。其他孔位使用准钢尺丈量，全段统一放样，孔位误差不得超过±50mm。

（2）钻孔

毛孔孔位放好后，用定型脚手架钢管搭设满足钻孔机械设备荷载、冲击力、确保锚杆孔开钻就位纵横误差不得超过±50mm，高程误差不得超过±100mm，钻孔倾角和方向符合设计要求，倾角允许误差为±1.0°，方位允许误差为±2.0°。锚杆与水平面交角为 15°。钻机安装要求水平、稳固，钻孔过程中应随时检查。

钻孔要求干钻，禁止采用水钻，钻孔孔径、孔深要求不得小于设计值，孔口偏差≤±30mm，孔深允许偏差为+500mm。为确保锚杆孔直径，要求实际使用钻头直径不得小于设计孔径。为确保锚杆孔深度，要求实际钻孔深度大于设计深度 0.2m 以上。

钻进过程中对每个孔的地层变化，钻进状态（钻压、钻速）、地下水及一些特殊情况作好现场施工记录。如遇塌孔缩孔等不良钻进现象时，须立即停钻，及时进行加固孔壁和灌浆处理（灌浆压力不小于 0.2MPa），待水泥砂浆初凝后，重新扫孔钻进。

（3）清孔

钻进达到设计深度后，不能立即停钻，要求稳定钻机 1～2 分钟，防止钻孔底部达不到设计孔径、孔深。钻孔孔壁不得有沉渣和水体黏滞，必须清理干净，在钻孔完成后，使用高压空气（风压 0.2MPa～0.4MPa）将孔内岩粉或土体泌水全部清除出孔外，以免降低水泥砂浆与孔壁岩土体的粘结强度。除相对坚硬完整之岩体锚固外，不得采用高压水冲洗。

（4）锚杆制作安装

锚杆杆体分别采用 HRB400ϕ25mm 级螺纹钢筋和 ϕ14mmBFRP 筋材，沿锚杆轴线方向每隔 2m 设置一组定位器，保证锚杆的保护层厚度不低于 50mm。锚筋尾端防腐采用刷漆、涂油等防腐措施处理。

安装前，要确保每根钢筋顺直，除锈、除油污，安装锚杆体前再次认真核对钻孔编号，确认无误后再用高压风吹孔，人工缓慢地将锚杆体放入孔内，用钢尺量测孔外露出的锚杆长度，计算孔内锚杆长度（误差控制在 -30mm~100mm 范围内），确保锚固长度。制作完整的锚杆经监理工程师检验确认后，应及时存放在通风、干燥之处，严禁日晒雨淋。锚杆在运输过程中，应防止钢筋弯折、定位器的松动。

（5）注浆

常压注浆作业从钻孔底部开始，实际注浆量一般要大于理论的注浆量，或以孔口不再排气且孔口浆液溢出浓浆作为注浆结束的标准。如一次注不满或注浆后产生沉降，要补充注浆，直至注满为止。注浆压力为 0.2MPa~0.4MPa，注浆量不得少于计算量，压力注浆时充盈系数为 1.1~1.3。注浆材料宜选用水灰比 0.45~0.5、灰砂比为 1∶1 的 M30 水泥砂浆。注浆压力、注浆数量和注浆时间根据锚固体的体积及锚固地层情况确定。注浆结束后，将注浆管、注浆枪和注浆套管清洗干净，同时做好注浆记录。

12.2.5 锚固应用效果监测分析

1. 监测方案

为了确保基础施工以及上部结构的施工安全，需要随时掌握边坡治理工程施工期和运营期的变形量、变形速率以及锚杆的应力应变的变化，及时发现异常现象并进行处理，以及为了检验工程防治效果，都有必要布置适量的监测工作。

监测设计：在边坡坡脚及坡顶设置测斜管（共 8 根），在第二排的四根锚杆中安装钢筋计，每根锚杆等距离安装四个钢筋计，分别在下锚前、注浆前后，喷射混凝土前后以及之后定期地采集数据。锚杆钢筋计和测斜管的位置见边坡锚喷网支护设计图。

监测元件布置如图 12.9 和图 12.10 所示，在第二排的锚杆上，每隔 5m 取一根锚杆，安装监测原件即钢筋计。共 4 根，其中两根为钢筋，两根为 BFRP。每根锚杆上分别装有四个钢筋计。

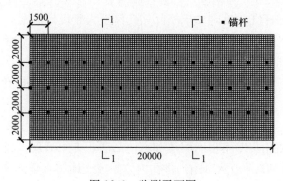

图 12.9　监测平面图

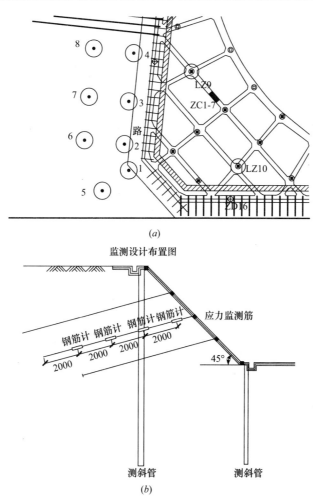

图 12.10　监测点布置断面图

（a）平面；（b）立面

2. 锚杆受力分析

现场施工完成于 2014 年 3 月 19 日，至 2014 年 12 月共监测 22 次。其中钢筋锚杆钢筋应力计编号分别为 S1、S2，BFRP 筋锚杆钢筋应力计编号分别为 BFRP-1、BFRP-2。各钢筋计应力时间曲线如图 12.11、图 12.12 所示，锚杆的受力特征如下：

图 12.11（a）为编号 S1 的钢筋锚杆受力监测结果，从图中可以看出，该锚杆安装后，开始阶段受力较小，2014 年 9 月后，锚杆头部出现了稍大的受力，最大受力约 28kN，而锚杆中至尾部受力仍然较小，约 5kN。9 月后出现了稍大的受力，可能为夏天雨季使土坡松软，产生了一定的变形所致。但总的来说，边坡锚杆受力均较小。

图 12.11（b）为编号 S2 的钢筋锚杆受力监测结果，从图中可以看出，锚杆安装后 2 个月内，锚杆基本上不受力，其后受力逐渐增大，7 月后，受力变大，总的来说，锚杆由头至尾受力越来越小。锚杆头部最大受力约 28kN，与 S1 受力大小相近。

图 12.12（a）为编号为 BFRP1 的受力变化结果，从图中可以看出，锚杆受力在开始 2 个月同样变化不大，其后受力逐渐增大，同样锚杆头部至尾部受力越来越小，目前锚杆最大受力约 15kN。BFRP2 的受力变化结果与 BFRP1 受力类似（图 12.12b）。

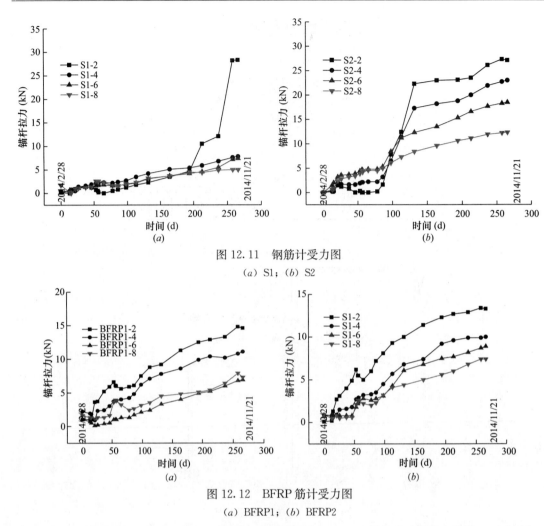

图 12.11　钢筋计受力图

(*a*) S1；(*b*) S2

图 12.12　BFRP 筋计受力图

(*a*) BFRP1；(*b*) BFRP2

对比钢筋锚杆和 BFRP 锚杆，锚杆目前受力很小，远远低于它的设计强度。边坡处于稳定状态，因而用直径为 $\phi14mm$ 的 BFRP 代替直径为 $\phi25mm$ 的钢筋是可行的。

3. 支护边坡变形监测

通过在坡顶和坡底布设的 8 根测斜管数据进行分析。

图 12.13 为 $1^{\#} \sim 8^{\#}$ 测斜管测得的边坡变形情况。$1^{\#} \sim 4^{\#}$ 测斜管布置在坡脚前缘，深 5m，其中 1、$2^{\#}$ 测斜管位于钢筋锚杆试验区，3、$4^{\#}$ 测斜管位于 BFRP 锚杆试验区；$5^{\#} \sim 8^{\#}$ 测斜管布置在坡顶，深 10m～11m，其中 5、$6^{\#}$ 测斜管位于钢筋锚杆试验区，7、$8^{\#}$ 测斜管位于 BFRP 锚杆试验区。

从图中可以看出，钢筋锚杆区坡脚地面变形最大约 1.4mm～2.0mm，BFRP 锚杆试验区坡脚地面变形最大约 1.2mm～2.2mm；钢筋锚杆区坡顶变形最大约 3.2mm～5.5mm，BFRP 锚杆试验区坡顶变形最大约 5.0mm 左右。坡顶变形比坡脚变形大 3mm 左右，对应于锚杆受力，夏季雨季之后，边坡产生了一定的变形，锚杆受力也有明显地增加，边坡变形与支护系统受力是吻合的。

监测表明，钢筋锚杆区和 BFRP 锚杆区坡顶、坡脚变形特征类似，表明采用 BFRP 锚杆与普通钢筋锚杆对边坡的支护效果类似。

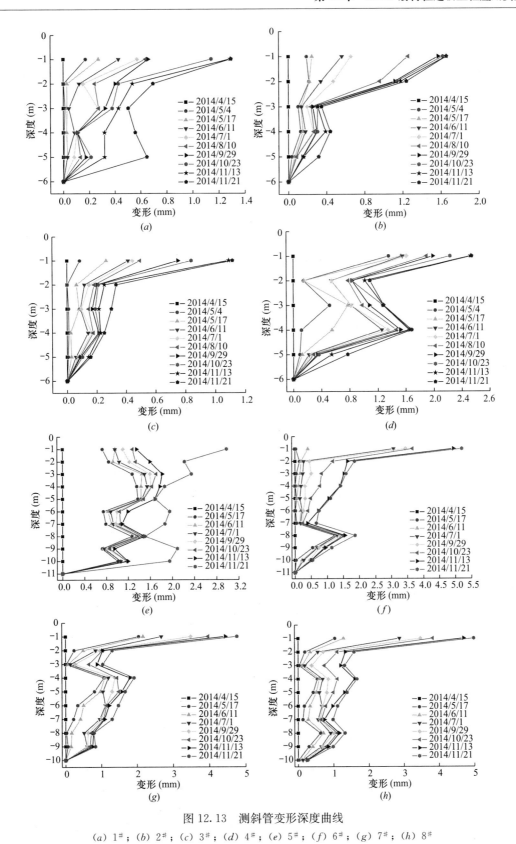

图 12.13　测斜管变形深度曲线

(a) 1#；(b) 2#；(c) 3#；(d) 4#；(e) 5#；(f) 6#；(g) 7#；(h) 8#

12.2.6 加固效果评述

（1）对比表明，采用直径为14mm的BFRP支护土质边坡，其效果与采用直径为25mm的钢筋锚杆支护边坡相当。

（2）钢筋锚杆和BFRP锚杆监测受力表明，两种锚杆受力情况类，差别不大，相差都在5kN左右。单根锚杆的设计拉力为50kN，实际锚杆所承受的最大拉力为30kN，因此设计安全合理。

（3）锚杆目前受力低于它的设计强度，边坡变形微小，边坡处于稳定状态。所使用的BFRP杆体，能替代钢筋支护边坡，施工方便，支护效果好，节约工程造价。

12.3 玄武岩纤维复合筋材锚杆岩质边坡应用

在汕揭高速公路中选择试验工点，进行BFRP锚固应用的相关应用方法试验研究，通过与钢筋锚杆和锚索受力对比，验证BFRP作为锚杆（索）应用的使用性。通过锚杆（索）在岩质边坡中的应用研究，对BFRP锚杆（索）应用性进行研究。

12.3.1 场地工程地质条件

试验工点里程为K186+895～K187+060，为开挖路堑边坡。高约46m，分5级开挖。第一、四级边坡采用锚杆支护，第二、三级边坡采用锚索支护，第五级边坡采用人形骨架植草防护。

1. 地形地貌

拟建路基两端位于丘陵斜坡坡地，地形陡峻，形态复杂，山坡上植被发育，主要有松树、杉树、灌木、杂草等，沟谷狭长，沟谷宽约30m～80m，现为草地；冲沟地面标高330m～340m；场区无路道与外界相通，交通条件差。场区地貌上属于剥蚀丘陵和丘陵间冲洪积地貌。

2. 地层岩性

据钻探揭露和现场工程地质调查，场区内地层自上而下可分为第四系表土层（Q^{pd}）、冲洪积层（Q^{al+pl}）和侏罗系下统蓝塘群下亚群（$J1_{lna}$）地层。

耕植土：灰褐色，湿，松散，成分以粉粒、黏粒，为主，土质不均匀，黏性较差，见少量植物根系。

粉质黏土：埋深0.50m，层顶高程207.97m，层厚0.50m；承载力基本容许值160kPa；摩阻力标准值50kPa；

强风化细砂岩：岩石受风化作用较严重，多呈3cm～7cm碎块状，裂面见较多铁质渲染，岩质稍硬，不易击碎。本层埋深1.00m，层顶高程207.47m，层厚3.30m；承载力基本容许值550kPa；摩阻力标准值100kPa；进行标准贯入试验1次，实测击数$N=50.0$击；

中风化细砂岩：浅灰色，细粒砂质结构，中—厚层状构造，硅质胶结，节理裂隙较发育，裂面见较多铁质渲染，岩芯多呈3cm～8cm块状，岩质硬，不易击碎。埋深4.30m，层顶高程204.17m，层厚3.85m；承载力基本容许值1300kPa；摩阻力标准值210kPa。

工点边坡面地质剖面图见图 12.14。

3. 水文地质条件

场地内山间沟谷狭小，但地势稍平，勘察期间见地表积水。场地地表水排泄条件较好，沿山沟流至场区低洼处，雨季水量会猛增，地表水系不发育，主要接受大气降水的补给。

场区地下水由上部土层孔隙潜水和深部基岩裂隙水组成。上部土层中第四系冲洪积粉质黏土的含水性及透水性均较差，不具赋水条件，含水量小。深部基岩的强—中风化带内，岩石裂隙发育，含有一定的水量。总体而言，场区地下水不丰富，其补给来源主要靠大气降水及邻近区域地下水的渗透补给，水位埋深受季节性影响较大。勘察期间测得冲沟内钻孔的混合地下水位埋深为 0.00m。

4. 地质构造特征

场区未发现有深大断裂通过，亦无新构造活动痕迹，区域稳定性较好。工点边坡为顺层边坡，边坡倾角大于岩层倾角，且发育一组近直立的节理，节理走向与岩层走向斜交。

5. 不良地质及特殊岩土

场区内未见有明显的对拟建工程有较大影响的滑坡、崩塌、断层、溶洞等不良地质及特殊岩土。场区整体稳定性较好，适宜于拟建物的建设。

12.3.2　边坡稳定性评价

工点边坡为顺层滑坡，易沿层面发生顺层滑动，从坡脚剪出。因此把过坡脚的层面当作潜在滑动面来进行锚杆、锚索的设计计算。边坡潜在滑面见图 12.15。

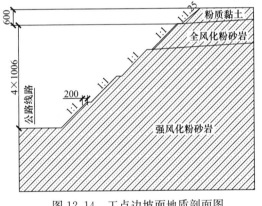

图 12.14　工点边坡面地质剖面图

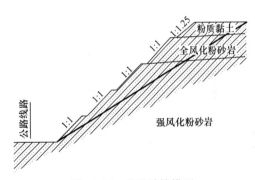

图 12.15　边坡计算模型

根据勘察报告，已知边坡设计计算参数见表 12.4。

岩土层的设计力学参数建议值表　　　　表 12.4

岩（土）层名称	重度 γ(kN/m³)	黏聚力 C(kPa)	内摩擦角 φ(°)	边坡坡率
粉质黏土（Q₄ᵈˡ）	19	22	16	1：1.25
全风化粉砂岩（J₁lnᵃ）	20	23	21	1：10
强风化粉砂岩（J₁lnᵃ）	21	26	28	1：1.0

岩层面即结构面的黏聚力和内摩擦角分别为 19kPa、26°。

利用理正岩土岩质边坡稳定性分析软件（5.6 版）计算得到边坡的稳定性系数为 1.130。该边坡为工程安全等级为二级、采用平面滑动法计算边坡稳定性，因此根据《建筑边坡工程技术规范》GB 50330—2013 得到该边坡的稳定安全系数为 1.30。故求得满足安全要求的边坡下滑力为 1051.91kN。

12.3.3 锚杆（索）设计

1. 锚固力计算

参考《岩土锚杆（索）技术规程》CECS 22：2005，取锚杆、索的水平间距为 3m、沿坡面间距为 3m，锚杆、索与水平线的夹角为 15°。锚杆锚固体直径为 100mm，锚索锚固直径

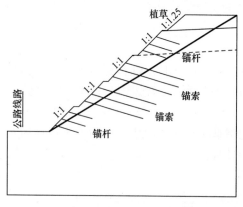

图 12.16　边坡锚杆锚索布置剖面图

为 150mm。取锚杆、索的注浆体强度为 30MPa。

根据《公路路基设计规范》JTG D30—2015 的锚固力计算公式，计算得到每延米边坡所需要的锚固力为 999.93kN。则每 3m 边坡所需要的锚固力为 2999.79kN。锚杆（索）初步设计见图 12.16，第一级边坡的三排锚杆以及第二、三级边坡的三排锚索主要用于防止边坡整体滑动，第四级的三排锚杆主要用于防止边坡上部局部破坏。将边坡需要的锚固力分配到锚杆锚索中，得到各排锚杆（索）的设计锚固力见表 12.5。

锚杆（索）锚固力设计值 表 12.5

边坡级数	一级	二级	三级	四级
每级边坡的提供的锚固力设计值（kN）	300	1500	1500	300
单根锚杆、索锚固力设计值 P_t（kN）	100	500	500	100

2. BFRP 锚索设计

设计采用的 BFRP 锚索为 ϕ14mm 玄武岩纤维复合筋材，ϕ14mmBFRP 的极限张拉荷载 P_u 为 140kN，取安全系数 F_{sl} 为 1.8。根据锚索设计锚固力 P_t 和所选用的 BFRP 强度，可按式（12.1）计算每孔 BFRP 根数 n。

$$n = \frac{F_{sl} \cdot P_t}{P_u} \tag{12.1}$$

得到锚索的钢绞线根数 n 为 6。

根据《公路路基设计规范》JTG D30—2015 锚杆锚固体的抗拔安全系数 F_{s2} 为 2.0；注浆体与分化砂岩的粘结应力 τ 取 500kPa；根据试验，BFRP 与注浆体的粘结强度 τ_u 取 4.0MPa。通过下面公式（12.2）和公式（12.3）计算得到锚索的锚固段长度为取大值，得到 $l_a = 4.55$m，规范规定锚固段长度不应小于 3m，也不宜大于 10m，故取锚固段长度为 5m。

$$l_{sa} = \frac{F_{s2} \cdot P_t}{\alpha \cdot n \cdot \pi \cdot d \cdot \tau_u} \tag{12.2}$$

$$l_a = \frac{F_{s2} \cdot P_t}{\beta \cdot \pi \cdot d_h \cdot \tau} \tag{12.3}$$

式中　d——单根张拉筋材直径（m）；

　　　d_h——锚固体（即钻孔）直径（m）；

　　τ_u——锚索张拉筋材与水泥砂浆的黏结强度设计值（kPa）；

　　α——锚索张拉筋材与砂浆粘结工作系数，对永久性锚杆取 0.60，对临时性锚杆取 0.72；

　　β——锚索张拉筋材与砂浆粘结工作系数，对永久性锚杆取 1.00，对临时性锚杆取 1.33；

　　τ——锚孔壁与注浆体之间黏结强度设计值（kPa）。

　　由边坡的潜在滑面产状、深度和锚索设计位置，确定锚索的自由段长度为 13m，锚杆的锚头段长度取 2m，便于张拉。故锚索的设计长度为 20m。

　　采用格构梁作为传力结构，根据锚索拉力设计值、地基承载力和锚杆工作条件计算确定。

3. BFRP 锚杆设计

　　已知锚杆的拉力设计值为 100kN。从安全角度出发，确定锚杆杆体的抗拉安全系数 K_t 为 1.8，采用 ϕ14mm BFRP 作为锚筋。

　　根据《公路路基设计规范》JTG D30—2015 锚杆锚固体的抗拔安全系数 F_{s2} 为 2.5；注浆体与分化砂岩的粘结应力 τ 取 500kPa；BFRP 与注浆体的粘结强度 τ_u 取 4.0MPa。进一步得到 $L_a = 1.59m$，又因为规范中锚固段长度不宜小于 2m，也不宜大于 10m，故取锚杆锚固段长度为 3m。

　　由边坡的潜在滑面产状、深度和锚索设计位置，确定锚杆的自由段长度为 6m，锚杆的锚头段长度取 1m。故锚杆的设计长度为 10m。

4. 锚杆（索）设计结果

　　设计锚索锁定拉力为 550kN。锚杆、索与水平方向夹角为 15°，且水平间距及沿坡面间距均为 3m，注浆体强度为 M30。

　　工点主要治理方案：第 1 级边坡采用锚杆框架防护，锚杆长 10m，框架梁间采用喷混植生防护；第 2 级～3 级边坡采用锚索框架防护，锚索长 20m，框架梁间采用喷混植生防护；第 4 级边坡采用锚杆框架防护，锚杆长 10m，框架梁间采用喷混植生防护；第 5 级边坡采用人字型骨架植草。

　　锚杆锚索设计参数见表 12.6。现场照片如图 12.17 所示。

表 12.6

锚杆锚索设计参数

边坡级数	支护形式	杆体材料	设计拉力（kN）	杆体直径（mm）	锚杆长（m）	锚固段长（m）	锚固体直径（mm）
一级	锚杆	BFRP 筋材	100	14	10	3	100
二级	锚索	BFRP 筋材	500	6×ϕ14	20	4	150
三级	锚索	BFRP 筋材	500	6×ϕ14	20	4	150
四级	锚杆	BFRP 筋材	100	14	10	3	100
五级	人字型骨架植草						

12.3.4　锚杆（索）试验方案

1. 监测元件布设

　　在原边坡锚固设计的基础上，通过等强度换算，采用 BFRP 替代现场锚杆；对比试验段采用原设计，即采用钢筋锚杆。通过布置应力、变形监测元件，监测边坡变形及

图 12.17　现场边坡照片

BFRP 锚杆受力，对比分析 BFRP 边坡锚固效果。

根据前期室内试验，ϕ10mm BFRP 破坏荷载约 87.2kN；ϕ12mm BFRP 破坏荷载约 100.7kN；ϕ14mm BFRP 破坏荷载约 141.0kN。试验段设计锚杆抗拔力小于 100kN，可采用 ϕ14mm BFRP 替代锚杆格梁中的锚杆。

共进行 3 个断面的 BFRP 锚杆现场支护试验，BFRP 锚杆替代试验区和钢筋锚杆对比区各选择 2 个断面进行锚杆受力监测和边坡稳定性长期监测。每个断面设置 2 个应力计。共计 5 个断面，10 个应力计。分别见图 12.18～图 12.20。

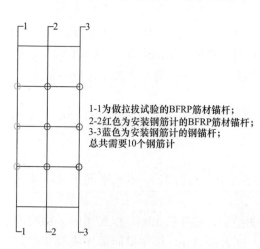

1-1为做拉拔试验的BFRP筋材锚杆；
2-2红色为安装钢筋计的BFRP筋材锚杆；
3-3蓝色为安装钢筋计的钢锚杆；
总共需要10个钢筋计。

图 12.18　BFRP 锚杆应力检测平面图

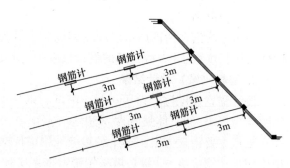

图 12.19　BFRP 锚杆及钢筋锚杆应力监测剖面示意图

2. BFRP 锚索拉拔试验方案

在 BFRP 锚杆试验区选择两个断面进行 BFRP 锚索锚固性能探索试验。使用 6×ϕ14BFRP（替代现场 4×ϕ15.24mm 钢绞线锚索，设计抗拔力 500kN，锁定拉力 550kN）。采用 ϕ150 钻孔，锚索全长≥20m。共替代 2 根锚索。采用锚索应力计进行 BFRP 锚索受力监测，研究 BFRP 锚固性能及应力松弛特性。并进行 1 根钢绞线锚索受力监测的对比试验。试验共计 3 个锚索应力计。监测元件布设点见图 12.21。

图 12.20　BFRP 锚杆施工现场图

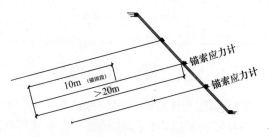

图 12.21　BFRP 锚索应力监测设计示意图

3. 锚杆锚索安装及过程

2015 年 1 月 4 日进场进行现场锚杆施作，具体制作过程前面已有介绍，此处不再赘述。图 12.22 展示了 BFRP 锚杆（索）制作及安装过程。

图 12.22　BFRP 锚杆（索）制作及安装过程

（a）BFRP 筋材锚索制作；（b）BFRP 监测应力计埋设；（c）BFRP 锚索放置入锚孔；
（d）注浆后的 BFRP 锚杆；（e）锚杆锚固

12.3.5　锚固应用效果监测分析

1. BFRP 锚杆监测结果

BFRP 锚杆受力采用钢筋计进行监测，各钢筋计布置如图 12.23 所示，每根锚杆上，第 1 个钢筋计距离坡面 3m，第 2 个钢筋计距离坡面 6m。对比钢筋锚杆监测数据一并进行分析说明。监测数据如图 12.23 所示。

BFRP 锚杆监测系统自 2015 的 1 月 24 日安装完成以来，目前共进行了 6 个月的监测，BFRP 锚杆受力随时间的变化如图 12.24（a）所示。从图中可以看出，BFRP 锚杆自安装完成注浆胶结后，锚杆受力有一定的上升，随后数月期间，锚杆拉力略有上升，但变化不大，仅编号 401322 的监测点受力随时间增加较多，即第二排锚杆距端头 3m 处的监测点。到目前为止，锚杆拉力基本稳定，整体受力较小，最大约 7.0kN，远未达到锚杆的极限抗拔力（100kN），也未达到该型号 BFRP 筋材（ϕ14mm）的极限抗拉强度（140kN）。目前该边坡整体稳定，边坡支护结构受力很小是正常的。

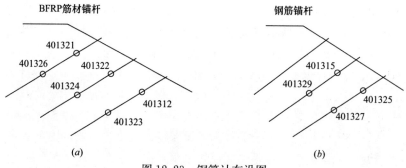

图 12.23　钢筋计布设图

（a）BFRP 锚杆监测元件布置图；（b）钢筋锚杆钢筋计布置图

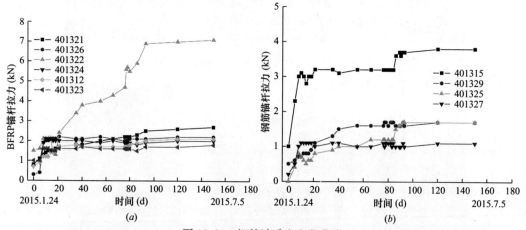

图 12.24　钢筋计受力变化曲线

（a）BFRP 锚杆钢筋计受力变化曲线；（b）钢筋锚杆钢筋计受力变化曲线

作为对比试验的普通钢筋锚杆受力如图 12.24（b）所示，普通钢筋锚杆受力同样不大，最大约 3.6kN，与 BFRP 锚杆受力相当，均远低于锚杆的设计强度，边坡整体稳定。

通过试验对比，BFRP 锚杆与普通钢筋锚杆受力机制类似，相同试验条件下，受力相当。

2. BFRP 锚索监测结果

BFRP 锚索与钢绞线锚索受力对比如图 12.25 所示。从图中可以看出，BFRP 锚索和

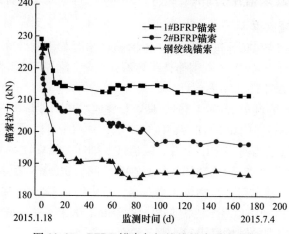

图 12.25　BFRP 锚索与钢绞线锚索受力监测

钢绞线锚索相比，在张拉完成后初期阶段，BFRP 锚索和钢绞线锚索均有预应力损失，预加力下降。后期应力情况就与钢绞线锚索应力情况相似。目前 BFRP 锚索和钢绞线锚索受力均达到稳定，受张拉设备影响，在张拉时并未达到设计张拉应力值。目前 BFRP 张拉力保持率约 90%，钢绞线锚索张拉力保持率约 83%。

12.3.6　加固效果评述

（1）现场普通钢筋锚杆与 BFRP 锚杆受力监测结果表明，普通钢筋锚杆和 BFRP 锚杆受力相当，由于目前受力均很小，远未达到设计强度，边坡稳定。

（2）BFRP 锚索应力、应变突降之后，可以看出其应力、应变规律和传统钢绞线受力变形情况基本一致，目前受力都不会超过设计值。因此，玄武岩筋材锚索可以代替传统钢绞线进行边坡支护。目前用 6 束直径为 14mm 的 BFRP 替代 4 束直径为 15.2mm 的钢绞线是可行的。

（3）由于 BFRP 锚索与钢筋锚索同样需要张拉预应力，所以在制作 BFRP 锚索时，应该使用特制的锚具并使用特制的张拉工具。

12.4　本章小结

本章通过 2 个具体边坡试验探讨 BFRP 筋材锚杆（索）作为支挡结构加固土质边坡和岩质边坡，通过边坡变形数据、筋材应力数据的深入分析，验证了 BFRP 筋材作为锚杆（索）类支挡结构可行性。

（1）BFRP 锚杆土质边坡工程应用试验表明，采用 $\phi14mm$ BFRP 支护土质边坡，其效果与采用直径为 25mm 的钢筋锚杆支护边坡相当。钢筋锚杆和 BFRP 锚杆监测受力表明，两种锚杆受力情况类似，差别不大。

（2）BFRP 锚杆（索）公路边坡支护工程应用试验表明，通过 BFRP 锚杆（索）边坡支护设计理论进行 BFRP 公路边坡支护设计，采用 $\phi14mm$ BFRP 可代替 $\phi25mm$ HRB335 钢筋锚杆，采用 6 束 $\phi14mm$ BFRP 锚索可代替传统 4 束 $\phi15.2$ 钢绞线锚索。锚杆受力监测表明，钢筋锚杆和 BFRP 锚杆受力均较小，边坡整体稳定。BFRP 锚索预加力保持率约 90%，与传统锚索受力机制类似。

第 13 章　玄武岩纤维及其复合筋材
在地下工程中的应用

13.1　概述

随着我国连续玄武岩纤维的批量生产，这种材料开始引入土木工程领域，并且在该行业掀起新的波澜。近年来玄武岩纤维在土木工程领域的应用除了在边坡工程、基坑工程中有应用实践外，在基础工程抗浮领域、隧道加固工程衬砌施工领域均有相应的应用和实践。本章主要介绍 BFRP 筋材抗浮锚杆在基础工程中的应用、玄武岩纤维喷射混凝土在既有隧道加固中的应用，用以说明玄武岩纤维及其筋材在土木工程领域应用的优势，给相关工程提供实践经验和工程指导。

13.2　纤维加筋混凝土在深厚软弱地基渠道中应用

混凝土渠道为重要调水输水水利基础设施，具有重要的农业建设及水资源调控意义，由于水力渗透对混凝土渠道的抗裂性及防渗性提出较高的要求。目前，常用的水利渠道防护措施主要为混凝土衬砌，通过对水利渠道进行混凝土衬砌，一方面混凝土衬砌可以减少输水过程中水的渗漏，确保水利设施正常运营；另一方面，混凝土衬砌可以实现对临水面渠道坡体的保护，降低水流对渠道的冲刷，同时，混凝土衬砌渠道底部水生植物较少，降低泥沙等的淤积，从而提高渠道的能力。目前常用的渠道衬砌材料主要包括混凝土类、铺设式薄膜类。石板类以及水泥土等相关材料，不同渠道衬砌材料对渠道的抗渗及抗裂性能具有不同程度的影响。无论是从渠道的抗渗性能、抗裂性能方面考虑，还是渠道的抗浮性以及抗冻性能方面考虑，混凝土类衬砌对渠道的防渗抗裂及耐久性都具有良好的适应性，并且混凝土工艺日趋成熟，也是我国工程领域应用比较广泛的衬砌形式，传统的混凝土衬砌抗裂性、抵抗水流冲刷的能力较弱。因此，对于掺加不同材料对混凝土相关力学性质进行改性，常见的掺加材料主要包括橡胶颗粒、聚丙烯纤维、粉煤灰、玻化微珠颗粒等，但现有的加筋混凝土的强度性能还需要进一步提高，尤其是对最优掺量、混凝土的养护方式以及适当的施工方法、施工工艺的选择。由于混凝土渠道的输水及赋存环境的特殊性，对混凝土的工程应用性质的研究还应通过现场实际检验。加筋混凝土是将玄武岩纤维按照一定的比例掺加到混凝土中，提高混凝土强度等相关力学特性的一种新型混凝土材料。由于混凝土渠道对混凝土的抗裂性能具有较高要求，根据室内土工试验对不同掺量的玄武岩纤维加筋混凝土的各项力学指标进行研究，并将其应用到具体混凝土渠道工程。

13.2.1　玄武岩纤维加筋混凝土强度试验

（1）玄武岩纤维加筋混凝土强度试验方案玄武岩纤维加筋混凝土强度试验原材料包括水泥、细骨料河砂、粗骨料碎石、玄武岩纤维以及减水剂等外加剂。水泥选用 P.O42.5 级水泥，细骨料河砂细度模数为 2.5 的普通河砂，粗骨料碎石级配为 5～20mm，玄武岩纤维基本指标：直径 15μm、长度 16mm、弹性模量可达 95.0GPa、抗拉强度可达 4.50GPa。试验设计 4 种玄武岩纤维加筋混凝土配合比，分别为 0.05%、0.10%、0.20%、0.25%、0.30%，普通混凝土配合比为水泥、细骨料、粗骨料的比值为 1：1.65：2.80，混凝土养护龄期为 28d。将养护好的混凝土试件按照《普通混凝土力学性能试验方法标准》GB/T 50081—2002 开展试验，分别得到不同玄武岩纤维掺量条件下抗压强度、抗折强度以及劈裂抗拉强度等力学指标。

（2）玄武岩纤维加筋混凝土强度试验结果

根据玄武岩纤维加筋混凝土强度试验方案，得到不同玄武岩纤维掺量条件下抗压强度、抗折强度以及劈裂抗拉强度结果，如表 13.1 所示。

玄武岩纤维加筋混凝土强度试验结果　　　　　　　　　　表 13.1

玄武岩纤维掺量 $w(\%)$	力学指标		
	抗压强度（MPa）	抗折强度（MPa）	劈裂抗拉强度（MPa）
0	45.30	7.20	5.00
0.05	46.50	7.50	5.30
0.10	47.80	7.90	5.60
0.20	48.40	8.40	6.00
0.25	49.30	9.00	6.50
0.30	46.20	7.80	5.40

根据表 13.1 玄武岩纤维加筋混凝土强度试验结果，当玄武岩纤维掺量 0.25% 以内，随着玄武岩纤维掺量的增加，抗压强度以及劈裂抗拉强度均逐渐增大，相较于无玄武岩纤维掺量的普通混凝土，当玄武岩纤维掺量 $w=0.25\%$ 时，抗压强度、抗折强度以及劈裂抗拉强度的增大幅度分别为 8.83%、25.0%、30.0%。抗压强度变化幅度较小，混凝土抗折强度以及劈裂抗拉强度逐渐增大，意味着玄武岩纤维掺加能够提高混凝土的韧性及抗裂性，能够改善和填充混凝土内部孔隙。根据图 13.1 玄武岩纤维加筋混凝土强度变化规律，

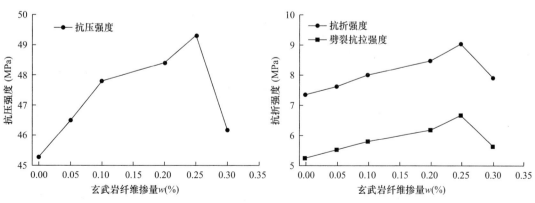

图 13.1　玄武岩纤维加筋混凝土强度变化规律

当玄武岩纤维掺量 $w>0.25\%$ 时，混凝土强度出现降低，玄武岩纤维掺量越高，导致混凝土内部连接不连续，引起混凝土强度的降低。

13.2.2 渠道衬砌裂缝观测结果

观测渠道东西走向，渠道长度为 752m，周围土体分布为平均厚度 1.50m 的软弱土层，选取渠道全长的中间地段为观测点，渠道横断面如图 13.2 所示。

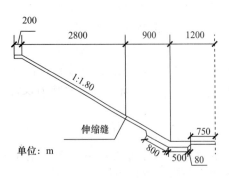

图 13.2 渠道观测处横断面形状及尺寸

混凝土衬砌渠道采用玄武岩纤维加筋混凝土衬砌板，厚度为 6cm，水流方向为板长设置成 3m，逆水流方向为板宽设置成 3.40m。为对比玄武岩纤维加筋混凝土衬砌板的衬砌效果，以原有普通混凝土段的裂缝观测资料为参照，结果如表 13.2 所示，表中列举 2 组普通混凝土裂缝观测数据 DZ-1、DZ-2 作为对照组，6 组玄武岩纤维加筋混凝土衬砌板观测组 GC-1、GC-2、GC-3、GC-4、GC-5、GC-6。

玄武岩纤维加筋混凝土衬砌板裂缝情况统计 表 13.2

序号	裂缝	裂缝长度		
		$L\geqslant50cm$	$50cm>L\geqslant20cm$	$L<20cm$
DZ-1	12	3	5	4
DZ-2	11	3	4	4
GC-1	4	1	2	1
GC-2	3	0	2	1
GC-3	3	0	1	2
GC-4	4	1	1	2
GC-5	0	0	0	0
GC-6	2	0	0	2

根据表 2 玄武岩纤维加筋混凝土衬砌板裂缝情况统计可以得到，一方面从裂缝总条数角度，玄武岩纤维加筋混凝土衬砌板裂缝总条数总是小于普通混凝土裂缝总条数，玄武岩纤维加筋混凝土衬砌板抗裂性较好；另一方面，玄武岩纤维加筋混凝土衬砌板裂缝长度主要集中于 $L<20cm$ 范围内，裂缝长度较短。通过以上分析，可以得到玄武岩纤维加筋混凝土衬砌板抗裂性能明显优于普通混凝土，对于水利渠道的维护具有良好的意义。

13.2.3 应用结果评价

玄武岩纤维加筋混凝土具有良好的韧性和抗裂性能，作为对水利渠道的衬砌结构能够抵抗水流冲刷等外部作用，主要得到以下研究结论：

（1）通过掺加玄武岩纤维能够提高混凝土的抗压强度、抗折强度以及劈裂抗拉强度等力学强度，并且存在最优玄武岩纤维掺量，当玄武岩纤维掺量 $w=0.25\%$ 时，抗压强度、抗折强度以及劈裂抗拉强度的增大幅度分别为 8.83%、25.0%、30.0% 玄武岩纤维掺加能够有效提高混凝土的韧性和抗裂性；

（2）根据现场玄武岩纤维混凝土衬砌板裂缝观测情况，得到玄武岩纤维混凝土显著提高深厚软弱地基渠道抗裂性能，减少水流渗漏，具有良好的应用前景。

13.3 BFRP 筋材抗浮锚杆在基础工程中的应用

13.3.1 工程概况

在"绿地中心蜀峰 468 超高层项目"5 号地块边界区域替代 5 根锚杆。替代的抗浮锚杆为设计中的 B 型抗浮锚杆。B 型抗浮锚杆（负 4 层底板）设计参数：锚固体直径 150mm，锚杆长≥11.0m，锚固长度 8m，采用 M30 水泥砂浆。单根锚杆抗拔承载力设计值为 320kN。计划采用玄武岩纤维复合筋材抗浮锚杆替代 5 根（B23-B27）3φ28mm 钢筋锚杆，其中 B23、B24、B25 三根锚杆进行了锚杆应力监测。替代区域见图 13.3，其中工程场地基本工程概述、场地工程地质条件可看第 11 章相关内容。

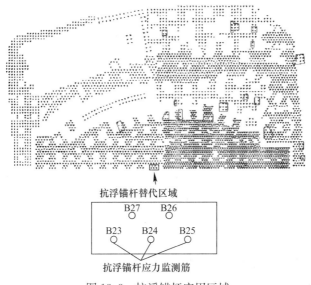

图 13.3　抗浮锚杆应用区域

13.3.2 抗浮锚杆支护设计

此处采用等强度替代钢筋的方法设计 BFRP 筋材抗浮锚杆，即 BFRP 筋材抗浮锚杆的承载力特征值应与钢筋抗浮锚杆一致。已知 3φ28mm 钢筋锚杆的抗拔承载力设计值为 320kN，φ14mm BFRP 筋材抗拉强度标准值为 750MPa，可计算其抗拉力标准值为 115kN，BFRP 筋材抗拉强度分项系数为 1.1，得到 φ14mm 筋材抗拉强度设计值为 104kN。故若要满足抗浮锚杆抗拔承载力设计值，则 BFRP 筋材抗浮锚杆需由 4 根 φ14mm 玄武岩纤维复合筋材构成，此处计算忽略锚杆根数的影响。

BFRP 筋材作为岩土工程锚杆，一般采用 M20 或 M30 砂浆，且锚杆一般直径大于 10mm，其粘结强度普遍大于 4.5MPa，因此在锚杆设计时，BFRP 筋材锚杆与砂浆的粘结强度标准值可取 4.0MPa，可靠设计值可取为 2.0MPa，与钢筋锚杆规范中一致，通过验算，采用 4φ14mm BFRP 筋材替代 3φ28mm 钢筋抗浮锚杆，杆体与注浆体的粘结力满足要

309

求。4φ14mm BFRP 筋材抗浮锚杆其他参数与 3φ28mm 钢筋抗浮锚杆一样。

13.3.3 锚杆的施工流程

锚杆采用 4φ14BFRP 锚杆（试验锚杆编号 1#、2#），锚杆锚固长度 8.0m，成孔直径 200mm，锚固地层为泥岩。

1. 定位及成孔

（1）钻机就位和安装调试。根据设计图标示，在施工前用测量经纬仪将锚杆在现场定位，并注明编号，然后将各钻机就位、安装。钻机安装应做到正、平、稳、固的要求，各钻机安装好后进行调试，钻孔垂直度误差不超过 1°。

（2）钻进。钻进方法主要根据地层岩土性质以及钻机性能来选择。可根据岩石的软硬程度，选取不同的钻头。

（3）各机台施工人员必须认真填写钻孔钻进过程的原始记录表，详细记录各孔的进尺情况，地层变化及施工时的其他特殊情况。

2. 锚杆杆体的制作与安装

（1）制锚。按设计要求或根据入岩孔深要求的长度下料。要求每间隔 2m，每根锚杆体的制作如下：锚杆体的材料为 BFRP，BFRP 筋材使用前应在其端部做除尘处理。每根锚杆体的上（地面裸露）端需预留 1m，并且用预制的带外螺纹的无缝钢管粘结，粘结剂为植筋胶，待植筋胶固化后，将制好的锚杆分别制作成 4 簇，并且在其自由端套上塑料套管，塑料套管的材质、规格和型号应满足设计要求。套管尽量避免剪断和接头，如有接头应绑接牢固并作密封处理，确保不产生拉脱和破损现象。锚杆锚固段的防腐与隔离应严格按照设计要求施做，在每簇锚杆体上装上相应的隔离架，隔离支架应由钢质、塑料或其他对锚杆无损害的材料制作。在锚杆中轴部位捆扎一次注浆管，一次注浆管采用高压 PE 管（φ32×1.6MPa），注浆管需满足设计要求，具有足够强度，保证在注浆施工过程中注浆顺利，不堵塞、爆管或破损拉断。注浆管头部距锚杆末端宜为 50mm～100mm。锚杆底部用钢丝捆绑固定。锚杆制作完成后，需对锚杆各部件进行检查。钢筋顺直完好、无死弯硬折或严重碰割损伤，应符合规范要求。锚杆锚固段防锈漆、防腐油和各项缠绕密封措施应符合设计要求，防锈漆刷盖均匀，不见黑底；防腐油完全覆盖和填充锚筋材料与外环层之间的空间；缠绕密封牢固严实。锚杆锚固段注浆套管、套筒以及钢丝绑扎捆架应符合设计要求，塑料套管绑扎稳固密塞，具有足够强度，外观完好，无破损修补痕迹；注浆管安装位置正确，捆扎匀称，松紧适度；隔离（对中）支架、紧箍环和导向尖壳等分布均匀、定位准确，绑扎结实稳固。并且，应按锚杆长度和规格型号进行编号挂牌。

（2）锚杆的安放，杆体放入钻孔前，应检查杆体的质量，确保组装后杆体满足设计要求。安装杆体时，应防止杆体扭压、弯曲。在钻孔钻至设计要求深度，经验收后，进行下锚，锚杆体插入孔内深度为距孔底不超过 0.10m。锚杆安放后，不得随意提拔。

3. 锚杆的注浆

锚孔钻造完成后，应及时安装锚杆并进行锚孔注浆，不得超过 24 小时，以防塌孔。

注浆设备：注浆设备应根据设计要求采用注浆材料、注浆方式和注浆压力，并结合实际锚固地层情况，综合确定选用相应注浆设备。

注浆材料：注浆材料采用 P.O32.5 水泥，锚杆注浆采用水泥浆。浆体配制由试验确定，水灰比宜为 0.45～0.55。

原材料要求：水泥使用复合硅酸盐水泥。拌合水中不应含有影响水泥正常凝结与硬化的有害物质，不得使用污水。

注浆准备：注浆准备工作除严格认真备制原材料配比和必要设备外，在注浆作业开始和中途停止较长时间再作业时，宜用水或水泥浆润滑注浆泵及注浆管路。

注浆浆液：注浆浆液应严格按照配合比搅拌均匀，随搅随用，浆液应在初凝前用完，并严防石块、杂物混入浆液。

注浆结束：锚孔灌浆作业一般宜为孔底返浆方式注浆，直至锚孔孔口溢出浆液或排气管停止排气时，方可停止注浆。注浆结束后，应将注浆管和注浆套管清洗干净。

注浆记录与试验：注浆作业过程应做好注浆记录。同时，每批次注浆都应进行浆体强度试验，且不得小于两组，保证满足设计浆体强度要求。

二次注浆：工程采用二次注浆。一次注浆后进行二次注浆。注浆时，当见到浆液从孔口外溢时，即可将注浆管逐步外拔，但应保持浆液外溢孔口直至拔出。注浆应连续进行，不得中断。

13.3.4　拉拔试验结果

通过基本试验以检测单根锚杆的抗拔极限承载力，获得锚固体与岩层的侧阻力指标，同时验证 BFRP 锚杆作为抗浮锚杆的可行性。BFRP 抗浮锚杆拉拔试验结果如表 13.3 所示，试验数据如表 13.4 和表 13.5 所示，现场拉拔试验如图 13.4 所示。

BFRP 抗浮锚杆抗拔试验结果 表 13.3

序号	锚杆编号	破坏与否	破坏荷载荷载（kN）	极限抗拔力（kN）	锚杆弹性位移量（mm）	锚杆塑性位移（mm）	锚头最大位移量（mm）
1	1-4#	破坏	521.54	406.72	7.57	3.73	11.97
2	2-4#	破坏	513.59	406.72	8.12	4.32	12.53

1# 锚杆基本试验荷载与位移数据 表 13.4

观测时间（min）	荷载（kN）	1#（4φ14，锚固段 7.8m）		
		弹性位移（mm）	塑性位移（mm）	总位移量（mm）
0	89.55	0.00	0.00	0.00
10	238.81	-3.96	2.13	6.24
10	406.72	-7.57	3.73	11.97
10	521.54	-12.26	6.38	18.78
极限值	406.72	-7.57	3.73	11.97

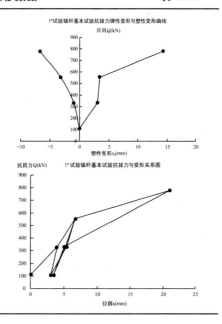

观测时间 (min)	荷载 (kN)	2# (4φ14，锚固段 7.8m)		
		弹性位移 （mm）	塑性位移 （mm）	总位移量 （mm）
0	89.55	0.00	0.00	0.00
10	238.81	−4.68	2.49	7.32
10	406.72	−8.12	4.32	12.53
10	513.59	−11.11	5.91	17.28
极限值	630.60	−8.12	4.32	12.53

2# 锚杆基本试验荷载与位移数据　　　　表 13.5

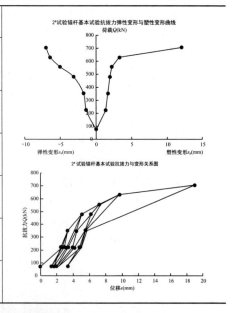

(a)　　　　　　　　(b)

图 13.4　BFRP 抗浮锚杆拉拔试验

试验中破坏锚杆主要表现在 BFRP 锚杆被拉断，在破坏荷载作用下锚杆逐渐破坏。取破坏荷载的前一级荷载为极限抗拔力，未破坏锚杆取最大试验荷载为极限抗拔力。在极限荷载作用下，$1^{\#} \sim 2^{\#}$ 锚杆实测弹性位移 s_e，均大于自由段长度理论弹性伸长量 s_1 的 80%，而小于自由段长度与 1/2 锚固段长度之和的理论弹性伸长量。

试验表明，4φ14BFRP 锚杆极限抗拔力为 406.72kN。锚杆抗拔力远大于设计值（320kN），说明 BFRP 锚杆满足强度要求。

13.3.5　抗浮锚杆应力监测结果简析

1. 抗浮锚杆监测元件埋设

对 B23、B24、B25 三根锚杆进行了锚杆应力监测，锚杆为 4φ14BFRP 锚杆，每根锚杆采用 2 个应力计对 4 支 BFRP 筋材中的两支进行应力监测。应力计位于自由端，位置如

图 13.5 所示。其中 B23 号锚杆应力监测元件编号为 401446 和 401442，B24 号锚杆应力监测元件编号为 401443 和 401444，B25 号锚杆应力监测元件编号为 401445 和 401441。

抗浮锚杆施工于 2015 年 10 月结束，2016 年 8 月，5 号地块建筑已至地面 5 层，由于弃渣堆填，导致应力监测元件线缆保护箱被埋，无法继续监测。具体监测元件施工过程见图 13.6。

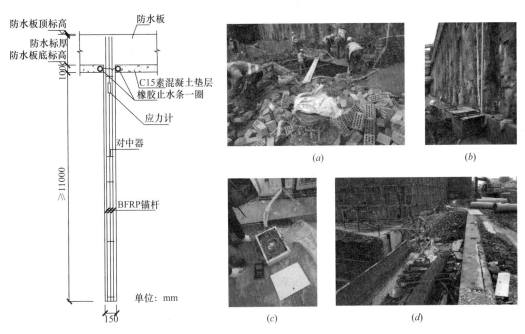

图 13.5　BFRP 锚杆图式

图 13.6　抗浮锚杆现场监测元件埋设
（a）应力计埋设；（b）监测元件线缆保护；
（c）BFRP 抗浮锚杆应力测试；（d）施工弃渣掩埋线缆保护箱

2. BFRP 抗浮锚杆受力监测结果简析

图 13.7 为 BFRP 抗浮锚杆受力监测结果，截止到 2016 年 8 月，抗浮锚杆受力基本稳

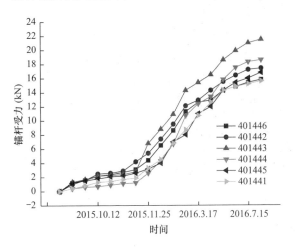

图 13.7　BFRP 抗浮锚杆受力监测结果

定，在 2015 年 11 月 5 号地块地基施工以前，抗浮锚杆受力变化不大，以后，抗浮锚杆受力逐渐增大。单支 BFRP 筋材受力大约 14kN～20kN，折算单根锚杆受力约 56kN～80kN，远未达到抗浮锚杆设计抗浮力，主要原因可能是目前施工期间抽排地下水导致地基地下水缺乏。

13.3.6 抗浮效果

（1）采用 4 根 ϕ14BFRP 筋材替代 3 根 ϕ28 钢筋锚杆，通过现场拉拔测试，表明 BFRP 抗浮锚杆满足设计强度要求。

（2）现场 BFRP 抗浮锚杆受力测试表明，抗浮锚杆目前能体现抗浮受力特征，替代传统钢筋锚杆是可行的。

13.4 永祥隧道玄武岩喷射混凝土加固应用

13.4.1 工程概况及存在的问题

永祥隧道位于浙中盆地边缘，属低山丘陵地貌。隧道线路段海拔高 190m～360m，山体自然坡度 10°～35°，最高峰位于隧道中部东侧 110m，海拔 417.30m。隧道进出口外围山谷坳沟地带分布第四系坡洪积（Q_3^{dl-pl}）含碎石亚黏土，厚度 0.5m～5.0m，隧洞山体段分布上侏罗统西山头组（J_{3x}）玻屑凝灰岩，强风化层厚度＜0.5m，弱风化层厚度 7m～10m。隧道洞身围岩为微风化玻屑凝灰岩为主。隧道内结构类型分布以节理为主，小断层较发育。隧道洞身全长 998m，进洞口路面标高 189.56m，出洞口路面标高 192.89m，路面坡率 0.3%。隧道洞身宽度 5.5m，洞身高度 6m，因当时受各方面条件限制，隧道开挖横断面不规则，且无衬砌，虽经多次整修，仍存在渗漏水严重，局部掉块现象，存在安全隐患。永祥隧道洞内情况见图 13.8、图 13.9。

图 13.8 洞内石块衬砌　　　　图 13.9 洞内简易照明设施

13.4.2 试验结论及纤维掺量

通过对混凝土试件基本力学性能试验，试验结果数据分析，玄武岩纤维混凝土和玄武岩复合纤维喷射混凝土的基本力学性能均达到混凝土所需要达到的设计强度要求。混凝土的抗压强度、剪切强度以及抗折强度均较素混凝土得到较大的提高。同时，某些掺量的玄武岩纤维混凝土和复合纤维喷射混凝土的强度值略高于相同强度等级的钢纤维混凝土，而且在喷射混凝土中充分提高了材料的利用率，经济成本得到了降低。通过韧性试验证实，玄武岩纤维和钢纤维混合的复合纤维混凝土具有和钢纤维混凝土相近或更好的韧性，其韧性指标均达到良好和优秀。

试验显示：掺有 $5kg/m^3$ 玄武岩纤维与 $25kg/m^3$ 钢纤维复合的喷射混凝土具有和 $35kg/m^3$ 钢纤维喷射混凝土相近或更好的韧性。喷射混凝土试验证实，玄武岩纤维对于改善钢纤维的回弹作用比较明显，掺有 $5kg/m^3$ 玄武岩纤维可降低约 5% 的回弹率，提高了喷射混凝土中钢纤维利用率。因此，在钢纤维喷射混凝土中掺加玄武岩纤维，一方面降低钢纤维掺量，另一方面减少回弹率，可望降低建设成本和提高衬砌材料的耐久性。

玄武岩纤维混凝土及复合纤维混凝土具有优良的动态性能、断裂性能、抗冲击韧性以及抗冲磨特性等。其抗渗性、抗冻融性、干缩性及抗氯离子渗透性等混凝土耐久性能指标均明显优于普通混凝土。

综合分析试验中的玄武岩纤维对混凝土力学性能的改善作用，结合永祥隧道的实际情况，室内理论试验与现场试验存在差异，确定该隧道复合纤维喷射混凝土中钢纤维掺量为 $30kg/m^3$，玄武岩纤维掺量为 $5kg/m^3$。玄武岩纤维参数为长度 30mm，直径 $18\mu m$；玄武岩纤维喷射混凝土玄武岩纤维掺量为 $11kg/m^3$。

13.4.3　稳定性评价标准

根据《公路隧道施工技术规范》JTG F60—2009，参考《铁路隧道监控量测技术规程》TB 10121—2007 围岩稳定性的综合判别，量测结果按下列指标进行：

（1）周边位移实测最大值或回归预测最大值不应大于表 13.6 所列指标，并按变形管理等级指导施工。相对位移值按表 13.7 所列指标进行管理。

变形管理等级　　　　　　　　表 13.6

管理等级	管理位移（mm）	施工状态
Ⅲ	$U<U_0/3$	可正常施工
Ⅱ	$U_0/3\leq U\leq 2U_0/3$	应加强支护
Ⅰ	$U>(2U_0/3)$	应采取特殊措施

注：U—实测位移值；U_0—最大允许位移值。

跨度 $7m<B\leq12m$ 隧道初期支护极限相对位移　　　　　　表 13.7

围岩级别	埋深 h（m）		
	$h<50$	$50<h\leq300$	$300<h\leq500$
拱脚水平相对净空变化值（％）			
Ⅴ	0.20～0.50	0.40～2.00	1.80～3.00
Ⅳ	0.10～0.30	0.20～0.80	0.70～1.20
Ⅲ	0.03～0.10	0.08～0.40	0.30～0.60
Ⅱ	0.01～0.03	0.01～0.08	

续表

围岩级别	埋深 h（m）		
拱顶相对下沉（％）			
Ⅴ	0.08～0.16	0.14～1.10	0.80～1.40
Ⅳ	0.06～0.10	0.08～0.40	0.30～0.80
Ⅲ	0.03～0.06	0.04～0.15	0.12～0.30
Ⅱ		0.03～0.06	0.05～0.12

（2）根据位移变化速度判别

通过现场监控量测数据分析，隧道的周边位移变化速率持续大于 5.0mm/d 时，需对隧道加强监控，如果一直持续，说明隧道围岩处于急剧变形状态，应加强隧道初期支护系统；净空变化速度小于 0.2mm/d 时，围岩达到基本稳定。

（3）根据周边位移时态曲线的形态进行判定（见图 13.10）。

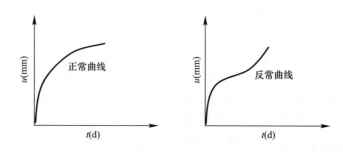

图 13.10　位移 u-时间 t 的关系曲线图

当围岩周边位移速率不断下降时（$d^2u/dt^2 < 0$），则围岩趋于稳定状态；

当围岩周边位移速率保持不变时（$d^2u/dt^2 = 0$），则围岩不稳定，应加强支护；

当围岩周边位移速率不断上升时（$d^2u/dt^2 > 0$），则围岩进入危险状态，隧道掘进必须立即停止，加强初期衬砌支护。

13.4.4　现场监控量测测试内容

（1）监控量测项目及方法

根据该隧道的具体情况和监控量测研究大纲，量测项目选择见表 13.8。

隧道现场监控量测必测项目及量测方法　　　　　　　　　　表 13.8

序	项目名称	方法及工具	布置	量测间隔时间			
				1～15 天	16 天～个月	1～3 个月	大于 3 个月
1	地质和支护状况观察	岩性、结构面产状及支护裂缝观察或描述，地质罗盘等	开挖后及初期支护后进行	每次爆破后进行			
2	周边位移	各种类型收敛计	每 10～50m 一个断面，每断面 2～3 对测点	1～2 次/天	1 次/2 天	1～2 次/周	1～3 次/月
3	拱顶下沉	水平仪、水准尺、钢尺或测杆	每 10～50m 一个断面	1～2 次/天	1 次/2 天	1～2 次/周	1～3 次/月

（2）围岩稳定性判定

对量测的现场监控量测位移数据，进行数据处理，作位移时态曲线，见图 13.11，可通过位移时态二次导数来判别：当 V 逐渐减小时（$d^2u/dt^2 < 0$），围岩趋于稳定状态；V 保持不变时（$d^2u/dt^2 = 0$），围岩不稳定，应加强支护；当 V 不断上升时（$d^2u/dt^2 > 0$），围岩进入危险状态，必须立即停止掌子面开挖，加强支护。

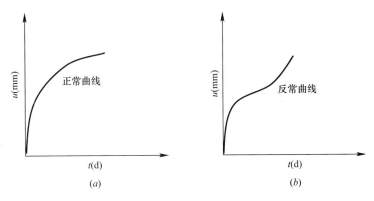

图 13.11　位移 u-时间 t 的关系曲线图

（3）洞周收敛量测稳定性分析

对 K000＋683、K000＋656、K000＋620 三个测试断面所测洞周位移，对拱顶下沉位移曲线按照 $u = a \times e^{(-b/t)}$ 曲线进行拟合，拟合结果见图 13.12～图 13.17。

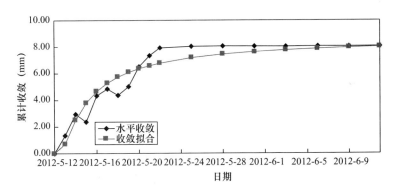

图 13.12　断面 K000＋683 水平时间-位移变化曲线（$a = 8.7$，$b = 2.5$）

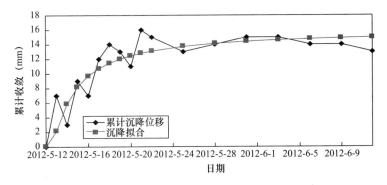

图 13.13　断面 K000＋683 拱顶沉降时间-位移变化曲线（$a = 16$，$b = 2$）

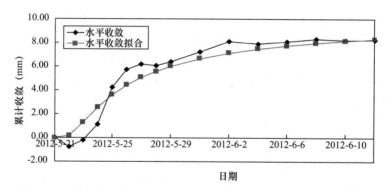

图 13.14　断面 K000＋656 水平时间-位移变化曲线（$a=10$，$b=4.1$）

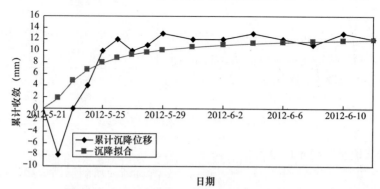

图 13.15　断面 K000＋656 拱顶沉降时间-位移变化曲线（$a=13$，$b=2$）

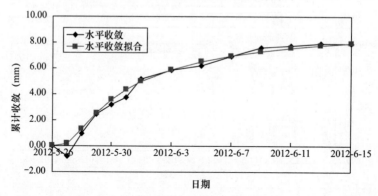

图 13.16　断面 K000＋620 水平时间-位移变化曲线（$a=9.7$，$b=4$）

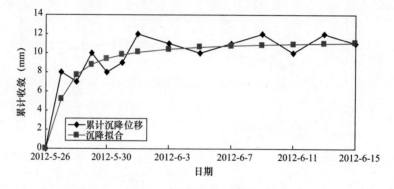

图 13.17　断面 K000＋620 拱顶沉降时间-位移变化曲线（$a=11.5$，$b=0.8$）

（4）稳定性评价

《公路隧道设计规范》JTG D70—2004 对隧道周边允许相对位移值相关规定见表13.9。

隧道周边允许相对位移值（％）　　　　　　　　　　　　　　　表 13.9

埋深（m）围岩级别	<50	50～300	>300
Ⅲ	0.10～0.30	0.20～0.50	0.40～1.20
Ⅳ	0.15～0.50	0.40～1.20	0.80～2.00
Ⅴ	0.20～0.80	0.60～1.60	1.00～3.00

注：1. 实测位移值与两测点间距离的比值为相对位移值；2. 硬质围岩隧道取表中较小值，软质围岩隧道取表中较大值；3. 拱顶下沉允许值一般可按本表数值的0.5～1.0倍采用；4. 在施工过程中，本表数据可以通过实测和资料积累作适当修正。

通过对上图速率曲线进行比较分析，最终的水平收敛速率和拱顶沉降速率都趋近于0，变形速率明显下降，隧道的相对位移明显满足隧道规范，隧道洞周围岩稳定性较好。该隧道实验段围岩级别为Ⅳ级，隧道埋深都在50m～300m之间，查表13.10可知隧道周边允许相对位移为0.40％～1.20％。

该隧道高9.36m，宽7.08m。

最大拱顶沉降量：$0.8 \times (0.40 \sim 1.20)\% \times 9360 = (29.95 \sim 89.6)$mm

最大水平收敛量：$(0.40 \sim 1.20)\% \times 7080 = (28.72 \sim 85.16)$mm

隧道开挖后测量所得位移值　　　　　　　　　　　　　　　　表 13.10

桩号	K000+683	K000+656	K000+620
支护类型	普通喷射混凝土	玄武岩纤维喷射混凝土	复合纤维喷射混凝土
收敛	8.02	8.30	7.94
沉降	15.00	11.87	11.04

根据位移的回归分析，施工过程中发生的全部位移量均小于公路隧道规范规定的位移控制值。隧道开挖过程中总位移量见表13.11。

隧道开挖过程中总位移量　　　　　　　　　　　　　　　　　表 13.11

桩号	K000+683	K000+656	K000+620
支护类型	普通喷射混凝土	玄武岩纤维喷射混凝土	复合纤维喷射混凝土
收敛（mm）	11.45	11.86	11.34
沉降（mm）	21.42	16.96	15.77

综上所述，采用玄武岩纤维混凝土、复合纤维混凝土和素混凝土对Ⅲ级和Ⅳ级围岩采用喷射混凝土进行初期衬砌，通过对周边位移数据的回归分析，该围岩位移变化均符合规范要求，能够保证围岩稳定和初期支护的安全。

13.4.5　位移反分析法稳定性分析

根据地勘资料，试验段断面处围岩级别为Ⅳ级，埋深及地层参数见表13.12。

试验段断面隧道埋深及围岩参数表　　　　表 13.12

桩号	隧道埋深 (m)	围岩参数					
		泊松比 μ	黏聚力 c(kPa)	摩擦角 φ(°)	抗拉强度 R_t(MPa)	弹性模量 E(GPa)	侧压力系数 λ
K0+620	145	0.32	660	38	3.4	4.3	0.42
K0+656	130	0.31	650	37	3.4	4.4	0.41
K0+683	110	0.30	700	38	3.4	4.1	0.43

注：以上参数中弹性模量 E 和侧压力系数 λ 为待反演参数。

经过现场实测，K0+620、K0+656、K0+683洞周各部位的围岩压力变化如图13.18～图13.21所示。

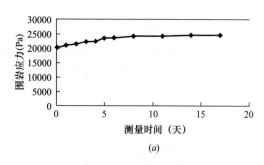
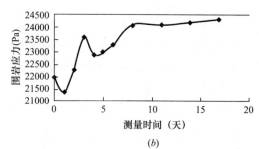

(a)　　　　　　　　　　　　　　　　(b)

图 13.18　K0+620 洞周左、右边墙围岩压力变化图
(a) 右边墙；(b) 左边墙

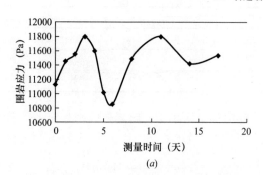
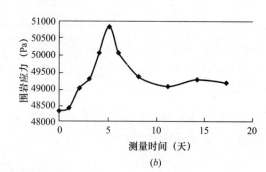

(a)　　　　　　　　　　　　　　　　(b)

图 13.19　K0+620 洞周左、右拱腰围岩压力变化图
(a) 右拱腰；(b) 左拱腰

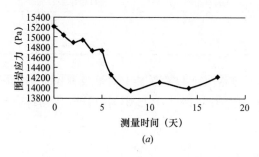
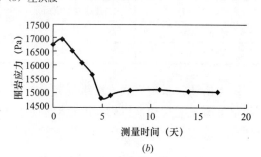

(a)　　　　　　　　　　　　　　　　(b)

图 13.20　K0+620 洞周左、右拱脚围岩压力变化图
(a) 右拱脚；(b) 左拱脚

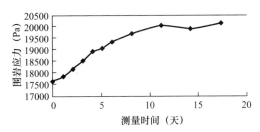

图 13.21　K0＋620 洞周拱顶围岩压力变化图

对 K0＋620 处洞周围岩压力变化图进行分析,得到测量的围岩压力分析如表 13.13 所示。

K0＋620 洞周围岩压力测量值一览表　　　　　　　　　　表 13.13

围岩压力（kPa）	拱顶	左拱腰	左边墙	左拱脚	右拱腰	右边墙	右拱脚
最大值（mm）	20.1	50.9	24.2	17.0	11.8	25.1	15.2
终值（mm）	20.1	19.2	24.2	15.1	11.5	25.1	14.1

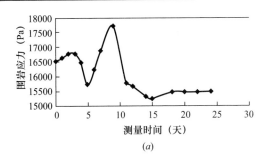

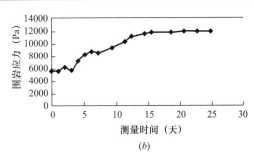

图 13.22　K0＋656 洞周左、右边墙围岩压力变化图
（a）左边墙；（b）右边墙

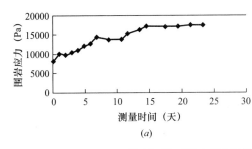

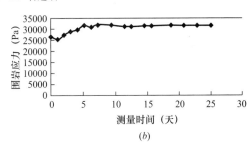

图 13.23　K0＋656 洞周左、右拱脚围岩压力变化图
（a）左拱脚；（b）右拱脚

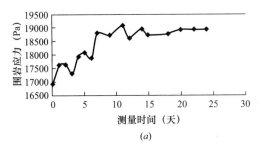

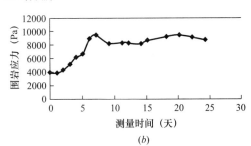

图 13.24　K0＋656 洞周左、右拱腰围岩压力变化图
（a）左拱腰；（b）右拱腰

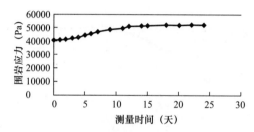

图 13.25 K0＋656 洞周拱顶围岩压力变化图

对 K0＋656 处洞周围岩压力变化图进行分析，得到测量的围岩压力分析见表 13.14。

K0＋656 洞周围岩压力一览表　　　　　　　　表 13.14

围岩压力（kPa）	拱顶	左拱腰	左边墙	左拱脚	右拱腰	右边墙	右拱脚
最大值（mm）	50.0	19.1	17.7	15.5	9.9	12.1	31.2
终值（mm）	50.3	18.9	15.5	15.5	9.1	12.1	31.2

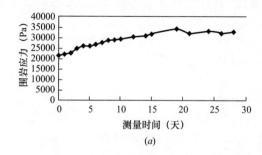
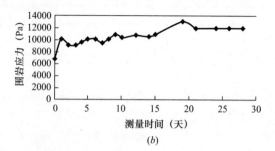

图 13.26 K0＋683 洞周左、右拱腰围岩压力变化图

(a) 右拱腰；(b) 左拱腰

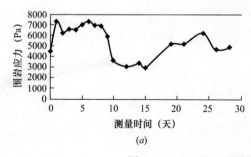
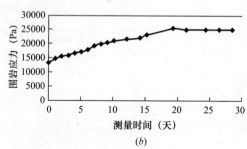

图 13.27 K0＋683 洞周左、右拱肩围岩压力变化图

(a) 右拱肩；(b) 左拱肩

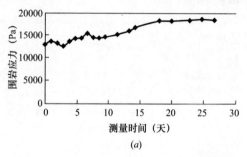
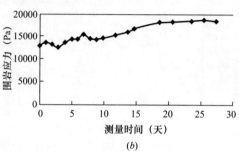

图 13.28 K0＋683 洞周左、右边墙围岩压力变化图

(a) 右边墙；(b) 左边墙

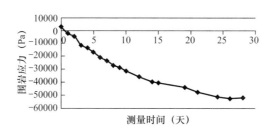

图 13.29　K0＋683 洞周拱顶围岩压力变化图

对 K0＋683 处洞周围岩压力变化图进行分析，得到测量的围岩压力分析如表 13.15 所示。

K0＋683 洞周围岩压力一览表　　　　　　　　　　　　表 13.15

围岩压力（kPa）	拱顶	左拱腰	左边墙	左拱脚	右拱腰	右边墙	右拱脚
最大值（mm）	52.1	13.0	18.0	25.2	35.1	18.2	7.2
终值（mm）	52.1	12.1	18.0	25.2	32.0	18.0	5.0

分析各试验段的围岩压力示于表 13.16。分析结果表明，由于复合纤维有效的约束了洞周收敛，因此接触压力变大。

各试验段围岩压力分析表　　　　　　　　　　　　表 13.16

试验段支护类型	拱顶	左拱腰	左边墙	左拱脚	右拱腰	右边墙	右拱脚
普通喷射混凝土（mm）	20.1	19.2	24.2	15.1	11.5	25.1	14.1
玄武岩纤维喷射混凝土（mm）	50.0	18.9	15.5	15.5	9.1	12.1	31.2
复合纤维喷射混凝土（mm）	52.0	12.1	18.0	25.2	32.0	18.0	5.0

13.4.6　配合比设计对混凝土喷射性能的影响

在隧道混凝土支护喷射过程中，喷射混凝土的强度、回弹率、喷层厚度、生产效率与混凝土的配合比密切相关，不同材料混凝土的喷射数据采集结果见表 13.17。玄武岩纤维及其复合纤维喷射混凝土配合比的核心在于钢纤维和玄武岩纤维的掺量、砂率和最大骨料粒径。为了提高喷射混凝土的生产效率，砂率、碎石的最大骨料料粒的选择至关重要，目的在于减小喷射管道输送阻力和降低回弹率。

喷射混凝土数据　　　　　　　　　　　　表 13.17

类型	喷射部位	工作风压（MPa）	喷射时间（时）	回弹率（％）
喷射素混凝土	拱顶	0.4～0.65	2～2.85	26.5
	边墙	0.3～0.5	1.5～2.45	19.4
	拱腰	0.4～0.6	2～2.5	22.8
玄武岩纤维喷射混凝土	拱顶	0.4～0.7	1.75～2.25	15.2
	边墙	0.3～0.5	1～1.35	13.6
	拱腰	0.4～0.65	1.25～1.75	14.2
复合纤维喷射混凝土	拱顶	0.4～0.65	1.75～2.25	17.8
	边墙	0.3～0.5	1.3～1.75	13.2
	拱腰	0.4～0.65	1.35～1.85	15.2

配合比设计对混凝土喷射性能影响主要一下几个方面。

（1）合理的配合比有利于保障喷射混凝土的强度，降低混凝土的回弹率。

（2）混凝土的坍落度直接受配合比的影响，坍落度的大小直接影响湿喷机的生产效率，也影响混凝土的回弹率。坍落度的合理与否也影响混凝土的强度。

（3）配合比中，玄武岩纤维及钢纤维的掺量，直接影响混凝土的力学特性（抗压强度、抗折强度、韧性、渗水性等）。

13.4.7 配合比设计对喷射混凝土力学性能及韧性的影响

材料的基本力学性能包括材料的强度和材料变形特性，它直接影响材料的破坏分析和变形分析。在混凝土性能方面，混凝土的抗压强度是它的主要指标，同时混凝土配合比的设计是以抗压强度为依据的。则在纤维混凝土结构设计中，抗压强度也是纤维混凝土的重要指标。对于玄武岩混凝土构件和复合纤维混凝土结构而言，外力作用下的应力状态和变形破坏特征必须以其强度和变形规律为前提，这关系到隧道支护设计的合理性和经济性。通过对比手段，对玄武岩纤维混凝土、复合纤维混凝土和素混凝土的力学性能作用进行试验研究和工作性能了研究。配合比设计对混凝土力学性能及韧性的影响很多，总结如下：

（1）在纤维混凝土配合比设计中，随着玄武岩纤维及钢纤维的掺量的增加，纤维混凝土的抗压强度也逐渐增加，尤其是混凝土的早期强度的增加十分明显。此外纤维混凝土的弯拉强度较素混凝土有较大的提高，提高达 20%。

（2）水胶比对纤维喷射混凝土的工作性和力学性能影响较为明显，随着水胶比的减小，混凝土拌和物的坍落度减小，黏稠性趋好，力学性能随着水胶比的减小呈现出抛物线线形的变化趋势。这说明在掺入一定量矿渣的情况下，水胶比与矿渣掺量对纤维喷射混凝土性能的影响宜综合考虑。

（3）普通素混凝土的抗压破坏呈脆性，而掺入纤维与之复合后，混凝土的脆性下降，延性和韧性明显提高。极限荷载后，纤维喷射混凝土呈稳定破坏形态。

（4）通过现场喷射试验证明，纤维喷射混凝土配合比设计是合理的，其喷射时回弹率较小，力学性能较好，能够充分提高纤维混凝土的增强、增韧作用，活性掺和矿渣的增加，有利于充分利用工业废料，节约能源，保护环境，制造环保节约型混凝土材料。

（5）合理的混凝土配合比，能够使喷射混凝土具有良好的物理力学性能，特别是加入纤维后，其抗压强度与抗拉强度都有较高的极限值，加入速凝剂可使混凝土迅速凝结，获得较高的早期强度，紧跟掘进作业，起到及时支撑围岩，发挥围岩的自承作用，有效地控制围岩的变形和破坏。

13.4.8 喷射工艺对喷射混凝土质量的影响

喷射混凝土是湿喷机以压缩空气作为动力，在动力的作用下，使混凝土混合料相互冲击而密实，粘结在受喷物上。这与室内试验的通过振动机振动密实情况有所不同。在素混凝土中掺入纤维后比普通的混凝土难以喷射。所以，纤维喷射混凝土的配合比控制非常严格，必须对混合料的拌合工艺、喷射工艺进行控制，通过对喷射成型的纤维混凝土的力学性能等测试，以试验结果来确定。混凝土的拌和工艺试验的目的是保证拌和的混凝土外观均匀且纤维无结团现象，避免混凝土堵管，使混凝土喷射工作流顺。混凝土的喷射工艺试验的目的是检验在不同掺量的纤维喷射混凝土能否喷射顺畅，同时能保证施工质量和施工速度的要求。这就要求我们在喷射纤维混凝土过程中，及时优化喷射施工工艺，保障喷射混凝土的质量，避免经济损失。为了保障喷射混凝土的质量，在喷射工艺中，应注意以下几个方面：

（1）喷射混凝土前的准备工作。纤维混凝土喷射混凝土前，应检查湿喷机内是否有混凝土结块清理干净，对受喷围岩表面进行处理后再进行喷射混凝土施工作业。混凝土喷射作业应连续进行，同时做好以下各项工作。

① 一般混凝土喷射岩面应用高压水冲洗受喷面上的浮尘、岩屑，当岩面岩石遇水容易潮解，泥化时，宜采用高压风吹净岩面，以保证喷射混凝土与受喷岩面的粘结牢固，让喷射混凝土与岩层良好的共同受力。

② 若喷射岩面为泥、砂质岩时，应挂设钢筋网，同时用环向钢筋和锚钉或钢架对网片固定，保证混凝土密粘于受喷面上，以提高喷射混凝土的附着力。

③ 对有涌水、渗水或潮湿的围岩面应根据具体情况处理。大股涌水宜采用注浆堵水后再进行喷射混凝土；大面积潮湿的岩面，为了保证混凝土能更好地粘结于受喷面上，初喷在岩面上的混凝土可适当增加水泥用量，以提高混凝土的粘结性。

④ 应检查输料管的承压能力，承压度必须达到 0.8MPa 以上，并有良好的耐磨性。

（2）喷射混凝土过程中的注意事项

① 设置控制喷射混凝土厚度的标志，一般采用埋设钢筋头作标志。目的是为了保障受喷面的设计喷层厚度，它是评价隧道喷射混凝土支护质量的主要项目之一。在施工中，往往因喷层过薄引起初期支护开裂和剥落现象，影响工程质量。因此在喷射过程中必须控制好喷层厚度。

② 在喷射过程中，应控制好混凝土坍落度大小，坍落度宜为 10cm～14cm 较合适。混凝土坍落度过大，影响喷射速度且回弹率很高；坍落度过小，喷射速度慢，且易堵管，回弹率也很高。所以必须控制好混凝土的配合比，保障混凝土的喷射。

③ 注意随时检查速凝剂的泵送和计量装置。

④ 注意控制湿喷机的工作风压和喷头距喷射面的距离。边墙工作风压宜在 0.3MPa～0.5MPa，拱顶工作风压宜在 0.4MPa～0.6MPa。喷射距离宜距喷射面 1.5m。风压过大，回弹较高；风压过小，混凝土跟岩面的粘结性较差。

⑤ 一次喷射混凝土喷层厚度的控制，边墙宜 7cm～10cm，拱顶宜 5cm～7cm。

⑥ 喷嘴尽量与受喷面垂直，对着喷射面承螺旋状喷射，避免长时间对着一点喷射，这样回弹较大。

13.4.9　应用结果

通过对Ⅲ、Ⅳ级围岩使用玄武岩纤维喷射混凝土、复合纤维喷射混凝土及喷射素混凝土三种不同材料作为初期支护结构形式。通过对三种不同喷射混凝土材料的支护结构形式进行理论安全结构分析与现场采集的数据，进行围岩结构安全计算分析对比研究，得出以下结论：

（1）通过对不同材料的力学性能对比试验，得出：复合纤维喷射混凝土和玄武岩纤维喷射混凝土具有和钢纤维喷射混凝土相近或者较好的韧性。

（2）围岩结构安全性分析得出：采用复合纤维喷射混凝土和玄武岩纤维喷射混凝土作为初期结构支护，Ⅳ级围岩在初期支护厚度调整为 10cm，Ⅲ级围岩为 8cm，取消钢筋网片，其他结构不变的情况下，均能满足围岩结构安全性要求。

（3）通过现场对不同材料喷射效果观察，我们不难发现：复合纤维喷射混凝土和玄武岩纤维喷射混凝土喷射效果较素混凝土有较好的平整性，密实性。

13.5 玄武岩纤维复合筋在盾构井围护结构中的应用

1962 年 2 月，我国上海开始在城市地铁隧道应用盾构法，虽然技术刚引进，但是发展非常快。由于我国大城市地铁的修建越来越多，盾构技术和盾构施工方法也会有很大的改进和更快的发展。然而困扰盾构施工的难题仍然是盾构施工中的始发到达技术。一般盾构始发、到达竖井井壁多用钢筋混凝土或钢材构筑，用盾构机的掘削刀具直接掘削这些竖井的井壁（或挡土墙）进行开口作业较为困难，多数情况下无法直接完成。由于应用方便省力的机器打凿的方法，同时由于机器打凿不细致、劲大使得土质变得疏松，很容易造成土体塌方。盾构刀盘、刀具可能损坏，一般情况是钢筋处理不干净造成的。凿除时间长、开挖面暴露时间长会造成大地表沉降或坍塌。为了确保操作的安全，需要在开口作业之前用高压旋转的喷嘴将水泥浆喷入土层与土体混合，形成连续搭接的水泥加固体。如果土体加固强度很高、成本增加，给刀盘切削带来困难。土体加固强度变低，又起不到相应的作用，盾构进出洞容易造成水土流失。

盾构直接掘削新材料墙体的方法，即把盾构要穿过的挡土墙上的相应部位用纤维筋混凝土制作，可用一般盾构机的切削刀具直接切削，达到盾构机的直接进洞、出洞。采用玄武岩纤维复合筋代替围护墙中盾构隧道范围内的钢筋，使盾构在进出洞时可用直接切削围护墙进行掘进，这样可以降低施工劳动强度、减少施工风险、掘进速度快，在松软含水地层中修建埋深较大的长隧道往往具有技术和经济方面的优越性。

13.5.1 玄武岩纤维复合筋在盾构始发、到达井围护结构中的应用

（1）设计概况

隧道埋深 10m，隧道直径为 7m。盾构始发井洞门围护结构采用人工挖孔桩，围护桩桩长 20m，桩径 2m；主筋采用 $\phi25mm$，箍筋为 $\phi8@200$；玄武岩纤维复合筋围护桩在盾构机推进范围内采用主筋 $\phi25$ 和箍筋为 $\phi8@200$ 的玄武岩纤维复合筋，与钢筋搭接长度为 1.2m~1.4m。

（2）玄武岩纤维复合筋应用效果

在盾构始发、到达竖井的盾构施工范围内，用相同直径的玄武岩纤维复合筋代替人工挖孔桩的钢筋，可以提高盾构进出洞时的安全性，同时节省材料、时间。为了确保盾构始发、到达施工的严密性，施工部分区域对地表层进行了简单的端头土体加固，主要采用注浆、降水等工法；待盾构刀盘切除围护桩深度满足盾构机密封要求时，采取带压掘进，利用刀盘对围护桩直接进行切割，达到顺利始发的目的。盾构机刀盘直接切割玄武岩纤维复

合筋,安全地通过盾构井围护结构,成功始发,到达时同样直接切削玄武岩纤维复合筋围护桩直接通过。玄武岩纤维复合筋有效地缩短了围护结构破除时间,降低了破除洞门时的安全风险,取得了良好的经济效益和社会效益。

13.5.2 应用结果

玄武岩纤维复合筋比钢筋的综合成本低,施工工序简化。证明盾构井围护结构采用玄武岩纤维复合筋代替钢筋,取消人工破除洞门,盾构直接掘进通过围护结构是一种可以实施、经济、安全的施工方案,减少灾害性事故的发生,为以后其他类似工程奠定了基础。

第 14 章　代表性研究成果

成果 1：BFRP 筋土钉支护基坑原型试验研究

出版源：岩土工程高峰论坛文集，2018.

　　高强度纤维材料在岩土工程领域的应用一直受到人们的关注，包括玻璃纤维、碳纤维、芳纶、玄武岩纤维等。但碳纤维和芳纶的生产对环境污染较大，且材料碱性腐蚀快、与混凝土粘结性差，自 20 世纪 60 年代以来，玻璃纤维材料就很少用于混凝土构件中，使其在岩土工程中的使用受到了极大的影响。

　　BFRP 筋材是使用玄武岩纤维为主体材料，以合成树脂为粘结固型材料，并掺入适量固化剂，经过特殊工艺处理和特殊的表面处理所形成的一种新型非金属复合材料。1922 年 Pau 发明了"玄武岩纤维制造技术"之后，以美国、苏联、德国为主的国家大力推广玄武岩纤维材料，使玄武岩纤维棉产量获得了极大的生产。BFRP 和钢筋相比，具有抗拉强度高、重量小、耐酸碱腐蚀等优点，同时按照等强度代换的条件下，筋材用量和造价可节省 20% 左右。现阶段，BFRP 纤维和筋材主要应用于混凝土路面或桥面的铺装工程中且效果较理想。而对其理论研究的成果主要体现在专利方面，如雷茂锦发明了"玄武岩纤维复合筋网与锚间加固条联合的边坡稳定装置"、霍超申请了"玄武岩纤维增强树脂锚杆"等。目前，BFRP 纤维筋材应用于岩土工程的研究较少，其锚固技术和运用效果仍需深入研究。

　　本文基于采用 BFRP 筋材替代常用钢筋土钉支护基坑进行现场原型试验，通过开挖支护稳定阶段直至失稳阶段的全过程监测，分析了 BFRP 筋材作为土钉杆材支护基坑边坡的位移及筋材受力特征，以及基坑边坡的破坏模式，探讨 BFRP 筋材在基坑支护中的应用效果。

1　原型试验设计

1.1　试验场地岩土构成与特征

　　根据钻探结果可知，试验场地岩土层主要由第四系全新统人工填土、其下的第四系中、下更新统冰水沉积层和裂隙发育的弱膨胀性构成。依据勘察报告建议的场地土层强度参数，结合黏土膨胀性和工程经验，选用土层参数的计算值（表 1）并设计基坑坡型（图 1）。

土层设计参数值　　　　　　　　　　　　　　　　　　　　表 1

参数区域	重度 $\gamma(kN/m^3)$	饱和重度 $\gamma_{sat}(kN/m^3)$	黏聚力 $c(kPa)$	饱和状态黏聚力 $c'(kPa)$	内摩擦角 $\varphi(°)$	饱和状态内摩擦角 $\varphi'(°)$
①新近填土	17	19	4	2	10	7
②老填土	19	19	10	9	10	8
③黏土	20.0	20	40	25	12	9

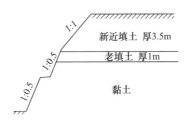

图 1 基坑边坡计算模型

1.2 基坑边坡稳定性

利用理正基坑边坡稳定性分析软件计算基坑边坡开挖在天然和暴雨工况下的稳定性，计算结果见表 2 和图 2。

开挖边坡稳定性系数 表 2

工况	天然（局部稳定性）	天然（整体稳定性）	暴雨（局部稳定性）	暴雨（整体稳定性）
稳定性系数	0.71	1.35	0.39	0.89

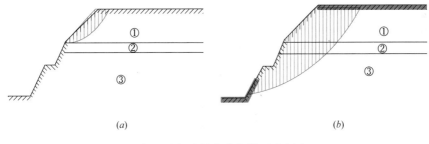

(a) (b)

图 2 基坑边坡的潜在滑面示意图
(a) 局部潜在滑面；(b) 整体潜在滑面

1.3 土钉支护设计

边坡分三级放坡支护，依据国家现行基坑技术规程设计，坡率及支护方案如图 3 所示。

（1）第一级边坡，新近填土，厚度 3.2m，坡率 1:1，考虑成孔难度，采用直径 48mm 的钢管注浆土钉支护，土钉水平间距 1.0m、垂直间距 1.5m，安设角与水平方向呈 15°；

（2）第二级边坡，老填土，后度 3.2m～5.8m，坡率 1:0.5，采用两排长 12m 土钉支护，锚固体直径

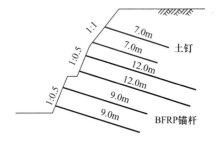

图 3 BFRP 筋材支护结构
设计剖面示意图

100mm，粘结体 M30 砂浆，按基坑技术规程设计计算钢筋土钉并以等强度替换原则，换算为 φ14mm BFRP 筋，安设角与水平方向呈 15°；

（3）第三级边坡，弱膨胀黏土，厚度 3.2m～5.8m，坡率 1:0.5，采用两排长 9m 土钉支护，锚固体直径 100mm，粘结体 M30 砂浆，先按基坑技术规程设计计算土钉钢筋筋材，换算为 φ14mm BFRP 筋，安设角与水平方向呈 15°。

1.4 监测设计

为确保在基坑边坡施工过程以及后期的失稳破坏过程中获取到基坑边坡顶地表及坡体深部的位移和 BFRP 筋土钉的受力情况，采用全站仪监测坡面及坡顶面位移，采用测斜技术监测坡体深部位移，采用钢筋计监测 BFRP 筋土钉受力大小及分布。

（1）地表位移监测。全方位监测 BFRP 土钉支护区试验全过程中坡顶地表位移，共设置了 8 个监测剖面。坡顶位移监测点在基坑边坡开挖前布设，每开挖一级边坡布设该坡面的位移监测点（图 4）。

（2）深部位移监测。测斜管安装及布设位置见图 5，在基坑开挖前和过程中逐步完成。共布置 5 根，每根长 14m。

（3）BFRP 筋土钉受力监测。为得到 BFRP 筋土钉拉力以及其沿长度内的分布，在监测的土钉中安装 3 个钢筋计，钢筋计间距 3m。

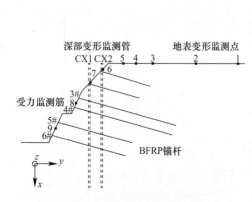

图 4　地表位移监测系统布置平面图

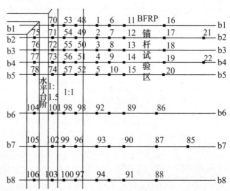

图 5　测斜管监测布置剖面示意图

2　BFRP 筋土钉制安与基坑失稳实现

2.1　BFRP 筋土钉杆制安

BFRP 筋土钉制作锚头部分与钢筋锚杆有所差别，在锚头采用了钢管、钢筋及粘结剂等特殊处理（图 6）。土钉安装、固定及锚固体注浆等施工工艺与钢筋土钉基本相同。钢筋计安装如图 7 所示。

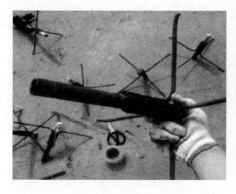

图 6　BFRP 筋锚头

图 7　BFRP 筋钢筋计的安装

2.2　基坑失稳实现

基坑边坡失稳试验采取不同的人为措施,并逐步实施(图8~图11)。

(1) 坡底开挖沟槽。在 BFRP 筋土钉支护的坡脚设置深 1.5m、宽 1m 沟槽,顺坡脚全段开挖。为保证机具及施工人员安全,采用长臂挖掘机由里向外依次施工。

(2) 坡脚、坡顶沟槽灌水浸泡。坡脚沟槽开挖后灌水浸泡,监测 1 周~2 周;坡体位移无明显增大趋势后,再在坡顶开挖沟槽浸水。

图 8　坡底沟槽开挖位置

图 9　坡脚浸水

图 10　坡顶开沟浸水和坡顶堆载

图 11　基坑边坡失稳破坏

(3) 坡顶堆载。坡脚、坡顶沟槽饱水后,继续监测 1 周;当坡体状态仍无明显变化趋势时,再进行坡顶堆载直至坡体失稳。

3　监试成果及分析

3.1　正常使用阶段

由于现场监测数据较多,限于篇幅,本文仅能选取部分典型位置的监测成果进行分析。

(1) 地表位移

BFRP 筋支护区 b5-b5 剖面监测点的位移随时间变化见图12。从图可以看出,边坡开挖至土钉施工完成后,基坑边坡坡顶地表竖向位移量总体不大,约 3mm~4mm,且略有起伏;随着受连续降雨影响,各个监测点的位移速率略有加大,且坡顶地面出现部分微弱张拉裂缝,最大竖向位移约 18mm。总体上看,坡顶位移速度变化平稳,且未发现明显的张拉裂缝,表明 BFRP 筋土钉对基坑边坡稳定性和位移起到有效的控制作用。

(2) 深层位移

测斜管(3# 号)位移曲线见图13。结合图12可以看出,开挖第一层基坑边坡后,边坡侧向位移缓慢增加;开挖第二层基坑边坡之后,6m 以上坡体位移增大,6m 以下变形不大且相对稳定；坡体位移在两次开挖过程中均有明显增大，但支护完成后，位移以很小且稳定的速率变化；此阶段，坡体的顶部侧向位移达 47mm，地表 6m 以上坡体位移增大明显，地表 6m 以下位移变化相对不明显。

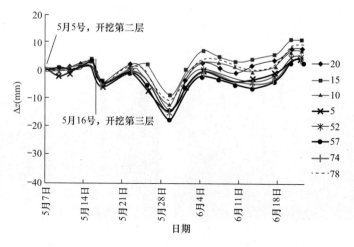

图 12　b5-b5 剖面 Z 方向位移

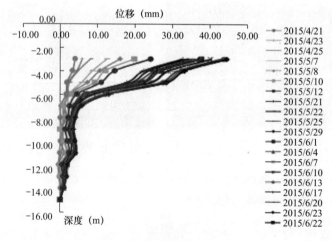

图 13　3# 测斜管位移变化曲线

（3）BFRP 筋材受力

图 14 和图 15 为监测筋（4# 号、5# 号）受力变化曲线。从图可以看出，土钉施工完成后，杆筋内部拉力随时间逐渐缓慢增加，并且在基坑边坡的开挖后以及几次降雨影响后，杆筋受力的大小稍有波动，拉力大小有增有减，其中锚头处受到的拉力变化幅度较大。所监测的土钉中，受到的最大拉力达 20kN，远小于杆材的抗拉强度。

3.2　失稳阶段

BFRP 筋支护在开挖坡脚并浸水后，边坡总体位移稍增大，但未破坏。在坡顶开挖并灌水之后，边坡的位移和土钉受力有明显的增加，且变化速率大，边坡最终失稳。

（1）地表位移。从图 16 可看出，坡脚灌水到坡顶灌水短时间内，边坡位移较慢，边坡朝基坑内部方向的位移不明显，然而边坡竖直方向上有向上的位移，可能源于坡脚浸水弱膨胀性的黏土发生吸水膨胀所致。坡顶灌水几日后边坡的位移速率突然加快, Y、Z 方向的位移均有明显变化且位移持续增加; 虽然位移量不大, 但位移速率很高, 可判断边坡已经失稳, 此阶段, 地表最大位移为 24mm。

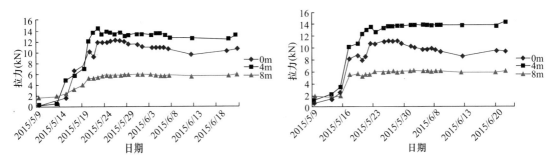

图 14　BFRP 筋材锚杆 4[#] 监测筋受力变化图　　　图 15　BFRP 筋材锚杆 5[#] 监测筋受力变化图

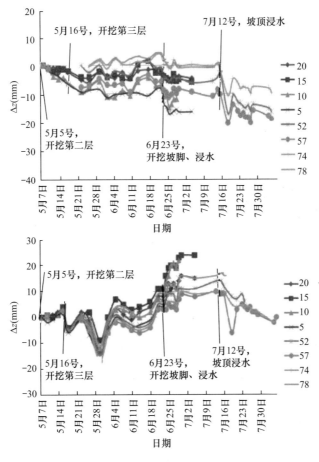

图 16　BFRP 锚杆试验区 b5-b5 剖面 Y、Z 方向位移

（2）深部位移。图 17 中 3[#] 测斜管相对位移曲线可以看出, 开挖坡脚并浸水之后, 边坡深部位移稳步增加, 6m 以上坡体位移大, 6m 以下坡体位移小, 可判断 3[#] 测斜管地面以下 6m 处存在潜在滑面, 顶部位移量最大为 50mm。

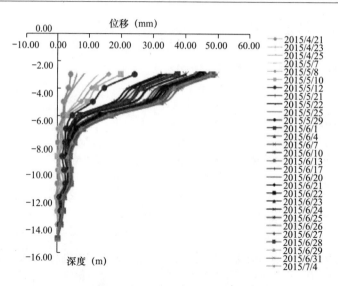

图 17   BFRP 筋材锚杆 3# 测斜管位移变化曲线

　　另外，由深部位移监测结果可知，BFRP 筋土钉支护开始进行失稳试验之后，坡体深部形变位移稳步增加。对比地表位移监测结果可知，从位移不明显至出现加速位移并失稳，测斜管监测无法获取坡体位移加速及失稳的数据，因此，深层监测结果未反映出坡体的失稳过程。

　　（3）BFRP 筋受力。以 4#、5# 监测筋结果为例（图 18、图 19），开挖第三层后土钉受力突然增加，之后土钉受力受降雨影响稍有变化，但总体上比较稳定；开挖坡脚并浸水后土钉受力突增，在坡顶浸水之后土钉受力增加明显快速并达 19kN～25kN，且中间位置筋材受到的拉力较大，其次是端头，底部受力较小。

　　由 BFRP 筋土钉受力监测结果可知，坡体开始破坏试验之后，BFRP 锚杆的受力有明显增加，并在开挖坡顶并浸水后锚杆受力增加的速率变大，可判断边坡基本失稳。BFRP 筋材锚杆支护边坡在人工诱发条件下产生破坏，现场破坏现象不明显，坡体破坏模式与钢筋锚杆支护破坏模式基本一致。

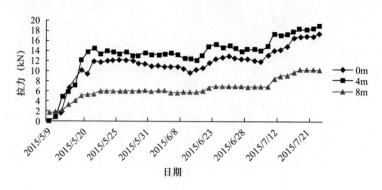

图 18   BFRP 筋材锚杆 4# 监测筋受力变化图

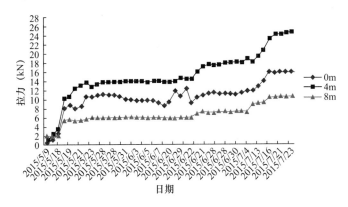

图 19　BFRP 筋材锚杆 5# 监测筋受力变化图

4　结论

通过 BFRP 筋土钉支护基坑原型试验，可以得到以下结论：

（1）依据场地岩土工程勘察报告和工程经验确定的基坑边坡支护设计参数，在开挖坡率 1：1～1：0.5 情况下，采用 BFRP 筋土钉支护与按现行基坑技术规程方法设计的钢筋土钉支护效果相当。

（2）BFRP 筋土钉支护基坑边坡地表位移监测和深层位移监测结果表明，BFRP 筋土钉支护坡体未发生加速位移，并在正常使用阶段处于稳定状态。

（3）土钉受力监测结果表明，BFRP 筋土钉受到的拉力未达到其设计强度，表明经等强度换算，采用 BFRP 筋替代普通钢筋进行基坑支护设计。

（4）与钢筋土钉相比，BFRP 筋土钉的制作除在锚头部分有所差别外，可以完全采用普通钢筋土钉的工艺进行施工，并不降低施工效率和支护效果。

（5）失稳试验现场状态表明，BFRP 筋土钉支护基坑边坡失稳模式与钢筋土钉支护失稳模式基本一致，均为整体圆弧形滑动。

成果 2：玄武岩纤维复合筋材在岩土工程中的应用研究

出版源：四川建筑，2016，36（5）：85-87.

该文以成都绿地东村 8 号地块工程建设为依托，开展了玄武岩纤维复合筋材在岩土边坡支护工程中的应用研究。在正确掌握玄武岩纤维复合筋材各项物理力学特性的基础上，利用玄武岩纤维复合筋材替换一般钢筋对基坑边坡岩土进行锚喷支护，并对边坡支护效果进行了长期观测，验证了玄武岩纤维复合筋材在岩土工程中作为锚杆及网筋的可行性。本次应用研究成果可以为今后玄武岩纤维复合筋材在工程建设中的推广应用提供可借鉴的工程经验。

1 玄武岩纤维筋材物理力学特性

在将玄武岩纤维复合筋材作为岩土边坡锚杆和面网之前，首先对玄武岩纤维复合筋材的物理力学特性进行了室内测试试验，测试内容包括材料的抗拉强度、弹性模量、抗腐蚀性以及与砂浆粘结性能等。

根据室内试验测试结果可知，玄武岩纤维复合筋材密度约 $1.9g/cm^3 \sim 2.1g/cm^3$。不同直径玄武岩纤维筋材抗拉强度平均值约 916.7MPa～1139.4MPa，拉伸弹性模量平均值约 46.3GPa～54.3GPa。实测耐碱强度保留率平均值为 96%，耐酸强度保留率平均值为 92.6%。对于常用尺寸的工程锚杆（10mm 以上），玄武岩纤维复合筋材与 M20、M30 砂浆粘结强度约为 5MPa，与 C30 混凝土粘结强度约为 8MPa，试验筋材直径越大则粘结强度越小。玄武岩纤维复合筋材与普通钢筋物理力学特性对比可以看出玄武岩纤维复合筋材抗拉强度、粘结强度和耐腐蚀性均优于普通钢筋。

2 现场应用试验方案

在掌握玄武岩纤维筋材的物理力学特性后选取适合的工程进行玄武岩纤维筋材现场应用研究。成都绿地中心 8 号地块基坑工程南侧行车通道边坡采用三道 HRB335 钢筋锚杆＋挂网喷浆支护，锚杆采用 25mm 钢筋，间距 1.5m，面网采用 8mm 钢筋，间距 150mm。边坡上部两排锚杆长度为 9m，坡脚最下部锚杆长度为 8m。该边坡的原支护设计方案非常适合采用玄武岩纤维筋材替换钢筋，同时该边坡稳定性对基坑安全影响也较小，因此在考虑到安全性和不修改原边坡支护方案的前提下选取了该边坡为玄武岩筋材锚杆试验边坡。

由于玄武岩复合筋材还没有可参考的相关设计规范，因此在设计中引用了普通钢筋锚杆的设计理论，按照等强度原则使用玄武岩筋材替换钢筋，然后再对玄武岩筋材的粘结强度进行验算，同时保证满足锚杆自身强度和锚固力的要求。根据上述设计原则，最终采用 14mm 的玄武岩筋材替换原设计中 25mm 的钢筋锚杆，采用 4mm 的玄武岩筋材替换 8mm 的面网钢筋。

为了对比分析玄武岩纤维筋材和普通钢筋在边坡支护中的差异性，在试验边坡中还留出了 20m 边坡采用原有的钢筋锚杆支护方案进行施工。

3 玄武岩纤维筋材锚杆施工方法

在本次应用试验施工中则采用了钢筒管＋粘接剂的方式实现了筋材相互间的连接问题。加工的锚具由钢筒管和四根"L"形钢筋对称焊接而成，锚具与玄武岩纤维筋材则通过粘结剂固定，加工完成带锚具的玄武岩筋材锚杆如图 1 所示。

　　为了对比玄武岩筋材锚杆和钢筋锚杆的受力特征，在玄武岩筋材锚杆和钢筋锚杆中分别安装了应力测试元件，测试元件间距 2m，如图 2 所示。

　　玄武岩筋材锚杆安装完成后，锚具上的"L"形钢筋将裸露并卡在孔口外侧。将锚具上的"L"形钢筋与面网筋材绑扎粘结固定，最

图 1　加工完成的玄武岩纤维筋材锚杆

后在坡面喷射混凝土硬化表面，完成边坡支护施工。玄武岩筋材锚杆锚具与面网连接如图 3 所示。

　　玄武岩筋材锚杆现场试验边坡现场施工期间和施工完成后的照片如图 4、图 5 所示。

图 2　应力测试元件安装

图 3　玄武岩筋材锚杆锚具

图 4　试验边坡施工

图 5　试验边坡完成后

4　锚杆受力及边坡变形特征

　　在试验边坡使用期间对边坡中玄武岩筋材锚杆和钢筋锚杆拉力进行了长期监测，两种锚杆不同位置处的拉力随时间变化曲线如图 6、图 7 所示。从图中可以看出，两种锚杆在使用初期拉力都比较小，但锚杆拉力随时间的增加而增大，其中钢筋锚杆最大拉力约为 14.8kN，玄武岩筋材锚杆最大拉力约为 13.4kN。在边坡使用期间，两种锚杆的拉力均小于设计值，处于安全范围，但拉力大小并未变化趋于稳定。

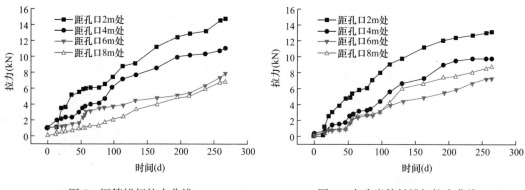

图 6　钢筋锚杆拉力曲线　　　　　图 7　玄武岩筋材锚杆拉力曲线

在现场试验边坡中埋设测斜管，并在边坡使用期间对边坡变形进行了长期测量，两边坡的变形曲线如图 8、图 9 所示。从图中可以看出，钢筋锚杆边坡最大变形约为 1.7mm，玄武岩筋材锚杆边坡最大变形约为 1.2mm，不同类型锚杆支护的边坡变形量总体都较小，处于安全范围内。

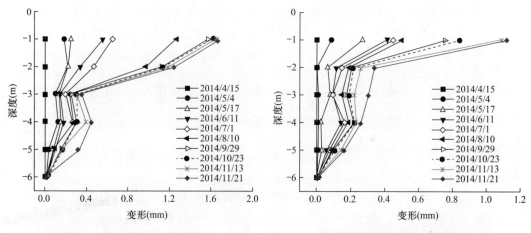

图 8　钢筋锚杆边坡变形曲线　　　　图 9　玄武岩筋材锚杆边坡变形曲线

5　结论

根据玄武岩纤维筋材锚杆现场应用及锚杆受力监测结果可以得出以下结论：

（1）采用玄武岩筋材替换现有普通钢筋，对岩土边坡进行锚喷支护是可行的，玄武岩筋材锚杆同样能够有效保证边坡安全。

（2）钢筋锚杆和玄武岩筋材锚杆拉力测试结果表明，两种锚杆的受力变化特征基本一致，且锚杆拉力都比较小，远低于锚杆设计强度，边坡处于稳定状态，但锚杆拉力仍未稳定。

成果 3：BFRP 筋锚杆土质边坡支护应用研究

出版源：工程地质学报，2016.10，24 卷 5 期：1008-1015.

本文结合 BFRP 力学性能试验获得关键设计参数，对 BFRP 锚杆支护土质边坡进行设计，通过 BFRP 锚杆加固土质边坡，并与传统锚杆加固土坡进行对比，得到边坡支护锚杆受力及边坡变形特征，对比 BFRP 筋锚杆与钢筋锚杆加固土坡受力机制，研究 BFRP 筋锚杆支护土质边坡的可行性。

1　BFRP 筋材基本性能

通过拉伸试验测试 BFRP 筋材的抗拉强度、弹性模量和延伸率。试验材料为四川航天五源复合材料有限公司生产的 BFRP 螺旋状筋材，试验筋材直径为 6mm、8mm、10mm、12mm、14mm，每组 4 个试样。试验表明，BFPR 筋抗拉强度大于 890MPa，平均延伸率为 2.1%～2.4%，弹性模量约 50.1GPa～62.4GPa。

通过试验研究 BFRP 筋长期处于酸、碱性环境中的强度保留率。选用直径为 6mm、8mm、10mm 的 BFRP 筋材各 4 根，分别放在酸碱溶液中。酸性溶液为 0.025mol/L 的硫酸，碱性溶液是浓度为 2.5g/L 的 Ca(OH)$_2$。每日对溶液进行一次搅拌，并测量 pH 值，确保 pH 值大小不变。对酸碱浸泡 1 个月后的筋材进行强度测试。试验表明，BFRP 筋材耐酸碱腐蚀能力高，耐酸强度保留率大于 92%，耐碱强度保留率大于 94%。

使用三点剪切试验法，通过万能试验机进行试验。将试件穿过钢套管，并将整个支架放在万能试验机上，进行抗剪试验。当试验试件受力开始出现下降的时候，表明达到最大剪切应力，试验结束，筋材剪断面较为平整，剪切均匀。试验选用 3 种不同直径的筋材，分别为直径 10mm、12mm、14mm。试验表明，不同直径的玄武岩纤维筋材的抗剪强度稍有不同，而直径越大，抗剪强度越大。BFRP 筋材抗剪强度略小于普通钢筋抗剪强度。

在岩土锚固工程中，BFRP 筋是否能替代钢筋锚杆，BFRP 筋与水泥基类（特别是砂浆）的粘结性能是一个重要参数。试验参考了《混凝土结构试验方法标准》GB 50152—1992 及相关文献。共制备 17 组 68 个 BFRP 筋的砂浆及混凝土立方体试件。由试验可知，筋材型号不同，与水泥基类的粘结强度也稍有不同。总体来看，直径为 4mm 的 BFRP 筋材表现出来的粘结强度最大，由于筋材表面经过喷砂处理，筋材直径越小，其表面喷砂体现出来粗糙程度越大，粘结强度越大。而对于工程常用锚杆（一般直径 10mm 以上），与水泥基类的粘结强度随筋材直径的变化并不大。其次，水泥基类强度越高，粘结强度也越高，BFRP 筋材与纯水泥浆粘结强度最低，约 2MPa～3MPa，与砂浆粘结强度稍高，大于4.5MPa，与混凝土粘结强度最高，大于 7.5MPa。作为岩土工程锚杆，一般采用 M20 或 M30 砂浆，且锚杆一般直径大于 10mm，其粘结强度普遍大于 4.5MPa，在锚杆设计时，BFRP 筋材锚杆与砂浆的粘结强度标准值可取 4.0MPa，设计值可取为 2.0MPa。

2　BFRP 锚杆支护设计

试验场地位于在建的成都"绿地中心"的 8 号地块西侧，场地地层从上到下依次为素填土（1.3m）和黏土（5m），地层剖面及土层力学参数如图 1。现场试验边坡是一个长40m 的基坑边坡，边坡高 5.5m，坡度为 1∶1，采用锚杆＋喷射混凝土支护。

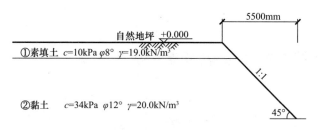

图1 场地地层剖面

根据边坡在暴雨工况下发生深层滑动的工况来计算锚固力，采用极限平衡法，当作用于圆弧剪切面上的抗滑力矩大于使边坡发生破坏的力矩时，边坡处于稳定状态。计算出未锚固边坡的稳定系数 $m=0.892$，又因边坡安全等级是三级，根据《建筑边坡工程技术规范》GB 50330—2002边坡的安全系数 $m=1.20$，由此计算得到每延米边坡所需要的锚固力 $P=87.65$kN。

设置锚杆水平间距为1.5m，沿坡面的排距2m，共三排；锚杆安设角与水平方向呈15°。锚杆布置剖面图如图2所示。

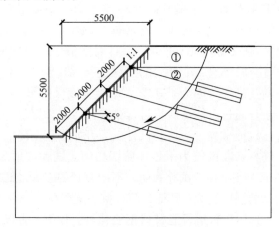

图2 边坡锚杆布设剖面图（单位：mm）

锚筋的横截面积 $A_s=83.33$mm²，锚杆直径 $d_s=10.30$mm。因此可取锚杆直径 $d_s=12$mm。

BFRP锚杆直径为14mm，第一排锚杆长8m，第二、三排锚杆长9m，水平间距1.5m，纵向间距2.0m。

由于BFRP筋材不能弯折，为了与面网筋连接，采用特制锚头。锚头采用30cm长无缝钢管，锚具钢管内径为20mm，外径为25mm，通过管内糙化并每5cm钳制锥形口等工艺，并采用高强度A级植筋胶与BFRP筋粘结。特制锚具外焊接4根长0.6m的 ϕ8mm HRB335钢筋，焊接长度为0.3m，剩余0.3m弯折与面网筋绑扎连接。喷射混凝土强度等级为C15，喷射厚度为100mm，面网采用直径6mm BFRP筋材，面网间距为150mm。

3 边坡变形与锚杆受力特性

通过现场对比试验研究钢筋锚杆和BFRP锚杆加固土坡的受力机制以及BFRP锚杆替代钢筋锚杆加固土坡的可行性。对比试验区的钢筋锚杆采用HRB335ϕ25mm钢筋，试验边坡如图3。

（1）监测设计

监测元件布置断面如图 4 所示，在第二排的锚杆上，每隔 5m 取一根锚杆，采用钢筋计监测锚杆受力，共 4 根，其中 2 根为钢筋，2 根为 BFRP 筋材。每根锚杆上分别装有四个钢筋计。在坡顶和坡底布设 8 根测斜管，监测边坡变形。

图 3　试验边坡

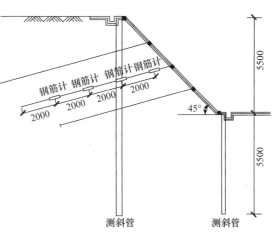

图 4　监测点布置断面图（单位：mm）

（2）锚杆受力分析

现场施工完成于 2014 年 3 月 19 日，至 2014 年 11 月底，共进行了 8 个月的监测。其中钢筋锚杆应力监测元件分别编号为 S1、S2，BFRP 筋锚杆应力监测元件编号分别为 BFRP-1、BFRP-2。各应力监测筋的受力随时间曲线如图 5 所示。从图中可以看出，钢筋锚杆和 BFRP 锚杆受力曲线变化趋势大体一致，两种锚杆受到的力最大值差别不大。且 S1、S2、BFRP-1、BFRP-2 锚杆的拉力均在坡面端头处最大。钢筋锚杆受力最大值为 18kN，BFRP 锚杆受力最大值为 15kN，受力均小于设计值，边坡整体稳定。采用直径 14mm BFRP 筋代替直径 25mm 钢筋是可行的。

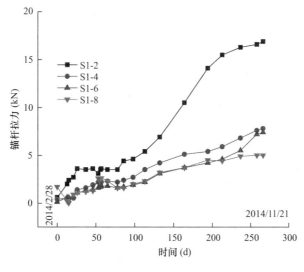

图 5　S1 锚杆受力变化曲线

（3）BFRP 锚杆支护边坡变形分析

钢筋锚杆区坡脚地面变形最大约 1.4mm～2.0mm，BFRP 筋材锚杆试验区坡脚地面变形最大约 1.2mm～2.2mm；钢筋锚杆区坡顶变形最大约 3.2mm～5.5mm，BFRP 筋材锚杆试验区坡顶变形最大约 5.0mm 左右。坡顶变形比坡脚变形大 3mm 左右，对应于筋材受力，夏季雨季之后，边坡产生了一定的变形，筋材受力也有明显的增加，边坡变形与支护系统受力是吻合的。见图 6。

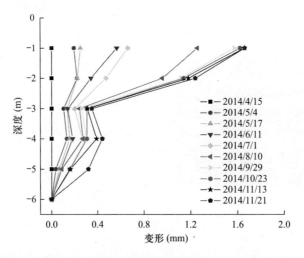

图 6 2# 测斜管变形曲线

监测表明，钢筋锚杆区和 BFRP 筋材锚杆区坡顶、坡脚变形特征类似，表明采用 BFRP 锚杆与普通钢筋锚杆对边坡的支护效果类似。

4 结论

（1）BFRP 筋抗拉强度大于 890MPa，耐酸碱强度保留率大于 92％，抗剪强度略小于普通钢筋抗剪强度，与水泥基类粘结强度大于 4.5MPa。

（2）BFRP 适合作为岩土支护锚杆，并可按《岩土锚杆（索）技术规程》CECS 22：2005 进行设计。BFRP 锚杆设计关键参数为拉拔强度和砂浆粘结强度，其设计值分别取 750MPa 和 2.0MPa。

（3）采用 BFRP 筋制作锚杆，无需焊接，但需特制钢管锚具，采用高强度植筋胶粘结筋材，并焊接直径 8mm 短钢筋与坡面挂面筋绑扎。

（4）现场应用试验表明，采用直径 14mm BFRP 筋材锚杆支护土质边坡，与采用直径 25mm HRB335 钢筋锚杆支护边坡效果相当，两种锚杆受力和边坡变形特征相似。

（5）锚杆受力低于设计值，边坡变形微小，边坡整体稳定。试验验证了 BFRP 筋材可替代钢筋作为锚杆支护边坡。

成果 4：非预应力 BFRP 锚杆加固土质边坡设计参数确定试验研究

目前对 BFRP 筋研究较多的是通过 BFRP 筋的强度试验研究其物理力学性能、与混凝土的粘结性能，以及 BFRP 筋应用于岩土工程的可行性等，关于 BFRP 筋的支护设计方法和设计参数的研究较为欠缺。因此，基于钢筋锚杆的设计方法，根据 BFRP 筋的力学性能试验和前人研究结果，分析并建议 BFRP 筋作为锚杆的关键参数设计值，这对于今后的相关研究具有一定的参考价值。利用 BFRP 锚杆参数设计值对某场地内开挖的基坑边坡进行支护设计，通过对比分析 BFRP 锚杆与钢筋锚杆加固边坡的试验结果，研究 BFRP 锚杆的支护效果，并验证 BFRP 锚杆的设计是否合理。

1　BFRP 筋力学性能试验

BFRP 筋的力学性能已有大量的试验研究，但由于试验所采用的 BFRP 筋中玄武岩纤维（BF）含量、试验方法、试验器材等不同，导致试验结果差别较大。通过 BFRP 筋的力学性能试验得到相关的强度数据，分析 BFRP 筋与钢筋的异同，便于下文确定 BFRP 锚杆的设计参数。试验采用的材料为某公司生产的 BFRP 螺旋状筋材，其表面进行了粘砂处理，密度为 $2.1 \mathrm{g/cm^3}$。

（1）试验得到各个直径的 BFRP 筋抗拉强度平均值分别为 1292MPa、1119MPa、1067MPa、891MPa、917MPa，是普通钢筋的 2 倍以上。BFRP 筋的弹性模量平均值范围为 50.1GPa～62.4GPa 约为钢筋弹性模量的 1/4。BFRP 筋在破坏前基本上为线弹性变形，没有塑性屈服阶段，且断裂具有突发性，属于脆性破坏，破坏时的延伸率为 2.0%～2.5%。

（2）BFRP 筋直径不同，与砂浆的粘结强度也稍有不同，直径为 4mm 的 BFRP 筋表现出来的粘结强度最大。BFRP 筋表面经过粘砂处理，直径越小，表面粘砂体现出来粗糙程度越大，故试验得到的粘结强度越大。此外，水泥砂浆强度越高，试验得到的粘结强度也越高，BFRP 筋与纯水泥浆的粘结强度为 2.24MPa～3.01MPa，与砂浆粘结强度为 4.77MPa～12.23MPa。

（3）BFRP 筋耐酸强度保留率大于 92%，耐碱强度保留率大于 94%。BFRP 筋的耐腐蚀性比钢筋好，可应用于腐蚀环境中。

（4）BFRP 筋的抗剪强度平均值分别为 159MPa、189MPa、187MPa。普通钢筋的抗剪强度在 190MPa 左右，BFRP 筋的抗剪强度比钢筋稍小。

2　BFRP 锚杆支护设计参数

BFRP 筋作锚杆加固土质边坡，属于锚固体内部的杆体材料替换。锚杆的布设、自由段长度以及锚固边坡的稳定性验算是锚固体外部的设计计算，可以参考钢筋锚杆的设计规范进行。考虑 BFRP 筋与普通钢筋的差异，在设计时对以下几个方面的计算和取值可能会产生影响。

（1）边坡加固力计算

采用 BFRP 筋替代钢筋加固土质边坡，其抗剪强度虽然稍小于钢筋，但仍然可以采用通常的计算方法来计算边坡加固力见式（1）。

$$T = \frac{[F_s] \cdot \sum W_i \sin\alpha_i - \tan\varphi \sum (W_i \cos\alpha_i - U_i) - cL}{[F_s]\sin\theta + \cos\theta\tan\varphi} \tag{1}$$

（2）安全系数

BFRP 锚杆的安全系数分为抗拉安全系数和抗拔安全系数两种，其中抗拔安全系数包含了杆体与注浆体以及注浆体与地层的粘结安全系数。参考普通钢筋锚杆规范取非预应力 BFRP 锚杆抗拉安全系数不应小于 1.6（永久锚杆）和 1.4（临时锚杆）。抗拔安全系数可参考钢筋锚杆规范取值。

（3）抗拉强度标准值

将可靠强度作为 BFRP 筋的抗拉强度标准值，即 1000MPa、890MPa、850MPa、710MPa、730MPa。对于锚固常用的 BFRP 筋（直径≥12mm）的抗拉强度标准值可取为 710MPa。

（4）锚杆长度

锚固段长度的计算公式参照钢筋锚杆规范。

BFRP 筋与砂浆的粘结强度：取 BFRP 筋与砂浆粘结弛度的容许值等于拉拔试验得到的平均值除以 2.1，对于锚固常用砂浆（M30）与常用 BFRP 筋（直径≥12mm）的粘结强度平均值取为 6.0MPa，可得到粘结强度的容许值为 2.8MPa。

（5）锚头段

BFRP 筋是一种脆性材料，抗弯性能较差。作为支护锚杆时，需用钢管、钢筋、胶结剂另外制作锚头。因此设计非预应力 BFRP 锚杆的锚头长度为零。

3 BFRP 锚杆加固土坡现场对比试验

采用上述 BFRP 锚杆设计参数建议值，对某场地内的基坑边坡进行 BFRP 锚杆支护设计，分析现场锚固试验的监测结果，并与钢筋锚杆加固边坡进行对比，研究 BFRP 锚杆的支护效果，验证 BFRP 锚杆设计是否合理。

（1）工程概况

试验场地土层从上到下依次为新近填土（3.5m）、老填土（1.0m）、黏土。根据场地土体的工程性质，设计该基坑边坡为三级边坡，坡高 9m。第三级边坡坡率为 1:1，高 3.2m，第一、二级边坡坡率为 1:0.5，第二级边坡（高 2.6m）和第一级边坡（高 3.2m）之间设有 1m 宽的水平台阶。边坡分三层开挖，每开挖一层边坡，随即采取相应的支护措施。

（2）BFRP 锚杆设计

利用理正边坡稳定分析软件计算暴雨工况下，未支护边坡稳定性系数为 0.908。该边坡是试验边坡，边坡安全等级为三级，安全系数 $[F_s]=1.20$。采用理正岩土稳定分析软件得到基坑边坡的总下滑力（445.393kN/m）和总抗滑力（404.272kN/m），根据式（1）计算边坡的加固力，得到每 1m 长的边坡所需要的加固力 $T=166kN$。设计锚杆水平间距为 1.5m，沿坡面的排距 1.5m，第一、二级边坡各两排锚杆。锚杆安设与水平方向呈 15°，钻孔直径为 100mm，锚固方式为圆柱型全长粘结。为方便 BFRP 锚杆的制作及施工，设计各排锚杆长度分别是：一、二排为 12m；三、四排为 9m。

（3）边坡位移和锚杆受力监测

试验将采用测斜管监测边坡位移，振弦式钢筋计监测 BFRP 锚杆和钢筋锚杆的拉力。测斜管的安装是在开挖基坑边坡之前，每根测斜管长 14m。钢筋计均布于 BFRP 锚杆和钢筋锚杆的轴线方向上。BFRP 锚杆加固边坡共监测 3 个剖面，钢筋锚杆加固边坡监测 1 个剖面，某一典型监测剖面如图 1 所示。

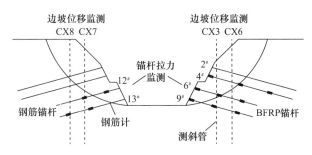

图 1　边坡支护锚杆设计和监测图

BFRP 锚杆加固边坡的位移监测结果如图 2 所示，5 月 5 日开挖第二级基坑边坡之后，地下 6m 以内的坡体位移明显增大，进行 BFRP 锚杆加固后坡体变形速率降低，说明设计所采用 BFRP 锚杆可以有效地控制边坡位移。5 月 16 日开挖第一级基坑边坡，坡体位移稍有增加。5 月 24 日整个基坑边坡施工结束后，坡体位移基本稳定，截至 6 月 22 日，BFRP 锚杆加固边坡坡顶位移为 33mm。钢筋锚杆加固边坡的位移监测结果如图 3 所示，该边坡的位移变化规律与 BFRP 锚杆加固边坡基本一致，截至 6 月 22 日，钢筋锚杆加固边坡坡顶位移为 41mm，比 BFRP 锚杆支护边坡的位移稍大。

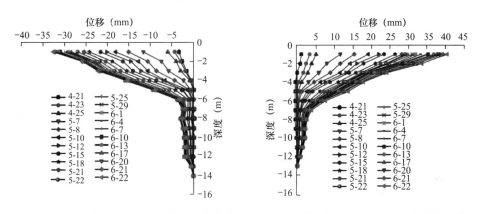

图 2　BFRP 锚杆加固边坡 CX6 位移变化曲线　　图 3　钢筋锚杆加固边坡 CX7 位移变化曲线

BFRP 锚杆受力变化曲线如图 4 所示，$4^\#$ 锚杆中间部位（4m）的拉力最大，$6^\#$ 和 $9^\#$ 锚头处（0m）的拉力最大。截至 6 月 22 日所监测的 BFRP 锚杆中，受到的最大拉力为 19kN，约为锚杆设计锚固力的 1/3，说明设计的 BFRP 锚杆能有效承受边坡推力，起到加固边坡的效果。钢筋锚杆受力变化曲线如图 5 所示，锚杆中部（5m）的拉力最大，最大值为 26kN，稍大于 BFRP 锚杆拉力。

由边坡位移监测结果可知，两个边坡的潜在滑面均位于测斜管地下 6m 处，由锚杆受力监测结果可知，边坡潜在滑面位于各个锚杆受力最大的监测点附近，边坡实际的潜在滑面稍大，这是由于边坡采用锚杆加固后潜在滑面后移，故实测滑面稍大。

对比 BFRP 筋和钢筋加固边坡的监测结果可以发现，BFRP 锚杆加固边坡的位移和锚杆拉力较小，这是由于边坡开挖后，首先对 BFRP 锚杆试验边坡采取加固措施，导致钢筋锚杆试验边坡释放的变形稍大。此外，两个试验边坡的工程地质条件存在差异，导致钢筋锚杆加固边坡的位移和锚杆拉力较大。试验中每级边坡开挖到加固完成所花的时间较长（约 10 天），导致两个边坡释放的位移都较大，锚杆受到的拉力较小。又由于设计时采用的是饱和土体强度参数，实际边坡在雨季也不会完全饱和，所以锚杆实际受力比设计锚固力小。

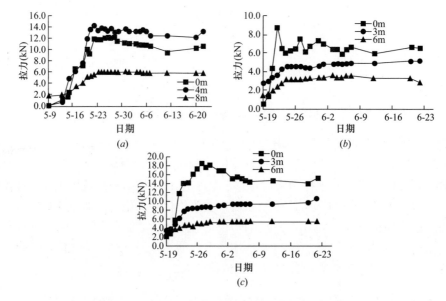

图 4　BFRP 锚杆加固边坡的锚杆拉力变化曲线

(a) 4# 锚杆；(b) 6# 锚杆；(c) 9# 锚杆

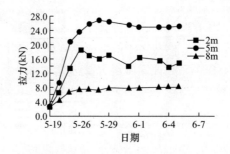

图 5　钢筋锚杆加固边坡 13# 锚杆拉力变化曲线

4　结论

（1）BFRP 锚杆杆体抗拉安全系数不应小于 1.6（永久锚杆）和 1.4（临时锚杆），抗拔安全系数可参考钢筋锚杆规范取值。BFRP 筋的抗拉强度标准值为极限抗拉强度的 80%，对于锚固常用的 BFRP 筋直径 12mm 可取为 710MPa。BFRP 筋与砂浆的粘结强度标准值等于拉拔试验得到的平均值除以 2.1，对于锚固常用 BFRP 筋可取为 2.8MPa。

（2）BFRP 锚杆加固边坡的潜在滑面与设计计算的潜在滑面基本一致，且锚杆实际受到的最大拉力约为设计锚固力的 1/3，设计的 BFRP 锚杆能有效地承受边坡推力，较好地控制边坡位移，BFRP 锚杆设计合理。

（3）现场对比试验结果表明，BFRP 筋加固边坡、钢筋加固边坡的位移及锚杆拉力的变化规律相同，且数值基本一致。由此可知 BFRP 锚杆与钢筋锚杆加固土质边坡的效果相当，拟 4mm BFRP 筋可替代 φ25mm 钢筋加固土质边坡，采用等强度替代钢筋的方法进行 BFRP 锚杆支护设计是可行的。

成果 5：一种玄武复合筋材基坑支护桩

专利号：ZL 2017 2 0370252.2；

发明人：康景文；陈云；胡熠；陈春霞；钟静；杜超；纪智超

1　技术背景

随着社会的发展，时代的进步，越来越多的建筑开始向地下开拓空间，随之而来的基坑支护特别是深基坑支护也就成为地下空间拓展所面临的必须解决的关键问题之一。目前，较经济适用的深基坑支护体系一般采用钢筋混凝土支护桩支护体系或者钢筋混凝土支护桩＋锚索的锚拉桩支护体系，在部分地层较软弱，周边环境受限的场地，也会采用造价相对较高的内支撑或者地下连续墙支护体系。对于普通的钢筋混凝土支护桩，一般由钢筋骨架和混凝土组成。在实际施工中，作为主筋的纵向钢筋一般在出厂时都是固定长度，要达到设计桩长，就需要现场焊接，据规范规定，一定长度范围内不允许有多个焊接口，这样就势必造成部分截断钢筋的利用率大打折扣，且作为箍筋的盘筋进场后需要进行调直，工序繁多，直接导致了施工成本提高。另外一方面，钢筋的现场堆放，也要选择合适的场地，注意防水防锈，在一定的土质以及水质的影响下容易发生腐蚀，从而影响其工作性能及其耐久性，甚至影响整个支护体系的安全度。

2　实用新型发明内容

一种玄武岩复合筋材基坑支护桩，其特征在于：包括设于地基中的竖直桩孔，设于桩孔内的钢筋固定支架，以及填充于桩孔之中的混凝土，钢筋固定支架上沿周向布置有若干根竖向的玄武岩复合筋材的竖筋，各玄武岩复合筋材的竖筋外环向设置有玄武岩复合筋材的箍筋，钢筋固定支架和玄武岩复合筋材的竖筋顶部出露于桩孔外预留有用于与桩顶冠梁连接的部分。

作为选择，钢筋固定支架由上下平行间隔设置的若干钢筋定型圈，以及设置于钢筋定型圈外周的若干根纵向钢筋组成；钢筋固定支架的纵向钢筋与玄武岩复合筋材的竖筋竖向等长平行设置；玄武岩复合筋材的竖筋在钢筋定型圈外周上均匀布置并通过扎丝绑扎固定；玄武岩复合筋材的箍筋等间距环绕分布在玄武岩复合筋材的竖筋外侧并通过扎丝绑扎固定；玄武岩复合筋材的竖筋为表面光滑或带有螺旋花纹的圆柱体筋材。

3　说明

本实用新型主方案及其各进一步选择方案可以自由组合以形成多个方案，均为本实用新型可采用并要求保护的方案；并且本实用新型，（各非冲突选择）选择之间以及和其他选择之间也可以自由组合。本领域技术人员在了解本发明方案后根据现有技术和公知常识可明了有多种组合，均为本实用新型所要保护的技术方案，在此不做穷举。

图 1 是本实用新型实施例的立面结构示意图；图 2 是图 1 的 A-A 剖视图；图 3 是本实用钢筋固定支架大样图；图 4 是图 3 的 A-A 剖视图；图中，1 为纵向钢筋，2 为钢筋定型圈，3 为竖筋，4 为箍筋，5 为混凝土。

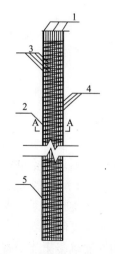

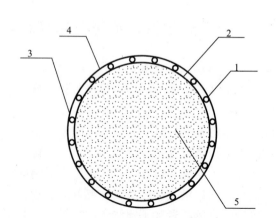

图 1　新型实施例的立面结构示意图　　　图 2　图 1 的 A-A 剖视图

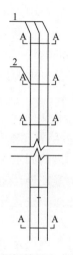

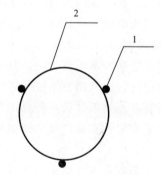

图 3　实用钢筋固定支架大样图　　图 4　图 3 的 A-A 剖视图

成果6：一种玄武岩复合筋材锚杆格构梁支挡结构

专利号：ZL 2016 2 0990970.5；

发明人：颜光辉；黎鸿；章学良；陈海东；符征营；贾鹏；代东涛；徐建；铁富强；康景文

1　技术背景

目前在建筑施工领域广泛采用土钉墙或锚杆挡土墙等支挡结构对边坡进行支挡，以确保边坡稳定性和限制其变形及进行边坡防护。土钉墙或锚杆挡土墙主要运用于地下水不丰富、周边环境较简单的边坡，然而土钉墙或锚杆挡土墙支挡最大的缺点就是支挡高度有限，因其使用大量钢筋而容易随钢筋变形而边坡变形过大或稳定性降低，从而给环境安全带了一定的威胁甚至风险。同时，锚杆、格构梁作为锚杆挡土墙支护结构的主要构件和用钢材的部位，钢筋易腐蚀且变形性能随受力时间而衰减，对特殊地层适用性受限，且钢筋连接施工工序繁琐，不利于简化施工和节约成本。

2　实用新型内容

（1）一种玄武岩复合筋材锚杆格构梁支挡结构，其特征在于：包括铺设于边坡坡面的混凝土面板、格构梁以及固定于边坡内的若干排BFB锚杆，BFB锚杆出露于边坡坡面并与格构梁锚定，混凝土面板设于由格构梁组成的网格内；

（2）如权利要求1所述的玄武岩复合筋材锚杆格构梁支挡结构，其特征在于：BFB锚杆与格构梁通过可使锚固钢筋和BFB筋材伸入其中且可粘接的钢弯管或带有锚固板、BFB筋材可伸入其中且可粘结的钢管进行锚固；

（3）如权利要求1所述的玄武岩复合筋材锚杆格构梁支挡结构，其特征在于：混凝土面板由BFB筋材网片或钢筋网片及其可包裹网片的喷射混凝土形成；

（4）如权利要求1所述的玄武岩复合筋材锚杆格构梁支挡结构，其特征在于：格构梁由BFB筋材骨架或钢筋骨架及浇筑混凝土形成；

（5）如权利要求1所述的玄武岩复合筋材锚杆格构梁支挡结构，其特征在于：混凝土面板与格构梁通过预埋件固定连接或混凝土面板与格构梁整体浇筑混凝土形成。

3　说明

图1是本实用新型实施例的断面结构示意图；图2是图1的局部放大图；图3是本实用新型实施例的平面结构示意图；图中，1为坡底，2为边体，3为混凝土面板，4为BFB锚杆，5为钢管，6为锚固钢筋，7为锚板，8为格构梁。

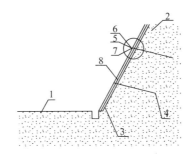

图1　实用新型实施例的断面结构示意图

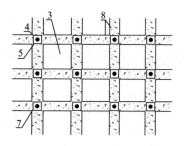

图 2　局部放大图　　　　图 3　实用新型实施例的平面结构示意图

成果 7：一种 BFB 土钉墙支护结构

专利号：ZL 2016 2 0997378.8；

发明人：胡熠；陈春霞；章学良；付彬桢；徐建；黎鸿；刘智超；李可一；余超贵；康景文

1　技术背景

目前在建筑施工领域广泛采用土钉墙或锚喷结构对基坑边坡进行支护，以确保基坑作业安全。土钉墙主要运用于地下水位以上、基坑周边环境较简单的基坑，然而土钉墙支护最大的缺点就是支护深度有限，自稳性不强，容易变形，从而给施工安全带了一定的风险。土钉、面板作为土钉墙的主要支护构件，目前主要材料为钢筋，尽管钢筋有很好的抗拉性能，基本能满足土钉墙支护的要求，但钢筋易腐蚀，对特殊地层适用性受限，且钢筋连接施工工序繁琐，不利于简化施工、减低节约成本。

2　实用新型内容

本实用新型的目的在于：提供一种刚度大、耐腐蚀强、耐久性好、施工简便、节约环保的 BFB 土钉墙支护结构。

本实用新型的目的通过下述技术方案来实现：

一种 BFB 土钉墙支护结构，包括铺设于基坑边坡坡面的混凝土面板和固定于基坑边坡内的若干排 BFB 土钉，BFB 土钉出露于基坑边坡坡面并与混凝土面板固定连接。

作为选择，BFB 土钉与水平面呈 $15°\sim35°$ 角置入边坡土体中。

作为选择，混凝土面板由 BFB 筋材网片或者钢筋网片和包裹网片的喷射混凝土构成。

作为选择，BFB 土钉通过锚板或锚固筋材与混凝土面板锚固连接。

作为选择，BFB 土钉出露部分可粘接钢套管，钢管外有锚板或粘结的锚固筋材。

前述本实用新型主方案及其各进一步选择方案可以自由组合以形成多个方案，均为本实用新型可采用并要求保护的方案；并且本实用新型（各非冲突选择）选择之间以及和其他选择之间也可以自由组合。本领域技术人员在了解本发明方案后根据现有技术和公知常识可明了有多种组合，均为本实用新型所要保护的技术方案，在此不做穷举。

本实用新型的有益效果：BFB（玄武岩复合筋材）作为一种新型复合筋材，具有刚度大、耐腐蚀强、耐久性好、施工简便等优点，用 BFB 玄武岩复合筋材代替土钉墙中的钢筋土钉和面板筋材，可有效解决现钢筋材料存在的问题，达到节约环保，施工快捷，降本增效的效果。

（1）本专利充分发挥玄武岩复合筋材（BFB）的高抗拉性能实现等强度替代，节约材料用量；

（2）利用 BFB 材料替代通常土钉结构中的杆筋，节约大量钢材；

（3）利用 BFB 材料可采用胶结材料粘接连接的性能，减少钢筋连接程序和时间；

（4）利用 BFB 材料耐腐蚀性强的优势，不受地层制约，适用性更广；

（5）利用 BFB 材料构成大刚度构件的优势，有效控制支护结构变形；

（6）利用 BFB 材料可自行调直且不影响其性能，减少现场钢筋拉伸的工序；

（7）节约钢材，施工快捷，体现绿色、环保。

3 附图说明

图 1 是本实用新型实施例的断面结构示意图；

图 2 是图 1 的局部放大图；

图中，1 为基坑底面，2 为基坑侧壁，3 为混凝土面板，4 为 BFB 土钉，5 为钢管，6 为锚固筋，7 为锚板。

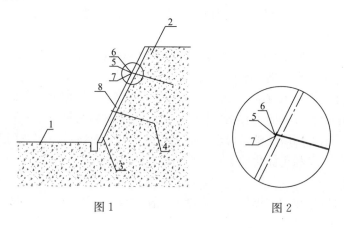

图 1   图 2

成果 8：一种玄武岩纤维筋材锚杆的施工工艺

专利号：CN201510900320.7；

发明人：赵文；康景文；陈云；胡熠；谢强

1　背景技术

　　锚杆是岩土工程支护的最基本的组成部分。目前，锚杆不仅用于矿山，也用于工程技术中，对边坡、隧道、坝体进行主体加固。

　　锚杆作为深入地层的受拉构件，它一端与工程构筑物连接，另一端深入地层中，整根锚杆分为自由段和锚固段，自由段是指将锚杆头处的拉力传至锚固体的区域，其功能是对锚杆施加预应力；锚固段是指水泥浆体将预应力筋与土层粘结的区域，其功能是将锚固体与土层的粘结摩擦作用增大，增加锚固体的承压作用，将自由段的拉力传至土体深处。

　　传统的锚杆施工工艺适合于金属锚杆，对于非金属锚杆，目前尚无施工方法。

2　发明内容

　　本发明是为了解决上述不足，提供了一种非金属锚杆的施工工艺。

　　本发明的上述目的通过以下的技术方案来实现：一种锚杆的施工工艺，包括以下步骤：

　　（1）单根 BFRP 锚杆杆体的制作

　　锚杆采用 ϕ10mm 及以上 BFRP 筋材，单根锚杆筋材不得接长，使用前应检查有无油污、缺裂等情况，筋材可用角磨机切割，由于 BFRP 筋材弹性好，盘绕的筋材在解开后会自然顺直，解开时注意弹出伤人；为使锚杆置于钻孔中心，应在锚杆上每隔 1500mm 设置定位器一个；BFRP 锚杆定位器采用丝绕式支架，支架采用 ϕ5mm 铁丝绕制，长 10cm～15cm，丝绕直径 5cm～7cm，绕圈数 3 个～5 个，两端各留 10cm 与 BFRP 筋材绑扎；锚杆端头预留 1m，供安装锚具。

　　（2）多根 BFRP 锚杆杆体的制作

　　锚杆采用 ϕ10mm 及以上 BFRP 筋材，筋材不得接长，使用前应检查有无油污、缺裂等情况；为使锚杆置于钻孔中心，应在锚杆上每隔 1500mm 设置定位器一个，根据 BFRP 筋材直径和单索 BFRP 筋材数量选用市场用于钢绞线锚索的成品对中支架；锚杆端头预留 1m，供安装锚具；

　　杆体自由段应用塑料布或塑料管包扎，与锚固体连接处用铅丝绑扎，以保证在该段自由变形；

　　锚头采用 ϕ50cm 钢管，长 15cm～20cm，一端压扁；将 BFRP 筋材集合插入锚头，注入植筋胶固化 24 小时。

　　（3）BFRP 锚杆与锚具的粘结处理

　　1）无预加力锚杆锚具

　　若 BFRP 锚杆不施加预应力，当锚杆与坡面框架梁或喷射混凝土连接时，锚具采用经过处理的无缝钢管，内径大于筋材直径 3mm～5mm，壁厚 3mm，长度为 30cm，锚具内壁粗糙化处理，并且每 5cm 钳制一锥形结构，以增加锚具与筋材的粘结能力；锚杆外壁焊接有"L"形钢筋，并与混凝土面网钢筋间使用 20# 的钢扎丝绑扎固定；选用 4 根长 0.6m 的

ϕ8mmHRB335 钢筋与每根锚杆焊接，焊接长度为 0.3m。

2）预加力锚杆锚具

预加力 BFRP 锚杆锚具由三部分组成：钢管粘结式套管、锁定垫板及螺母；钢管粘结式套管采用无缝钢管，钢管长度为 300mm，内径 18mm～20mm，壁厚 4mm～6mm，尾端外螺纹长度为 100mm，首端内螺纹长度为 50mm，首端每 5cm 用压力机压制钢管内径缩径 2mm；

锁定垫板分为单孔垫板，多孔垫板和 U 型垫板；单孔垫板用于单根锚杆拉拔锁定，多孔垫板用于多根锚索单根锁定，U 型垫板用于现场拉拔时锚具螺纹不足以锁定时辅助增加垫板厚度；单孔垫板为 200mm×200mm 的方形钢板，厚度为 8mm，中间孔直径为 ϕ32mm；4 孔活动垫板为 200mm×200mm 的方形钢板，厚度为 20mm，对称布置 4 个长 64mm 宽 32mm，两端为 ϕ32mm 半圆孔；6 孔垫板为 200mm×200mm 的方形钢板，厚度为 20mm，中间孔直径为 ϕ32mm，在半径为 56mm 的圆上均匀布置 ϕ32mm 圆孔；U 型垫板设计为 100mm×52mm，中间缺口尺寸为 32mm×50mm，缺口处为 ϕ32mm 半圆；锁定六角螺母型号为 GB/T 41—2000。

3）BFRP 筋材锚杆与锚具粘结

BFRP 筋材锚杆与锚具采用 A 级结构胶粘结，先将锚具的钢管粘结式套管一端端口封住，并将套管外螺纹段保护，以免结构胶粘结过程中进入螺纹段（可采用不干胶缠绕封堵），然后用植筋胶注胶枪插入套管底部，注入结构胶，注满管体的 2/3 即可，再将 BFRP 缓慢插入，插入时可缓慢旋转，排尽空气；要求结构胶与 BFRP 筋材间不能有气泡，并注胶饱满；注胶结束后，对管口采用不干胶缠绕封闭，以免粘结胶溢出；将处理好的锚具静置 24 小时以上固化，固化期间锚具不得进水。

（4）BFRP 锚杆拉拔

对于预加力锚杆的拉张锁定，应采用符合技术要求的拉拔装置，达到预加力设计值后，拧紧螺母锁定；拉拔装置特制有拉拔支架，拉拔支架的目的是留出螺母的操作空间；支架设计为上部长 200mm，宽 200mm，厚度为 25mm 的带孔钢垫板，孔直径为 ϕ32mm，供延长拉拔杆穿过，延长拉拔杆为外螺纹钢筋，通过带内螺纹锁具导筒与锚具连接；下为长 200mm，宽 200mm，厚度为 25mm 的带孔钢垫板，孔直径为 ϕ80mm，为螺母锁定提供紧固扳手操作空间；拉拔支架丝杆为直径 ϕ22mm 外螺纹钢筋，上部钢垫板高度可调节；延长拉拔杆穿过置于支架顶部的垫板的空心千斤顶，千斤顶采用配套垫板及螺母固定拉拔杆；当拉拔结束后，用螺母锁定；

BFRP 锚杆插入锚孔后，进行注浆养护，并施工坡面框架梁或锚墩；待框架梁或锚墩养护达至设计强度后，方可进行预加力拉拔施工；拉拔操作步骤如下：

1）安放锚具垫板并旋入螺母，垫板低于锚具管口 3cm 即可（拉拔过程中，锚杆会产生 3cm～5cm 位移，若垫板太低，可能出现锁定螺纹不够的情况）。

2）安放拉拔支架，并根据延长拉拔杆长度调整拉拔支架上板高度，合适高度是延长拉拔杆穿过空心千斤顶后出露 5cm～10cm。

3）用延长拉拔杆套筒拧紧锚具，穿过空心千斤顶（注意选择合适吨位的千斤顶），顶端加千斤顶垫板并用螺母固定。

4）逐级加载至设计值，锁定螺母。若锚杆位移较大，锁定螺纹不足时，可采用 U 型垫板垫高。

对于 BFRP 锚杆承载力拉拔试验，拉拔方法与此类似，拉拔过程中不需要锚具垫板和螺母。其他试验工作与普通钢筋锚杆拉拔试验相同。

本发明与现有技术相比的优点是：本发明的施工工艺简单，而且锚固稳定，操作方便，解决了玄武岩纤维筋材锚杆的施工。

3 附图说明

图 1 是本发明中单根 BFRP 锚杆杆体的结构示意图。

图 2 是本发明中多根 BFRP 锚杆杆体的结构示意图一。

图 3 是本发明中多根 BFRP 锚杆杆体的结构示意图二。

图 4 是本发明中无预加力锚杆锚具的结构示意图。

图 5 是本发明中预加力锚杆锚具的结构示意图一。

图 6 是本发明中预加力锚杆锚具的结构示意图二。

图 7 是本发明中 BFRP 锚杆拉拔的结构示意图。

图 8 是本发明中 BFRP 锚杆插入锚孔后的结构示意图。

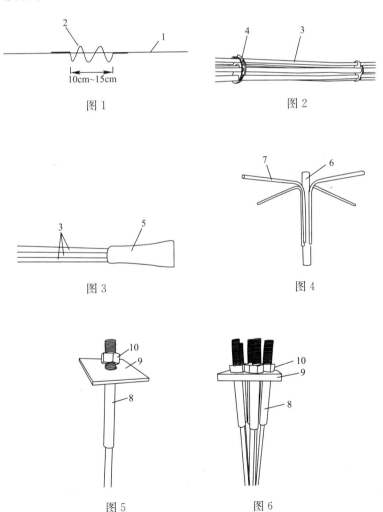

图 1

图 2

图 3

图 4

图 5

图 6

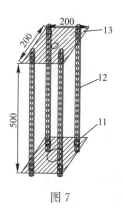

图 7

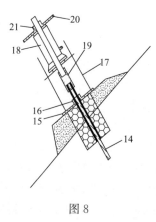

图 8

成果 9：一种玄武岩复合筋材抗浮锚杆结构

授权公告号：ZL 2016 0 0992342.0；

发明人：康景文；高岩川；冯世清；陈麟；杜超；陈春霞；曹春侠；钟静；纪智超；徐建

1　背景技术

　　随着社会的发展，时代的进步，越来越多的建筑开始向地下开拓空间，随之而来的地下结构抗浮问题也就成为地下空间拓展所面临的必须解决的关键问题之一。目前，建筑地下结构抗浮大部分工程是采用在地基中施工抗浮锚杆或微型抗浮桩，通过抗浮锚杆或微型抗浮桩与建筑物基础的锚固连接来达到抗浮的目的。但现有抗浮锚杆或微型抗浮桩的筋材一般都是普通钢筋或高强钢筋，而钢筋在一定的土质以及水质的影响下容易发生腐蚀，从而影响其工作性能及其耐久性，甚至影响整个基础的抗浮效果和安全度。

2　实用新型内容

　　本实用新型的目的在于：提供一种高强度、耐腐蚀、施工简便、节约环保的 BFB 抗浮锚杆结构。

　　本实用新型的目的通过下述技术方案来实现：

　　一种 BFB 抗浮锚杆结构，包括设于地基中的竖直施工孔，还包括并排插入竖直施工孔内的注浆管和至少一根 BFB 筋材，以及设于施工孔内用以固定注浆管和 BFB 筋材位置的固定支架，施工孔内填充砂石骨料及水泥浆或水泥砂浆，BFB 筋材出露施工孔的端部设有与基础连接的具有一定长度的锚固钢筋和用于与其他钢筋连接的端头。

　　作为选择，固定支架为环绕注浆管和 BFB 筋材并支撑其位于施工孔中心部位的环形支架。该方案中，环形支架能更好地配合施工孔注浆的贯通性。

　　作为选择，固定支架可以是两道也可以是多道。

　　作为选择，具有一定长度的锚固钢筋通过 60°～90°钢弯管与伸入其内粘结的 BFB 筋材形成连接。

　　作为选择，具有一定长度的锚固钢筋伸入钢弯管并粘结。

　　作为选择，具有一定长度的锚固钢筋另一端设有用于与其他钢筋连接的端头。

　　作为选择，BFB 筋材出露施工孔至钢弯管之间进行防渗处理。该方案中，使得出露部分具有更好的防水效果。

　　作为选择，注浆管沿施工孔深度方向按一定的间距设置有多个出浆孔。该方案中，通过注浆管的浆液从出浆孔中流出进入施工孔内。

　　前述本实用新型主方案及其各进一步选择方案可以自由组合以形成多个方案，均为本实用新型可采用并要求保护的方案；并且本实用新型（各非冲突选择）选择之间以及和其他选择之间也可以自由组合。本领域技术人员在了解本发明方案后根据现有技术和公知常识可明了有多种组合，均为本实用新型所要保护的技术方案，在此不做穷举。

　　本实用新型的有益效果：BFB（玄武岩复合筋材）作为一种新型复合筋材，具有高强度、耐腐蚀、施工简便等优点，用 BFB 玄武岩复合筋材代替抗浮锚杆或微型抗浮桩中的钢筋，可有效解决现钢筋抗浮锚杆或微型抗浮桩中存在的使用条件限制的问题，还可达到节约环保、施工快捷、降本增效的效果。

（1）充分发挥玄武岩复合筋材（BFB）的高抗拉性能实现等强度替代，节约材料用量。

（2）利用 BFB 材料替代通常抗浮锚杆或微型抗浮桩中钢筋，节约大量钢材。

（3）利用 BFB 材料可采用胶结材料直接粘接连接的性能，减少钢筋连接程序和时间。

（4）利用 BFB 材料耐腐蚀性强的优势，不受地层条件制约，适用性更广。

（5）利用钢弯管将锚固钢筋与 BFB 材料有效连接，有效降低因弯曲损害材料性能的程度。

（6）利用 BFB 材料可自行调直而不影响其性能，减少现场钢筋拉伸的工序。

（7）节约钢材，施工快捷，体现绿色环保。

3　附图说明

图 1 是本实用新型实施例的立面结构示意图；

图 2 是本实用新型实施例的断面结构示意图；

图 3 是本实用新型端头弯筋大样图；

图中，1 为地基，2 为施工孔，3 为注浆管，4 为 BFB 筋材，5 为固定支架，6 为砂石骨料及水泥浆或水泥砂浆，7 为基础，8 为锚固钢筋，9 为钢弯管，10 为锚固钢筋端头。

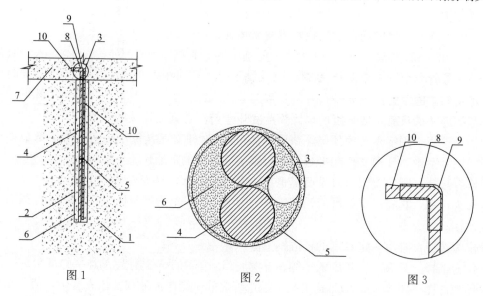

图 1　　　　　　　　　图 2　　　　　　　　　图 3

第15章　结论与展望

本书的主要内容主要包括玄武岩纤维及其复合筋材基本性能试验研究、玄武岩纤维及其复合筋材工程性能及其水泥基材料构件的工程性能研究、玄武岩纤维复合筋材连结与锚固试验研究、玄武岩纤维复合筋材结构构件试验研究、玄武岩纤维复合筋材锚固现场试验研究、玄武岩纤维复合筋支护结构设计计算方法、玄武岩纤维复合筋支护技术标准研究、玄武岩纤维复合筋材土钉墙支护结构和锚杆支挡结构以及基础工程应用实践研究，并给出了获得的主要专利和论文成果。

第2章通过既有资料查阅表明，玄武岩纤维是以天然的火山喷出岩作为原料，是21世纪节能、环保新材料、无污染，拥有出色的力学性能和耐高温性能，具有高的拉伸强度和弹性模量、良好的绝缘性、抗辐射性能、优异的高温稳定性和化学稳定性等，纯天然无污染，性价比高等优点，其制品主要有各种类型的玄武岩布、各种类型和功能的玄武岩板材、玄武岩纤维土工格栅、玄武岩纤维复合筋（BFRP）等。可应用于国防工程、交通运输、建筑施工等各个领域。但是国内玄武岩纤维的研究仍处于初级阶段，现有的研究多是停留在纤维材料的性能方面，而且多集中于试验方面，理论研究相对较少，能在工程中应用的研究成果更是少见。

第3章通过对纤维混凝土的基本力学性试验得到：

（1）通过基本力学性能试验，证实玄武岩纤维喷射混凝土和玄武岩复合纤维喷射混凝土的基本力学性能达到了混凝土所需要达到的强度要求。抗压强度、抗折强度均较素混凝土有较大的提高。同时，掺一定量的玄武岩纤维混凝土和复合纤维喷射混凝土的强度值略高于相同强度等级的钢纤维混凝土。

（2）通过韧性试验证实，玄武岩纤维和钢纤维混合的复合纤维混凝土具有和钢纤维混凝土相近或更好的韧性，其韧性指标均达到良好和优秀。

（3）通过试验证实，在钢纤维混凝土中掺加一定量的玄武岩纤维，对于改善喷射混凝土的回弹作用效果非常明显，掺 $5kg/m^3$ 玄武岩纤维，回弹率可降低约 6%，钢纤维利用率得到了提高。因此，在喷射混凝土中掺加适量玄武岩纤维，作用有以下两个方面：一方面可以降低钢纤维掺量；另一方面减少混凝土及纤维的回弹率，同时提高混凝土渗透系数。降低工程建设成本及混凝土的渗水性，提高了衬砌材料的耐久性，使工程质量得到提高。

第4章通过试验，找到一种合适的方法分散纤维是解决玄武岩纤维与混凝土结合更佳的关键问题。

（1）在高性能混凝土中掺入玄武岩纤维后会影响混凝土的流动性，随着纤维体积掺量的增加，几种不同长度的玄武岩纤维混凝土拌合物的流动性都逐渐降低，但保坍性有所提高。以纤维长度为12mm为例，0.3%纤维掺量的BFRC与未掺纤维混凝土性比其流动性大大降低，长度越长，坍落度与流动性损失越大，内部缠绕，结团现象更严重，同体积掺量下混凝土拌合物的含气量越大。

（2）玄武岩纤维对高性能混凝土的抗压强度有一定程度的提升，尤其是提高混凝土的早期强度，同龄期条件下，三种不同长度的玄武岩纤维混凝土随纤维掺量的增加而降低。最佳体积掺量为0.1%，三种不同长度的纤维对高性能混凝土的抗压强度均有不同程度的提升。

（3）三种不同的高性能玄武岩纤维混凝土各龄期的抗劈裂强度、抗弯曲强度较普通混凝土有一定程度的增加，随着纤维的增加两种强度均相应减小，当纤维体积掺量超过0.2%时，纤维内部分散不均匀导致混凝土基体之间的粘结减弱，纤维对混凝土的抗劈裂强度与抗弯曲强度改善不明显，甚至还会有所降低。

（4）玄武岩纤维能够提高高性能混凝土的轴心抗压强度，高性能混凝土由于往往也是高强度混凝土，当强度超过45MPa时，混凝土的脆性增加，在进行轴心抗压强度试验时，往往表现出在极限荷载情况下试件炸裂的状态，玄武岩纤维能够改善这一情形，纤维能够承受裂缝发展传来的一部分拉应力，有效地增加混凝土的韧性，使混凝土在极限荷载下不出现炸裂形态。

（5）玄武岩纤维混凝土较普通混凝土，其三种不同掺量情况下抗渗性、两种不同掺量下抗冻性均有所提高，抗渗性最大提高20%。抗冻性能随着冻融次数的增加，普通混凝土的质量损失率与相对动弹模量均比纤维混凝土，呈直线上升趋势。

（6）抗冻试验中，对质量损失率与冻融次数之间的关系进行曲线拟合，可以发现未掺纤维混凝土后期的质量损失率远比玄武岩纤维混凝土的大，增长速率也逐渐增大。对冻融循环300次后抗冻试件进行三点抗折试验分析，从力与位移的关系中，可以看出纤维不仅能够提高混凝土的抗折强度，更能提高混凝土的延性。

（7）高性能混凝土由于水胶比较小，在外加剂的作用下，混凝土的工作性能及密实性均得到极大的提升。在本试验中，纤维的体积掺量在0.1%的时候最宜，体积掺量为0.2%与0.3%时，纤维分散不均匀，内部缠绕，结团，不仅吸附大量的水分，影响混凝土的水化，而且在微观上纤维与纤维之间，纤维与基体之间粘结不密实，在外界载荷作用下，纤维没有发挥应有的作用。故在实际工程中应注意玄武岩纤维的掺量及长度，综合本论文的探讨，适宜体积掺量为0.05%~0.1%之间，长度不宜超过18mm。

第5章通过试验得到：实测改型玄武岩筋材密度约2.089g/cm³，热膨胀系数约10.04×10⁻⁶/℃；不同直径的改型玄武岩复合筋材抗拉强度在891.1MPa~1139.4MPa之间，弹性模量在46.3GPa~54.3GPa之间，抗剪强度在159~189MPa之间；改型玄武岩筋材耐碱强度保留率约96.0%，耐酸强度保留率约92.6%，反复冻融条件下强度保留率约97.2%；改型玄武岩筋材在0.6倍平均极限拉伸强度的应力水平下，100h蠕变松弛率平均值为3.867%，推算1000h蠕变松弛率平均值为4.427%；6mm、8mm和10mm改型玄武岩筋材极限弯曲角度分别为51.4°、49.3°和45.4°。

第6章通过锚具工艺试验和胶粘剂选型试验获得了锚具研发的设计参数，并研发了一种新型BFRP筋材锚杆（索）锚具以及拉拔配套装置，通过现场拉拔试验，现场工程应用和监测试验，验证了锚具的锚固效果，已经满足实际应用要求。主要结论如下：

（1）通过锚具与植筋胶的粘结强度有影响的因素进行试验得出，锚具内部除锈，糙化对粘结强度的有影响，锥形口的设计是影响粘结强度的关键。

（2）通过已有的植筋胶和自配的试验胶进行对比得出，喜利得植筋胶，慧鱼植筋胶完全满足设计要求，国产植筋胶廉价也可以达到其设计，但其长期性还有待试验验证。

（3）设计出 ϕ14mm 的 BFRP 筋材锚杆（索）的锚具及相关的拉拔试验装置，并且对锚具进行力学试验，满足 BFRP 锚杆（索）的拉拔和锁定的锚具设计要求。

（4）对新设计的锚具应用于实际土质边坡支护工程，并进行现场拉拔试验，FBRP 筋材锚杆拉拔试验结果表明，单根 ϕ14mm BFRP 筋材锚杆极限抗拔力约 143.00KN，5 束 ϕ14mm BFRP 筋材锚索极限抗拔力为 574.6kN，6 束 ϕ114mm BFRP 筋材锚索极限抗拔力为 649.2kN。6 束 ϕ14mm BFRP 筋材锚索极限抗拔力与 3 束 ϕ28mm HRB400 筋材锚杆极限抗拔力（630.60kN）相当。若采用 BFRP 筋材替代钢筋锚杆，根据设计极限抗拔力，按等强度替代即可计算采用 BFRP 筋材的数量。现场拉拔试验证明设计的锚具性能满足实际工程应用．

（5）通过 BFRP 筋材锚杆（索）应用于实际土质边坡支护工程的监测数据得出。采用直径为 14mm 的 BFRP 筋材支护土质边坡，其效果与采用直径为 25mm 的钢筋锚杆支护边坡相当。钢筋锚杆和 BFRP 筋材锚杆监测受力表明，两种锚杆受力情况类，差别不大，相差都在 5kN 左右。单根锚杆的设计拉力为 50kN，实际锚杆所承受的最大拉力为 30kN。锚杆目前受力低于它的设计强度，边坡变形微小，边坡处于稳定状态。所使用的 BFRP 杆体，能替代钢筋支护边坡，施工方便，支护效果好，节约工程造价。

（6）通过 BFRP 筋材锚杆（索）应用于实际基坑支护工程的监测数据得出玄武岩筋材锚索可以代替传统钢绞线进行基坑支护。即用 6 束直径为 14mm 的玄武岩筋材锚索替代 4 束直径为 15.2mm 的钢绞线锚索是可行的。

第 7 章通过 BFRP 基本物理力学性能试验、BFRP 与水泥基类之间的粘结强度试验、BFRP 锚杆（索）实际工程应用现场试验等研究，得出以下结论：

（1）试验用 BFRP 外表面均未见突出的纤维毛刺与裂纹，表面石英砂分布较为均匀，纤维与树脂间界面未见明显破坏，平均密度 2.089g/cm^3。实测纵向热膨胀系数平均值为 10.04×10^{-6}/℃，与普通钢筋相当。

（2）BFRP 的抗拉和抗剪试验表明，ϕ6mm、ϕ8mm、ϕ10mm、ϕ12mm、ϕ14mm BFRP 的抗拉强度平均值分别为 1103.9MPa、1139.4MPa、1111.9MPa、891.1MPa、916.7MPa，比普通钢筋的抗拉强度大得多。BFRP 的弹性模量平均值约 46.3GPa～54.3GPa，约为普通钢筋的四分之一，而 BFRP 抗剪强度为 159MPa～189MPa，略小于普通钢筋。

（3）BFRP 耐候性能良好，在饱和酸碱溶液的长期浸泡下强度基本无损。本次试验所使用的玄武岩纤维复合筋实测耐碱强度保留率平均值为 96.0%，耐酸强度保留率平均值为 92.6%，反复冻融条件下 BFRP 整体平均保留率约 97.2%，耐候性能优于钢筋。

（4）试验表明，复合筋的松弛率前期发展较快，后期发展较慢，松弛率与时间对数基本呈线性相关关系；玄武岩纤维复合筋的弯曲性能与其直径呈反比，即较粗的复合筋其弯曲性能也较差。此弯曲角度可保证 BFRP 以较小直径盘绕而不断裂，即 BFRP 可绕成盘状，方便运输。实际运输过程中，f14mmBFRP 盘绕直径 2m，单根筋材连续长度可达 400m 以上。

（5）BFRP 与水泥基类的粘结能力较好，与纯水泥浆粘结强度约 2.24MPa～3.01MPa，与 M20 砂浆粘结强度约 4.80MPa～8.20MPa，与 M30 砂浆粘结强度约 4.77MPa～

12.23MPa，与 C30 混凝土粘结强度约 7.94MPa～26.33MPa，与 C40 混凝土粘结强度约 18.11MP，BFRP 与水泥基类的粘结性能优于钢筋。对于工程常用直径锚杆（f10mm 及以上），与 M20、M30 砂浆粘结强度平均约 5MPa～6MPa，与 C30 混凝土粘结强度约 8MPa。

（6）用 BFRP 作为工程锚杆进行锚固设计，可参考相应的锚杆设计规范，BFRP 抗拉强度标准值为 750MPa，BFRP 与砂浆的粘结强度取 2.0MPa～4.0MPa。

（7）BFRP 锚杆土质边坡工程应用试验表明，采用 ϕ14mm BFRP 支护土质边坡，其效果与采用直径为 25mm 的钢筋锚杆支护边坡相当。钢筋锚杆和 BFRP 锚杆监测受力表明，两种锚杆受力情况类似，差别不大。

（8）BFRP 锚杆（索）公路边坡支护工程应用试验表明，通过 BFRP 锚杆（索）边坡支护设计理论进行 BFRP 公路边坡支护设计，采用 ϕ14mm BFRP 可代替 ϕ25mm HRB335 钢筋锚杆，采用 6 束 ϕ14mm BFRP 锚索可代替传统 4 束 ϕ15.2 钢绞线锚索。锚杆受力监测表明，钢筋锚杆和 BFRP 锚杆受力均较小，边坡整体稳定。BFRP 锚索预加力保持率约 90%，与传统锚索受力机制类似。

第 8 章通过 BFRP 的基本力学性能研究、BFRP 与混凝土之间的粘结强度试验、BFRP 筋混凝土结构室内试验和 BFRP 筋材在基坑支护中的实际应用研究，得出以下结论：

（1）BFRP 筋材属于脆性材料，其应力-应变关系近似为线性关系。其抗拉强度普遍较高大多在 1000MPa 以上，抗剪强度和弹性模量较低为普通钢筋的四分之一，且其抗拉和抗剪强度随筋材直径的增加而降低。

（2）BFRP 筋材与混凝土的粘结性能良好，分别对直径为 10mm、14mm、20mm 的 BFRP 筋材与 C20 和 C30 强度的混凝土的粘结性能进行了试验。结果显示，其粘接强度范围在 14MPa～29MPa，且随筋材直径和混凝土强度的增加而增加。

（3）在研究对比了 GFRP 筋材和 BFRP 筋材的物理力学性能和外观结构的基础之上，考虑通过参考 GFRP 筋混凝土结构承载力的计算方法，并对计算公式进行修正，推导出可以用于计算 BFRP 混凝土结构承载力的计算公式。

（4）通过室内试验和计算机数值模拟，对所设计的 BFRP 筋混凝土构件承载力进行试验。并通过试验数据和模拟结果，对计算公式计算结果进行比较，最终得出修正系数的具体值为 2.5。不过受限于试验数据太少，所以对于该公式的适用性还需进一步研究。

（5）BFRP 筋混凝土结构的室内试验中，对圆形截面受弯构件和板件进行了承载力试验。从试验结果可知，构件的破坏模式主要为混凝土压坏导致构件破坏。根据现有规范对构件进行的设计最终试验结果并不是很理想，一方面混凝土强度是制约构件承载力的因素，另外一方面 BFRP 筋材模量偏低导致在构件开裂阶段变形较大也会影响构件的极限荷载。

（6）最终通过试验和模拟的结果可知，在设计采用 BFRP 筋材的混凝土结构时，可以考虑减小保护层厚度，增加配筋率，提高混凝土强度等措施。对于构件开裂较大，破坏前挠度较大的问题，可以考虑通过超筋配置或者施加预应力来提高构件的抗裂性能。

（7）将 BFRP 筋材应用于实际工程中的效果是理想的。对于基坑支护桩而言，BFRP 筋材相对于钢筋来说其优势在于造价便宜，无需焊接，抗腐蚀，有更大的抗拉强度。劣势在于刚度太低，导致吊装过程中不易吊装，也会使支护桩在使用过程中变形偏大，导致结构开裂。总体而言,在实际工程中使用 BFRP 筋材替换钢筋是可行的。

(8) 对于 BFRP 筋材在实际工程中的应用,受限于研究时间等条件,无法进行长期的试验和研究,对于 BFRP 筋材在结构中的长期使用效果和一些特殊情况下(如地震、大风、暴雨、爆破等)的可靠性还有待研究。不过在实际工程中,对于配置 BFRP 筋材的结构,建议进行超筋配置或者施加预应力以防止结构变形过大,而具体的超筋配置方法和预应力的施加有待于以后的研究。

第 9 章针对玄武岩纤维复合筋在岩土工程中的应用范围,提出了 BFEP 筋材锚杆支护设计方法、BFRP 筋材混凝土结构设计计算方法、BFRP 筋材土钉墙设计计算方法。并通过制作不同配筋量的 BFRP 筋圆形构件,监测构件受弯过程中 BFRP 筋及构件的力学特征,分析圆截面 BFRP 筋混凝土构件的受弯过程、破坏特征及承载能力,得到主要结论如下:

(1) 圆截面 BFRP 筋受弯构件开裂前变形较慢,开裂使用阶段较短。开裂荷载为正常使用极限荷载的 $51\%\sim67\%$。

(2) 配筋率越高,圆截面 BFRP 筋混凝土构件的承载力越高,当配筋率 $>1.6\%$ 时,单纯的提高配筋率对承载力的贡献不大。

(3) 圆截面 BFRP 筋混凝土构件受拉区和受压区主筋均随荷载的增大而增大,其中受拉区主筋无突变,受压区有突变。突变指示受压区混凝土开始进入塑性状态,仍有很强的承载能力。

(4) 圆截面 BFRP 筋混凝土构件的正截面应力具有较好的线性关系,支持平截面假定的合理性。

(5) 修正得到了圆截面 BFRP 筋混凝土结构承载力计算公式,并通过试验求得待定系数为 2.6。

第 10 章结合前述章节的研究成果,对接实践转化,梳理出具有工程可操作性的玄武岩纤维混凝土、BFRP 筋施工控制标准,主要设计 BFRP 筋材锚杆(索)施工工艺、BFRP 筋材锚杆(索)检验与监测标准,以及 BFRP 筋材作为抗浮锚杆、混凝土支护桩受力筋时工程施工要点,以便更好地服务于工程实践。

第 11 章依托工程,分别开展 BFRP 筋材混凝土支护桩、BFRP 筋材锚索两种常规支护体系在基坑工程中的应用效果实践,支护效果良好,具体结论如下:

(1) BFRP 筋材混凝土支护桩在基坑支护中应用得到:①钢筋计与测斜数据可以分别真实反映现场施工进展情况,可以证明数据的真实性,而钢筋计与测斜数据的变化方式和变化位置的吻合也相互证明数据的真实性。②相比两种不同配筋的支护桩在实际工程中的表现情况可知,玄武岩筋材在受力方面与钢筋相同,而变形较钢筋要大,这跟筋材本身属性有关。而在整个支护结构的安全系数和作用类型的前提下,使用玄武岩筋材代替钢筋的配筋方案是可行的。③针对玄武岩纤维的自身属性导致变形较大的问题,在实际设计中建议可以进行超筋配置,提高结构的抗变形性能,从而提高结构的安全性能。

(2) BFRP 筋材锚索在基坑支护中的应用得到:①玄武岩筋材锚索应力和变形规律和传统钢绞线受力变形规律基本一致,玄武岩筋材锚索可以代替传统钢绞线进行基坑支护。②用 6 束 $\phi14$mm 的玄武岩筋材锚索替代 4 束 $\phi15.2$mm 的钢绞线锚索是可行的。③从后期基坑支护的监测数据中,包括其他锚索受力变形情况和测斜监测,进一步验证了玄武岩筋材锚索代替传统钢绞线锚索在基坑支护中的可行性。

第12章通过具体边坡试验探讨BFRP筋材锚杆（索）作为支挡结构加固土质边坡和岩质边坡，验证了BFRP筋材作为锚杆（索）类支挡结构可行性。

（1）BFRP锚杆土质边坡工程应用试验表明，采用ϕ14mm BFRP支护土质边坡，其效果与采用直径为25mm的钢筋锚杆支护边坡相当。钢筋锚杆和BFRP锚杆监测受力表明，两种锚杆受力情况类似，差别不大。

（2）BFRP锚杆（索）公路边坡支护工程应用试验表明，通过BFRP锚杆（索）边坡支护设计理论进行BFRP公路边坡支护设计，采用ϕ14mm BFRP可代替ϕ25mm HRB335钢筋锚杆，采用6束ϕ14mm BFRP锚索可代替传统4束ϕ15.2钢绞线锚索。锚杆受力监测表明，钢筋锚杆和BFRP锚杆受力均较小，边坡整体稳定。BFRP锚索预加力保持率约90%，与传统锚索受力机制类似。

第13章通过玄武岩及其复合筋材在抗浮领域、隧道加固工程衬砌施工的应用和实践，说明玄武岩纤维及其筋材在土木工程领域应用的优势。

尽管如此，对玄武岩及其复合筋材在岩土工程中的应用研究仍存在不同程度的缺陷。如，现场试验条件复杂多变存在诸多不可控性，有待于进一步进行室内试验，采用较先进的监测设备，加强锚固体系的界面力学行为研究，解决锚杆直径对黏结强度影响、注浆体力学性能对锚固体系影响、注浆体应力分布规律、灌浆体和岩土层之间的界面应力分布规律等遗留问题；针对FRP锚杆抗拉性能好，但抗剪、抗弯性能差的特点，开展锚杆在拉、剪和弯矩等组合力下的材料性能试验和FRP锚固体系试验研究，探究FRP锚杆对弯矩或剪力作用的敏感性；被加固地层往往处于复杂的地质环境中，要进一步开展FRP锚杆长期作用荷载下的耐久性和时效力学特性等相关研究；开展相应数值模拟进行论证分析，以弥补试验条件限制的不足，同时可进一步完善FRP锚杆在不同地层中承载性能和界面力学行为研究。再如，纤维混凝土在搅拌后，可以看见存在许多成团未分散的纤维，而这种纤维对混凝土弊大于利，因此找到一种合适的方法分散纤维是解决玄武岩纤维与混凝土结合更佳的关键问题；选取直径均为15mm的玄武岩纤维，缺乏直径对混凝土性能影响的对比性，掺入方式的不同等等可以在本书的试验基础上继续研究；在玄武岩纤维混凝土的细微观研究中发现，纤维与混凝土的结合面即界面会影响混凝土的性能，为更使纤维与基体材料之间结合更好，研究一种浸润剂来包裹纤维然后与混凝土结合具有重要的意义。如此等等问题，还需要通过进行大量的工作进行深入的研究。

土力学理论的不完善，土层条件的不确定性，参数选取的复杂性以及测试手段的局限性是目前岩土工程的主要特点。如何活用理论、化繁为简和重视实践是我们每一位岩土人的职责所在。需要不断发展的岩土工程原位测试技术，将岩土工程问题从实验室转移至现场，以期更加充分地认识和理解土体力学特性，为岩土工程的理论发展和工程实践提供强有力的支持。

正如沈小克勘察大师所言："天然形成的岩土材料，以及当今岩土工程师必须面对和处理、随机变异性更大和随机堆放的材料，一是材料成分和空间分布（边界）的控制难度更大，其尺度远远大于由钢筋混凝土或钢结构组成的工程结构体；二是这些非人为预设制作、组分复杂的材料存在更大的动态变异特性，会因气候条件、含水量、地下水等条件变化和场地的应力历史的不同而不同。从这个角度，岩土工程师通常需要面对和为客户承担更大的风险，需要综合运用地质学、工程地质学、水文学、水文地质学、材料力学、土力学、结构力学以及地球物理化学等多学科、跨专业的理论知识，藉助岩土工程的分析方法和所积累的地域工程实践经验，为建设开发项目提供正确、恰当的解决方案，并选用适用的检测、监测方法加以验证，以规避在多种动态变化的不确定性因素下的工程风险损失。这是岩土工程师们为客户创造的最首要和最基本的价值，并且随着建成环境的日益复杂和社会对可持续发展要求的不断强化，岩土工程师还要特别注意规避对建成环境产生次生灾害和对自然环境质量造成破坏的风险。"

作者再一次感谢书中引自许多同行专家辛勤劳动的研究成果，在编写过程中，得到单位领导和同事的支持和帮助，在此一并表示感谢！

由于作者水平有限，本书编写过程中虽竭尽努力，未必能体现出研究成果的全部内容和创新点，且难免有错漏之处，恳请同行专家和广大读者批评指正。